Über dieses Buch

1.7 Binomische Formeln — Selbstlernen

1.7 **Binomische Formeln**

Ziel Hier lernst du Formeln kennen, mit denen du Klammern in speziellen Produkten schneller und damit zeitsparender auflösen kannst.

Die **Selbstlernen**-Seiten ermöglichen ein eigenständiges Erarbeiten von Inhalten, die sich dafür besonders eignen.

Bleib fit

Rationale Zahlen

Aktivieren **1** Frau Peters hat auf ihrem Girokonto zu Monatsbeginn einen Kontostand von +450,50 €.
a) Danach finden Buchungen für die Miete in Höhe von −870,20 € und die Gehaltszahlung mit +1 450,80 € statt. Berechne den neuen Kontostand.

Die **Bleibt Fit!**-Seiten dienen der selbstständigen Wiederholung bereits bekannter Inhalte nach dem Prinzip: **Aktivieren, Erinnern, Festigen** ...

Fokus

Pascal'sches Dreieck

Mithilfe der 1. binomischen Formel kannst du Summen mit dem Exponenten 2 potenzieren (quadrieren). Auch für größere Exponenten als 2 gibt es entsprechende Formeln.

Die **Fokus**-Seiten behandeln fachübergreifende Themen, die von besonderem Interesse sind und im engen Zusammenhang zum Kapitelinhalt stehen.

Auf den Punkt gebracht

Darstellungen in der Mathematik

Die **Auf den Punkt gebracht**-Seiten fassen prozessbezogene Kompetenzen akzentuiert zusammen.

Das Wichtigste auf einen Blick

Zufallsversuch Ein **Zufallsversuch** ist ein Versuch, dessen Ausgang nicht vorhersagbar ist. Ein möglichen Ausgang eines Zufallsversuchs nennt man **Ergebnis**. Die möglichen Ergebnisse fasst man zur **Ergebnismenge** S zusammen.

Würfeln mit einem Zylinder
Ergebnis: Würfeln einer 3
S = {1; 2; 3}

Die **Das Wichtigste auf einen Blick**-Seiten fassen die wichtigsten Kapitelinhalte übersichtlich und mit Beispielen zusammen.

Bist du fit? — Lösungen im Anhang

5 Gegeben ist die Funktion mit f mit $f(x) = \frac{3}{4}x + 1{,}5$. Gib eine Bedingung an, sodass der Graph einer lineare Funktion g mit $g(x) = mx + n$
(1) steiler verläuft;
(2) flacher verläuft;
(3) parallel verläuft;
(4) denselben y-Achsenabschnitt hat.

Die **Bist du fit?**-Seiten bieten Aufgaben zur Überprüfung des Gelernten und helfen so bei der Vorbereitung auf die Klassenarbeit. Ihre Lösungen sind am Ende des Buches abgedruckt.

Symbole

Die Übungsaufgaben werden in 3 Anforderungsniveaus ausgewiesen.

Der Detektiv nimmt typische Schülerfehler unter die Lupe und hilft so, sie zu vermeiden.

Diese Arbeitsaufträge sind für die Bearbeitung in Partner- oder Gruppenarbeit konzipiert.

DGS Diese Arbeitsaufträge sind für die Bearbeitung mit einem dynamischen Geometrie-System konzipiert.

CAS Diese Arbeitsaufträge sind für die Bearbeitung mit dem Rechner konzipiert. Das Display spezifziert ggfs. den Einsatz (z. B. Computer-Algebra-System).

Passende Lernvideos können mit dem Web-Code WES-127827-001 unter https://www.westermann.de/webcode oder dem QR-Code aufgerufenen werden.

Inhalt

1

Terme

2

Zufallsversuche

3 

Lineare Funktionen

4 

Lineare Gleichungssysteme

5 

Ähnlichkeit

6 

Heuristische Strategien

Anhang

Terme

1

▲ *Häuser aus Spielkarten kann man mit verschieden vielen Stockwerken bauen. Stelle in einer Tabelle zusammen, wie viele Karten man für ein Haus mit 1; 2; 3; 4; 5 Stockwerken benötigt.*
Erkennst du eine Regelmäßigkeit? Verallgemeinere dann, wie viele Karten man für ein Haus mit n Stockwerken benötigt.

In diesem Kapitel
- lernst du, wie du Sachsituationen mit Termen beschreiben kannst;
- rechnest du mit Termen und vereinfachst sie. ▶

Rationale Zahlen

Aktivieren

1 Frau Peters hat auf ihrem Girokonto zu Monatsbeginn einen Kontostand von +450,50 €.

a) Danach finden Buchungen für die Miete in Höhe von −870,20 € und die Gehaltszahlung mit +1 450,80 € statt. Berechne den neuen Kontostand.

b) Für ein Zeitschriftenabonnement werden von ihrem Konto sechs Abbuchungen in Höhe von je −7,50 € vorgenommen. Berechne die Höhe der Gesamtabbuchung.

c) Frau Peters stellt die Zahlung der GEZ-Gebühren von jährlich auf halbjährlich um. Bisher betrug die Abbuchung −220,32 €. Wie viel wird nun halbjählich abgebucht?

Erinnern

Addition rationaler Zahlen

- mit gleichen Vorzeichen:
  Man setzt das gemeinsame Vorzeichen und addiert die Beträge.

$(+2{,}5) + (+4) = +6{,}5$

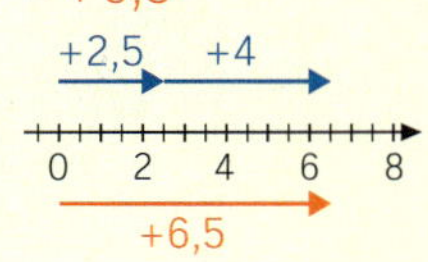

$(-3{,}5) + (-4) = -7{,}5$

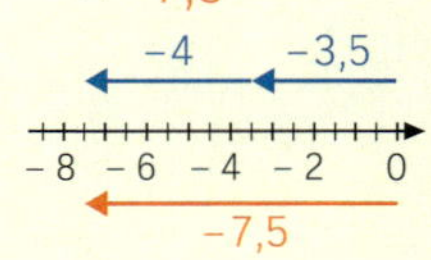

- mit unterschiedlichen Vorzeichen:
  Man setzt das Vorzeichen, das bei dem größeren Betrag steht. Dann subtrahiert man den kleineren Betrag von dem größeren Betrag.

$(+6{,}5) + (-5) = +1{,}5$

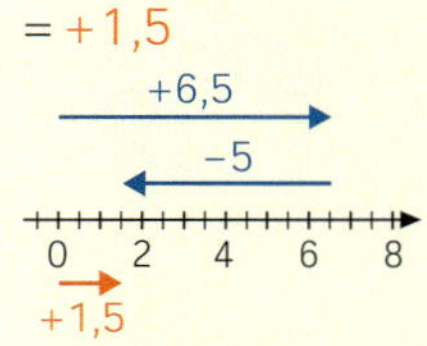

$(-7{,}5) + (+3) = -4{,}5$

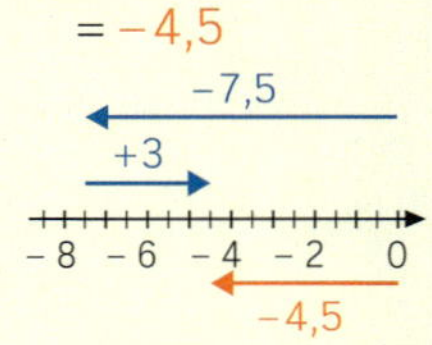

Subtraktion rationaler Zahlen

Man subtrahiert eine rationale Zahl, indem man ihre entgegengesetzte Zahl addiert.

$(+6) - (+3) = (+6) + (-3) = +3$
$(+7{,}5) - (-2{,}5) = (+7{,}5) + (+2{,}5) = +10$

Multiplikation rationaler Zahlen

Man multipliziert zwei rationale Zahlen, indem man ihre Beträge multipliziert. Bei gleichen Vorzeichen ist das Produkt positiv. Bei verschiedenen Vorzeichen ist das Produkt negativ.

$(+5{,}5) \cdot (+2) = +(5{,}5 \cdot 2) = +11$
$(-5{,}5) \cdot (-2) = +(5{,}5 \cdot 2) = +11$
$(+5{,}5) \cdot (-2) = -(5{,}5 \cdot 2) = -11$
$(-5{,}5) \cdot (+2) = -(5{,}5 \cdot 2) = -11$
Außerdem gilt: $a \cdot 0 = 0$; $0 \cdot a = 0$

Division rationaler Zahlen

Man dividiert eine rationale Zahl durch eine von 0 verschiedene rationale Zahl, indem man die Beträge dividiert und das Vorzeichen nach folgender Regel setzt:

- bei gleichen Vorzeichen ist der Quotient positiv;
- bei verschiedenen Vorzeichen ist der Quotient negativ.

$(+10) : (+2{,}5) = +(10 : 2{,}5) = +4$
$(-10) : (-2{,}5) = +(10 : 2{,}5) = +4$
$(-10) : (+2{,}5) = -(10 : 2{,}5) = -4$
$(+10) : (-2{,}5) = -(10 : 2{,}5) = -4$

$(-25) : 0$ ist nicht definiert, da für alle reellen Zahlen r gilt:
$r \cdot 0 \neq -25$

Festigen

2 Auf der Zahlengeraden sind Zahlen durch Pfeile markiert.
Notiere diese Zahlen mit den zugehörigen Buchstaben im Heft.

a)

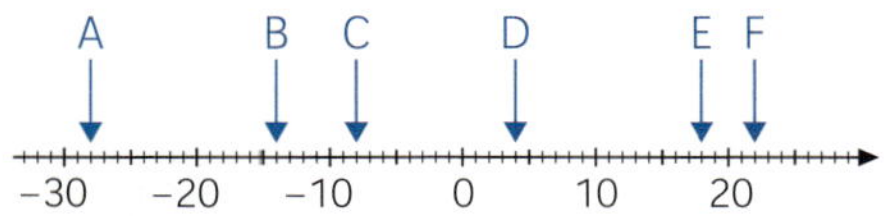

b)

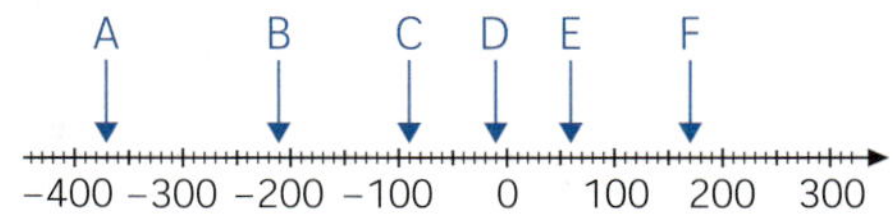

3 Zeichne eine geeignete Zahlengerade und markiere die angegebenen Zahlen.

a) $-26; +12; -5; +17; -14; -1$ **b)** $+2{,}8; -4{,}4; -2{,}5; +6{,}1; 0; -0{,}6$

4 Setze <, > oder = im Heft ein. Denke z. B. an Temperaturen oder an die Zahlengerade.

a) -6 ■ -8 **b)** -14 ■ -14 **c)** -7 ■ $+3$ **d)** $+9$ ■ -7
e) $+14$ ■ $|-14|$ **f)** $-7{,}3$ ■ $-7{,}\overline{3}$ **g)** $|+0{,}9|$ ■ $-0{,}9$ **h)** $|-0{,}8|$ ■ $+0{,}6$

5 Gegeben sind die Punkte $A(-3|-3)$, $B(-2|-3)$, $C(4|-1)$ und $D(0|-1)$.

a) Trage die Punkte in ein Koordinatensystem ein und verbinde sie der Reihe nach zu einem Viereck.

b) Addiere (-2) zu allen Koordinaten der Punkte. Zeichne die entstandenen Punkte in ein neues Koordinatensystem. Wie entsteht das neue Vieleck aus dem vorherigen?

6 Berechne im Kopf.

a) $(+11)+(-7)$ **b)** $(-15)+(-8)$ **c)** $(-5)+(+2)$ **d)** $(-31)+(+8)$
e) $(+22)-(+15)$ **f)** $(+16)-(+9)$ **g)** $(-5)-(-16)$ **h)** $(-21)-(+4)$
i) $(+4)\cdot(-15)$ **j)** $(+12)\cdot(+5)$ **k)** $(-5)\cdot(+15)$ **l)** $(-14)\cdot(-5)$
m) $(-21):(+3)$ **n)** $(+18):(-6)$ **o)** $(+48):(-6)$ **p)** $(-33):(-3)$

7 Berechne, wenn möglich.

a) $-17-0$ **b)** $(-8)\cdot 0$ **c)** $0:(-4)$ **d)** $(-6):0$
e) $4\cdot 0-4$ **f)** $\frac{4}{0}+4$ **g)** $\frac{0}{3}+5$ **h)** $0-\frac{0}{7}$

8 Berechne.

a) $(-8+100)\cdot 0{,}5$ **b)** $-25-35-15$ **c)** $-5{,}5:(-5)-3{,}5$ **d)** $(-6)\cdot(-5)\cdot(-2)$
e) $(-2)^4-21$ **f)** $(-4)^3-(-25)$ **g)** $160:(-2)^3-10$ **h)** $(-3)^3-(-4)^2$

9 Stelle zunächst den Term auf und berechne dann seinen Wert.

a) Multipliziere die Summe der Zahlen $\frac{1}{2}$ und $-\frac{1}{4}$ mit $-\frac{2}{5}$.

b) Dividiere die Differenz der Zahlen 0,4 und $\frac{1}{3}$ durch $-\frac{4}{3}$.

c) Addiere zum Quotienten der Zahlen $\frac{5}{2}$ und $-0{,}5$ das Produkt dieser Zahlen.

10 Auf dem Konto von Frau Eisenach mit einem Kontostand von 280,75 € werden folgende Buchungen durchgeführt:
−120,50 € Zeitschriftenabo;
−50,60 € Bezahlung mit der Kreditkarte;
+1830,55 € Gehalt;
−4,50 € Kontogebühr;
+12,99 € Gutschrift
Berechne den Kontostand nach Durchführung aller Buchungen.

11 Entscheide, ob die Aussage richtig oder falsch ist. Begründe.

a) Die Summe zweier negativer Zahlen ist immer negativ.

b) Das Produkt zweier negativer Zahlen ist immer negativ.

c) Der Quotient aus einer Zahl und ihrer entgegengesetzten Zahl ist stets 1.

Gleichungen

Aktivieren

1 Die Waage veranschaulicht die Gleichung $4 \cdot x + 1 = x + 7$.
Löse die Gleichung und veranschauliche deine Überlegungen an der Waage.

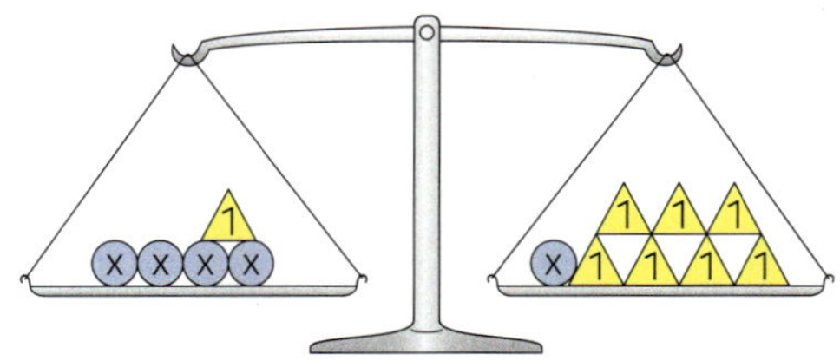

2 Gib die Lösungsmenge der Gleichung an.

a) $4 \cdot x = 24$ **b)** $2 \cdot x + 4 = -20$
c) $x : 8 = 4$ **d)** $3 \cdot x - 5 \cdot x = 9$

Erinnern

Gleichung

In einer **Gleichung** sind zwei Terme mit einem Gleichheitszeichen verbunden.

Eine Zahl heißt **Lösung** einer Gleichung, wenn sich beim Einsetzen dieser Zahl auf beiden Seiten des Gleichheitszeichens derselbe Wert ergibt.

$5 \cdot x - 3 = 7$

Lösung:
$x = 2$

Lösungsmenge

Die **Lösungsmenge L** umfasst alle Lösungen der Gleichung.

Wenn eine Gleichung keine Lösung hat, ist die Lösungsmenge die **leere Menge** und man schreibt **$L = \{\ \}$**.

Wenn jede beliebige rationale Zahl Lösung der Gleichung ist, so schreibt man **$L = \mathbb{Q}$**.

$5 \cdot x - 3 = 7$
$L = \{2\}$

$4 \cdot x = 2 \cdot x + 2 \cdot x + 1$
$L = \{\ \}$

$2 \cdot x = x + x$
$L = \mathbb{Q}$

Äquivalente Gleichungen

Gleichungen, die dieselbe Lösungsmenge besitzen, nennt man **äquivalent** zueinander.

Die Gleichungen
(1) $-3 \cdot x + 4 = 10$
(2) $-3 \cdot x = 6$
(3) $x = -2$
sind äquivalent und haben die Lösungsmenge $L = \{-2\}$.

Strategien zum Lösen einer Gleichung

(1) **Fasse** auf beiden Seiten gleichartige Terme **zusammen**.
(2) **Sortiere** die Terme mit Variablen auf eine Seite, die Terme ohne Variablen auf die andere Seite der Gleichung.
(3) **Isoliere** die Variable durch Division durch den Faktor vor der Variable.

$3 \cdot x - 12 + 5 \cdot x = 4 - x - 5 \cdot x$

$8 \cdot x - 12 = 4 - 6 \cdot x \quad | +6 \cdot x$
$8 \cdot x - 12 = 4 \quad | +12$

$8 \cdot x = 1 \quad | :8$
$x = 2$

$L = \{2\}$

Strategie zum Modellieren

(1) **Sachsituation vereinfachen**
Hier hilft oft eine Skizze.

Eine 10 cm lange Holzleiste soll in vier gleichlange Stücke zersägt werden.

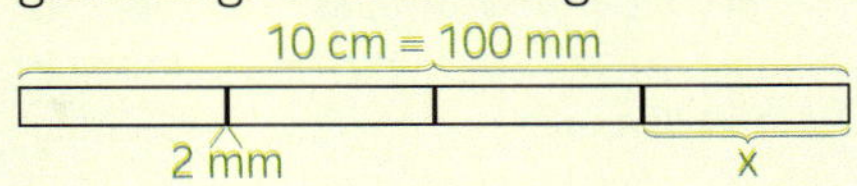

Für die Schnittbreite nimmt man 2 mm an.

(2) **Gleichung aufstellen**
Dabei muss man die Bedeutung der Variablen genau benennen.

x ... Länge eines Stückes (in mm)

$4 \cdot x + 2 \cdot 3 = 100$

(3) **Gleichung lösen**

$4 \cdot x + 6 = 100$

$4x = 94$

$x = 23{,}5$

(4) **Probe am Sachverhalt**
Eventuell sind nicht alle Lösungen auch sachlich sinnvoll (z. B. nur positive oder nur ganzzahlige Lösungen).

Probe: Die 4 Stücke und die 3 Schnitte ergeben zusammen
$4 \cdot 23{,}5\,\text{mm} + 3 \cdot 2\,\text{mm}$
$= 94\,\text{mm} + 6\,\text{mm} = 100\,\text{mm} = 10\,\text{cm}$

(5) **Ergebnis formulieren**

Die Stücke sind jeweils 23,5 mm lang.

Festigen

3 Bestimme rechnerisch die Lösungsmenge der Gleichung.
a) $2 \cdot x + 4 = 8$ **b)** $-x + 4 = 9$ **c)** $-6 = 12 - 3 \cdot x$ **d)** $-4 \cdot x + 3 = -13$
e) $x : 4 = 3$ **f)** $-2{,}5 \cdot x + 5 = -12{,}5$ **g)** $15 : x = 3$ **h)** $\frac{3}{4} \cdot x + 3 = 6$

4 Bestimme rechnerisch die Lösungsmenge der Gleichung. Führe die Probe durch.
a) $-4 + 4 \cdot x + 3 = 12 - 8 \cdot x - 13$ **b)** $4 \cdot x - 2 - 5 \cdot x = -7 + 3 \cdot x$
c) $\frac{1}{4} \cdot x + \frac{2}{3} = 2 - \frac{2}{3} \cdot x$ **d)** $2{,}5 - \frac{3}{4} \cdot x = 0{,}5 \cdot x - \frac{2}{5}$

5 Ermittle die Lösungsmenge der Gleichung.
a) $1{,}2 \cdot y + 3 = 2{,}6 \cdot y + 3 - 1{,}4 \cdot y$ **b)** $5{,}7 \cdot z - 7 + 1{,}2 \cdot z = -8 + 6{,}9 \cdot z$

6 Sophia ist doppelt so alt wie Lina. Zusammen sind beide 36 Jahre alt.
Berechne das Alter von Sophia und Lina.

7 Antonia hat 3 Kiwis zu je 0,39 € und 4 Grapefruits gekauft. Sie bezahlt insgesamt 4,73 €.
Berechne den Preis für eine Grapefruit.

8 Verkürzt man in einem Quadrat zwei gegenüberliegende Seiten um 4 cm und verlängert die anderen gegenüberliegenden Seiten um 1 cm, so entsteht ein Rechteck, dessen Flächeninhalt $25\,\text{cm}^2$ kleiner ist als der des Quadrats.
Berechne die Seitenlänge des Quadrats.

9 In einem Dreieck ist der Winkel β dreimal so groß wie der Winkel α. Der Winkel γ ist 25° größer als der Winkel α.
Berechne die Größe der Innenwinkel des Dreiecks.

1.1 Aufstellen eines Terms mit Variablen

Einstieg

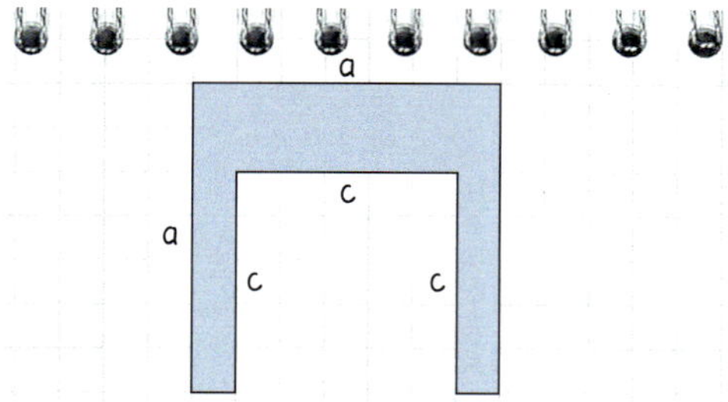

Der Flächeninhalt der Figur links lässt sich mithilfe der Strategien „Zerlegen“ und „Ergänzen“ ermitteln. Gebt zu jeder der beiden Strategien je eine passende Formel an. Setzt dann $a = 10\,cm$ und $c = 8\,cm$ ein und berechnet den Wert des Flächeninhalts.

Aufgabe mit Lösung

Aufstellen eines Terms mit Variablen

Der Garten von Familie Pfeifer wurde neu angelegt. Dabei sind 8 m Palisadenzaun übriggeblieben. Lisa und Tim dürfen damit ein eigenes Beet abstecken. Dazu nutzen sie zwei der Hauswände als Begrenzung.

→ Bestimme einen Term, mit dem Lisa und Tim die Beetgröße berechnen können.

Lösung

Da das neue Beet an zwei Hauswände grenzt, brauchen Lisa und Tim nur zwei Zaunstücke. Die Größen dieser beiden Zaunstücke hängen dabei voneinander ab: Wird das Beet 3 m breit, so bleiben für die Länge $8\,m - 3\,m = 5\,m$ übrig.
Für den Flächeninhalt folgt:
$3\,m \cdot (8\,m - 3\,m) = 15\,m^2$

Allgemein gilt: Wenn das Beet die Länge x hat, ist die Breite $8 - x$.
Für den Flächeninhalt ergibt sich somit: $x \cdot (8 - x)$

→ Lege eine Wertetabelle an und probiere verschiedene Breiten und Längen aus, um herauszubekommen, mit welcher Länge und Breite das Beet möglichst groß wird.

Lösung

Länge (in m): x	Breite (in m): $8 - x$	Flächeninhalt (in m^2): $x \cdot (8 - x)$
1	7	7
2	6	12
3	5	15
4	4	16
5	3	15
6	2	12
7	1	7

Aus der Tabelle erkennt man, dass für $x = 4$ der Flächeninhalt am größten sein könnte.

Aufgabe mit Lösung

Einsetzen in Terme

Tim und Lisa möchten ein Mobile mit verschieden großen Doppelpyramiden aus Draht basteln.

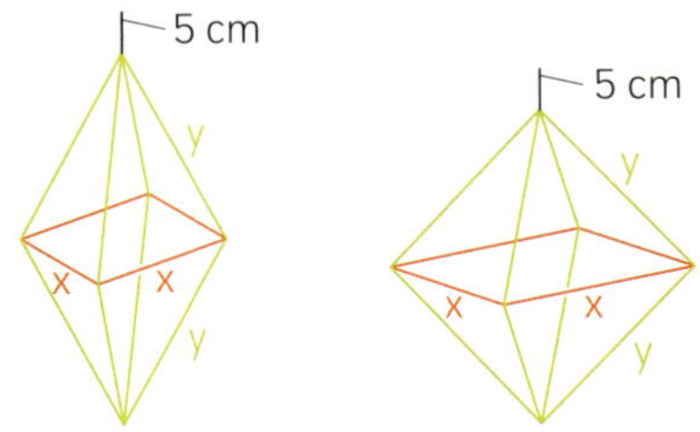

→ Stelle einen Term zur Berechnung des Drahtbedarfs einer Doppelpyramide mit Variablen auf.

Lösung

Für den mittleren Teil werden 4 Drahtstücke der Länge x (in cm) benötigt, also insgesamt $4 \cdot x$. Für die schrägen Kanten jeder Doppelpyramide benötigt man 8 Drahtstücke der Länge y (in cm), also insgesamt $8 \cdot y$.
Die Gesamtlänge des Drahtes einschließlich des 5 cm langen Aufhängers beträgt somit: $4 \cdot x + 8 \cdot y + 5$

→ Berechne die Gesamtdrahtlänge für eine Doppelpyramide mit

Es dürfen auch gleiche Zahlen eingesetzt werden.

(1) $x = 5$ und $y = 7$

Lösung

(1) $4 \cdot x + 8 \cdot y + 5$
$= 4 \cdot 5 + 8 \cdot 7 + 5$
$= 20 + 56 + 5$
$= 81$

Gesamtlänge: 81 cm

(2) $x = 6$ und $y = 6$

Lösung

(2) $4 \cdot x + 8 \cdot y + 5$
$= 4 \cdot 6 + 8 \cdot 6 + 5$
$= 24 + 48 + 5$
$= 77$

Gesamtlänge: 77 cm

Information

Aufstellen eines Terms mit Variablen

Terme sind Rechenausdrücke, die aus Zahlen, Variablen, Rechenzeichen und Klammern bestehen können.
Auch einzelne Zahlen oder Variablen bezeichnet man als Term.
Beim **Aufstellen eines Terms** kann man so vorgehen:

1. Gib zunächst mehrere konkrete Beispiele für die Berechnung an.
2. Beobachte, was sich ändert und was stets gleich bleibt.
3. Überlege, wie man das Veränderliche mithilfe von Variablen beschreiben kann.

Setzt man anstelle der Variablen im Term Zahlen ein, so kann man den **Wert des Termes** berechnen. Dabei muss für eine Variable, die an mehreren Stellen im Term vorkommt, an jeder Stelle dieselbe Zahl eingesetzt werden.

Gehege aus 10 m Zaun

Breite (in m)	Länge (in m)	Flächeninhalt (in m²)
3	$10 - 2 \cdot 3 = 4$	$3 \cdot 4 = 12$
4	$10 - 2 \cdot 4 = 2$	$4 \cdot 2 = 8$
x	$10 - 2 \cdot x$	$x \cdot (10 - 2 \cdot x)$

Term zur Berechnung des Flächeninhalts des Geheges: $x \cdot (10 - 2 \cdot x)$
Einsetzen von $x = 1{,}5$:
$1{,}5 \cdot (10 - 2 \cdot 1{,}5) = 1{,}5 \cdot (10 - 3) = 10{,}5$
Für verschiedene Variablen in einem Term darf auch dieselbe Zahl eingesetzt werden.

~~$x - 7 + x^2$ mit (–1) und 3~~

$x - 7 + 2 \cdot y$ mit (–1) und (–1) erlaubt

Üben

1 Eine Klasse stellt in einem Projekt mit ihrem Kunstlehrer und ihrer Mathelehrerin ein Mobile mit Würfeln und Tetraedern aus Draht her. Die Körper werden in verschiedenen Größen angefertigt.

a) Berechne die Drahtlänge für
(1) einen Würfel; (2) ein Tetraeder
mit der Kantenlänge von 3 cm; 5 cm; 7 cm.

b) Gib einen Term an, mit dem man aus der Kantenlänge den Drahtbedarf für
(1) einen Würfel; (2) ein Tetraeder berechnen kann.

2 Frau Müller hat einen Stromvertrag abgeschlossen. Für diesen fällt monatlich eine Grundgebühr von 7,50 € an. Der Preis pro Kilowattstunde (kWh) Strom beträgt 0,28 €.

a) Frau Müller hat im Mai 200 kWh und im Juni 230 kWh benötigt.
Wie hoch waren ihre Monatsrechnungen?

b) Stelle einen Term auf, mit dem sie die monatlichen Energiekosten (in €) aus dem Verbrauch (in kWh) berechnen kann.

c) Berechne nun die Energiekosten für einen monatlichen Verbrauch von 67 kWh; 87 kWh; 139 kWh; 351 kWh.

3 Ordne den Termen die passende Sachsituation zu.

(1) Eintrittspreise im Freibad: 4,00 € für Erwachsene; 3,00 € für Kinder
(2) Imbiss: Bratwurst mit Brötchen 3,00 €; Frikadelle mit Pommes 5,00 €
(3) Kino: 5,00 € pro Ticket am Kino-Tag; Popcorn 3,00 €; Nachos 3,50 €
(4) Planetarium: 5,00 €; ermäßigt 4,00 €; Senioren 3,00 €

4 In der Werken-AG wird aus Draht das Mobile aus der Skizze in verschiedenen Größen hergestellt. Um einen Überblick über den Drahtbedarf zu bekommen, soll dieser zunächst berechnet werden.

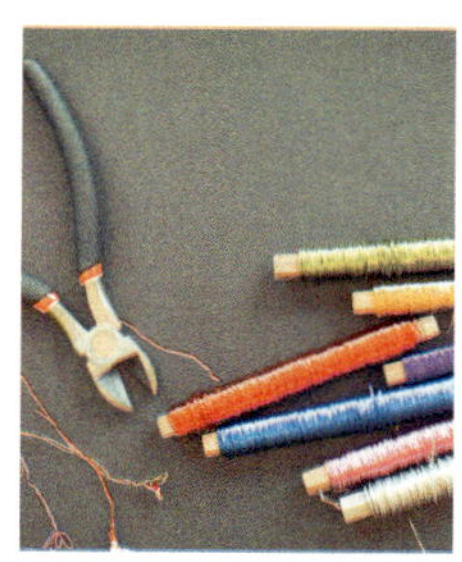

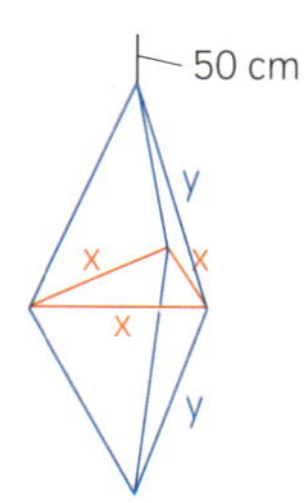

a) Stelle einen Term auf, mit dem man den Drahtbedarf für verschiedene Längen berechnen kann.

b) Berechne nun den Drahtverbrauch (in cm) für die folgenden Kantenlängen:
(1) $x = 5;\ y = 7$ (2) $x = 10{,}4;\ y = 12{,}5$ (3) $x = 6;\ y = 6$ (4) $x = 4;\ y = 3{,}3$

5 Setze den angegebenen Wert in den Term ein und berechne.

a) $5 - x : 3;\quad x = 6$

b) $27 - 2 \cdot x;\quad x = 3$

c) $y^2 - y;\quad y = -4$

d) $-z + z^3;\quad z = -1$

6 Korrigiere die Fehler beim Einsetzen. Berechne dann auch den Wert des Terms.

Term: $3 \cdot x + 4$	Term: $b^2 - 3$	Term: $x^2 + 5 - 7 \cdot x$
-2 für x eingesetzt:	-4 für b eingesetzt:	-3 für x eingesetzt:
$3 \cdot -2 + 4$	$-4^2 - 3$	$(-3)^2 + 5 - 7 \cdot x$

7 Setze in die angegebenen Terme die folgenden Werte ein. Berechne und vergleiche.

(1) $a - b \cdot c + d$ (2) $a - b \cdot (c + d)$

(3) $(a - b) \cdot c + d$ (4) $(a - b) \cdot (c + d)$

a) $a = 2;\ b = 4;\ c = 1;\ d = 3$

b) $a = 5;\ b = -1;\ c = 0;\ d = 0$

c) $a = \frac{1}{2};\ b = \frac{2}{3};\ c = \frac{1}{3};\ d = -\frac{3}{4}$

d) $a = 0{,}4;\ b = 0{,}4;\ c = -1;\ d = -12$

-3 für x und 2 für y in den Term $2 \cdot x^2 + 3 \cdot x - 4 \cdot y$ einsetzen:

$2 \cdot (-3)^2 + 3 \cdot (-3) - 4 \cdot 2$

Klammern setzen, damit nicht nur 3, sondern -3 potenziert wird.

Zahlklammern nicht vergessen, damit nicht zwei Zeichen nacheinander stehen.

8 Ordne dem Term eine passende Tabelle zu. Beschreibe dein Vorgehen.

a) $2 \cdot x - 3$ **b)** $x^2 + 1$ **c)** $(x - 1)^2$ **d)** $-x^2 - 1$

(1)

x	−2	−1	0	1	2
?	5	2	1	2	5

(2)

x	1	2	3	4	5
?	−1	1	3	5	7

(3)

x	−2	−1	0	1	2
?	9	4	1	0	1

(4)

x	−4	−3	−2	−1	0
?	−17	−10	−5	−2	−1

9 Erstelle jeweils einen Term zur Berechnung des Umfangs und des Flächeninhalts

(1) des roten Rechtecks;

(2) der grünen Fläche;

(3) der gelben Fläche.

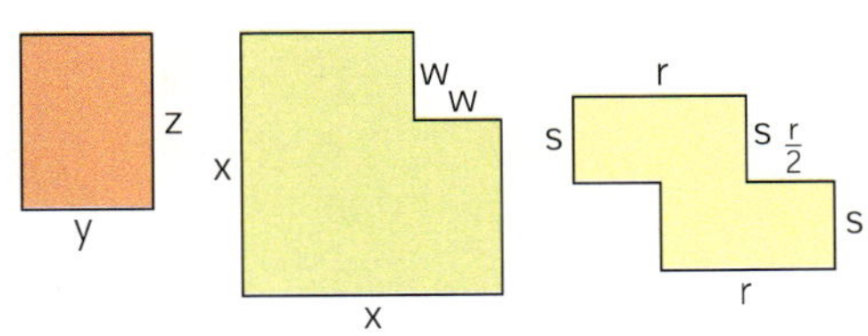

10 Anna, Bastian, Cem und Doro haben in den Term $7 - a \cdot b - c$ die Zahlen $a = 2;\ b = -3;\ c = -4$ eingesetzt und den Wert berechnet. Was meinst du dazu?

Anna	Bastian	Cem	Doro
$7 - 2 - 3 - 4$	$7 - 2 \cdot - 3 - 4$	$7 - 2 \cdot (-3) - (-4)$	$7 + 2 \cdot 3 + 4$
$= -2$	$= 9$	$= 17$	$=17$

11 Setze in den Term $2 \cdot x - x \cdot y$ ein.

(1) $x = 2;\ y = 1$ (2) $x = 1;\ y = 2$

(3) $x = 0;\ y = 1$ (4) $x = 1;\ y = 0$

(5) $x = -1;\ y = 1$ (6) $x = 1;\ y = -1$

(7) $x = 0{,}7;\ y = -1{,}1$ (8) $x = -1{,}3;\ y = 0{,}2$ (9) $x = \frac{1}{2};\ y = -\frac{2}{3}$ (10) $x = \frac{3}{4};\ y = -1{,}4$

Stelle deine Ergebnisse in einer Tabelle übersichtlich dar.

x	y	$2 \cdot x - x \cdot y$
2	1	
1	2	

12 Erfinde Rechengeschichten zu den Termen.

a) $x \cdot 1{,}50 + 0{,}55$
$x \cdot (1{,}50 + 0{,}55)$

b) $1000 : x + 10$
$(1000 + 10) : x$

c) $x \cdot 0{,}9 + y \cdot 0{,}9$
$(x + y) \cdot 0{,}9$

> *Terme:* (1) $x \cdot 6{,}50 + 4{,}50$
> (2) $x \cdot (6{,}50 + 4{,}50)$
>
> *Rechengeschichte:*
>
> (1) Marie geht mit ihren Freundinnen ins Kino. Jede bezahlt 6,50 € Eintritt. Das Popcorn für 4,50 € teilen sie.
>
> (2) Lucas und seine Geschwister bezahlen jeweils 6,50 € Eintritt und kaufen je Popcorn für 4,50 €.

13 Erstellt selbst Terme wie in Übung 12 und erfindet dazu eine Rechengeschichte. Lest dann gegenseitig eure Rechengeschichte vor und stellt den Term auf.
Stimmt dieser mit dem eigenen Term überein? Wenn nicht, findet heraus, ob die Terme wertgleich zueinander sind oder wo ein Fehler vorliegt.

Weglassen von Malpunkten

14 Welche Malpunkte darfst du weglassen, ohne Fehler zu machen?
Vereinfache so weit wie möglich.

a) $3 \cdot a \cdot b$
b) $4 \cdot 5 \cdot x$
c) $7 \cdot (a - 8 \cdot 6)$
d) $2 \cdot \frac{1}{2} + \frac{3 \cdot x}{2}$
e) $3 \cdot 5^2 - 1 \cdot x$
f) $(4 + x) \cdot (4 - x)$
g) $5 \cdot x^2 \cdot 3 \cdot y$
h) $-2 \cdot p^3 - 3 \cdot (p - q)$
i) $a^3 \cdot 7 \cdot 1 \cdot b^2 \cdot c$
j) $z \cdot (1 \cdot 1) \cdot w$

> Sofern Missverständnisse ausgeschlossen sind, dürfen Malpunkte zur Vereinfachung auch weggelassen werden.
>
> $4ab$ statt $4 \cdot a \cdot b$
> $2(x + y)$ statt $2 \cdot (x + y)$
>
> **aber nicht**
>
> ~~45 statt $4 \cdot 5$~~
> ~~$2\frac{1}{2}$ statt $2 \cdot \frac{1}{2}$~~
>
> Für $1 \cdot x$ schreibt man einfach nur x.

15 Carl wollte sich beeilen und hat beim Lösen der Aufgaben offenbar nicht sorgfältig genug gearbeitet.
Finde heraus, was er falsch gemacht hat. Korrigiere Carls Aufzeichnungen.

> Berechne für die Einsetzungen $x = 2$; $y = 3$; $z = -4$ die Werte der Terme.
> a) $3x + 5y - 10 + z^2$ b) $(2z + x) \cdot (yx)$

$3 \cdot 2 + 53 - 10 + z^2$
$= 32 + 53 - 10 + z^2$
$= 75 + z^2$

$(2 \cdot (-4) + 2)(3 \cdot 2)$
$= (-8 + 2) \cdot 6$
$= 10 \cdot 6$
$= 60$

Berechnung des Werts eines Terms mithilfe eines Rechners

WES-127827-002
Formeleingabe

WES-127827-003
Varibablendefinition

16 Das Rechnen mit Termen kann man von Computern oder Taschenrechnern mit Computer-Algebra-System (CAS) erledigen lassen.
Berechne den Wert des Terms mithilfe eines Computer-Algebra-Systems.

a) $x - 2 \cdot y$ mit $x = 1,\ y = 3$

b) $x^2 + x - \sqrt{x}$ mit $x = 5$

c) $\left(\frac{1}{2} \cdot z + 9 \cdot y^2\right)^2$ mit $y = \frac{2}{3},\ z = \frac{4}{5}$

Berechne den Wert des Terms:
$4 \cdot x^2 + 7 \cdot y$ für $x = 2$ und $y = 3$
Zuerst wird den Variablen ein Wert zugewiesen. Nach Eingabe des gegebenen Terms gibt der Rechner den Wert des Terms aus.

Eingabe	Ausgabe
$2 \Rightarrow x$	2
$3 \Rightarrow y$	3
$4 \times x^2 + 7 \times y$	37

Typische Symbole zum Zuweisen eines Werts zu einer Variablen sind: ⇒ ; ≔ ; :=

17 Beim Eingeben in den Taschenrechner muss man auf die Malpunkte achten.

a) Mit dem Rechner wurde der Wert verschiedener Terme für $x = 5$ und $y = -7$ bestimmt.
Beschreibe, wie das CAS auf das Weglassen von Malpunkten reagiert.
Wie ist das bei deinem System?

b) Welche Malpunkte darfst du weglassen, ohne Fehler zu machen? Gib den vereinfachten Term an und berechne dessen Wert für $x = -3,\ y = \frac{1}{2},\ s = -15$ und $t = 35$ mithilfe deines Rechners.

(1) $3 \cdot x \cdot y$ (2) $4 \cdot 5 \cdot x$

(3) $2 \cdot \frac{1}{2} + \frac{3 \cdot x}{2}$ (4) $-2 \cdot s^3 - 3 \cdot (s - t)$

Eingabe	Ausgabe
$5 \Rightarrow x$	5
$-7 \Rightarrow y$	−7
$3 \times x$	15
$3x$	15
$x3$	15
$x \times y$	−35
xy	−35
yx	−35

18 Es gibt Rechner, die zwischen Variablen und alphabetischen Zeichen unterscheiden. Auch alphabetische Zeichen oder ganze Wörter lassen sich mit Zahlenwerten belegen. Dazu kann man wie dargestellt vorgehen.
Erläutere, worauf bei der Berechnung der Werte von Termen zu achten ist, wenn man alphabetische Zeichen als Variablen verwendet.

Eingabe	Ausgabe
a:=2	2
b:=3	3
a×b	6
ab	ab

19 Untersuche, ob das Computer-Algebra-System deines Rechners zwischen Groß- und Kleinschreibung bei der Arbeit mit Variablen und alphabetischen Zeichen unterscheidet.

Rechenbaum und Struktur eines Terms

20 Bei der Berechnung des Wertes eines Terms wird eine Rechenoperation zuletzt ausgeführt.
Zeichne für den gegebenen Term einen Rechenbaum und gib die Rechenoperation an, die zuletzt ausgeführt wird.

a) $4a:(x-2)$ **b)** $x:3-9z$
c) $(5y+6z)^2$ **d)** $5y-6z^2$

Term: $7x+8y$
Rechenbaum:

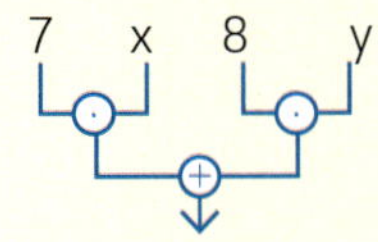

Die zuletzt ausgeführte Rechenoperation ist eine Addition.

Information

Struktur eines Terms

Die bei der Berechnung des Wertes des Terms zuletzt ausgeführte Rechenoperation legt die **Struktur des Terms** fest.

Rechenoperation, die zuletzt ausgeführt wird		Struktur des Terms
Addition	⊕	Summe
Subtraktion	⊖	Differenz
Multiplikation	⊙	Produkt
Division	(:)	Quotient
Potenz	(hoch)	Potenz

Term: $(2-u)\cdot(8+k)^2$
Rechenbaum:

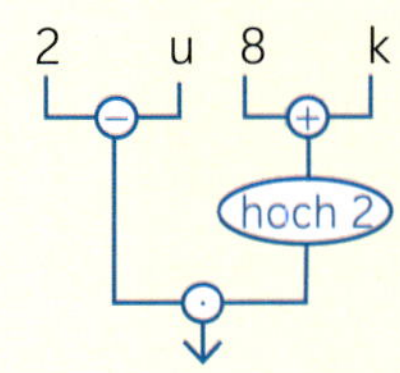

Die zuletzt ausgeführte Rechenoperation ist eine Multiplikation. Daher ist die Termstruktur ein *Produkt*.

21 Gib zu dem Rechenbaum den Term sowie dessen Struktur an. Beschreibe ihn auch mit Worten.

a)
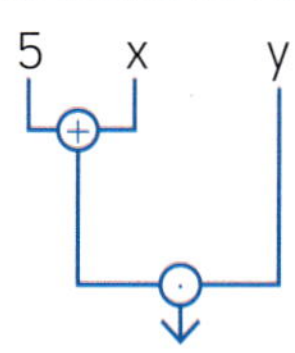

b)
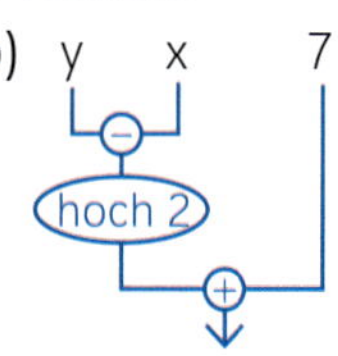

c)
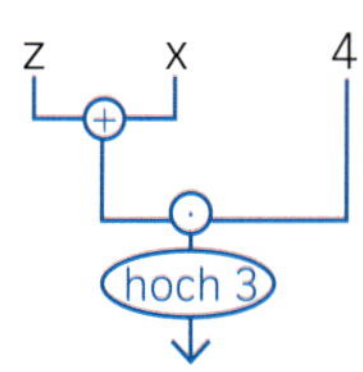

d)
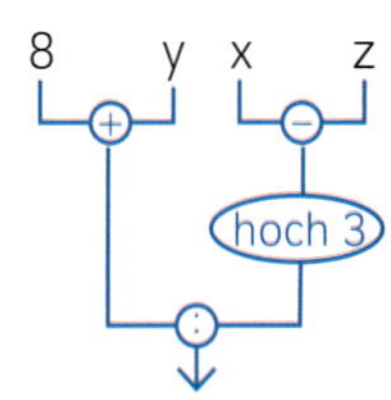

22 Bestimme die Struktur des Terms.

a) $3\cdot(x+7)$ **b)** $3\cdot x+7$ **c)** $24:(m-2)$ **d)** $24:m-2$
e) $(12-t)\cdot(r+4)$ **f)** $12-(t\cdot r+4)$ **g)** $3+7\cdot b^2$ **h)** $(3+7\cdot b)^2$

23 Erstelle den Rechenbaum zum Term und gib die Struktur des Terms an.

a) Multipliziere 87 mit der Summe der Zahlen 98 und x. Setze anschließend $x=121$ ein und berechne den Term.

b) Dividiere 120 durch die Differenz aus $2w$ und 4. Setze dann $w=17$ ein und berechne den Term.

c) Subtrahiere das Produkt von 18 und z von der Summe aus $27z$ und $9z$. Setze dann $z=4$ ein.

24 Stelle den Term auf. Notiere auch die Struktur des Terms.
a) Addiere x zur Summe der Zahlen 25 und y.
b) Multipliziere die Summe der Zahlen x und y mit deren Differenz.
c) Subtrahiere von dem Produkt der Zahlen a und b den Quotienten dieser Zahlen.
d) Dividiere die Summe aus x und 6 durch die dritte Potenz von 2.
e) Subtrahiere das Quadrat der Zahl s von der Summe der Zahlen r, s und t.

25 Übernehmt die beiden Terme in eure Hefte.
(1) $15 \cdot x - 10 \cdot m + 120 \cdot g : 5$ (2) $44 \cdot g : 11 \cdot z + 121 - 66 \cdot w$
Ergänzt in den Termen Klammern, sodass diese die angegebene Struktur haben. Vergleicht und entscheidet, wer mehr Möglichkeiten gefunden hat.
a) Summe **b)** Quotient **c)** Produkt **d)** Differenz

26 Findet jeweils drei verschiedene Einsetzungen für x und y, sodass der Term $3x - 4xy$ einen Wert nahe bei
(1) 20; (2) −20,8; (3) −123,4; (4) 0 annimmt.
Teilt eure Überlegungen miteinander. Vergleicht eure Vorgehensweisen.

Weiterüben

27 Die Klasse 8a möchte Kantenmodelle von verschieden großen Quadern mit quadratischer Grundfläche herstellen.

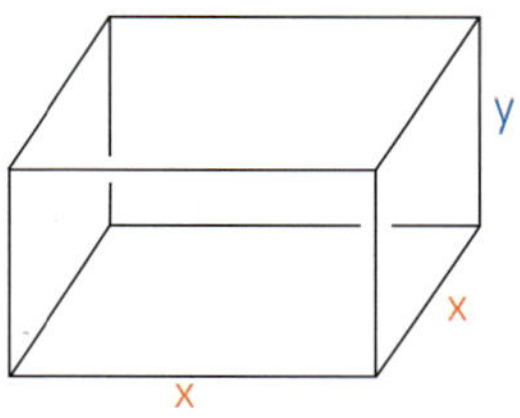

a) Erstelle einen Term zur Berechnung der Drahtlänge (in cm), die man für die Quader benötigt.
b) Berechne mithilfe des Terms aus a) die benötigte Drahtlänge für Quader mit den folgenden Kantenlängen (in cm):
(1) $x = 5;\ y = 8$; (2) $x = 7;\ y = 7$
c) Aus einem 60 cm langen Draht soll ein Quader von 7 cm Höhe hergestellt werden. Prüfe, ob das möglich ist.

28 In der abgebildeten Figur ist die Größe der Winkel α und β angegeben.

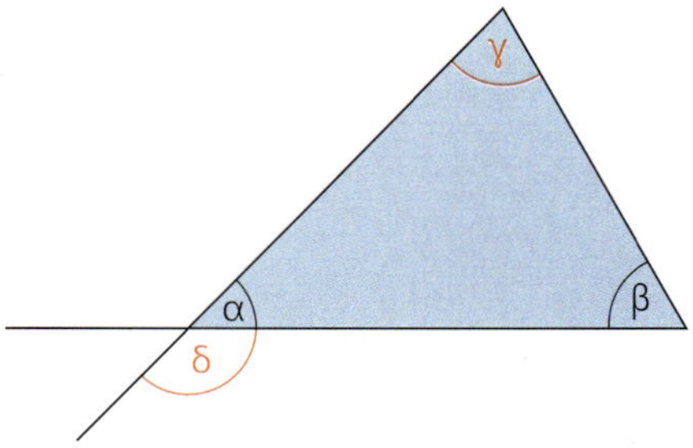

a) Stelle je einen Term für die Größe der Winkel γ und δ auf.
b) Berechne die Größe dieser Winkel für:
(1) $\alpha = 40°;\ \beta = 50°$
(2) $\alpha = 40°;\ \beta = 40°$
(3) $\alpha = 63°;\ \beta = 102°$

29 Die Formel zum Berechnen des Volumens eines Quaders lautet: $V = a \cdot b \cdot c$
a) Berechne das Volumen des Quaders für die folgenden Werte.
(1) $a = 3\,cm;\ b = 7\,cm;\ c = 1\,cm$ (2) $c = 3\,m;\ b = 2{,}5\,m;\ a = 4\,m$
(3) $a = 10\,mm;\ b = 10\,mm;\ c = 20\,mm$ (4) $c = 15\,cm;\ b = 4\,cm;\ a = 1\,dm$
b) Für einen besonderen Quader gilt folgende Formel: $V = z \cdot (3 - z) \cdot (4 - z)$.
Welche Zahlen darfst du für z einsetzen? Welche nicht?

30 Die Klasse 8 b stellt für einen Wohltätigkeitsbasar Bilderrahmen in unterschiedlichen Größen aus Holzleisten her. Wählt ein Leistenprofil und erstellt einen Term für den Leistenbedarf eines Bilderrahmens. Vergleicht euer Vorgehen und die Ergebnisse für die verschiedenen Leistenprofile.

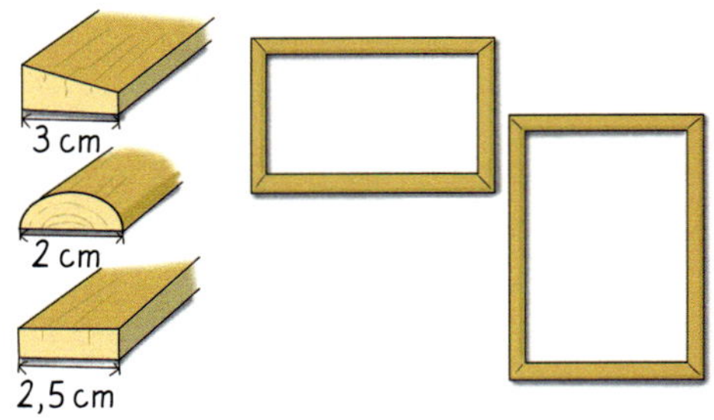

31 Marvin hat vergessen, die Terme zu seinen beiden Wertetabellen zu notieren.
a) Wie könnten diese Terme heißen?
b) Erstellt selbst fünf verschiedene Wertetabellen. Tauscht die Tabellen aus und bestimmt dann die Terme. Vergleicht anschließend.

x	?
−2	−3
−1	−1
0	1
1	3
2	5
3	7
4	9

x	?
−2	4
−1	1
0	0
1	1
2	4
3	9
4	16

32 Betrachte die folgenden aus Punkten zusammengesetzten Figuren.
Lege eine Wertetabelle wie abgebildet an. Stelle dann einen Term für die Anzahl der Punkte in der n-ten Figur auf.

Nr. der Figur	Anzahl der Punkte in der Figur
1	
2	
3	
...	...

a) 

b) 

c) 

33 Die Abbildung stellt die ersten Figuren einer „Figurenfolge“ dar.

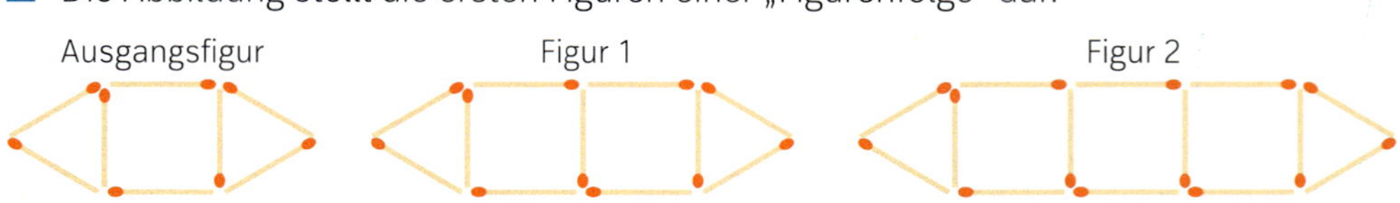

a) Berechne die Anzahl der Streichhölzer für die Figur 60 mit einem geeigneten Term.
b) Kann es eine Figur mit genau 51 Streichhölzern geben?
Begründe deine Antwort durch eine Rechnung.

34 ≡ Zeichne verschiedene Figuren zu dem angegebenen Term.

a) Umfang: $6 \cdot x + 6 \cdot y$ **b)** Flächeninhalt: $a^2 - b^2$

35 ≡ Eine Kinovorstellung wird von x Erwachsenen und y Kindern besucht. Die Erwachsenen zahlen p Euro, die Kinder q Euro Eintritt.

a) Erkläre, was die folgenden Terme bedeuten können:

(1) $8 \cdot x + 4{,}5 \cdot y$ (2) $158 \cdot p + 44 \cdot q$

(3) $215 \cdot q$ (4) $p \cdot x + \frac{1}{2} p \cdot y$

b) Stellen einen Term für die Gesamteintrittskosten aller Personen auf.

c) Der Preis für Erwachsene soll um 1 Euro erhöht werden. Beschreibe die neuen Eintrittskosten für x Erwachsene und y Kinder mit einem Term. Wie ändert sich dieser Term, wenn zugleich der Preis für Kinder um 50 Cent ermäßigt wird?

36 ≡ Das abgebildete Quadrat hat die Seitenlänge $n = 3$.
Es besteht aus neun kleinen Quadraten mit Seitenlänge 1, von denen vier Eckquadrate (E), eines ein Innenquadrat (I) und vier Randquadrate (R) sind.

E	R	E
R	I	R
E	R	E

a) Stelle in einer Tabelle die Anzahl der Eck-, Innen- und Randquadrate für Quadrate mit den Seitenlängen $n = 4, \ldots, 8$ auf.

b) Stelle Terme für die Anzahl der Eck-, Innen- und Randquadrate für ein Quadrat mit der Seitenlänge n auf.

Das kann ich noch!

A Berechne die Größe der eingezeichneten Winkel.

1)

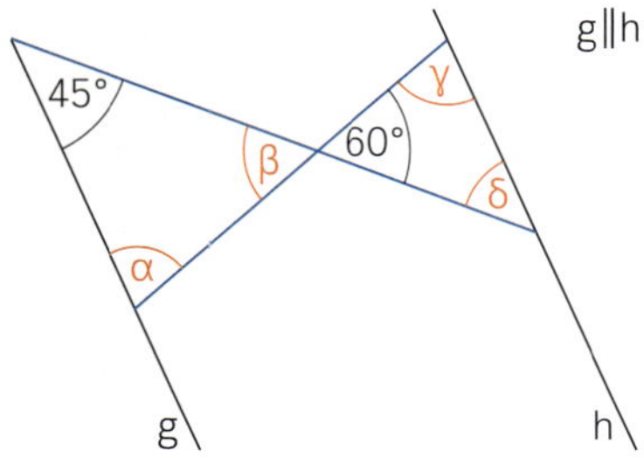

2)

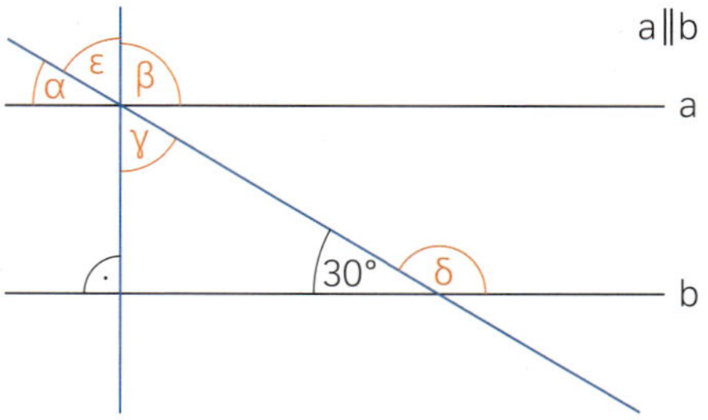

B Um was für ein Viereck handelt es sich? Berechne seinen Flächeninhalt.

1)

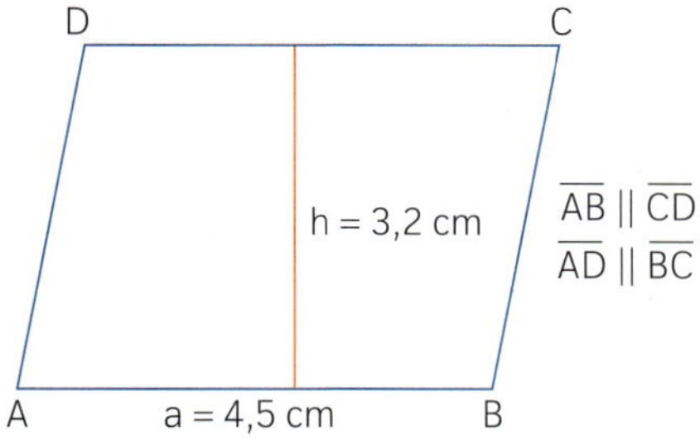

2)

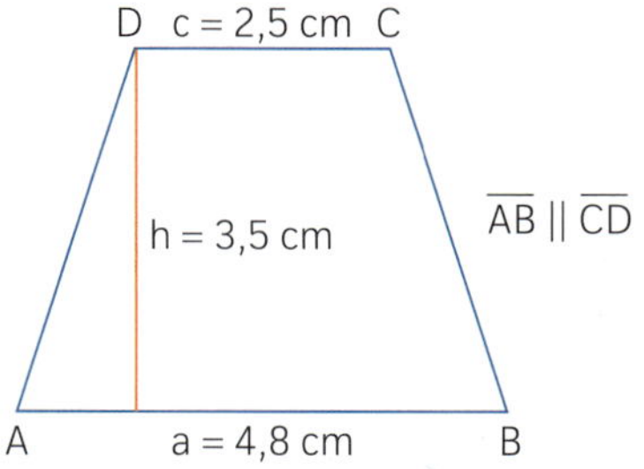

1.2 Addieren und Subtrahieren von Termen

Einstieg

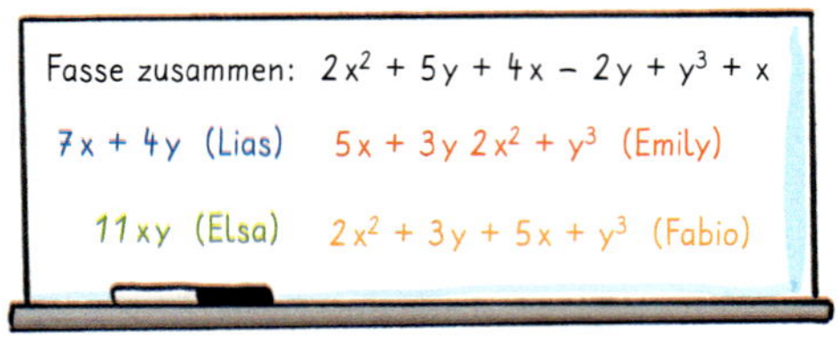

Lias, Emily, Elsa und Fabio haben versucht, den Term an der Tafel zusammenzufassen.
Überprüft die vier Vorschläge.

Aufgabe mit Lösung

Addieren von Termen

Veranschauliche die drei Terme geometrisch. Vereinfache diese anschließend.

(1) $3 \cdot x + 2 \cdot x + 2 \cdot y + y$ (2) $3 \cdot x \cdot y + 2 \cdot x \cdot y$ (3) $2 \cdot x \cdot y^2 + x \cdot y^2$

Lösung

(1) Die Terme lassen sich durch Strecken veranschaulichen. Teilstrecken gleicher Länge kann man zusammenfassen.

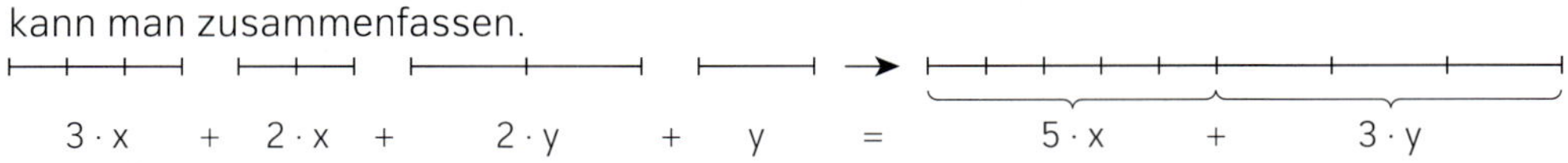

(2) Die Terme kann man durch Rechtecke veranschaulichen und zusammenfassen.

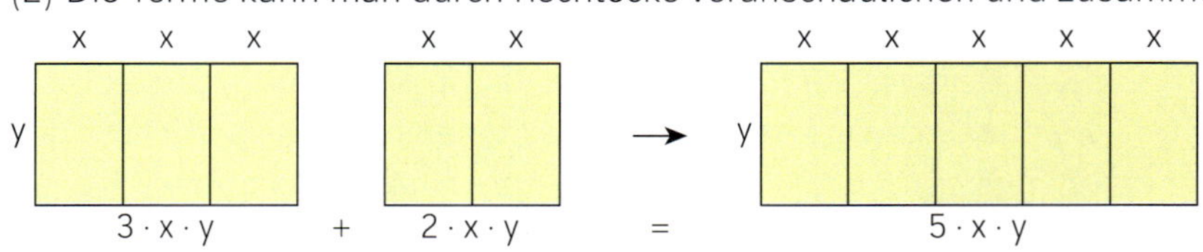

(3) Die Terme kann man durch Quader veranschaulichen und zusammenfassen.

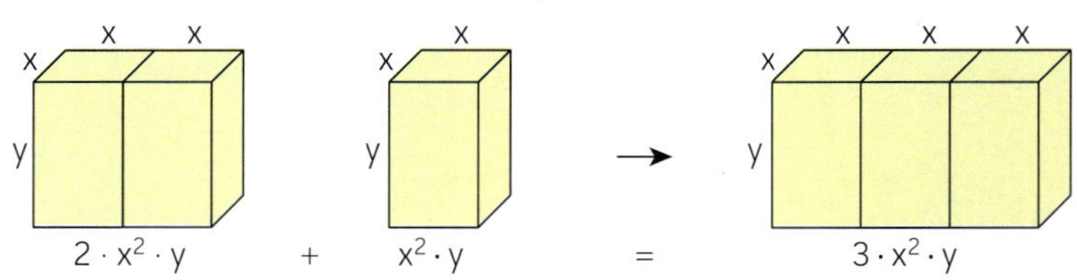

Die folgenden Termvereinfachungen sind falsch. Begründe durch geometrische Veranschaulichung, warum diese falsch sind.

~~$3 \cdot x + x^2 = 4 \cdot x^3$~~ ~~$x^2 \cdot y + x \cdot y^2 = 2 \cdot x^2 \cdot y^2$~~

Lösung

Die Strecke für $3 \cdot x$ und das Quadrat für x^2 kann man geometrisch nicht zusammenfügen.

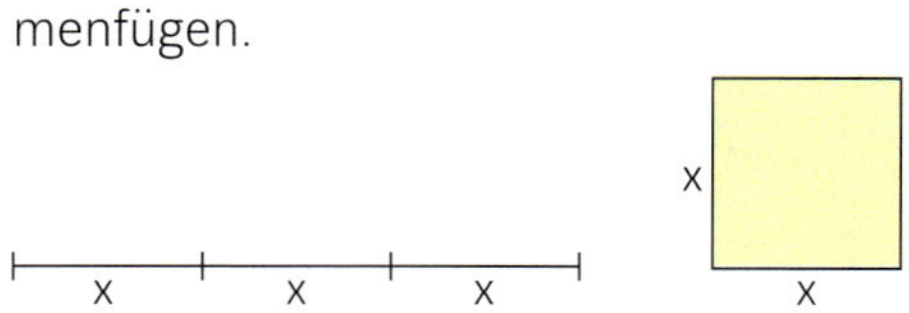

Die Quader für $x^2 \cdot y$ und $x \cdot y^2$ sind verschieden geformt, sodass man sie nicht geometrisch zusammenfügen kann.

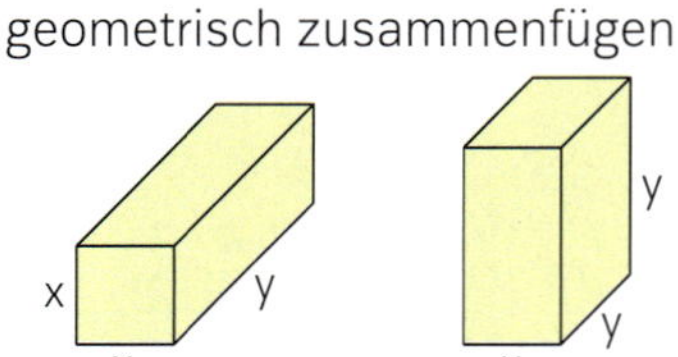

Information

Addieren und Subtrahieren von Termen

Terme, die sich nur in den Zahlfaktoren (Koeffizienten) unterscheiden, nennt man **gleichartig**.
Gleichartige Terme werden **addiert** oder **subtrahiert**, indem man die Koeffizienten addiert oder subtrahiert und die gemeinsamen Variablen beibehält.
Das Zusammenfassen gleichartiger Terme führt zu einem vereinfachten Term.

gleichartige Terme:
$-5xy^2$ und $3xy^2$
$\frac{3}{4}pr$ und $-\frac{1}{2}pr$

Hier wurden die Malpunkte weggelassen.

(1) $-5xy^2 + 3xy^2 + y^2$
$= -2xy^2 + y^2$

(2) $\frac{3}{4}pr - \frac{1}{2}pr + p$
$= \frac{1}{4}pr + p$

Distributivgesetz:
$-5xy^2 + 3xy^2 = (-5+3)xy^2 = -2xy^2$

Üben

1 Vereinfache durch Zusammenfassen.
a) $4x + 2x$ **b)** $7y + 1y$ **c)** $9m - 5m$ **d)** $14y - 14y$
e) $1{,}2r - 1{,}4r$ **f)** $-3{,}45w + 2{,}13w$ **g)** $0{,}7q^3 - 0{,}25q^3$ **h)** $\frac{2}{3}x^2 - \frac{1}{6}x^2$

2 Vereinfache die Terme, wenn möglich.
a) $a + a + b$ **b)** $a^2 + a + a - p$ **c)** $c + a + a + a + b$ **d)** $ab + ab + ab$
e) $a^2 + a + a + ab$ **f)** $x^2y + x^2y + xy$ **g)** $u^2w + u^2w + uw^2$ **h)** $a^3 + a^2 - 2a$

3 Finde Paare gleichartiger Terme und fasse sie zusammenfassen.
$2a^2$ | $3ac^2$ | $3a^2c^2$ | $-5a^2c$ | $-c$ | $\frac{1}{2}\cdot\frac{a}{c}$
$-3\cdot c$ | $-4\cdot a^2$ | $2a\cdot a\cdot c$ | $8\cdot a\cdot c\cdot c$ | $-4\cdot a^2\cdot c^2$ | $3\cdot\frac{a}{c}$

4 Schreibe ausführlich als Summe.
a) $7z$ **b)** $2a + 3b$ **c)** $3xy + 3y^2 + 3x^2$ **d)** $2x + 3$
e) $m^2 + 3w^2$ **f)** $8k^2j + 2kj^2$ **g)** $2a^2 + 4ab$ **h)** $4g^3 + 2g^2 + 5g$

5 Lässt sich der Term zusammenfassen oder nicht? Begründe.
a) $2xy + 2x$ **b)** $12d - d$ **c)** $2xy - 2yx$ **d)** $z^2 + 9z$

CAS **6** Vereinfache den Term mit deinem Rechner.
a) $\frac{11}{3}a + 2{,}3a^2 - 1{,}8a + \frac{1}{4}a^2 - 0{,}7a$
b) $\frac{x}{4} - \frac{1}{2} - \frac{x}{5} - \frac{3}{5} + \frac{x}{20}$
c) $st + ts + 0{,}5t^2 - 3{,}75s^2$

Vereinfache: $3x - 2y + x^2 - y + x$

$3x - 2y + x^2 - y + x$
$x^2 + 4\cdot x - 3\cdot y$

7 Begründe geometrisch, dass die Terme falsch zusammengefasst wurden.
(1) $x + x^2 = x^3$ (2) $x + x^2 = 2x^3$ (3) $x + x^2 = 2x$ (4) $x + x^2 = 2x^2$

Wertgleichheit von Termen

WES-127827-004
Tabellen

8 Erstelle mit deinem Rechner eine Wertetabelle für die Terme $4xy^2 + xy^2$ und $5xy^2$.
Was kannst du über die Werte der Terme in der Tabelle aussagen?

	A	B	C	D
1	*x*	*y*	4*xy*^2+*xy*^2	5*xy*^2
2	−2	0	0	0
3	−1	1	−5	−5
4	0	2	0	
5	1	3	45	
6	2	4		
7	3	5		

Information

Wertgleiche Terme

Zwei Terme sind **wertgleich**, wenn sich bei jeder beliebigen Einsetzung übereinstimmende Werte ergeben.
Man kann zwei wertgleiche Terme durch ein Gleichheitszeichen verbinden.
Die Addition oder Subtraktion gleichartiger Terme führt zu einem Term, der wertgleich zum gegebenen Term ist.

a	b	$2a + b + a$	$3a + b$
−2	0	$2 \cdot (-2) + 0 + (-2) = -6$	$3 \cdot (-2) + 0 = -6$
0	0	$2 \cdot 0 + 0 + 0 = 0$	$3 \cdot 0 + 0 = 0$
2	3	$2 \cdot 2 + 3 + 2 = 9$	$3 \cdot 2 + 3 = 9$

Auch noch so viele Beispiele liefern keinen Beweis für die Wertgleichheit der Terme.
Laut Kommutativgesetz gilt aber:
$2a + b + a = 2a + a + b = 3a + b$

9 Zeige jeweils, dass die beiden Terme nicht wertgleich sind.

a) $(a + x)^2$ und $(a + x) \cdot 3$
b) $(u \cdot v)^2$ und $u \cdot v^2$
c) $(-x)^2$ und $-x^2$
d) uw^2 und u^2w

10 Einige der Terme rechts liefern bei allen Einsetzungen übereinstimmende Werte. Finde heraus welche.
Erläutere, wie du dabei vorgehst.

aba $5a^2b$ $4a^2b + a^2b$ a^2b $a^2b + ab^2$ $a + a + b$ $2a^2b^2$

11 Übernimm die nachstehende Wertetabelle in deinen Rechner und berechne weitere Werte der Terme. Nimm anschließend Stellung zu Bens Aussage.

x	y	$x^2y + xy^2$	$2xy$
0	1	0	0
0	2	0	0
0	3	0	0
⋮	⋮	⋮	⋮

Vertauschen von Additions- und Subtraktionsschritten

12 Wandle den Term $-2{,}5 - 7w + 5w^2 - 9w$ in eine Summe um. Wende dann das Assoziativ- und das Kommutativgesetz an, um ihn zu vereinfachen.
Formuliere eine Vermutung zum Vertauschen von Additions- und Subtraktionsschritten in einem Term.

Information

Vertauschen von Additions- und Subtraktionsschritten

Aufeinanderfolgende Additions- und Subtraktionsschritte darf man beliebig vertauschen.

$-4x + 2x^2 - 5x$

$= -4x - 5x + 2x^2$

$= \quad -9x \quad + 2x^2$

Vergiss nicht das Minuszeichen mitzunehmen

13 Ordne wertgleiche Terme einander zu.

$3x + 5x - 7x$ | $\frac{3}{4}x - \frac{3}{2}x + 1{,}75x$ | $2{,}5x + 7{,}5x - 10x$

$2{,}2x - 3{,}1x - 0{,}2x$ | $8x + 6x - 14x$ | $14x - 19x + 6x$ | $-12x + 3x + 8x$

14 Vereinfache den Term soweit wie möglich.

a) $5a + 11 + 7a$
b) $4x^2 + 13x - 2x^2$
c) $8u - 3u^2 + 6$
d) $4xy + xy - 9xy$
e) $14yz - 4zy$
f) $-8uv - 7uv + uv$
g) $-9rt + rt - 3rt$
h) $4g^3 + 2g^2 + 5g$

15 In der Termmauer werden die Terme nebeneinanderstehender Steine addiert, um den darüberstehenden zu erhalten. Vervollständige die Mauer im Heft.

a) Unterste Reihe: $3n + 1$ | $-3 + n$ | $-6n + 5$

b) Unterste Reihe: $3x - 2y$ | $5y + x$ | $-3x + 1$

16 Vereinfache den Term.

a) $3a - 2b + b^2 - b + a$
b) $y^2 - 2z + z^2 - 3 + z$
c) $4u - 2v^2 + v + u^2 + 2v^2$
d) $p^2 + q^2 - p - q + q^2 - p^2$
e) $5d + d^3 - d^2 - d + d^2 - 7$
f) $2h + 7g - 7g^2 - h$
g) $2x - x^3 + 5 + 2x^3 - 7x + 5x^2 - 5$

$7x + 3z - 2x^2 + 5x - z - x^2$

$= 12x + 2z - 3x^2$

$= -3x^2 + 12x + 2z$

Ordne die Variablen nach dem Alphabet und nach der Größe des Exponenten. Farbige Markierungen helfen, den Überblick beim Vergleich zu behalten.

Weiterüben

17 Ergänze passend im Heft.

a) $3x + 7x + ■ = 12x$
b) $-4a - 3a + ■ = a$
c) $4y - 9y + ■ = -3y$
d) $2a + ■ - b + ■ = 6a + 5b$
e) $-x \cdot 4 + y - ■ + ■ = -2y + 8x$
f) $■ + 3x - ■ - 12y = x \cdot 5 - 17y$

18 Finde Pärchen wertgleicher Terme. Die richtige Reihenfolge der Zuordnung ergibt ein Lösungswort.

$1{,}6a + 1{,}7a^2$ C
4 $6{,}2a + 6a^2 + \frac{5}{4}a$
$6a^2 + 7{,}45a$ N
$4a - 5a^2 + 2a^2$ E
$-0{,}5a^2 + 3a - a^2$ S
1 $-\frac{3}{2}a^2 + 3a$
5 $-3a^2 + 4a$
2 $0{,}2a + 0{,}3 \cdot a^2 + 1{,}2a - 2a^2$
$-1{,}7a^2 + 1{,}4a$ A
$3a^2 + 4a + 6$ L
$-8a + 12a^2 + 6$ H
3 $3 \cdot 4 \cdot a \cdot a - 5a + 6 - 3a$

19 Berechne den Wert des Terms $3x - \frac{3}{4}x^2 + 5x - \frac{1}{2}x^2 + \frac{3}{4} + 2x^2$ für $x = \frac{1}{2}$
(1) ohne den Term vorher zu vereinfachen; (2) nachdem du ihn vereinfacht hast.
Kommentiere.

20 Bilde alle möglichen Summen, deren erster Summand auf dem linken und deren zweiter Summand auf dem rechten Zettel steht.

Linker Zettel: $2x - y$; $-x + y$; $x^2 - x$

$+$

Rechter Zettel: $-2y + 1$; $x - y$; $y - y^2$

21 Für den Umfang u des Rechtecks kannst du zwei Formeln aufstellen:
$u = 2a + 2b$ und $u = 2 \cdot (a + b)$

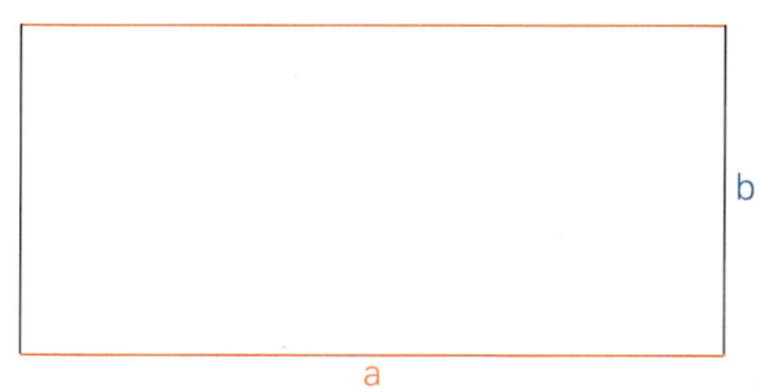

a) Begründe die Formeln.
b) Bestätige durch Einsetzen von a und b (in cm) in beide Formeln, dass sich derselbe Wert für u ergibt.
(1) $a = 7;\ b = 5$ (2) $a = 1{,}7;\ b = 2{,}8$ (3) $a = \frac{5}{6};\ b = \frac{1}{3}$ (4) $a = 0{,}3;\ b = \frac{1}{3}$

22 Frau Meier und Frau Müller berechnen die Größe eines Grundstücks der nebenstehenden Form.

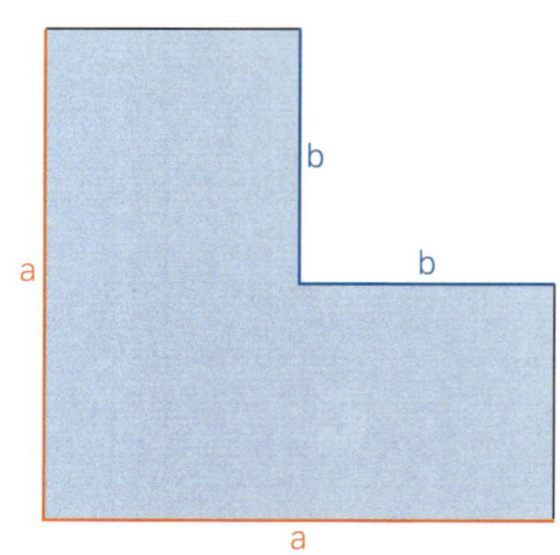

a) Sie stellen unterschiedliche Terme für den Flächeninhalt des Grundstücks auf. Gib zwei Terme an.
b) Berechne den Flächeninhalt durch Einsetzen in einen der beiden Terme und prüfe das Ergebnis durch Einsetzen in den anderen Term (Maße in m).
(1) $a = 20;\ b = 5$ (2) $a = 24{,}5;\ b = 4{,}5$

23 ≡ Die Terme $2x + y$ und $2 \cdot (8x + y)$ sind nicht wertgleich. Trotzdem können sie bei bestimmten Einsetzungen für x bzw. y denselben Wert annehmen.

a) Gib eine Einsetzung für x bzw. y an, die die Wertgleichheit widerlegt.

b) Finde Einsetzungen für x und y, so dass die Terme trotzdem denselben Wert haben.

24 ≡ Stelle einen passenden Term auf. Finde und notiere dann einen wertgleichen Term.

a) Bilde die Differenz aus dem Vierfachen von a und dem Vierfachen von b.

b) Bilde das Quadrat der Differenz aus a und b.

c) Multipliziere die Differenz aus a und b mit 4.

d) Subtrahiere das Zweifache des Produktes aus a und b vom Quadrat von a und addiere schließlich das Quadrat von b.

25 ≡ Betrachte eine natürliche Zahl n.

a) Zeige mit Termen: Die Summe von drei aufeinanderfolgenden natürlichen Zahlen ist immer durch 3 teilbar.

b) Untersuche, ob die Summe von vier (fünf, ...) aufeinanderfolgenden natürlichen Zahlen immer durch 4 (durch 5, ...) teilbar ist.

26 ≡ Magische Quadrate haben die Menschen schon lange fasziniert. In magischen Quadraten hat die Summe der Zahlen in jeder Zeile, Spalte und Diagonalen denselben Wert. Das Erstellen von magischen Quadraten ist nicht einfach. Erstellt man ein magisches Quadrat mit Variablen, so erhält man durch Einsetzen von Zahlen beliebig viele magische Quadrate.

a) Weise nach, dass das 3×3-Quadrat rechts magisch ist.

b) Vervollständige das 4×4-Quadrat rechts so, dass es magisch wird.

$x + z$	$x + y - z$	$x - y$
$x - y - z$	x	$x + y + z$
$x + y$	$x - y + z$	$x - z$

u	$v + w$		y
$x - z$	y	u	
	x	v	$u - z$
v		$y + w$	x

27 ≡ Für eine Leuchtreklame werden Buchstabenumrisse aus LED-Ketten hergestellt. Gib einen Term für den Umfang des Buchstabens an und vereinfache den Term.

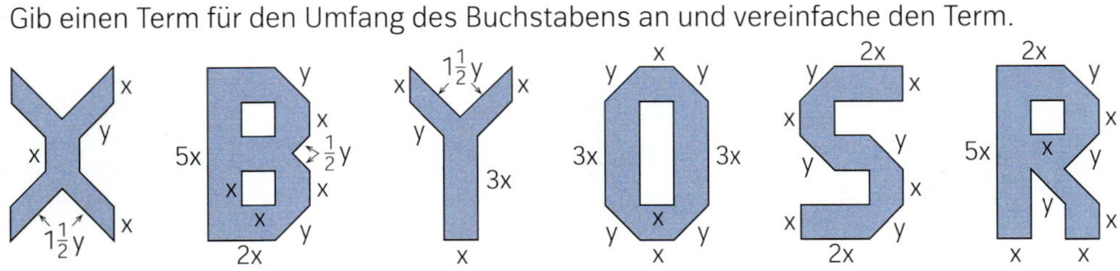

Das kann ich noch!

A Berechne im Kopf.

1) 7 % von 200 kg 2) 4 % von 50 € 3) 2 % von 250 l 4) 1,5 % von 600 m

5) 25 % von 2 km 6) 40 % von 500 m² 7) 150 % von 12 h 8) 0,5 % von 80 g

1.3 Multiplizieren und Dividieren von Termen

Einstieg

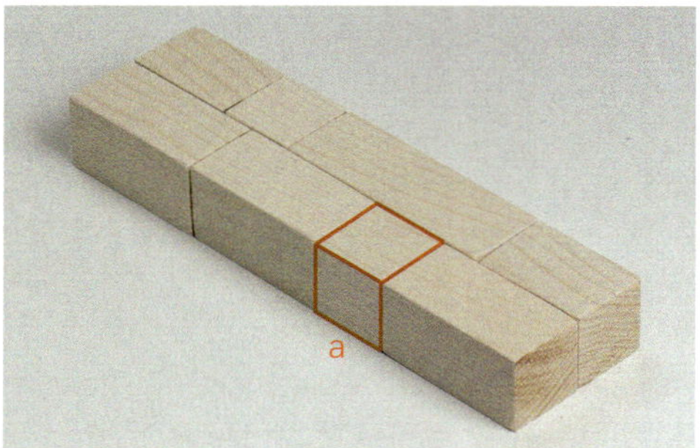

Bauklötze gibt es als Würfel und Quader. Die Quader sind 1,5-mal, 2-mal sowie 3-mal so breit wie einer der Würfel. Stellt einen Term für das Volumen der Quader und Würfel sowie für den zusammengesetzten Körper links auf. Überlegt, wie viele Quader aus zwei Würfeln man bräuchte, um den zusammengesetzten Körper nur daraus zusammenzustellen.

Aufgabe mit Lösung

Multiplizieren und Dividieren von Termen

→ Gib einen Term für den Umfang des Dreiecks an und vereinfache ihn.

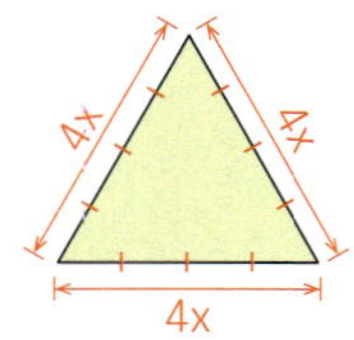

Lösung

Der Umfang des Dreiecks ergibt sich als Summe der drei Seitenlängen bzw. als Dreifaches einer Seitenlänge:

$4x + 4x + 4x = 3 \cdot (4x) = 12x$

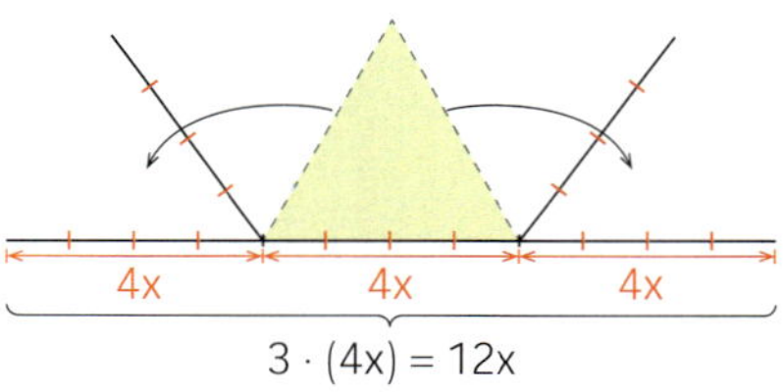

→ Gib jeweils einen Term für den Flächeninhalt des Quadrats und des Rechtecks an. Vereinfache ihn dann.

Lösung

Die Flächeninhalte ergeben sich jeweils als Produkte der Seitenlängen:

(1) $(3a)^2 = 3a \cdot 3a = 9a^2$

(2) $2x \cdot 4y = 8xy$

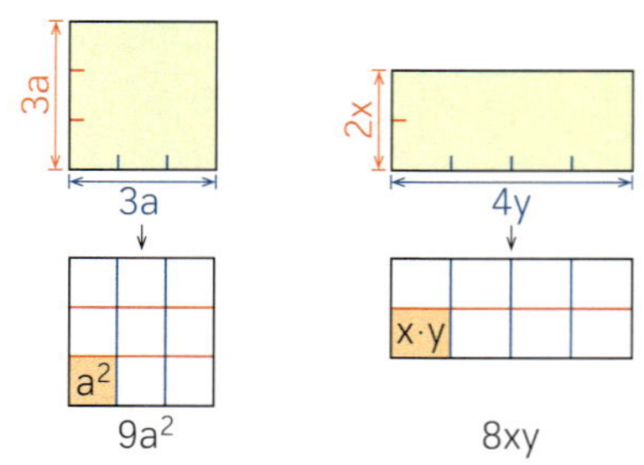

→ Gib einen Term für das Volumen des Quaders rechts an und vereinfache ihn. Der Quader wird in drei gleich große Teile zerlegt. Gib das Volumen eines Teils an.

Lösung

Das Volumen des Quaders erhält man durch Multiplizieren der Kantenlängen:

$6a \cdot b \cdot b = 6ab^2$

Für das Volumen eines Teils gilt dann:

$6ab^2 : 3 = 2ab^2$

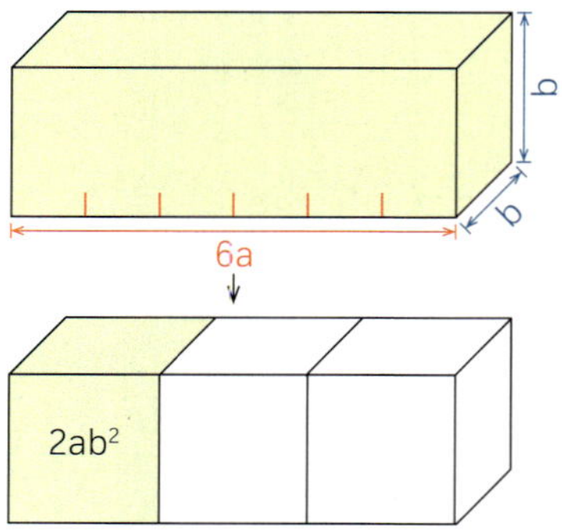

Information

Multiplizieren und Dividieren von Termen

Beim Multiplizieren von Produkten darf man die einzelnen Faktoren beliebig vertauschen.
Spezialfälle sind:

1) Man multipliziert ein Produkt mit einer Zahl, indem man nur einen Faktor mit der Zahl multipliziert. Ein negatives Vorzeichen wird dabei wie der Faktor −1 behandelt.
2) Man dividiert ein Produkt durch eine Zahl, indem man nur einen Faktor durch die Zahl dividiert.

Kommutativgesetz

$5n \cdot 2z$
$= 5 \cdot 2 \cdot n \cdot z$
$= 10nz$

Assoziativgesetz

(1) $4 \cdot (3 \cdot xy) = (4 \cdot 3) \cdot xy = 12xy$

$(-w) \cdot 8 = (-1) \cdot w \cdot 8 = -8w$

(2) $14u^2v^2 : 7 = 14u^2v^2 \cdot \frac{1}{7} = 14 \cdot \frac{1}{7}u^2v^2$
$= 2u^2v^2$

Üben

1 Vereinfache den Term. Gib an, welche Rechengesetze du dabei anwendest.

a) $8 \cdot (3x)$ **b)** $(5a) \cdot 7$ **c)** $\frac{1}{3} \cdot (-9u)$ **d)** $(-0{,}2) \cdot (-5y)$
e) $8x : 2$ **f)** $(-64r) : (-16)$ **g)** $3x : 0{,}2$ **h)** $8a : \frac{1}{5}$

2 Vereinfacht die Terme abwechselnd. Kontrolliert euch gegenseitig.

a) $-10x \cdot (-0{,}2)$ **b)** $\frac{2}{3}r \cdot \frac{5}{6}$ **c)** $-10{,}5y \cdot \frac{1}{7}$ **d)** $-28t : 4$
e) $30k^2 : 35$ **f)** $4 \cdot 3x \cdot (-5)$ **g)** $(-0{,}2y) \cdot 12 \cdot 1{,}5$ **h)** $\frac{5}{6} \cdot 14g^2 \cdot \frac{3}{10}$
i) $(-11) \cdot (-r) \cdot (-3)$ **j)** $(-8) \cdot (10s^2) \cdot (-1)$ **k)** $2{,}4u : (-6)$ **l)** $6{,}9x : 0{,}3$

3 Welche Termumformungen sind richtig? Korrigiere die falschen.

Anna	Björn	Cem	Doreen
$y + y + y = y^3$	$a \cdot a \cdot a = a^3$	$7 \cdot (2u) = 14 \cdot 7u$	$(18a \cdot 21) : 3 = 6a \cdot 7$
Emil	**Felix**	**Giovanna**	**Hong**
$(-1) \cdot 3a = 3 \cdot (-a)$	$(-1) \cdot (-2) \cdot (-u) = 2u$	$3x^2 : x = 3x$	$x^2 : 2 = x$

4 Veranschauliche den Term durch eine Strecke, eine Fläche oder einen Körper. Vereinfache ihn dann.

a) $4x \cdot 7y$ **b)** $4{,}5a \cdot 3$ **c)** $(6a \cdot 2b \cdot 4c) : 8$ **d)** $9a^2 \cdot b : 3$

CAS

5 Dein Rechner kann auch Terme multiplizieren und dividieren.
a) Erkunde, wie das mit deinem Rechner funktioniert.
b) Gib die fehlenden vereinfachten Terme an. Nutze dazu deinen Rechner.

$2 \times a \times a$	$2 \cdot a^2$
$-0.2y \times 12 \times 1.5$	?
$-\frac{9}{8}xy^2/(-1.5)$	?

6 Löse die Klammern auf.
a) $(3a)^2$ b) $(2uv)^3$ c) $(b^3)^2$ d) $(4cd^2)^3$

7 Schreibe, wenn möglich, als Potenz.
a) $3u^2v^2 \cdot 3u^2v^2$ b) $-ab \cdot (-ab) \cdot (-ab)$
c) $b^3 + b^3 + b^3$ d) $2x^2yz \cdot 4{,}5x^2yz$

8 Vereinfache so weit wie möglich.
a) $3 \cdot 7x + 7 - 4x : 2$ b) $6 \cdot 2a + a \cdot 2 + 3 \cdot 5a$
c) $(-2) \cdot 7u + 3u - 11 \cdot (-u)$ d) $4 \cdot 7x - 2x \cdot 3x + 3 \cdot (-5x) + x \cdot 2x$
e) $3 \cdot (2x) + 3 \cdot (5y) + 7 \cdot (3x)$ f) $5 \cdot (4a) - 7 \cdot (3b) + 2 \cdot (4a)$
g) $-2 \cdot (5u) + 3 \cdot (6v) - 4 \cdot (2u)$ h) $(18p) : 3 - (15q) : 5 - (16p) : 2$

9 Welche der abgebildeten Terme sind wertgleich? Begründe.

10 Ein Würfel mit der Kantenlänge 4 a soll in acht gleich große Würfel zerlegt werden. Gib einen Term für das Volumen dieser Würfel an und vereinfache.

CAS **11** Welche Terme müssen an den gekennzeichneten Stellen ergänzt werden, damit die jeweilige Ausgabe des Rechners stimmt?
Überprüfe deine Lösung mithilfe deines Rechners.

Eingabe	Ausgabe
$8r^3 \times 5r \times [?] \times t$	$102 \cdot r^6 \cdot t^3$
$x^5 \times [?] \times x^2$	$\frac{-x^8}{2}$
$\frac{3}{8}u^2 / [?]$	$\frac{t \cdot u^2}{2}$

CAS **12** Hinter den Ausgaben des Rechners verbergen sich Namen.
a) Findet die Namen heraus.
Überprüft eure Angaben mit euren Rechnern.
b) Entwickelt selbst eigene „Namen-Rätsel“ und stellt sie euch gegenseitig.

Eingabe	Ausgabe
$o + t + t + o$	$2 \cdot o + 2 \cdot t$
[?]	$i^2 \cdot r \cdot s$
[?]	$a^2 \cdot n^2 \cdot t$
[?]	$-a^2 \cdot n^2 \cdot s^2 \cdot u + a^2 \cdot n^2$

13 Ein Designerladen gewährt in einer Sonderaktionen einen Rabatt.
Erstelle einen Term, der die Preise während der Sonderaktion angibt.

Sonderaktion
30 % auf alle unsere Sommerwaren!
Jetzt noch mal 10 % auf alle reduzierten Artikel!

14 Tim hat die drei nebenstehenden Terme in seinen Rechner eingegeben.
a) Begründe die Umformung seines Rechners durch handschriftliches Nachrechnen.
b) Finde selbst schwierige Terme, die vereinfacht das Ergebnis 0 liefern. Überprüfe deine Angaben mit deinem Rechner.

$4\times 6\boldsymbol{x} - 2\boldsymbol{x}\times 3\boldsymbol{x} + 8\boldsymbol{x}(-3\boldsymbol{x}) + \boldsymbol{x}\times 6\boldsymbol{x}$	
	0
$4\boldsymbol{ab}\times 3\boldsymbol{ab} + 12\times(-\boldsymbol{b}^2)\times \boldsymbol{a}^2$	
	0
$-2\times 7\boldsymbol{u} + 3\boldsymbol{u} - 11\times(-\boldsymbol{u})$	
	0

15 Vergleiche den Flächeninhalt eines Quadrats der Seitenlänge a mit dem eines Quadrats, dessen Seitenlänge
a) verdoppelt wurde;
b) verdreifacht wurde;
c) mit n multipliziert wurde;
d) um 10 % verkürzt wurde.

16 Vereinfache zuerst, fasse dann zusammen.

$5z^4z - 4z^2z^3 = 5z^5 - 4z^5 = z^5$

a) $5x^3x^4 + 9x^5x^2$
b) $-12r^4r^5 - 8r^3r^6$
c) $35t^3 : 5 + t \cdot t^2$
d) $8a^3a^2 + 5a^4a + 9a^5$
e) $9y^4y^7 - 13y^2y^9 + 4yy^{10}$
f) $4x^3x^2 : 0{,}5 + x^5 - x^4x : 0{,}1$
g) $7a^3b^2 \cdot 2ab + 3a \cdot 3a^2b^3$
h) $3p^2q^4 : 0{,}2 - 2pq^2 \cdot 0{,}6pq$

17 Begründe, dass nur drei der vier Terme wertgleich sind.

$-3t \cdot (-3st) : 3$ | $-3st^2$ | $5st^2 - 2t \cdot st$ | $3st^2$

Weiterüben

18 Weise nach, dass gilt: Wenn a und b zwei beliebige ganze Zahlen sind, die jeweils ohne Rest durch 3 teilbar sind, ist das Produkt $a \cdot b$ immer ohne Rest durch 9 teilbar.

19 Die Ausgangsfigur zeigt ein Quadrat mit Seitenlänge 3x. Dieses wird in der 1. Stufe in neun gleich große Quadrate unterteilt und das mittlere Quadrat wird herausgeschnitten. Danach wird in der 2. Stufe jedes der übriggebliebenen Quadrate wieder in neun gleich große Quadrate unterteilt und jeweils das mittlere Quadrat herausgeschnitten.

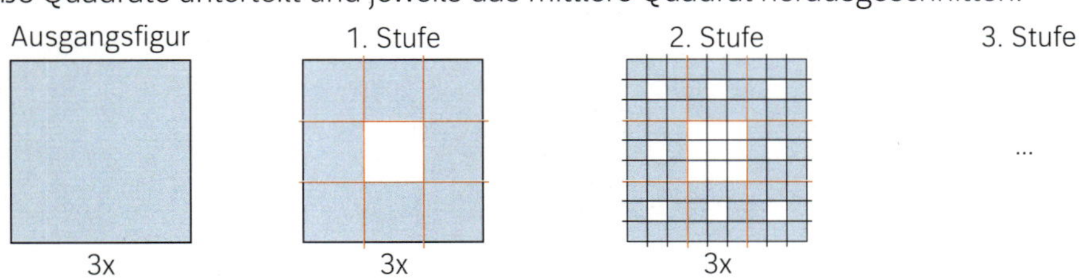

a) Stelle für die Ausgangsfigur und die 1. und 2. Stufe jeweils einen möglichst einfachen Term auf, mit dem man den Flächeninhalt der jeweiligen Figur berechnen kann.
b) Überlege, wie die Figur in der 3. Stufe aussieht. Finde einen Term zur Berechnung des Flächeninhalts.
c) Welche Gemeinsamkeit zwischen all deinen Termen erkennst du? Kannst du einen einzigen Term angeben, mit dem sich der Flächeninhalt der Figur einer beliebigen Stufe berechnen lässt?

Gleichungen mit Parametern

Löst man die folgenden Gleichungen, so stellt man fest, dass die Umformungsschritte, die zu den Lösungen der Gleichungen führen, immer gleichenwertig sind.
Dies liegt daran, dass die Gleichungen sich nur an einer Stelle unterscheiden.

$-5 \cdot x + 4 = 6$ $\quad -\frac{1}{2} \cdot x + 4 = 6$ $\quad 1 \cdot x + 4 = 6$ $\quad 2 \cdot x + 4 = 6$

Information

Gleichungen mit Parametern
Gleichungen, die dieselbe Form haben, können mittels einer einzigen Gleichung beschrieben werden, die **parameterhaltige Gleichung** genannt wird.
Diese enthält an Stelle der besonderen Zahlen einen Buchstaben, den man **Parameter** nennt.
In der Regel steht der Parameter für eine Menge besonderer Zahlen, z. B. die rationalen Zahlen. Man schreibt: $a \in \mathbb{Q}$.

$-5 \cdot x + 4 = 6$ → $a \cdot x + 4 = 6;\ a \in \mathbb{Q}$
$-\frac{1}{2} \cdot x + 4 = 6$ → $a \cdot x + 4 = 6;\ a \in \mathbb{Q}$
$1 \cdot x + 4 = 6$ → $a \cdot x + 4 = 6;\ a \in \mathbb{Q}$
$2 \cdot x + 4 = 6$ → $a \cdot x + 4 = 6;\ a \in \mathbb{Q}$

René Descartes

Als Parameter verwendet man meist die ersten Buchstaben des Alphabets, um einen Unterschied zur Gleichungsvariable, z.B. x zu machen. So schlug es erstmalig RENÉ DESCARTES (1596-1650) im Jahr 1637 in seinem Werk La Géométrie vor.

1 Sortiere die Gleichungen nach ihrer Form. Beschreibe anschließend alle Gleichungen derselben Form durch eine Gleichung mit Parametern.

$2 \cdot x + 1 = 5$ $\quad |x - 2| = 3$ $\quad 5 = 2 \cdot x + 8$ $\quad |x - 2| = 5$ $\quad 0 = x \cdot (x - 7)$ $\quad |x - 2| = 4$

$\frac{1}{3}x + 2 = \frac{3}{2}x - 6$ $\quad x \cdot (x + 2) = 0$ $\quad \frac{x}{2} + 2 = \frac{3}{2}x - 6$ $\quad 3 + 2 \cdot x = 5$ $\quad \frac{3}{2}x - 6 = x + 2$

Information

Lösen von Gleichungen mit Parametern

Für das Lösen von Gleichungen mit Parametern gelten dieselben Gesetze wie beim Lösen von Gleichungen ohne Parameter.
Dividiert man durch einen Term mit Parameter, so muss man eine Division durch 0 ausschließen.

$a \cdot x + 4 = 6;\ a \in \mathbb{Q}$
$a \cdot x + 4 = 6 \quad | -4$
$a \cdot x \quad = 2$

für $a = 0$ gilt:	für $a \neq 0$ gilt:
$0 \cdot x = 2$	$a \cdot x = 2 \quad | :a$
	$x = \frac{2}{a}$
$L = \{\,\}$	$L = \left\{\frac{2}{a}\right\}$

Will man die Lösungsmenge der Gleichung $0{,}5 \cdot x + 4 = 6$ ermitteln, so lässt sich schlussfolgern: $L = \left\{\frac{2}{0{,}5}\right\} = \{4\}$.

2 Löse die Gleichung mit Parameter und gib ihre Lösungsmenge an.

a) $x + a = 2x;\ a \in \mathbb{Q}$ **b)** $b \cdot x + 2 = 10;\ b \in \mathbb{Q}$

c) $x \cdot (x - c) = 0;\ c \in \mathbb{Q}$ **d)** $d + e \cdot x = 2;\ d, e \in \mathbb{Q}$

3 Auch mithilfe eines Rechners lassen sich Gleichungen mit Parametern lösen.

a) Erkunde, wie das mit deinem Rechner funktioniert.

b) Jesper hat die Gleichung in den Rechner eingegeben. Er erhält die obige Lösungsmenge. Diese ist aber nicht für jede Einsetzung für a korrekt.
Darunter hat Sophie versucht, das Problem zu beheben.
Beschreibe, wie sie vorgegangen ist.

Jespers Eingabe:

solve $(\boldsymbol{a} \times \boldsymbol{x} = 5)$	$\left\{x = \frac{5}{a}\right\}$

Sophies Eingabe:

solve $(\boldsymbol{a} \times \boldsymbol{x} = 5 \mid \boldsymbol{a} = 0)$	No Solution
solve $(\boldsymbol{a} \times \boldsymbol{x} = 5 \mid \boldsymbol{a} \neq 0)$	$\left\{x = \frac{5}{a}\right\}$

4 Löse die folgenden Gleichungen mit Parametern mithilfe deines Rechners. Achte dabei auf spezielle Zahlen, für die der Parameter auch steht.
Gib anschließend die vollständige Lösungsmenge an.

a) $\frac{x}{1 + a^2} = 1 - a^2;\ a \in \mathbb{Q}$ **b)** $4b^2 \cdot y = 1;\ b \in \mathbb{Q}$

c) $\frac{x}{a} + \frac{x}{b} = \frac{a}{b} + 1;\ a, b \in \mathbb{Q}$ **d)** $\sqrt{d \cdot x} = 9;\ d \in \mathbb{Q}$

5 Eine Firma stellt 3 m breite, quaderförmige Swimmingpools her.

a) Bestimme die Füllhöhen zu den vorgegebenen Längen 5 m, 6 m, 7 m und 8 m, wenn immer genau 32 m³ Wasser eingefüllt werden. Fertige eine Tabelle an.

b) In einen Pool werden 32 m³ Wasser eingefüllt. Bestimme eine Gleichung mit Parameter l, mit der man zu jeder Länge l die Füllhöhe x berechnen kann.

(1)

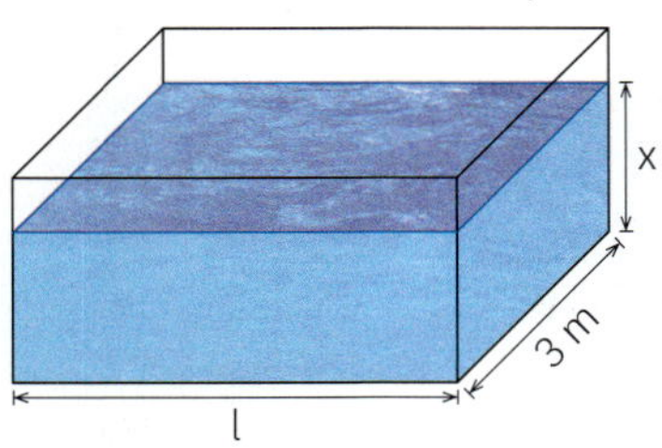

(2)

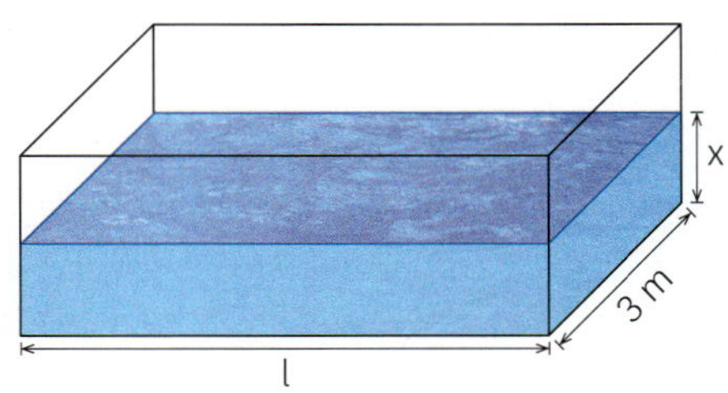

6 Ein Vermögen in Höhe von e Euro ist an die drei Erben Anton, Bea und Carla so zu verteilen, dass Anton 2 000 € mehr als das Dreifache von Bea und Carla halb so viel erhält wie Anton und Bea zusammen.

a) Erstelle Gleichungen für das Erbe von Anton, Bea und Carla in Abhängigkeit vom Gesamtvermögen e.

b) Wie viel Geld erhält jede Person bei einem Vermögen von 75 000 €?

1.4 Auflösen einer Klammer

Einstieg

Stellt zur Berechnung des Flächeninhalts des dargestellten Grundstücks verschiedene Terme auf. Zerlegt dazu die Fläche in verschiedene Teilflächen.

Aufgabe mit Lösung

Multiplikation von Summen und Differenzen

Eine Firma verarbeitet rechteckige Stahlplatten verschiedener Größe.

→ Die beiden Platten im Bild werden zusammengeschweißt.
Finde verschiedene Terme zur Berechnung der Größe der entstandenen Platte.

Lösung

1. Weg: Die entstandene Platte hat die Seitenlängen $3x$ und $y + 2z$, also den Flächeninhalt $3x \cdot (y + 2z)$.

2. Weg: Die entstandenen Platte setzt sich aus Platten mit den Flächeninhalten $3x \cdot y$ und $3x \cdot 2z$ zusammen, hat also den Gesamtflächeninhalt $3x \cdot y + 3x \cdot 2z$.
Damit gilt für positive Werte der Variablen:
$3x \cdot (y + 2z) = 3x \cdot y + 3x \cdot 2z$

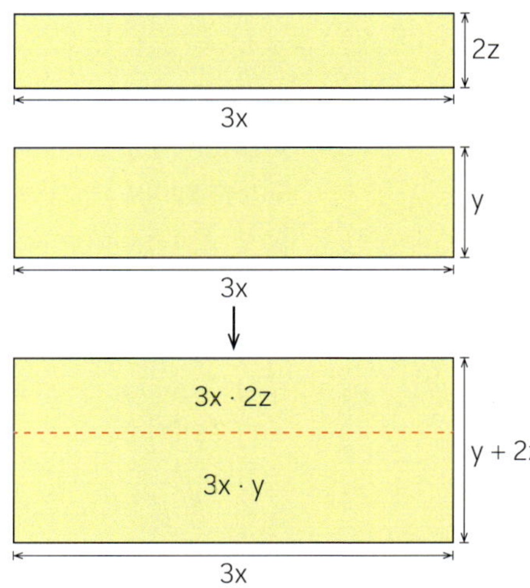

→ Von einer Platte mit den Seitenlängen $3x$ und y soll ein Streifen der Länge $3x$ und der Breite d abgeschnitten werden.
Finde auch hier verschiedene Terme für die Größe der Restplatte.

Lösung

1. Weg: Schneidet man den Streifen ab, so hat die Restplatte die Seitenlängen $3x$ und $y - d$, also den Flächeninhalt $3x \cdot (y - d)$.

2. Weg: Von der ganzen Platte mit dem Flächeninhalt $3x \cdot y$ wird ein Teil mit dem Flächeninhalt $3x \cdot d$ abgetrennt, sodass das Reststück den Flächeninhalt $3x \cdot y - 3x \cdot d$ hat. Für positive Werte der Variablen ist gezeigt, dass gilt:
$3x \cdot (y - d) = 3x \cdot y - 3x \cdot d$

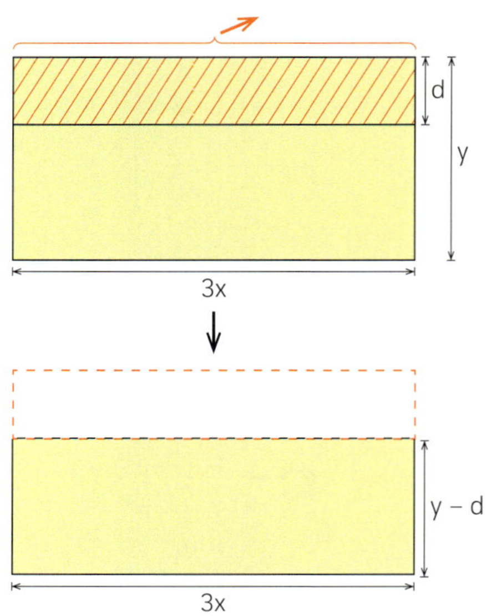

→ Zeige, dass die Wertgleichheit der Terme für den Flächeninhalt der Stahlplatten nicht nur für positive Werte gilt, sondern für alle rationalen Zahlen.

Lösung

(1) Man kann die Termumformung $3x \cdot (y + 2z) = 3xy + 6xz$ für beliebige Werte für die Variablen mit dem Distributivgesetz beweisen:

$$a \cdot (b + c) = a \cdot b + a \cdot c$$
$$3x \cdot (y + 2z) = 3x \cdot y + 3x \cdot 2z$$

(2) Entsprechend begründet man die Termumformung $3x \cdot (y - d) = 3xy - 3xd$ mit dem Distributivgesetz für Differenzen:

$$a \cdot (b - c) = a \cdot b - a \cdot c$$
$$3x \cdot (y - d) = 3x \cdot y - 3x \cdot d$$

Information

Auflösen einer Klammer in einem Produkt

Bei Termen werden die einzelnen Summanden, Minuenden oder Subtrahenden *Glieder des Terms* genannt.

Man multipliziert eine Summe oder Differenz mit einem Faktor, indem man jedes Glied der Summe oder Differenz in der Klammer mit dem Faktor vor oder nach der Klammer multipliziert. Dies wird auch als *Ausmultiplizieren* bezeichnet.

Die Zeichen + und – werden nach den Vorzeichenregeln gesetzt.

$a \cdot (b + c) = a \cdot b + a \cdot c$

$$7 \cdot (4x + 3y)$$
$$= 7 \cdot 4x + 7 \cdot 3y$$
$$= 28x + 21y$$

$(b - c) \cdot a = b \cdot a - c \cdot a$

$$(3y - 6z) \cdot (-2x)$$
$$= 3y \cdot (-2x) - 6z \cdot (-2x)$$
$$= -6xy + 12xz$$

Üben

1 Löse die Klammer auf. Wende dazu ein Distributivgesetz an.

a) $5 \cdot (x + y)$ **b)** $x \cdot (a + b)$ **c)** $9 \cdot (x - y)$ **d)** $0{,}7 \cdot (3 + x)$
e) $(-8) \cdot (y + 7)$ **f)** $(x + y) \cdot 7$ **g)** $(x - 1) \cdot (-3)$ **h)** $(x + y) \cdot z$
i) $t \cdot (r + s)$ **j)** $(-k) \cdot (r + 1)$ **k)** $(x - 1) \cdot (-1)$ **l)** $4 \cdot (-a - b)$

2 Bilde alle Produkte mit den Termen aus den Körben.
Löse dann die Klammer auf.

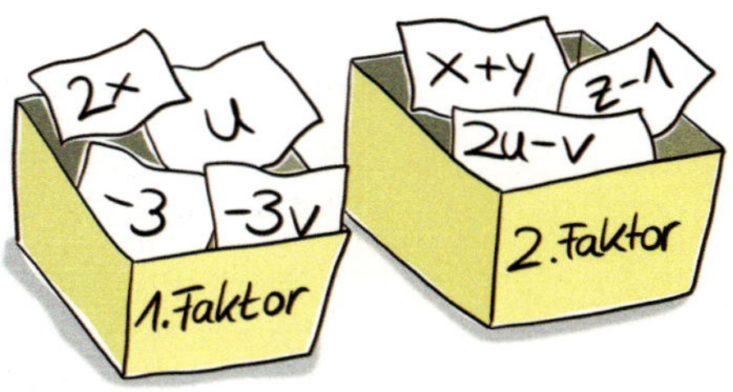

3 Findet wertgleiche Terme. Überlegt euch ein geschicktes Vorgehen.

$4 \cdot (3x)$ | $2 \cdot (x + 1) + 4$ | $3 \cdot (x^2 + 1) + 1$ | $2x^2 + 4 \cdot (x^2 + 2)$ | $6 \cdot (x^2 + 1) + 2$ | $2x + 6$ | $3x \cdot (x - 1) + 3x + 4$ | $8 \cdot (x + 1) + 4 \cdot (1 - x)$

4 ☰ Löse die Klammer auf. Wende dazu das Distributivgesetz für drei Summanden an.

a) $a \cdot (3x + 8y + 7z)$
b) $4x \cdot (a + 9b + 5c)$
c) $(20r + 15s + 12t) \cdot (-8q)$
d) $y \cdot (2{,}5x + 7{,}1y + 8{,}3z)$
e) $6{,}3 \cdot (x - 0{,}2y + 2{,}2z)$
f) $(70x + 4{,}5y + 0{,}3) \cdot 0{,}2z$
g) $(-2{,}5) \cdot (k + 0{,}4t + 5u) \cdot k$
h) $-3 \cdot (12t - 92k - 104q)$

CAS **5** ☰ Thea hat mit ihrem Rechner eine Summe multipliziert.

a) Die erste Ausgabe erfüllt nicht ihre Erwartungen.
Erläutere die Umformung des Rechners.
b) Kontrolliere den 2. Versuch von Thea.
c) Untersuche, wie das mit deinem Rechner funktioniert.

$2 \times \boldsymbol{x} \times (3 \times \boldsymbol{y} + 4\boldsymbol{x})$
$2 \cdot x \cdot (4 \cdot x + 3 \cdot y)$
expand $(2 \times \boldsymbol{x} \times (3 \times \boldsymbol{y} + 4\boldsymbol{x}))$
$8 \cdot x^2 + 6 \cdot x \cdot y$

engl. für entwickeln

6 ☰ Löse die Klammern auf und kontrolliere deine Ergebnisse mithilfe deines Rechners.

a) $3ab \cdot (4a^2 - 5ab + 3b^2)$
b) $4uv \cdot (5u^2v - 6uv - 7uv^2)$
c) $-2pq^2 \cdot (3p^2 - 3qp + 4p^2q + q^2)$
d) $(4x^2y - 2xy^2 + 4x - 7y) \cdot 3x^2y^3$
e) $-12rs^2 \cdot (4rs^3 - 2r^2s^2 + 3r^3s)$
f) $0{,}2xy^3 \cdot (4x^3y - 2x^2y^2 + 3xy^3 - 5)$
g) $-\frac{2}{3}uv \cdot \left(6uv - 12u^2v + \frac{1}{2}v\right)$
h) $\frac{1}{4}ab \cdot \left(\frac{1}{2}a - \frac{1}{3}b + a^2\right)$

Minuszeichen vor der Klammer

7 ☰ Sophie weiß, dass die Multiplikation einer rationalen Zahl mit (-1) durch ein vorgesetztes Minuszeichen vor die Zahlklammer abgekürzt werden kann und deren entgegengesetzte Zahl ergibt.
Erkläre Sophie, welchen Einfluss ein vorgesetztes Minuszeichen auf die einzelnen Terme in der Klammer hat und wie die Klammer aufgelöst werden kann. Nutze dazu das Beispiel.

$\underbrace{(-1) \cdot (-7)}_{= -(-7)} = +7$

$-(3x - 5y)$
$= (-1) \cdot (3x - 5y)$
$= -3x + 5y$

Information

Minuszeichen vor der Klammer

Steht ein Minuszeichen vor einer Klammer, so nennt man sie Minusklammer. Hierfür gibt es zwei Fälle:
(1) Das Minuszeichen vor der Klammer bedeutet Bildung der entgegengesetzten Zahl, also Multiplikation mit (-1).
(2) Das Subtrahieren einer Klammer bedeutet das Addieren der entgegengesetzten Zahl der Klammer.

$(-1) \cdot (3x - 2y)$
$-(3x - 2y) = -3x + 2y$

$7x + (-1) \cdot (2x - 5y)$
$7x - (2x - 5y)$
$= 7x + (-2x + 5y)$ — Diesen Schritt kann man auch weglassen.
$= 7x - 2x + 5y$
$= 5x + 5y$

8 Löse die Minusklammer auf.

a) $-(a+b)$ b) $-(4x+y)$ c) $-(-u-7v)$ d) $-(-2x+y)$

9 Vereinfache den Term soweit wie möglich.

a) $-(3+x)+2$ b) $-(a^2-b^2)-b^2$

c) $-(3x-y)+2(x-y)$ d) $-(r+0{,}9x)+r\cdot(1-x)$

10 Subtrahiere die Klammer.

a) $x-(y+z)$ b) $x-(y-z)$ c) $3x-(x-y)$ d) $5r-(-r-s)$

e) $6a-(-3b+4a)$ f) $4x-(-5x-7z)$ g) $8-(2-a+b)$ h) $7r-(-s+2r)$

11 Melina hat den nebenstehenden Term mit ihrem Rechner vereinfacht. Zeige ihr Schritt für Schritt, wie man durch handschriftliches Rechnen den ausgegebenen Term erhält.

expand $(7x-4\times(3x+2))$

$-5\cdot x-8$

12 Erläutere, worauf man beim Auflösen der Klammern unbedingt achten muss. Vereinfache die Terme anschließend und kontrolliere mithilfe deines Rechners.

(1) $-2\cdot(-(-3x+7y))$

(2) $-3\cdot(-4\cdot(2x-5y))$

13 Ergänze den Term durch einen oder mehrere Summanden so, dass du für den Term den Wert 0 erhältst.

a) $y+y\cdot(1-y)-y\cdot(2-y)+y^2$ b) $z^2+z\cdot(-z-1)+z^2$

c) $x\cdot(n+1)-x\cdot(n-1)+x\cdot(2n-2)-nx$ d) $-a\cdot(a-1)+2a^2-(a+1)$

15 Kontrolliere Noras Hausaufgaben und erläutere deine Anmerkungen.

1) $(x^2+y)-(x^2-y)$
$=x^2+y-x^2-y$
$=0$

2) $u^2-2\cdot(v+u^2)$
$=u^2-2v-u^2$
$=-2v$

3) $-(r-(s+r))$
$=-r+(s+r)$
$=-r+s+r$
$=s$

16 Der Platzhalter ▲ steht für eines der Zeichen + oder −, der Platzhalter ■ für einen Term. Setze im Heft passend ein.

a) $-4\cdot(3x+2)$ ▲ $3x-4=3x-12$ ■ b) $3\cdot(a-4)+2a-6-a=4$ ■ -10

c) $7\cdot(3-x)+4x$ ▲ $4=6x$ ▲ $4-3x+1-$ ■ d) ■ $+3a$ ▲ $9-(a-2)=2a-8$ ▲ $3a$ ▲ 2

17 Löse die Klammern auf und fasse, wenn möglich, zusammen. Die Kugeln zeigen die möglichen Lösungen.

a) $3a^2+4b-(5a^2-(2a^2-b))$

b) $-(-a+(7b-21a-9))$

c) $4a-(-1+3\cdot(2a-a+3))$

d) $4b-(-1+3\cdot(2b-(b+3)))$

Dividieren von Summen und Differenzen

18 Max hat eine Summe und eine Differenz durch eine Zahl dividiert.
a) Erläutere seine Umformungen.
b) Finde und begründe eine Regel, wie man das Endergebnis schneller erhalten kann.

$(6a + 9b) : 3$	$(8x - 12y) : (-2)$
$= (6a + 9b) \cdot \frac{1}{3}$	$= (8x - 12y) \cdot \left(-\frac{1}{2}\right)$
$= 6a \cdot \frac{1}{3} + 9b \cdot \frac{1}{3}$	$= 8x \cdot \left(-\frac{1}{2}\right) - 12y \cdot \left(-\frac{1}{2}\right)$
$= 2a + 3b$	$= -4x + 6y$

19 Löse die Klammern auf.
a) $(6a - 3b) : 3$ **b)** $(8a + 12b) : 4$
c) $(12a - 30b) : (-6)$ **d)** $(3p + 4{,}5q) : 1{,}5$
e) $(66a - 121b) : 11$ **f)** $(28f - 49g) : 7$
g) $(-27x - 30y) : \frac{3}{5}$ **h)** $(8c - 32d) : \left(-\frac{4}{7}\right)$

$(2x + 4y) : 2$
$= 2x : 2 + 4y : 2$
$= x + 2y$

20 Beim Vereinfachen von Termen mit Brüchen kann man unterschiedlich vorgehen. Vereinfach den Term.
a) $\frac{3x^2 + 6x}{3}$ **b)** $\frac{36y^2 - 60y}{12}$
b) $\frac{3 \cdot (x + 3) + 2}{3}$ **d)** $\frac{-10 + 5 \cdot (x + 3)}{5}$

Variante 1:
$\frac{20 - 8x}{4} = (20 - 8x) : 4 = 5 - 2x$
Variante 2:
$\frac{20 - 8x}{4} = \frac{20}{4} - \frac{8x}{4} = 5 - 2x$

21 Löse jede Klammer auf. Fasse dann zusammen.
a) $2 \cdot (a - 4) + 3 \cdot (5 + 2a)$ **b)** $7 \cdot (4 - 2b) + (4 + 16b) : 4$
c) $xy - 9x + x \cdot (3 - y)$ **d)** $4 \cdot (2x^2 - x) + (x^2 + x) : \frac{1}{3}$
e) $6 \cdot (4 - 3d) + (49d - 14d^2) : 7$ **f)** $(15x - 25y) : \frac{5}{4} - 7x + 11y$
g) $b + 25 \cdot (1{,}6a + 3{,}2b) - 40a$ **h)** $0{,}7 \cdot (y^2 - y) - \frac{3}{10} \cdot (2y - 1)$
i) $\frac{1}{2} \cdot (6u^2 - 4u) + \frac{2}{3} \cdot (9u^2 - 6u)$ **j)** $-x \cdot (8 - 8x) : 4 + \frac{x}{5}$

22 Luise behauptet, Jans Gedanken lesen zu können, und fordert ihn auf, die nebenstehenden Anweisungen der Reihe nach auszuführen. Luise nennt Jan die Zahl 12. Er ist verblüfft.
a) Denke dir nun selbst eine Zahl und folge den Anweisungen.
Was fällt dir auf?
b) Durchschaust du den Trick?
Erkläre anhand eines aufgestellten und vereinfachten Terms.

- Denke dir eine Zahl.
- Multipliziere diese Zahl mit 2.
- Addiere zum Ergebnis 24.
- Teile nun das Ergebnis durch 2.
- Subtrahiere anschließend die gedachte Zahl.

Lösen von Gleichungen mit Klammern

23 Gleichungen können auch Terme mit Klammern enthalten.

a) Erläutere das Lösen der Gleichung $6 \cdot (x - 3) - 3x = 12$ im Beispiel.

b) Löse entsprechend:

(1) $5x + 3 \cdot (x + 2) = 38$

(2) $4 \cdot (x - 5) - 18 = 5x - 46$

(3) $2x - 8 \cdot (x + 12) = 54 - 18x$

(4) $(15x - 5) \cdot \left(-\frac{1}{5}\right) = 2 \cdot (-14x - 2)$

(5) $2x - 3 \cdot \left(1 + \frac{2}{3}x\right) = -2$

$$6 \cdot (x - 3) - 3x = 12$$
$$6x - 18 - 3x = 12$$
$$3x - 18 = 12$$
$$3x = 30$$
$$x = 10$$

Prüfe, ob 10 eine Lösung der Gleichung ist.

$$6 \cdot (x - 3) - 3x = 12$$
$$6 \cdot (10 - 3) - 3 \cdot 10 \stackrel{?}{=} 12$$
$$42 - 30 = 12 \quad \text{wahr}$$

Lösungsmenge: $L = \{10\}$

25 Erkläre die beiden Lösungswege. Vergleiche und bewerte sie.

Tim

$4 \cdot (x + 5) = 0$

$4 \cdot x + 20 = 0 \quad | -20$

$4x = -20 \quad | :4$

$x = -5$

Julia

$4 \cdot (x + 5) = 0 \quad | :4$

$x + 5 = 0 \quad | -5$

$x = -5$

26 Bestimme möglichst geschickt die Lösungsmenge.

a) $4 \cdot (x + 3) = 28$ **b)** $(x + 5) : 2 = 0$ **c)** $(x - 2) \cdot 6 = 6$ **d)** $2 \cdot (2x - 3) = 2 \cdot (x - 7)$

solve, (engl.) lösen

27 Eddi löst die Gleichung $\frac{2x + 5}{3} = x - 4$ mithilfe seines Rechners. Bestätige durch handschriftliches Rechnen die Ausgabe des Rechners.

Hier steht die Variable, nach der aufgelöst wird.

solve $\left(\frac{2x + 5}{3} = x - 4, x\right)$ $\{x = 17\}$

WES-127827-005 Gleichungen lösen

28 Bestimme die Lösungsmenge der Gleichung. Kontrolliere deine Ergebnisse mit deinem Rechner.

a) $x + 2 \cdot (x + 3 \cdot (x + 4)) = 15$ **b)** $\frac{3x - 7}{5} = 4$

c) $\frac{3 \cdot (x + 5)}{6} = \frac{17}{6}$ **d)** $\frac{8 + 12x}{19} = \frac{6x - 7}{4}$

29 Bestimme ein $a \in \mathbb{Q}$ so, dass $x = -3$ eine Lösung der Gleichung $\frac{2 \cdot x + 5 \cdot a}{3} = x - 4$ ist.

CAS

30 Luci ermittelt die Lösungen der Gleichung $-3b + b \cdot (x + 3) = b$ $(b \in \mathbb{Q})$ mit ihrem Rechner.

solve $(-3b + b \times (x + 3) = b, x)$ $\{x = 1\}$

a) Begründe, dass $x = 1$ tatsächlich eine Lösung der Gleichung ist.

b) Ihre Banknachbarin Martha ist über die Ausgabe des Rechners erstaunt. Sie behauptet: „Nicht für jedes $b \in \mathbb{Q}$ ist die ausgegebene Lösungsmenge korrekt." Hat sie recht? Erkläre.

Weiterüben

31 Führe die Zahlenzauberei mit verschiedenen Zahlen durch.
Wie findest du die gedachte Zahl? Begründe, indem du einen Term aufstellst.

Denke dir eine Zahl. Multipliziere sie mit der um 2 verminderten Zahl. Addiere dazu das Vierfache der gedachten Zahl. Subtrahiere davon das Ergebnis der mit sich selbst multiplizierten gedachten Zahl. Nenne mir dein Ergebnis und ich sage dir deine gedachte Zahl.

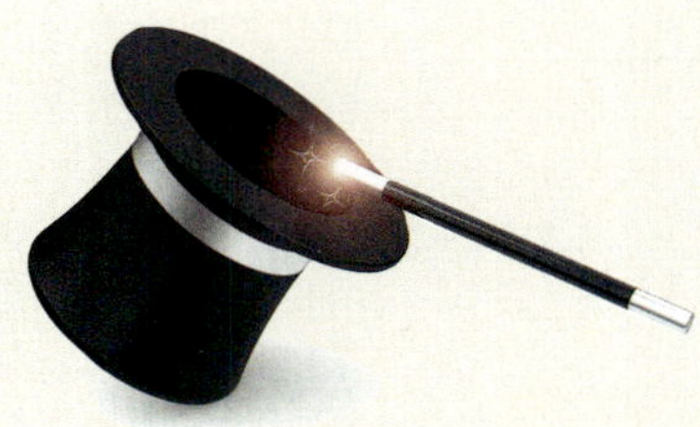

32 Übertrage in dein Heft und setze jeweils das fehlende Zeichen + oder – ein, sodass die Termumformung richtig ist.

a) $7a \square 3b + 9(a \square 2b) = 16a - 15b$

b) $(x \square 4y) \cdot 2 + 3(-6x \square y) = -16x + 5y$

c) $-4(3r \square 2) + 6(\square 2r + 5) = 22$

d) $\frac{3}{4}u \cdot (20 \square 8v) + \frac{2}{3}v \cdot (9u \square 33) = 15u - 22v$

33 Ein Quader hat drei verschiedene Kantenlängen. Die Summe der Länge aller 12 Kanten beträgt 144 cm. Die mittlere Kantenlänge ist doppelt so groß wie die kürzeste Kantenlänge. Die längste Kante ist um 12 cm länger als die kürzeste. Bestimme die Länge der kürzesten Kante und das Volumen des Quaders.

34 LEDs und deren Verpackungen gibt es in mehreren Größen. Die Abbildung zeigt das Netz einer LED-Verpackung.

a) Stelle einen Term für die benötigte Papiermenge auf. Vernachlässige dabei die Abschrägungen an den Laschen, d. h. berechne diese auch als Rechtecke.

b) Berechne damit den Papierbedarf für folgende Verpackungen (Angaben in cm):

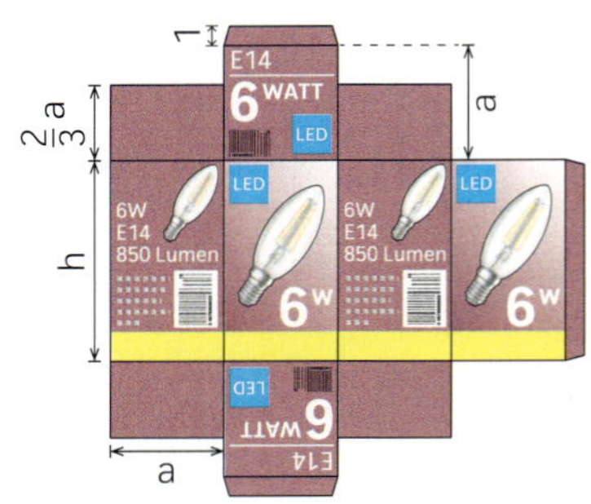

(1) E 27-Classic: $a = 6$; $h = 10{,}5$ (2) E 14-Kerze: $a = 3{,}5$; $h = 10$

35 Löse das Zahlenrätsel mithilfe einer Gleichung.

a) Wenn man die Differenz von 7 und einer Zahl mit 5 multipliziert, erhält man 15.

b) Wenn man das Dreifache einer Zahl von 10 subtrahiert und die Differenz mit 1,5 multipliziert, erhält man 6.

36 Ein Junge ist doppelt so alt wie seine Schwester. Vor 4 Jahren war der Junge viermal so alt wie seine Schwester. Bestimme das Alter des Jungen jetzt.

37 In 16 Jahren wird ein Vater doppelt so alt wie sein Sohn sein. Zusammen sind beide heute 40 Jahre alt. Bestimme das Alter von Vater und Sohn.

1.5 Ausklammern

Einstieg

a) $3x + 3x$	b) $8a + 12b$
c) $4x + ax$	d) $3p^2q + 6pq$
e) $8x^3z - 4x^2z$	f) $7u - 7$

Susanne hat Klammern aufgelöst. Sie hat die Aufgaben aber nicht notiert. Gebt Möglichkeiten an, wie die Aufgaben gelautet haben können.

Aufgabe mit Lösung

Ausklammern eines Faktors

Beim Auflösen einer Klammer entsteht aus einem Produkt eine Summe. Wie kann man umgekehrt aus einer Summe ein Produkt herstellen?

→ Die Summe $3xy + 4xz$ enthält in beiden Summanden den gleichen Faktor x. Verwandle den Term in ein Produkt mit einem Faktor x.

Lösung

Um den Faktor x als Faktor vor eine Klammer zu setzen, wird das Distributivgesetz von rechts nach links angewendet.

$$a \cdot b + a \cdot c = a \cdot (b + c)$$
$$3xy + 4xz = x \cdot 3y + x \cdot 4z = x \cdot (3y + 4z)$$

→ Verwandle entsprechend $20x - 12xy$ in ein Produkt.

Lösung

Hier kann man schrittweise vorgehen: In den Termen 20x und 12xy steckt der gemeinsame Faktor 4, den man im ersten Schritt ausklammert. In 5x und 3xy wiederum steckt der gemeinsame Faktor x, der dann noch ausgeklammert wird.

$$\begin{aligned} 20x - 12xy &= 4 \cdot 5x - 4 \cdot 3xy \\ &= 4 \cdot (5x - 3xy) \\ &= 4 \cdot (x \cdot 5 - x \cdot 3y) \\ &= 4x \cdot (5 - 3y) \end{aligned}$$

Man kann auch den Faktor 4x in einem Schritt ausklammern.

$$\begin{aligned} 20x - 12xy &= 4x \cdot 5 - 4x \cdot 3y \\ &= 4x \cdot (5 - 3y) \end{aligned}$$

Information

Ausklammern – Faktorisieren

Zum Umwandeln einer Summe oder Differenz in ein Produkt sucht man einen gemeinsamen Faktor der Glieder. Dann wendet man das Distributivgesetz an. Da beim Ausklammern ein Produkt mit Faktoren entsteht, bezeichnet man das Ausklammern auch als **Faktorisieren**.

$5x + 5y = 5 \cdot (x + y)$

$uv - 2uw = u \cdot (v - 2w)$

$$\begin{aligned} 8ab + 4a^2c &= 4a \cdot 2b + 4a \cdot ac \\ &= 4a \cdot (2b + ac) \end{aligned}$$

Probe:

$4a \cdot (2b + ac) = 8ab + 4a^2c$

Üben

1 Klammere eine Zahl als gemeinsamen Faktor aus.

a) $5a + 5b$	b) $13r + 26s$	c) $11x - 11y$	d) $14x + 7yz$
e) $6rs + 2t^2$	f) $9 - 9x$	g) $\frac{4}{5}u + \frac{4}{5}$	h) $25a - 15b$
i) $12k^2 - 3m$	j) $2xy - 40z^2$	k) $-26ef + 52g$	l) $\frac{1}{4}uv - 0{,}75w$

2 Klammere eine Variable als Faktor aus.

a) $4b + ab$	b) $xy - xz$	c) $3x - xy$	d) $rs + rr$
e) $t + t^2$	f) $x^2 - 2xy$	g) $r^2 - r$	h) $4ab - 9bc$
i) $a^2b + zb^2$	j) $3rs - 5r + 2rt$	k) $-8uv^2 - u^2x$	l) $6ac - 3bc + 4ac$

3 Kontrolliere, ob richtig gerechnet wurde. Korrigiere, falls nötig .

Anna $4xy - 4xz$ $= 4x \cdot (y - z)$	Bert $12ab + 18ab^2$ $= 3ab \cdot (4 + 6b)$
Christian $-30cd - 24ce$ $= -6c \cdot (5d - 4e)$	Dario $6x^6y + 4x^3z$ $= 2x^3 \cdot (x^2y + 2z)$
Emma $15pq + 24pq^2 + 3q$ $= 3q \cdot (5p + 8pq)$	Fabian $-27u^2v + 15uvw$ $= -3v \cdot (9u^2 + 5uw)$

CAS **4** Auch dein Rechner kann ausklammern. Gegeben sind die Terme $24xy - 18y^2z$ und $2x \cdot (4y - 6x)$.

$24xy - 18y^2z$	?
$2x \times (4y - 6x)$	?

a) Gib die Terme ein und untersuche, ob dein Rechner ausklammert.
Was stellst du fest?

b) Ausklammern kann man stets mit dem Befehl *factor*.
Faktorisiere die gegebenen Terme.

5 Klammere so aus, dass der Term in der Klammer möglichst einfach wird.

a) $9a^2b - 3a^4b$	b) $10a^5b + 8a^3b^2$
c) $4ab^2 + 6a^2b + 10ab$	d) $\frac{3}{4}x + \frac{3}{4}y + \frac{3}{4}z$
e) $10pq + 15p^2q - 20pq^2$	f) $17xy^2 - 34y^2z$
g) $8ab + 12a^2 + 60ab^2$	h) $0{,}5ab + abc$
i) $800xy^2 + 24yt^2$	j) $18u^2v - 999uv$
k) $75x^3uv + 125x^2r^2 - 150x^4$	l) $15uv - 5ut + 20ur - 45uv$
m) $\frac{2}{5}ab + \frac{2}{5}a^2c - \frac{4}{5}abc - \frac{1}{5}a$	n) $42rs + 56st - 35s^2 + 91rst$

6 Übertrage die Aufgabe in dein Heft und ergänze die ausgewischten Stellen so, dass die Termumformung korrekt ist.

a) $24x^2z + 18xz^2 = \blacksquare xz \cdot (4\blacksquare + \blacksquare z)$

b) $15abc - \blacksquare a^2bc = \blacksquare ac \cdot (3b - 2a\blacksquare)$

c) $-27uv^2 - 24u^{\blacksquare}v^{\blacksquare}w + 3u^2v\blacksquare = \blacksquare uv \cdot (-9v - \blacksquare uvw + uw)$

d) $\frac{3}{8}rst - \frac{5}{8}r^{\blacksquare}st + \frac{7}{8}r^3s^{\blacksquare}t = \frac{1}{8}rst \cdot (\blacksquare - 5r + \blacksquare r^{\blacksquare}s^2)$

7 Klammere den Faktor −1 aus. Erkennst du ein Prinzip? Beschreibe.
a) $-3a^2 + b^2$ **b)** $3 - 5x$ **c)** $-1 - 8ab$ **d)** $3a^2b + 5x$

8 Auch beim Lösen von Gleichungen ist ausklammern vorteilhaft.
a) Erläutere den Lösungsweg rechts.
b) Löse entsprechend.
(1) $2x^2 + 6x = 0$
(2) $5x^2 = 10x$
(3) $x^2 - 16 = 0$

$x^2 - 4x = 0$
$x \cdot (x - 4) = 0$
$x = 0$ oder $x - 4 = 0$
$x = 0$ oder $x = 4$
$L = \{0; 4\}$

9 Die Rechnung zeigt, wie Lina eine Summe in ein Produkt umgeformt hat.
a) Erläutere ihr Vorgehen.
b) Forme entsprechend um:
(1) $ax + ay + bx + by$
(2) $2pr - 2ps + 2qr - 2qs$

$2c + 2d + ac + ad$
$= 2 \cdot (c + d) + a \cdot (c + d)$
$= (2 + a) \cdot (c + d)$

Weiterüben

10 Faktorisiere. Gehe dabei schrittweise vor.
a) $3x + ax + 3y + ay$ **b)** $28xy - 4x + 21y - 3$
c) $4ac + 4ad - 3bc - 3bd$ **d)** $atx + ayt + tbx + bty$

CAS

11 Klammere jeweils den Faktor 3 aus den angegebenen Termen mithilfe deines Rechners aus. Erkennst du ein Prinzip? Beschreibe.
a) $18a^2 - 27b$ **b)** $9x + 4$ **c)** $1 - 12x$ **d)** $a - 1$

12 Klammere jeweils den angegebenen Faktor aus. Kontrolliere dein Ergebnis mithilfe deines Rechners.
a) $3st - 4s^2 + s$, Faktor: s **b)** $2x^2 + bx + x$, Faktor: x^2
c) $\frac{2}{3}u - \frac{5}{3}u^2$, Faktor: $\frac{3}{2}u^2$ **d)** $ab + c + b + ac$, Faktor: d

13 Der Quader hat eine quadratische Grundfläche.
a) Skizziere ein Netz des Quaders. Erstelle dann einen Term ohne Klammern für seinen Oberflächeninhalt.
b) Klammere in diesem Term so aus, dass der Term in der Klammer möglichst einfach wird. Veranschauliche dann diesen Term durch eine geeignete Fläche und vergleiche mit dem Netz.

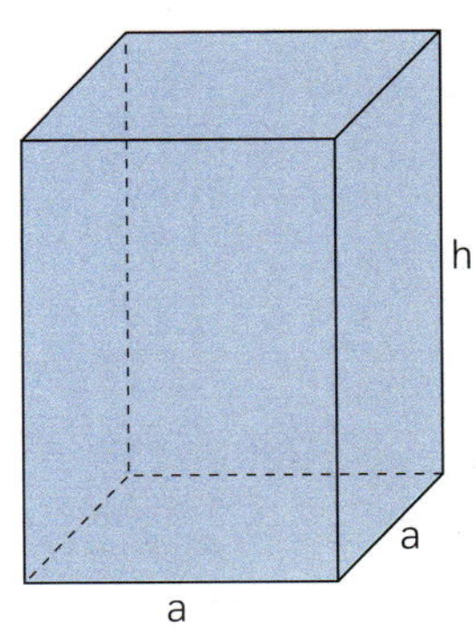

c) Berechne den Oberflächeninhalt für $a = 3{,}5\,cm$ und $h = 7{,}5\,cm$ mit beiden Termen. Vergleiche, wie viele Rechenschritte du jeweils benötigst.

14 Beweise, dass die Summe zweier natürlicher Zahlen a und b durch 3 teilbar ist, wenn a und b jeweils durch 3 teilbar sind.

1.6 Auflösen von zwei Klammern in einem Produkt

Einstieg

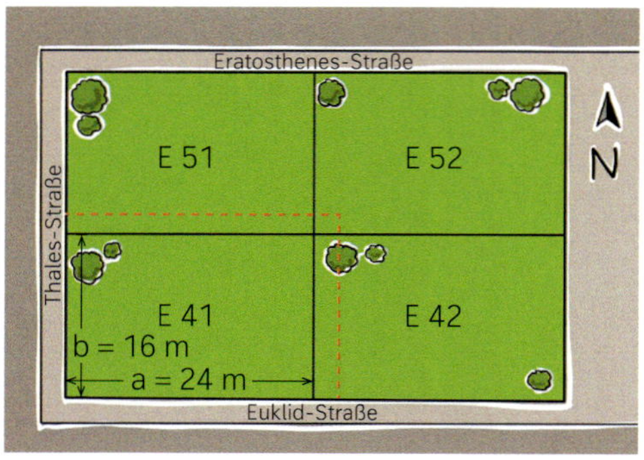

Familie John möchte ihr Grundstück im Kleingärtnerverein vergrößern und an der Nordseite einen 3 m breiten und an der Ostseite einen 2 m breiten Streifen dazu zu kaufen. Das Grundstück soll rechteckig bleiben.
Berechnet die Größe des Grundstücks vorher und nachher auf mehreren Wegen; zunächst mit den angegebenen Längen und dann allgemein mit Variablen.

Aufgabe mit Lösung

Multiplizieren von zwei Klammern

Löse die Klammern im Term $(a + b) \cdot (g + h)$ auf, indem du das Distributivgesetz zweimal anwendest. Veranschauliche dein Ergebnis mit Rechtecken.

Lösung

Ersetzt man die zweite Klammer zunächst durch eine neue Variable $c = g + h$, so kann die Regel für das Auflösen einer Klammer angewendet werden.

$$\begin{aligned}(a + b) \cdot (g + h) &= (a + b) \cdot c \\ &= a \cdot c + b \cdot c \\ &= a \cdot (g + h) + b \cdot (g + h) \\ &= a \cdot g + a \cdot h + b \cdot g + b \cdot h\end{aligned}$$

Für positive Werte der Variablen ist $(a + b) \cdot (g + h)$ der Flächeninhalt eines Rechtecks mit den Seitenlängen $a + b$ und $g + h$. Er kann auch als die Summe der Flächeninhalte der vier Teilrechtecke berechnet werden.

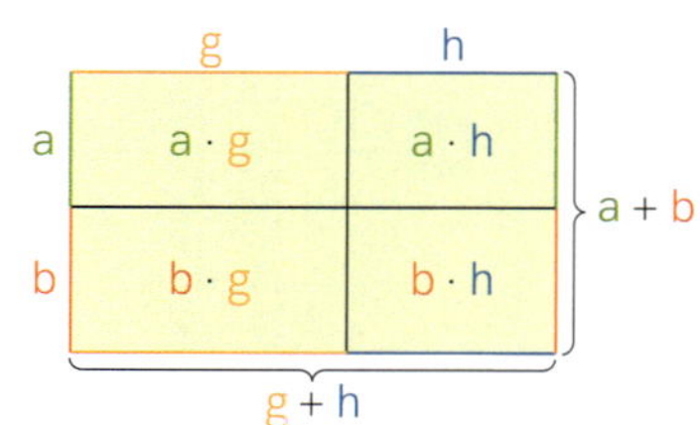

Löse im Term $(a - b) \cdot (c + d + e)$ die Klammer auf, indem du im ersten Schritt die Klammer als Ganzes betrachtest, ohne dafür eine neue Variable einzuführen.

Lösung

$(a - b) \cdot (c + d + e) = a \cdot (c + d + e) - b \cdot (c + d + e) = ac + ad + ae - bc - bd - be$

Information

Auflösen von zwei Klammern in einem Produkt

Man multipliziert zwei Summen oder Differenzen miteinander, indem man jedes Glied der ersten Klammer mit jedem Glied der zweiten Klammer multipliziert. Die Vorzeichen werden nach den Vorzeichenregeln gesetzt.

$(3a + 7b) \cdot (4b - 2c)$

$= 3a \cdot 4b - 3a \cdot 2c + 7b \cdot 4b - 7b \cdot 2c$
$= 12ab - 6ac + 28b^2 - 14bc$

Üben

1 Löse die Klammern auf.

a) $(x+7)\cdot(y+4)$ **b)** $(a+9)\cdot(b-3)$ **c)** $(a-1)\cdot(b-8)$ **d)** $(x+y)\cdot(a+b)$
e) $(x-y)\cdot(u-v)$ **f)** $(-x+y)\cdot(2+a)$ **g)** $(-a-b)\cdot(x-y)$ **h)** $(-1-r)\cdot(u+v)$

2 Für den Flächeninhalt der abgebildeten Figur haben Anton und Vivien Terme aufgestellt.

a) Erläutere die Überlegungen von Anton und Vivien.

b) Zeige auch durch Termumformung, dass beide Terme wertgleich zueinander sind.

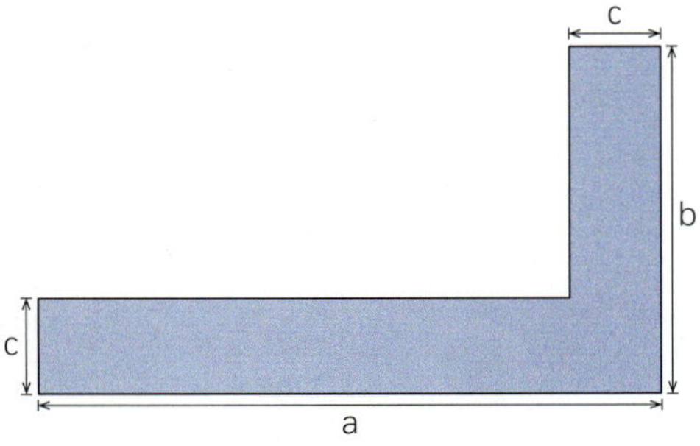

Anton
$A = a\cdot b - (a-c)\cdot(b-c)$

Vivien
$A = a\cdot c + b\cdot c - c\cdot c$

3 Löse die Klammern auf und fasse, wenn möglich, zusammen.

a) $(z+3)\cdot(7+z+t)$ **b)** $(a^2-4a)\cdot(2c+3d-1)$
c) $(-r+s^2)\cdot(r+u-v)$ **d)** $(-a+b)\cdot(4+a-b)$
e) $(-2x-y)\cdot(3r-2s-t)$ **f)** $(3x^2-2x-1)\cdot(2x+5)$

4 Mit dem Befehl *expand* (engl. für entwickeln) lassen sich auch Summen oder Differenzen miteinander multiplizieren.

a) Zeige durch handschriftliches Nachrechnen die Wertgleichheit der Terme.

CAS **b)** Welche der Terme auf den Karten sind wertgleich? Nutze deinen Rechner.

$\left(\left(2x-\frac{1}{4}\right)\cdot\left(\frac{3}{2}-5x\right)\right)$ wurde mit dem Rechner multipliziert.

expand $\left(\left(2x-\frac{1}{4}\right)\times\left(\frac{3}{2}-5x\right)\right)$

$-10\cdot x^2+\frac{17\cdot x}{4}-\frac{3}{8}$

$(3x+2)\cdot(2x-4)+8\cdot(x+2)$

$2x^2+(2x+3)\cdot(2x-3)-12\cdot(x+1)+11$

$6x\cdot(x^2-2)-(11x^2+5)$

$6\cdot(x^2+1)+2$

$(7x+4)\cdot(7x-2)+(-2{,}5+4)\cdot(-4)$

$(3x^2-2x-1)\cdot(2x+5)$

$3x\cdot(2x-4)-10$

$2x\cdot(7x+17)-24$

5 Begründe, welche der Terme (1) bis (3) den Flächeninhalt der abgebildeten Figur beschreiben.

(1) $ab+c\cdot(b-2a)$
(2) $2a^2+(b-2a)\cdot(a+c)$
(3) $a^2+a^2+(b-2a)\cdot a+(b-2a)\cdot c$

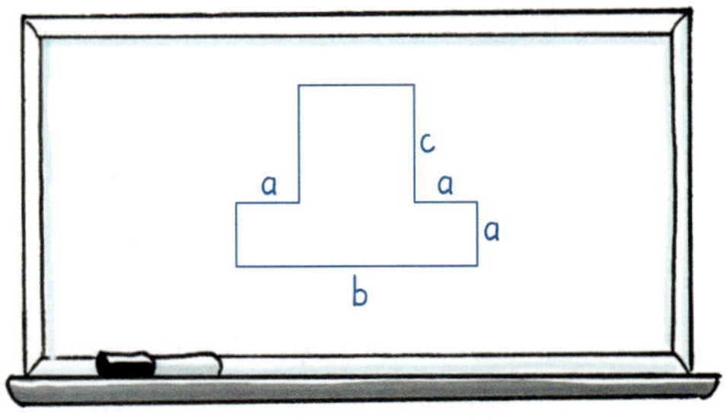

6 Löse die Klammern auf und fasse zusammen.

a) $6y^2 + (2x + 3y) \cdot (3x - 2y)$
b) $3xy - (2x - 9y) \cdot (x + 6y)$
c) $-15x - (11 - 5x) \cdot (3 - x^2) + 5x^3$
d) $(a - b) \cdot (2a + b) - (a + 4b) \cdot (3a - 2b)$
e) $8xy - (2x - 5y) \cdot (2x - 3y) + 3x^2$
f) $4 - (2x^2 - y^2) \cdot (x - y) + 3x^3 - 2xy^2$

$$5xy - (4x - 3y) \cdot (2x + 5y)$$
$$= 5xy - (8x^2 + 20xy - 6xy - 15y^2)$$
$$= 5xy - 8x^2 - 20xy + 6xy + 15y^2$$
$$= -8x^2 - 9xy + 15y^2$$

7 Um einen rechteckigen Brunnen soll ein Weg mit Breite b angelegt werden. Gib zwei verschiedene Terme an, mit denen man den Flächeninhalt des Weges beschreiben kann. Welche Strategie hat du dabei jeweils verfolgt?

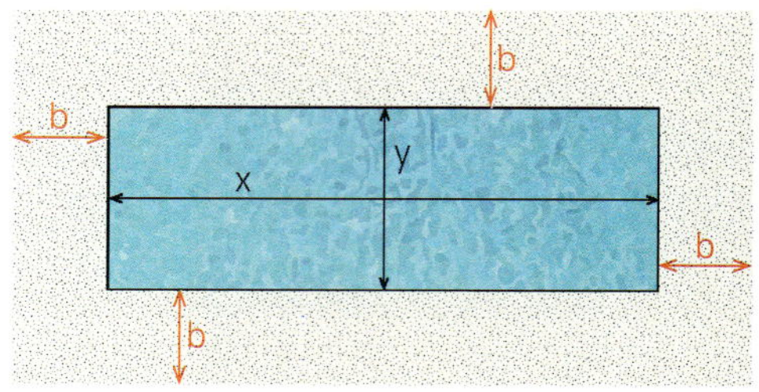

Lösen von Gleichungen mit Klammern

8 Bestimme die Lösungsmenge. Du kannst die Ergebnisse mit einer Probe überprüfen.

a) $(5x - 2) \cdot (x + 4) = 5 \cdot (x^2 + 2)$
b) $(2x - 5) \cdot (5x - 2) = 10x^2 - 34x$
c) $(3x - 1) \cdot (4x + 2) = (2x + 1) \cdot (6x - 2)$
d) $(x + 7) \cdot (x - 4) = x^2 + 2$
e) $(2x + 3) \cdot (5 - x) = x - 2x^2 + 27$

$$(x - 2) \cdot (x - 1) = x^2 - 7$$
$$x^2 - x - 2x + 2 = x^2 - 7$$
$$x^2 - 3x + 2 = x^2 - 7 \quad | -x^2$$
$$-3x + 2 = -7 \quad | -2$$
$$-3x = -9 \quad | :(-3)$$
$$x = 3$$

$L = \{3\}$

Probe: $(3 - 2) \cdot (3 - 1) \stackrel{?}{=} 3^2 - 7$
$1 \cdot 2 = 2$ wahr

9 Willy soll die Lösungsmenge der Gleichung bestimmen: $(5x + 10) \cdot (x - 3) = 0$
Da er gerade das Auflösen von zwei Klammern in einem Produkt gelernt hat, wendet er dies gleich an. Er gelangt an eine Stelle, an der er nicht weiter weiß. Welchen Tipp würdest du Willy geben? Begründe.

$$(5x + 10) \cdot (x - 3) = 0$$
$$5x^2 - 15x + 10x - 30 = 0$$
$$5x^2 - 5x - 30 = 0$$
?

10 Suche den Fehler in Leonies Rechnung. Korrigiere dann.

$$x^2 - (x + 1) \cdot (x - 3) = 7$$
$$x^2 - x^2 - 3x + x - 3 = 7$$
$$-2x - 3 = 7$$
$$-2x = 4$$
$$x = -2$$

Probe:
$(-2)^2 - (-2 + 1)(-2 + 3) \stackrel{?}{=} 7$
$4 - (-1) \cdot (+1) \stackrel{?}{=} 7$
$4 + 1 = 7$ f

1.7 Binomische Formeln

Ziel

Hier lernst du Formeln kennen, mit denen du Klammern in speziellen Produkten schneller und damit zeitsparender auflösen kannst.

Aufgabe mit Lösung

Binomische Formeln

Löse die Klammern auf. Wandle, falls nötig, zunächst in ein Produkt um.

a) $(a+b)^2$ **b)** $(a-b)^2$ **c)** $(a+b)\cdot(a-b)$

Lösung

Man schreibt das Quadrat als Produkt und löst dann die Klammern auf.

a) $(a+b)^2 = (a+b)\cdot(a+b) = a^2 + ab + ba + b^2 = a^2 + 2ab + b^2$

b) $(a-b)^2 = (a-b)\cdot(a-b) = a^2 - ab - ba + b^2 = a^2 - 2ab + b$

c) $(a+b)\cdot(a-b) = a^2 - ab + ba - b^2 = a^2 - b^2$

Rechts wurde das Ergebnis von Teilaufgabe a) angewendet, um in dem Term $(3x+5)^2$ schnell die Klammern aufzulösen.
Erläutere das Vorgehen.

$$(a+b)^2 = a^2 + 2\,a\cdot b + b^2$$

$$(3x+5)^2 = (3x)^2 + 2\cdot 3x\cdot 5 + 5^2$$
$$= 3x\cdot 3x + 6x\cdot 5 + 25$$
$$= 9x^2 + 30x + 25$$

Lösung

Der erste Summand $3x$ entspricht der Variablen a, der zweite Summand 5 der Variablen b. Im Ergebnis $a^2 + 2ab + b^2$ wurde dann an jeder Stelle für a der Term $3x$ und für b die Zahl 5 eingesetzt. Beim Einsetzen von $3x$ für a in a^2 müssen Klammern gesetzt werden, damit der ganze Term $3x$ quadriert wird.

Information

Binomische Formeln

Die binomischen Formeln sind eine Rechenhilfe. Für alle a und b gilt stets:

1. binomische Formel:
$$(a+b)^2 = a^2 + 2ab + b^2$$

2. binomische Formel:
$$(a-b)^2 = a^2 - 2ab + b^2$$

3. binomische Formel:
$$(a+b)\cdot(a-b) = a^2 - b^2$$

binomisch (lat.)
math. zweigliedrig

$$(4x+3)^2 = (4x)^2 + 2\cdot 4x\cdot 3 + 3^2 = 16x^2 + 24x + 9$$

$$(3x-5)^2 = (3x)^2 - 2\cdot 3x\cdot 5 + 5^2 = 9x^2 - 30x + 25$$

$$(3x+5y)\cdot(3x-5y) = (3x)^2 - (5y)^2 = 9x^2 - 25y^2$$

Üben

1 Formuliere die binomischen Formeln auch mit anderen Variablen als a und b.

a) $(x+y)^2$
$(x-y)^2$
$(x+y)\cdot(x-y)$

b) $(p+q)^2$
$(p-q)^2$
$(p+q)\cdot(p-q)$

c) $(klim + bim)^2$
⋮

2 Wende die binomischen Formeln an.

a) $(x+5)^2$	**b)** $(7+x)^2$	**c)** $(u+v)^2$	**d)** $(p+q)^2$
e) $(x-6)^2$	**f)** $(9-x)^2$	**g)** $(v-w)^2$	**h)** $(r-s)^2$
i) $(x+8)(x-8)$	**j)** $(u+5)\cdot(u-5)$	**k)** $(3-r)\cdot(3+r)$	**l)** $(x-y)\cdot(x+y)$
m) $(x-0{,}8)^2$	**n)** $(-3x+2y)^2$	**o)** $(0{,}2x-y)^2$	**p)** $\left(\frac{1}{2}x+\frac{2}{3}y\right)^2$

CAS

3 Teo hat mit dem Befehl *expand* eine binomische Formel aufgelöst.
Was fällt dir auf?
Prüfe, wie dein Rechner Binomische Formeln auflöst.

expand $\left(6x-\frac{y}{3}\right)^2$ $\quad 36\cdot x^2+\frac{y^2}{9}-4\cdot x\cdot y$

4 Die Umformung rechts wurde von einem Mitschüler durchgestrichen. Begründe, warum sie falsch ist.

~~$(a+b)^2 = a^2 + b^2$~~

5 Sind die beide Terme wertgleich? Überprüfe und korrigiere, falls nötig.

a) $(a-b)^2 = a^2 - b^2$	b) $(a-b)^2 = a^2 - ab + b^2$
c) $(a+b)\cdot(a-b) = a^2 - b^2$	d) $(q-p)^2 = p^2 - 2pq + q^2$
e) $(q+p)^2 = q^2 + p^2 + 2pq$	f) $(p+q)\cdot(p-q) = q^2 - p^2$
g) $(r+s)^2 = r + 2rs + s$	h) $(r-s)^2 = r^2 - s^2 + 2rs$
i) $(r + s\cdot(r-s) = -s^2 + r^2$	j) $(u+v)\cdot(v-u) = u^2 - v^2$

6 Die binomischen Formeln kann man mithilfe von Quadraten und Rechtecken veranschaulichen.
a) In der Abbildung sind die 1. und 2. binomische Formel an zwei Quadraten dargestellt. Erläutere sie.
b) Die 3. binomische Formel zu veranschaulichen ist schwieriger.
Schneide aus Papier zweimal die abgebildete Figur aus und beschrifte die Seiten. Zerschneide dann eine davon und lege sie zu einem Rechteck zusammen.
Klebe beide Figuren ins Heft und begründe, dass damit eine binomische Formel dargestellt ist.

a)
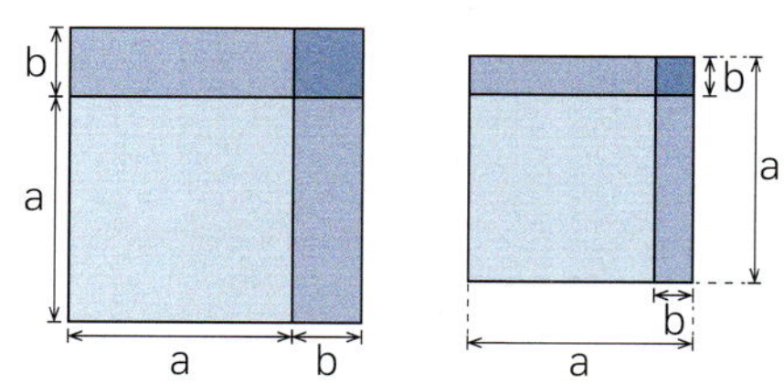

b)
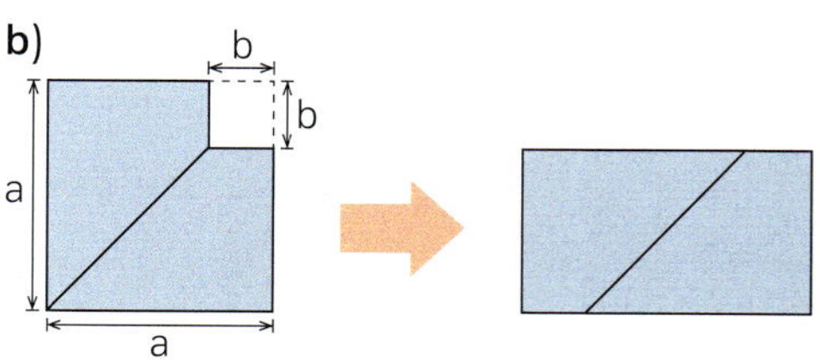

7 Vereinfache den Term $(a+b)^2-(a-b)^2$ und veranschauliche geometrisch.

8 Finde Terme, die wertgleich sind. Erläutere dein Vorgehen.

$(-r+s)^2$ $\quad (r+(-s))^2$ $\quad (-r-s)^2$ $\quad (-r+(-s))^2$ $\quad -(r-s)^2$ $\quad (r+s)^2$

9 Viktor behauptet:
„Eigentlich ist die zweite binomische Formel überflüssig."
Erkläre seine Rechnung.

$$(a - b)^2 = (a + (-b))^2$$
$$= a^2 + 2a \cdot (-b) + (-b)^2$$
$$= a^2 - 2ab + b^2$$

10 Achte besonders auf die Vorzeichen bei der Anwendung der binomischen Formeln.
a) $(-4 + x)^2$ **b)** $(x + (-3))^2$ **c)** $(-2 - x)^2$ **d)** $(1 - (-x))^2$
e) $(-r + s)^2$ **f)** $(-r - s)^2$ **g)** $(r + (-s))^2$ **h)** $(-r + (-s))^2$
i) $(4x + (-3y))^2$ **j)** $(-5x - 7y)^2$ **k)** $(-3x - (-4y))^2$ **l)** $(u + v)(-u + v)$

11 Wende die binomischen Formeln an; achte besonders auf die Potenzen.
a) $(3x^2 + 4y)^2$ **b)** $(2rs - 3s^2) \cdot (2rs + 3s^2)$
c) $(4a^3 - 3b)^2$ **d)** $(p^2 - q^2) \cdot (p^2 + q^2)$
e) $(2x^2 - 3xy)^2$ **f)** $\left(\frac{1}{3}a^2b - \frac{1}{4}ab\right)^2$

12 Löse die Klammern auf und fasse zusammen.
a) $(a + 3b)^2 + (a + b) \cdot (4a + b)$ **b)** $(a + 4b)^2 + (7a + b) \cdot (7a - b)$
c) $(3{,}5a + b)^2 + (a + 1{,}5b)^2$ **d)** $(4x + y)^2 - (x + y) \cdot (3x + y)$
e) $(0{,}5x + 0{,}3y)^2 - (0{,}2x - 0{,}4y)^2$ **f)** $\left(\frac{a}{2} - 2b\right)^2 + \left(6a - \frac{b}{3}\right)^2$

13 Bestimme die Lösungsmenge der Gleichung.
a) $(x + 5)^2 = (x - 4)^2$ **b)** $(x - 7) \cdot (x + 7) = (x + 8)^2 - 1$
c) $(x - 11)^2 - (x + 9)^2 = 0$ **d)** $\left(\frac{x}{4} + 1\right) \cdot \left(\frac{x}{4} - 1\right) - \left(\frac{x}{2} - 2\right) \cdot \left(\frac{x}{8} + 5\right) + 9 = 0$
e) $(2x - 15)^2 = (1 + 2x)^2 - 30x - 14$ **f)** $(2 + 3z)^2 = (1 + 3z)^2 + 8z + 1$

14 Müllers Baugrundstück hat die Form eines Quadrats. Durch eine Änderung des Bebauungsplanes muss an den beiden an die Straße grenzenden Seiten ein 2 m breiter Streifen abgegeben werden. Dadurch wird das Grundstück um 120 m² kleiner.
Stelle eine Frage und beantworte diese.

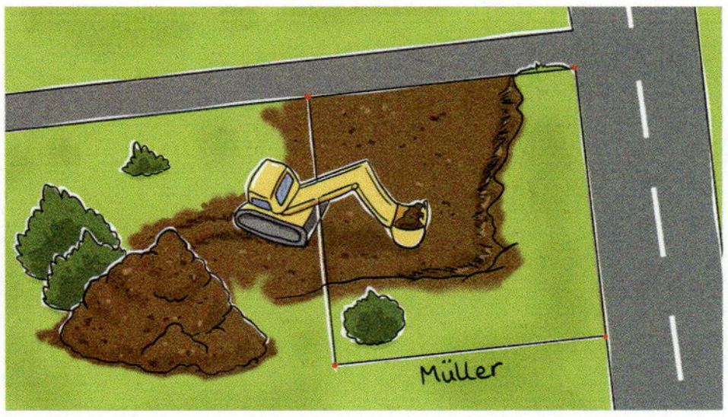

Weiterüben

15 Zeige: Die Summe der Quadrate zweier aufeinander folgender natürlicher Zahlen ist um 1 größer als das doppelte Produkt dieser Zahlen.

Das kann ich noch!

A In einem neuen Wohngebiet sind 12 Grundstücke mit jeweils 650 m² geplant.
1) Wie groß ist ein Grundstück, wenn man nur 8 Bauplätze vergeben würde?
2) Wie viele Grundstücke erhält man, wenn die Grundstücke 780 m² groß wären?

B An einer Straße sind neue Straßenlampen geplant. Wenn man sie im Abstand von 25 m aufstellt benötigt man 70 Stück. Wie viele Lampen benötigt man bei einem Abstand von 35 m?

Pascal'sches Dreieck

Mithilfe der 1. binomischen Formel kannst du Summen mit dem Exponenten 2 potenzieren (quadrieren). Auch für größere Exponenten als 2 gibt es entsprechende Formeln.

1 **a)** Zeige, dass gilt: $(a+b)^3 = a^3 + 3a^2b + 3ab^2 + b^3$
Erläutere die Formel auch an der Zeichnung.

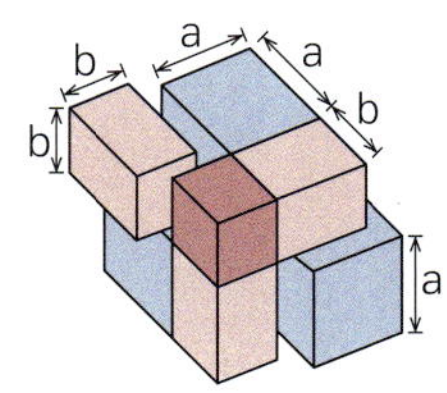

b) Berechne mithilfe der Formel von Teilaufgabe a).

(1) $(p+q)^3$ (2) $(a+2)^3$ (3) $(u+2v)^3$
(4) $(2m+3n)^3$ (5) $(3x^2+5z)^3$ (6) $(a-b)^3$
(7) $(u-3)^3$ (8) $(2a-4)^3$ (9) $(4p-3q)^3$

Blaise Pascal
*19.06.1623
in Clemont-Ferrand
†18.08.1662
in Paris

2 Das Zahlendreieck rechts heißt Pascal'sches Dreieck. Obwohl dieses Dreieck schon vor mehr als 1 000 Jahren indischen Mathematikern bekannt war, wird es besonders in Europa nach dem französischen Mathematiker und Philosophen Blaise Pascal benannt. Pascal hat dieses Zahlendreieck eingehend untersucht.

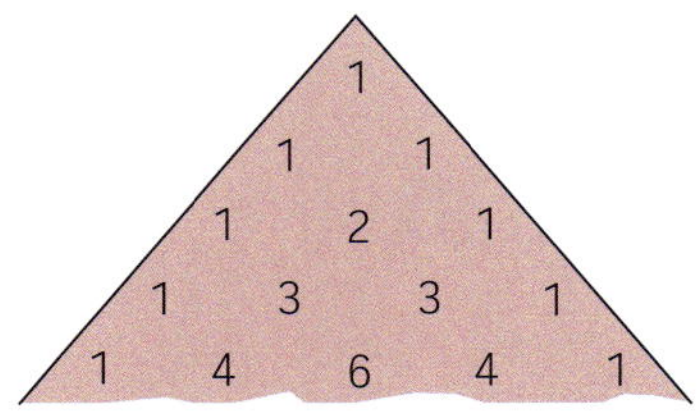

a) Im Pascal'schen Dreieck findest du die Vorfaktoren der Summanden in den Formeln für $(a+b)^3$, $(a+b)^2$ und auch $(a+b)^1$.
(1) Gib an, wo.
(2) Welchen Wert müsste nach dem Pascal'schen Dreieck $(a+b)^0$ haben?
(3) Welche Vorfaktoren vermutest du aus dem Pascal'schen Dreieck für die Summanden in der Formel für $(a+b)^4$?
Kontrolliere mit deinem Rechner.

b) Welche Gesetzmäßigkeiten erkennst du an dem Pascal'schen Dreieck? Formuliere sie. Setze damit das Zahlendreieck um 6 Zeilen fort. Kontrolliere mit deinem Rechner.

c) Das Pascal'sche Dreieck liefert die Zahlfaktoren der einzelnen Summanden, wenn man $(a+b)^n$ ausmultipliziert. Das muss natürlich begründet werden. Betrachte dazu die Rechnung. Erläutere den Zusammenhang mit der Entstehung des Pascal'schen Dreiecks.

$$\begin{aligned}&(a+b)^3\\ &= (a+b)^2 \cdot (a+b)\\ &= (a^2+2ab+b^2)\cdot(a+b)\\ &= a^3 + a^2b + 2a^2b + 2ab^2 + ab^2 + b^3\\ &= a^3 + 3a^2b + 3ab^2 + b^3\end{aligned}$$

d) Rechne entsprechend wie in Teilaufgabe c) und erläutere den Zusammenhang mit der Entstehung des Pascal'schen Dreiecks:

(1) $(a+b)^4$ (2) $(a+b)^5$ (3) $(a+b)^6$

3 Berechne mithilfe des Pascal'schen Dreiecks.

a) $(a+b)^8$ **b)** $(x+y)^6$ **c)** $(p+q)^9$ **d)** $(a-b)^5$
e) $(x-y)^6$ **f)** $(p-q)^9$ **g)** $(3a+1)^3$ **h)** $(4x+2)^3$
i) $(2c+3d)^5$ **j)** $(x-3y)^4$ **k)** $(4z-w)^5$ **l)** $(2x-3y)^6$
m) $(a+b^2)^3$ **n)** $(a^2-b^2)^4$ **o)** $(2p-3q^2)^5$ **p)** $(4w^2+z)^3$

Darstellungen in der Mathematik

1 Die meisten mathematischen Objekte kann man verschieden darstellen. Je nach Präsentationsform oder Adressat sind verschiedene Formen mehr oder weniger vorteilhaft.
Vergleiche die folgenden Darstellungen der 1. binomischen Formel.

Man quadriert eine Summe, indem man den ersten Summanden quadriert, das doppelte Produkt der beiden Summanden und das Quadrat des zweiten Summanden addiert.

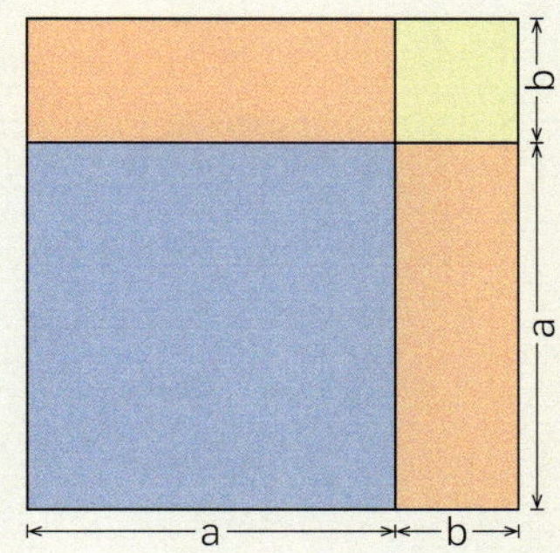

2 Finde entsprechende Darstellungsformen für das Multiplizieren einer Variablen mit einer Differenz.

3 Auch das Berechnen des Oberflächeninhalts eines Quaders mit den Kantenlängen a, b und c kann man verschieden darstellen.
Stelle die Möglichkeiten zusammen und vergleiche: Welche ist besonders knapp? Welche ist besonders einprägsam?

4 Jeder Zahl soll ihr Doppeltes zugeordnet werden. Stelle für diese Zuordnung verschiedene Darstellungsformen zusammen und vergleiche diese.

5 Beim Vergleich zweier Zuordnungen sind je nach der Aussage, die man betonen möchte, verschiedene Darstellungsformen günstig. Erläutere das an den Beispielen.

Uhrzeit	Temperatur (in °C)	
	im Tal	auf dem Berg
0:00	-2,7	-3,2
3:00	-2,9	-3,4
6:00	-3,0	-3,5
9:00	-2,1	-2,6
12:00	0,1	-0,4
15:00	0,3	-0,2
18:00	-0,4	-0,9
21:00	-1,5	-2,0

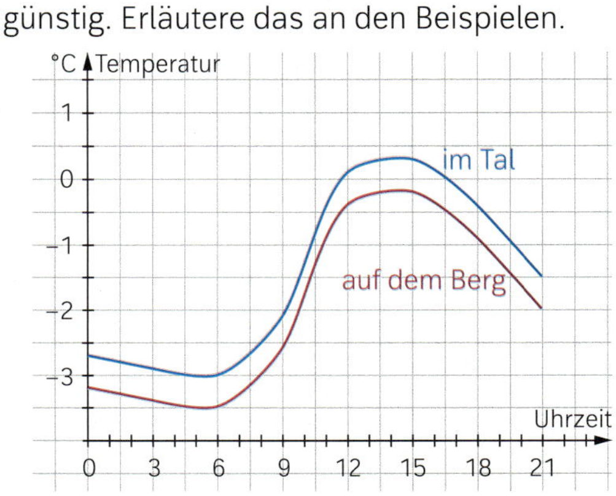

1.8 Faktorisieren einer Summe mithilfe der binomischen Formeln

Einstieg

a) $c^2 + 2xd + d^2$
b) $e^2 - 4ef + 4f^2$
c) $g^2 - h^2$
d) $4u^2 - 12uv + 9v^2$

Jana hat ihre Hausaufgabe zu den binomischen Formeln erledigt und dabei nur die Ergebnisse notiert.
Wie könnten die Aufgaben dazu lauten?

Aufgabe mit Lösung

Faktorisieren mithilfe der binomischen Formeln

Beim Ausklammern entsteht aus einer Summe ein Produkt. Das Umformen einer Summe in ein Produkt nennt man auch Faktorisieren. Nicht nur durch Ausklammern kann man eine Summe in ein Produkt umwandeln, sondern auch mithilfe der binomischen Formeln.

Faktorisiere die folgenden Terme mithilfe der binomischen Formeln:
(1) $16x^2 + 16cd + y^2$ (2) $49r^2 - 126rs + 81s^2$ (3) $4x^2 - 9y^2$

Lösung

(1) Der Term wird mithilfe der 1. binomischen Formel in ein Produkt umgewandelt.

$$a^2 + 2 \cdot a \cdot b + b^2 = (a + b)^2$$
$$16c^2 + 8cd + d^2 = (4c)^2 + 2 \cdot 4c \cdot 1d + d^2 = (4c + d)^2$$

(2) Der Term wird mithilfe der 2. binomischen Formel in ein Produkt umgewandelt.

$$a^2 - 2 \cdot a \cdot b + b^2 = (a - b)^2$$
$$4r^2 - 12rs + 9s^2 = (2r)^2 - 2 \cdot 2r \cdot 3s + (3s)^2 = (2r - 3s)^2$$

(3) Der Term wird mithilfe der 3. binomischen Formel in ein Produkt umgewandelt.

$$a^2 - b^2 = (a + b) \cdot (a - b)$$
$$4x^2 - 9y^2 = (2x)^2 - (3y)^2 = (2x + 3y) \cdot (2x - 3y)$$

Information

Faktorisieren einer Summe mithilfe der binomischen Formeln

Durch Anwenden der binomischen Formeln kann man spezielle Summen und Differenzen in Quadrate umformen.

$$\begin{aligned} & 9y^4 + 30y^2 + 25 \\ &= 3y^2 \cdot 3y^2 + 2 \cdot 3y^2 \cdot 5 + 5 \cdot 5 \\ &= \underbrace{(3y^2)^2}_{a^2} + \underbrace{2 \cdot 3y^2 \cdot 5}_{2 \cdot a \cdot b} + \underbrace{5^2}_{b^2} \\ &= (3y^2 + 5)^2 \end{aligned}$$

Üben

1 Faktorisiere mithilfe der binomischen Formeln.

a) $u^2 - v^2$
b) $r^2 - 121s^2$
c) $1 - 16a^2 + 1$
d) $x^2 + 2xy + y^2$
e) $r^2 + s^2 - 2rs$
f) $x^2 + 2x \cdot 7 + 49$
g) $a^2 + 20a + 100$
h) $x^2 - 20x + 100$
i) $14x + 49 + x^2$
j) $25 - 10x + x^2$
k) $12b + b^2 + 36$
l) $100 - 20x + x^2$

2 Kontrolliere Rebeccas Hausaufgaben.

a) $x^2 - a^2 = (x - a)^2$ b) $4a^2 - 12ab + 9b^2 = (2a - 3b)^2$

c) $4u^2 + 16uv + 16v^2 = (2u + 8v)^2$ d) $\left(\frac{1}{4}p^2 - 2pq + 4q^2\right)^2 = \left(\frac{1}{2}p + q\right)^2$

3 Man kann auch Terme quadratisch ergänzen.

a) Ersetze $\blacksquare$ im Heft durch einen Term, sodass der entstehende Term die rechte Seite einer binomischen Formel ist.

(1) $x^2 + 2xy + \blacksquare$ (2) $u^2 + 10u + \blacksquare$
(3) $4a^2 - 12ab + \blacksquare$ (4) $m^2 - 2mn + \blacksquare$
(5) $9u^2 - 24uv + \blacksquare$ (5) $p^2 + 4p + \blacksquare$

b) Erläutere das Bild.
Warum nennt man das Verfahren quadratisches Ergänzen?

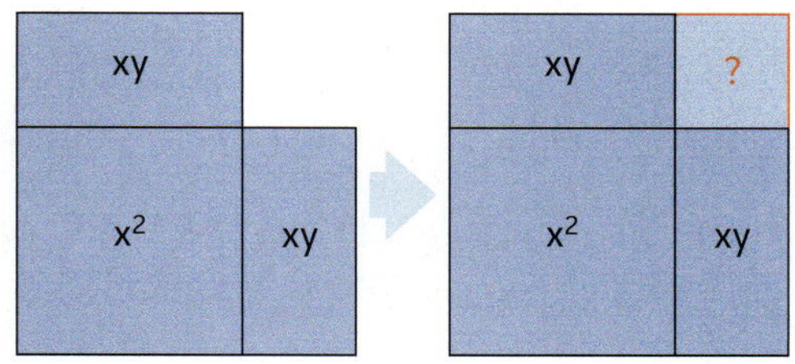

4 Fülle die Lücken im Heft aus.

a) $x^2 + \blacksquare + y^2 = (x + y)^2$ **b)** $\blacksquare - 2r + r^2 = (1 - r)^2$
c) $a^2 + \blacksquare + b^2 = (a + \blacksquare)^2$ **d)** $x^2 - 8x + \blacksquare = (x + \blacksquare)^2$
e) $\blacksquare + 36b + b^2 = (\blacksquare + b)^2$ **f)** $a^2 + 6ab + \blacksquare = (a + \blacksquare)^2$
g) $r^2 - 2{,}4rs + \blacksquare = (r - \blacksquare)^2$ **h)** $4x^2 + \blacksquare + 9y^2 = (2x + 3y)^2$
i) $25a^2 - \blacksquare + 49b^2 = (5a - 7b)^2$ **j)** $100r^2 + \blacksquare + 81s^2 = (\blacksquare + 9s)^2$
k) $\frac{1}{4} + \blacksquare + a^2 = (\blacksquare + a)^2$ **l)** $(\blacksquare + u) \cdot (\blacksquare - u) = w^2 - u^2$

CAS

5 Bei einem Computer-Algebra-System dient der Befehl **Faktor** (englisch: **factor**) zum Faktorisieren.
Kontrolliere das Beispiel rechts.
Wähle dann eigene Beispiele.

factor $(4 \cdot x^2 - 12 \cdot x \cdot y + 9 \cdot y^2)$	
	$(2 \cdot x - 3 \cdot y)^2$

6 Moritz hat mit seinem Rechner versucht, verschiedene Summen zu faktorisieren.

a) Betrachte die Struktur der vom Rechner ausgegebenen Terme.
Kannst du für die Beispiele in Zeile 1, 2 und 5 jeweils einen Zusammenhang zur eingegebenen Summe herstellen?

b) Überlege, was die Ausgaben des Rechners bei den Beispielen in Zeile 3 und 4 für die eingegebenen Summen bedeuten.

factor $(x^2 + 6x + 9)$	$(x + 3)^2$
factor $(x^2 + 6x + 8)$	$(x + 4) \cdot (x + 2)$
factor $(x^2 + 6x + 7)$	$x^2 + 6 \cdot x + 7$
factor $(x^2 + 6x + 6)$	$x^2 + 6 \cdot x + 6$
factor $(x^2 + 6x + 5)$	$(x + 5) \cdot (x + 1)$

7 Ermittle die Lösungsmenge der Gleichung.

a) $x^2 - 9 = 0$ **b)** $y^2 - 36 = 0$ **c)** $\left(\frac{1}{4} + 5z\right)^2 = 0$

d) $25 + 10b + b^2 = 0$ **e)** $\frac{1}{4}x^2 - 4x + 16 = 0$ **f)** $-9x^2 + 18x - 9 = 0$

1.9 Bruchgleichungen

Einstieg

solve $\left(\frac{x-4}{2x}=\frac{5}{6}\right)$	$\{x=-6\}$
solve $(6\times(x-4)=5\times 2x)$	$\{x=-6\}$

Marlene hat die nebenstehenden Gleichungen in ihren Rechner eingegeben und entsprechende Lösungen erhalten. Offensichtlich sind die Lösungen identisch. Erkläre, welcher Zusammenhang zwischen den Gleichungen besteht.

Aufgabe mit Lösung

Lösen einer Bruchgleichung

Bestimme die Lösungsmenge der Gleichung $\frac{3}{x+4}=\frac{4}{2x}$.

Lösung

Vor dem Ermitteln der Lösungsmenge der Gleichung überlegt man, welche Werte für x von vornherein ausgeschlossen werden müssen. Da die *Division durch die Zahl 0 nicht erlaubt* ist, betrachtet man zunächst, für welche Werte von x der Term im Nenner Null ist.

Überprüfen, wann die Nennerterme Null sind:

$$x+4=0 \quad |-4 \qquad\qquad 2x=0 \quad |:2$$
$$x=-4 \qquad\qquad\qquad x=0$$

Die Zahlen −4 und 0 können keine Lösungen der Gleichung sein.

Zum Lösen der Gleichung geht man wie folgt vor:

(1) Man multipliziert die Gleichung mit den Nennertermen $(x+4)\cdot 2x$.

$$\frac{3\cdot(x+4)\cdot 2x}{x+4}=\frac{4\cdot(x+4)\cdot 2x}{2x}$$

(2) Dann kürzt man die Brüche vollständig. Durch das Kürzen erhält man eine Gleichung ohne Brüche.

$$\frac{3\cdot\cancel{(x+4)}\cdot 2x}{\cancel{x+4}}=\frac{4\cdot(x+4)\cdot\cancel{2x}}{\cancel{2x}}$$
$$3\cdot 2x=4\cdot(x+4)$$

(3) Nun kann die entstandene Gleichung gelöst werden.

$$\begin{aligned} 3\cdot 2x &= 4\cdot(x+4) & \\ 6x &= 4x+16 & |-4x \\ 2x &= 16 & |:2 \\ x &= 8 & \end{aligned}$$

Man überpüft, ob die berechnete Lösungen zuvor bereits ausgeschlossen wurden.

Ausgeschlossene Lösungen sind:
$x=-4$ und
$x=0$

Nun kann man die Lösungsmenge angeben.

Lösungsmenge der Bruchgleichung:
$L=\{8\}$

Um Rechenfehler auszuschließen, wird eine Probe durchgeführt.

$$\frac{3}{8+4}\stackrel{?}{=}\frac{4}{2\cdot 8}$$
$$\frac{3}{12}\stackrel{?}{=}\frac{4}{16}$$
$$\frac{1}{4}=\frac{1}{4} \qquad \text{wahr}$$

Die Lösungsmenge der Gleichung $\frac{3}{x+4}=\frac{4}{2x}$ ist $L=\{8\}$.

Information

Lösen einer Bruchgleichung

$\frac{(x+1)\cdot(3-x)}{x-2} = \frac{3}{x-2}$

(1) Schließe alle Werte für x aus, die keine Lösungen der Gleichung sein können.

Die Lösung(en) der Gleichung dürfen nicht den Wert 2 haben ($x \neq 2$).

(2) Multipliziere beide Seiten der Gleichung mit den Nennertermen und kürze dann so, dass die Nenner entfallen.

$\frac{(x+1)\cdot(3-x)}{x-2} = \frac{3}{x-2} \quad |\cdot(x-2)$

$(x+1)\cdot(3-x) = 3$

(3) Löse die entstandene Gleichung.

$3x - x^2 + 3 - x = 3 \quad |-3$

$2x - x^2 = 0$

$x\cdot(2-x) = 0$

$x = 0$ oder $x = 2$

(4) Führe eine Probe durch.

$x = 2$ wurde bereits als Lösung ausgeschlossen. Probe für $x = 0$:
$\frac{1\cdot 3}{-2} = \frac{3}{-2}$ ist eine wahre Aussage.

(5) Gib die Lösungsmenge an.

$L = \{0\}$

Üben

1 Gib alle Zahlen an, die von vornherein als Lösungen der Gleichung ausgeschlossen werden müssen. Bestimme dann die Lösungsmenge der Gleichung.

a) $\frac{7}{x} = 5$ b) $\frac{8}{x-1} = 4$ c) $\frac{15}{x+10} = 5$ d) $\frac{-12}{2+6x} = 6$

2 Gib an, welche Lösungen nicht in Frage kommen. Löse dann die Gleichung.

a) $\frac{3}{x-1} = \frac{4}{x+1}$ b) $\frac{2}{x} = \frac{7}{x-5}$ c) $\frac{5}{2x+6} = \frac{3}{x}$ d) $\frac{2}{x^2+1} = \frac{4}{2x^2+x}$

e) $\frac{5}{x-7} = \frac{9}{x}$ f) $\frac{9}{x-5} = \frac{12}{x-3}$ g) $\frac{x-3}{x+3} = \frac{x}{x-3}$ h) $\frac{x-2}{2x-6} = \frac{0{,}5\,x}{x+7}$

3 Bestimme die Lösungsmenge der Gleichung.

a) $\frac{3(x-4)}{x-4} = 3$ b) $\frac{1}{x} = \frac{x+1}{x}$ c) $\frac{x^2-1}{x-1} = x+1$ d) $\frac{3x^2-12}{3x-6} = x$

CAS **4** Löse die Aufgaben mithilfe deines Rechners.
Interpretiere anschließend die Ausgaben.

solve$\left(\frac{x-1}{x-2} = \frac{x-2}{x-3}, x\right)$?

solve$\left(\frac{x}{x+1} = \frac{x^2-x}{x^2-1}, x\right)$?

5 Beschreibe und vergleiche die Lösungswege. Führe einen der beiden zu Ende.

Michel

$\frac{6x\cdot(x+1)}{x+1} = \frac{3x\cdot(x+5)}{2\cdot(x+5)} \quad |\cdot 2(x+1)\cdot(x+5)$

$12x\cdot(x+1)\cdot(x+5) = 3x\cdot(x+5)\cdot(x+1)$

Rebecca

$\frac{6x\cdot(x+1)}{x+1} = \frac{3x\cdot(x+5)}{2\cdot(x+5)}$

$6x = \frac{3x}{2}$

6 Bestimme die Lösungsmenge der Gleichung.

a) $\frac{7}{x-4} = 2$ b) $\frac{2}{z+1} = \frac{6}{2-z}$ c) $\frac{3}{a-2} = \frac{12}{a+7}$ d) $\frac{6}{y-8} = \frac{22}{y}$

7 Gib eine Bruchgleichung an, bei der die angegebenen Zahlen nicht Lösung sein können.

a) 3 b) 7; 5 c) −3; −2 d) −3; 2

8 Ein Bruch hat den Wert $\frac{5}{13}$. Welche Zahl z muss man vom Zähler subtrahieren und zum Nenner addieren, damit sein Wert $\frac{1}{2}$ wird?

CAS **9** Löse die Gleichung $\frac{x-a}{x+1} = a$ mithilfe deines Rechners nach der Variablen x auf. Für welche Werte für $a \in \mathbb{Q}$ existieren keine Lösungen?

10 Um eine Ladung Rohöl eines binnenfahrenden Tankschiffs zu löschen, benötigen vier Pumpen drei Stunden. Zwei der Pumpen sind leistungsstärker und arbeiten doppelt so schnell wie die beiden anderen.

a) Wie lange dauert es, wenn nur die schnelleren Pumpen arbeiten?

b) Wie lange brauchen die beiden schwächeren Pumpen alleine für die Aufgabe?

Rechnen mit Bruchtermen

11 Wende die Regeln der Bruchrechnung an. Kürze, wenn möglich.

$$\frac{8b}{3a^2} \cdot \frac{3a^3}{16b^4} = \frac{8 \cdot 3 \cdot b \cdot a \cdot a \cdot a}{3 \cdot 16 \cdot a \cdot a \cdot b \cdot b \cdot b \cdot b} = \frac{a}{2b^3}$$

a) $\frac{4x^2}{5a} \cdot \frac{7y^2}{3a^2}$ b) $\frac{9p^2}{8q} \cdot \frac{9q^2}{4p}$

c) $\frac{x+y}{x \cdot y} \cdot \frac{x}{y}$ d) $\frac{5x}{8y} \cdot \frac{16y^2}{25x^2}$ e) $\frac{ax}{b} : \frac{a^2x}{b}$ f) $\frac{u^2v^2}{3r} : \frac{uv}{r^2}$

g) $\frac{21ab}{4c} : \frac{7a}{2c}$ h) $\frac{a+b}{c+d} : \frac{c-d}{a+b}$ i) $\frac{8a^2}{3b} \cdot 4b^2$ j) $\frac{16x^2}{3y} : 8y$

k) $\frac{2u+3v}{2a^2} + \frac{4u-5v}{2a^2}$ l) $\frac{a^2+2b}{9b} - \frac{3a^2+b}{9b}$ m) $\frac{x}{x^2-y^2} - \frac{y}{x^2-y^2}$ n) $\frac{2a}{x} + \frac{3a}{y}$

o) $\frac{5a}{8x} - \frac{3a}{4x}$ p) $\frac{4x}{6a^2} + \frac{2y}{4a^3}$ q) $\frac{3x}{3a^2} + \frac{7y}{5b^2}$ r) $\frac{a}{x} + \frac{b}{x+y}$

CAS **12** Stelle mit dem Rechner die Formel nach der in der Klammer stehenden Variable um.

a) $R = \varrho \cdot \frac{\ell}{A}$ [ℓ] b) $\frac{1}{R} = \frac{1}{R_1} + \frac{1}{R_2}$ [R]

c) $A = \frac{a+c}{2} \cdot h$ [c] d) $A_O = 2 \cdot (ab + ac + bc)$ [a]

R_1 kann als R_1 in den Rechner eingegeben werden.

13 Vereinfache die folgenden Bruchterme. Kontrolliere die Ergebnisse mithilfe deines Rechners.

a) $\frac{x^2+x}{x}$ b) $\frac{b^3}{b^4+b^3}$ c) $\frac{2 \cdot (y-3)^2}{6 \cdot (y^2 - 6 \cdot y + 9)}$ d) $\frac{s^2-t^2}{s-t}$

14 Wurde richtig gerechnet? Korrigiere sonst die rechte Seite.

a) $\frac{7x}{3} + \frac{y}{7} = \frac{x}{3y}$ b) $\frac{4r}{3s} : 6s^2 = \frac{4r \cdot 6s^2}{3s} = 8rs$ c) $\frac{1}{c^2-d^2} \cdot (c-d) = \frac{1}{c+d}$

Trapez – Formeln erforschen

1 Den Flächeninhalt von Trapezen kann man auf verschiedene Weise ermitteln, indem man es zerlegt oder ergänzt. Je nach Vorgehen erhält man zunächst ganz unterschiedlich aussehende Formeln.

a) Beschreibt jedes der folgenden Beispiele mit einer dazu passenden Formel.

b) Weist nach, dass sie wertgleich zueinander sind.

c) Findet noch weitere Möglichkeiten und bearbeitet diese entsprechend.

(1) Durch Ergänzen entsteht aus dem Trapez ein Parallelogramm mit doppelt so großem Flächeninhalt.

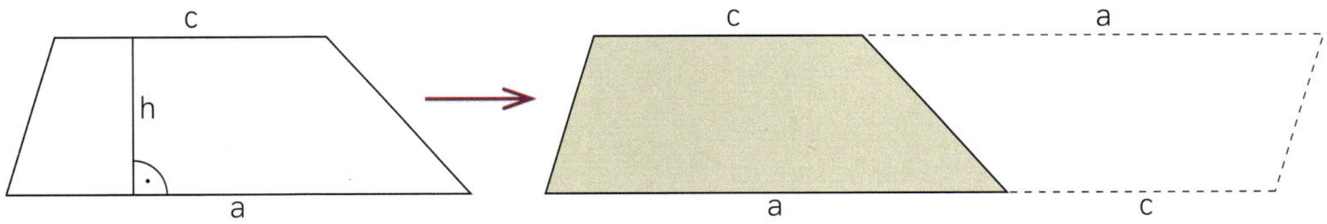

(2) Zerlegen in zwei Dreiecke

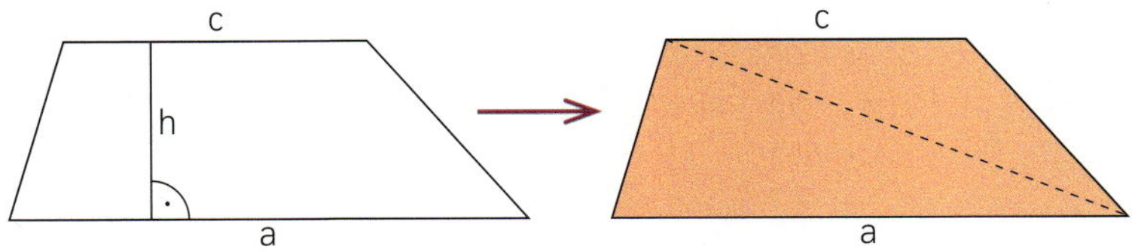

(3) Zerlegen in ein Parallelogramm und ein Dreieck

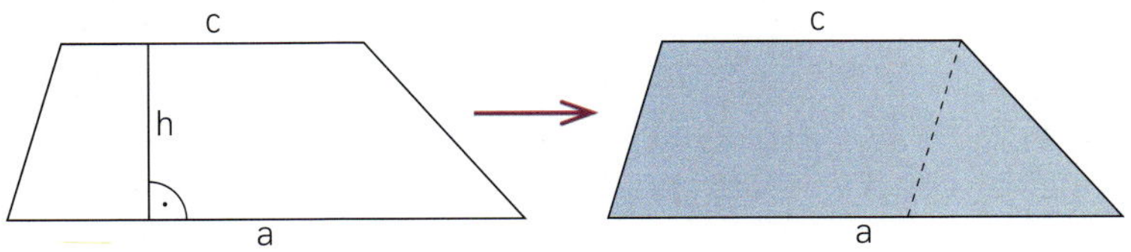

(4) Ergänzen zu einem Rechteck

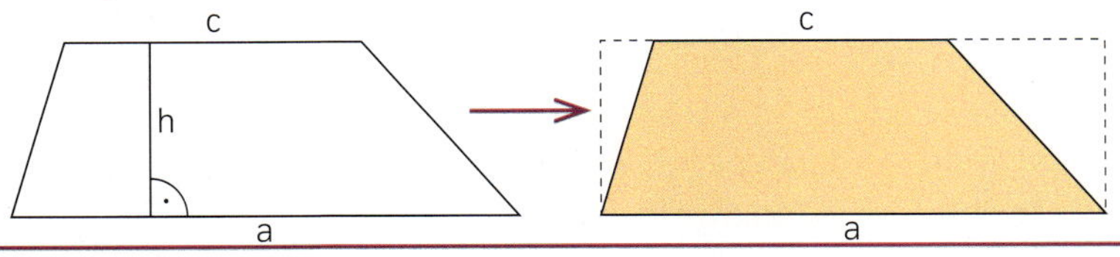

1.10 Ungleichungen

Einstieg

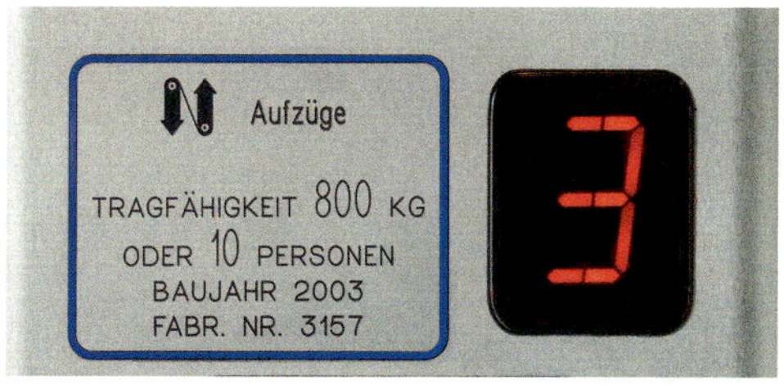

Das Schild bedeutet: Weder die Anzahl an Personen noch die zulässige Last darf überschritten werden.
Wenn Herr Hoffmann 107 kg wiegt, wie schwer dürfen die übrigen Mitfahrer durchschnittlich noch sein? Beschreibt die Situation mit einer Ungleichung.

Aufgabe mit Lösung

Umformungsregeln für Ungleichungen

→ Welche Zahlen erfüllen die Bedingung aus Jonas Zahlenrätsel?
Notiere dazu eine Ungleichung.
Bestimme die Lösungsmenge und veranschauliche dein Vorgehen an der Zahlengeraden.

Lösung
Die Ungleichung lautet: $2 \cdot x + 3 < 11$
Um die Ungleichung zu lösen, kann man auf verschiedene Weise vorgehen:

Überlegung	Bedeutung	Veranschaulichung an Zahlengeraden
$2 \cdot x + 3 < 11$ ↓ subtrahiere 3 auf beiden Seiten	Das Ergebnis von $2 \cdot x + 3$ ist kleiner als 11.	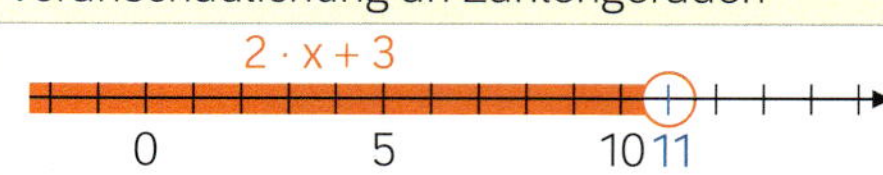
$2 \cdot x < 8$ ↓ dividiere beide Seiten durch 2	Das Zweifache von x ist kleiner als 8.	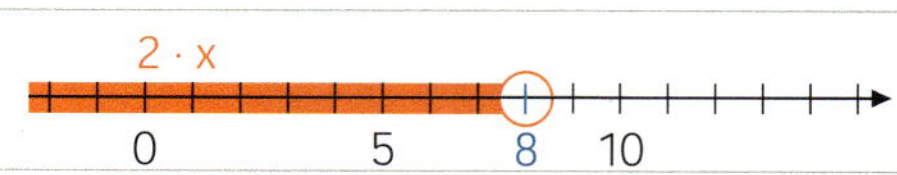
$x < 4$	x ist kleiner als 4.	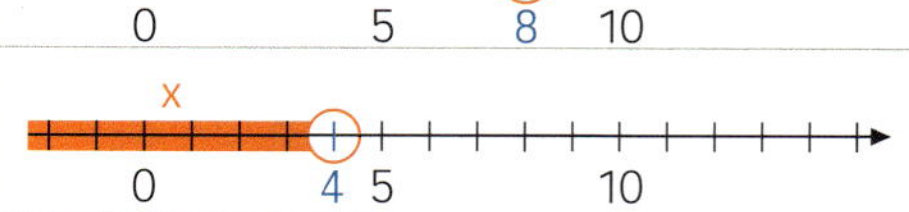

Die Lösungsmenge der Ungleichung besteht aus allen Zahlen, die kleiner als 4 sind. Die Zahl 4 selbst gehört nicht zur Lösungsmenge. Dies zeigt eine Probe; sie führt auf die falsche Aussage $11 < 11$.

→ Im Beispiel wurde eine Ungleichung – ähnlich wie man es bei einer Gleichung tut – durch eine negative Zahl dividiert.

~~$-2x < 6 \quad | :(-2)$~~
~~$x < -3$~~

Zeige mithilfe der Probe für die Zahl 1, dass die beiden Ungleichungen nicht äquivalent zueinander sind.

Lösung

Löst 1 die Ungleichung $-2 \cdot x < 6$?
$-2 \cdot x < 6$
$-2 \cdot 1 \overset{?}{<} 6$
$-2 < 6$ wahr

Löst 1 die Ungleichung $x < -3$?
$x < -3$
$1 \overset{?}{<} -3$ falsch

Die Multiplikations- und Divisionsregel gelten daher nicht beim Multiplizieren mit sowie beim Dividieren durch negative Zahlen. Damit die Aussage wahr bleibt, muss hierbei das Zeichen umgedreht werden, also $x > -3$.

Information

Ungleichungen umformen und lösen

Für das Lösen von Ungleichungen gelten beim Addieren und Subtrahieren die gleichen Gesetze wie beim Lösen von Gleichungen.

$2x + 1 < 5 \quad |-1$
$2x + 1 < 4$

Multipliziert man beide Seiten einer Ungleichung mit derselben positiven Zahl bzw. dividiert man durch dieselbe positive Zahl, so ändert sich die Lösungsmenge nicht.

$0{,}2x < 1 \quad |\cdot 5$
$x < 5$

$2x < 4 \quad |:2$
$x < 2$

Multipliziert oder dividiert man hingegen beide Seiten einer Ungleichung mit/durch dieselbe negative Zahl, so muss man das „<"- bzw. „>"-Zeichen umdrehen.

$-0{,}5x < 3 \quad |:(-2)$
$x > -6$

$-3x < 6 \quad |:(-3)$
$x > -2$

Wenn eine Ungleichung unendlich viele Lösungen besitzt, kann man die Lösungsmenge nicht in aufzählender Form angeben, sondern nur in Mengenschreibweise.

$3x + 5 > 7$
Lösungsmenge: $L = \left\{x \in \mathbb{Q} \,\middle|\, x < \frac{2}{3}\right\}$
Lies: „Die Menge aller x aus $\mathbb{Q}$, die kleiner als $\frac{2}{3}$ sind."

Üben

1 Bestimme die Lösungsmenge. Achte darauf, die Zeichen umzudrehen, falls nötig.

a) $18 + 8z < -6$ **b)** $-24 + 7y > 11$ **c)** $-5x + 3 > -17$ **d)** $2w - 8w < -42$
e) $9v + 4v > 5v - 1$ **f)** $0{,}6 - 3u < 3u - 3$ **g)** $-0{,}2t - 8 < 1$ **h)** $-0{,}5s - 1 > -2$
i) $-\frac{1}{2}x + \frac{3}{4} > -\frac{5}{8}$ **j)** $9x + 4 > 5x - 1$ **k)** $-7x - 13 < -\frac{2}{5}$ **l)** $-\frac{5}{9}x - 1 > -\frac{2}{3}$

2 Erkläre, warum man bei der Multiplikation oder Division mit einer negativen Zahl das Ungleichheitszeichen umdrehen muss. Veranschauliche an der Zahlengeraden.

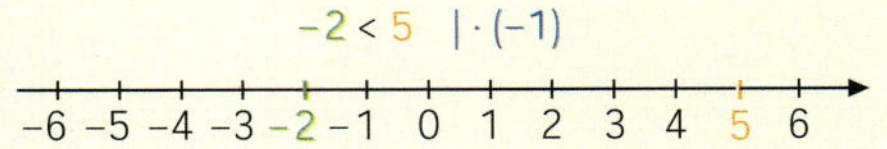

a ≤ b bedeutet: a < b oder a = b
a ≥ b bedeutet: a > b oder a = b

3 Martha hat eine Ungleichung mit dem Zeichen ≤ mit ihrem Rechners gelöst.

solve $(-1 + 3\boldsymbol{x} \le 5, \boldsymbol{x})$ $\{x \le 2\}$

a) Forme die Ungleichung schrittweise im Heft um. Veranschauliche jeden Schritt an der Zahlengeraden.
b) Löse die Ungleichungen im Heft und kontrolliere mit deinem Rechner.
(1) $3a - 4 \ge 17$ (2) $-\frac{1}{2}x + 3 \le 5$ (3) $8x - 11 \le 4x + 9$ (4) $x + 1 \le x$

4 Mia hat eine Ungleichung gelöst. Kontrolliere ihr Vorgehen.

$3x + 12 \le 9 \quad |-12$
$3x \le -3 \quad |:3$
$x \ge -1$

Das Wichtigste auf einen Blick

Terme und ihre Berechnung	**Terme** sind Rechenausdrücke, die aus Zahlen, Variablen, Rechenzeichen und Klammern bestehen können. Beachte: Berechne zuerst, was in Klammern steht. Potenzrechnung geht vor Punktrechnung, Punktrechnung geht vor Strichrechnung. Sonst rechne von links nach rechts.	$4 \cdot (x + y^2)$ Einsetzen von $x = -3$ und $y = 5$: $4 \cdot (-3 + 5^2)$ $= 4 \cdot (-3 + 25)$ $= 4 \cdot 22 = 88$
Wertgleiche Terme und Termumformungen	Zwei Terme heißen **wertgleich,** wenn sich bei *jeder* beliebigen Einsetzung für die Variablen übereinstimmende Werte ergeben. Durch **Termumformungen** wird ein Term mithilfe von Rechengesetzen in einen wertgleichen Term umgeformt. Wertgleiche Terme werden durch ein Gleichheitszeichen verbunden.	$2x + 4x - 5x + x$ $= 2x$ $xy^2 + 2xy^2 - xy + 3xy$ $= 3xy^2 + 2xy$
Multiplizieren und Dividieren von Termen	Man multipliziert ein Produkt mit einer Zahl, indem man *nur einen* Faktor mit der Zahl multipliziert. Man dividiert ein Produkt durch eine Zahl, indem man *nur einen* Faktor durch die Zahl dividiert.	$7 \cdot (8 \cdot x^2y) = (7 \cdot 8) \cdot x^2y = 56x^2y$ $(28x^2y) : 4 = (28 : 4) \cdot x^2y = 7x^2y$
Auflösen einer Klammer	Man multipliziert eine Summe oder Differenz mit einem Faktor, indem man *jedes* Glied in der Klammer mit dem Faktor multipliziert.	$-4x \cdot (2y + 3x)$ $= -8xy - 12x^2$
Auflösen einer Minusklammer	Steht ein Minuszeichen vor einer Klammer, so heißt die Klammer **Minusklammer**. Minusklammern löst man auf, indem man in der Klammer *alle* Vorzeichen *ändert*.	$-(3x - 4y^2 + 5) = -3x + 4y^2 - 5$ $4x - (x - 2) = 4x - x + 2 = 3x + 2$
Ausklammern	Durch Ausklammern kann eine Summe in ein Produkt umgewandelt werden.	$4x^2y + 6xy = 2xy \cdot (2x + 3)$
Produkt aus zwei Klammern	*Jedes* Glied der einen Klammer wird mit *jedem* Glied der anderen Klammer multipliziert.	$(4x - 3y) \cdot (2x + 3z)$ $= 8x^2 + 12xz - 6xy - 9yz$

Das Wichtigste auf einen Blick

Binomische Formeln	Für alle rationalen Zahlen a und b gilt: *1. binomische Formel:* $(a+b)^2 = a^2 + 2ab + b^2$ *2. binomische Formel:* $(a-b)^2 = a^2 - 2ab + b^2$ *3. binomische Formel:* $(a+b)\cdot(a-b) = a^2 - b^2$	$(2x+3y)^2 = 4x^2 + 12xy + 9y^2$ $(2x-3y)^2 = 4x^2 - 12xy + 9y^2$ $(2x+3y)\cdot(2x-3y) = 4x^2 - 9y^2$
Lösen einer Bruchgleichung	(1) Multipliziere beide Seiten der Gleichung mit dem Hauptnenner und kürze dann so, dass die Nenner entfallen. (2) Löse die entstandene Gleichung. (3) Prüfe, ob alle gefundenen Zahlen in die Gleichung eingesetzt werden dürfen und führe gegebenenfalls eine Probe durch. (4) Gib die Lösungsmenge an.	$\frac{4+x}{x+1} = \frac{10+x}{4+x} \quad \vert\cdot(x+1)\cdot(4+x)$ $(4+x)^2 = (10+x)\cdot(x+1)$ $16+8x+x^2 = 10x+10+x^2+x \quad \vert -x^2$ $16+8x = 11x+10 \quad \vert -11x$ $16-3x = 10 \quad \vert -16$ $-3x = -6$ $x = 2$ $L = \{2\}$
Lösen von Ungleichungen	Ungleichungen können wie Gleichungen gelöst werden. Beachte: Multipliziert (dividiert) man beide Seite einer Ungleichung mit derselben negativen Zahl (durch dieselbe negative Zahl), so muss man das Zeichen < bzw. > umdrehen.	$-2x+3 < 11 \quad \vert -3$ $-2x < 8 \quad \vert :(-2)$ $x > -4$ $L = \{x \in \mathbb{Q} \mid x > -4\}$

Bist du fit?

Lösungen im Anhang

1 Berechne den Wert des Terms für die folgenden Werte von x: 2; −1; −0,5; $\frac{2}{3}$.
Gibt auch die Struktur des Terms an.

a) $3x-2$ **b)** $(\,x\cdot(x+2)\,)^2$

2 Vereinfache so weit wie möglich.

a) $2\cdot 3x - 4 - 6x:3$ **b)** $7\cdot 3a - 2a\cdot 3a + a^2$
c) $4b\cdot 1{,}5b + 5b\cdot(-2a) - 2a$ **d)** $12pq - 5qp - 3p - q + pq$

3 Löse die Klammern auf und fasse zusammen.

a) $3a\cdot(7b+c)$ **b)** $-r\cdot(2r-s)$ **c)** $x-(2x-3)$ **d)** $7a^2 - a\cdot(5+a)$
e) $(7p-q)\cdot(2+q)$ **f)** $(2x+3)^2$ **g)** $(p+2q)\cdot(p-2q)$ **h)** $(4a-2b)^2 + 16a$

4 Vereinfache so weit wie möglich.

a) $6\cdot(5a-24b) + 3\cdot(5b-2a)$ **b)** $r\cdot(4-12s) - 4s\cdot(3r+1)$
c) $-u\cdot(v-7) - (1-u)$ **d)** $(7x-5y)^2 - (5y-7x)^2$

5 Bestimme die Lösungsmenge.

a) $(2-x)^2 = (2+x)^2$

b) $(8x-6)\cdot(4x-2) = 32x^2+52$

c) $(6+x)^2 = x\cdot(4+x)+44$

d) $(2x-8)\cdot(2x+10) = 4x^2-64$

6 Gib zu der Figuren zwei verschiedene Terme an, die den Inhalt der markierten Fläche beschreiben.
Zeige im Anschluss durch Vereinfachung, dass beide Terme wertgleich sind.

a)

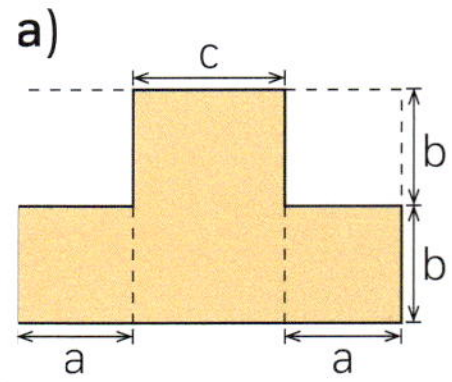

b)

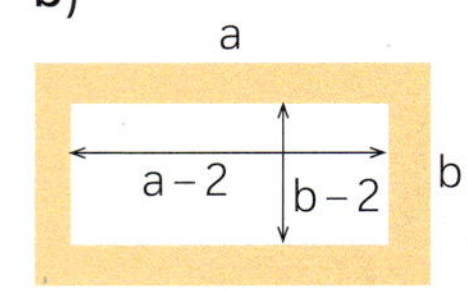

CAS **7** Gesucht sind zwei Zahlen. Subtrahiert man jeweils vom Quadrat dieser unbekannten-Zahlen 5, erhält man die Zahl –3.
Bestimme die gesuchten Zahlen.

CAS **8** Gegeben ist die Gleichung $t\cdot x+4=6$ für jedes $t\in\mathbb{Q}$.
Bestimme alle Werte für t so, dass die Gleichung keine oder genau eine Lösung besitzt.

CAS **9** Gegeben sind die Gleichungen

(1) $a^2 = x - a\cdot(1+a)$ (2) $3\cdot(x-5) = -15$

für jedes $a\in\mathbb{Q}$.
Bestimme alle Werte für den Parameter a so, dass die Lösungsmengen der beiden Gleichungen übereinstimmen.

10 Gib den Term in Form eines Produktes an. Klammere dafür den größten gemeinsamen Faktor aus..

a) $12ab+7bc$

b) $-4x-4y$

c) $40xy-25xz$

d) $-5x^2-10xy$

e) $-24a-30b+66b$

f) $\frac{r}{2}+\frac{r^2}{2}-\frac{3}{2}rs$

11 Gib den Term in Form eines Produktes an..

a) $16x^2-25y^2$

b) $64x^2-192xy+144y^2$

c) $5x^2+10xy+5y^2$

d) $12x^2-36xy+27y^2$

CAS **12** Ein quadratisches Eckgrundstück muss an zwei benachbarten Seiten einen 1 m breiten Streifen für die Anlage eines neuen Fahrradweges abgeben. Dadurch verringert sich seine Größe um 57 m². Berechne die neue Grundstücksgröße.

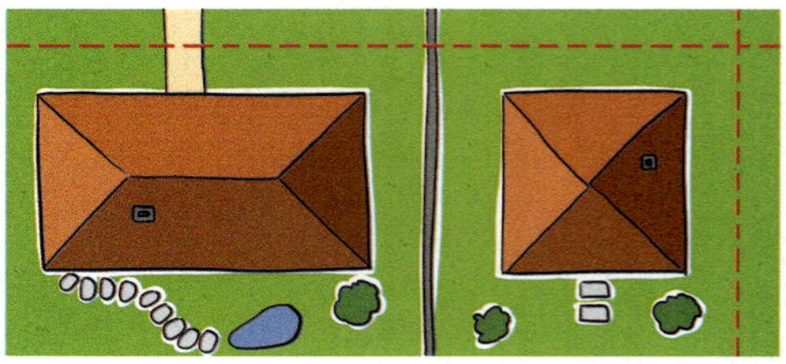

13 Bestimme die Lösungsmenge.

a) $\frac{1}{x+2}=\frac{2}{x}$

b) $\frac{4}{x-2}+\frac{3}{x-2}=\frac{7}{x-2}$

14 Löse die Ungleichung.

a) $2x+3<19$ **b)** $-3x+5>20$ **c)** $-2x+6\geq 4x-12$ **d)** $5x+4\leq 4x+3$

Zufallsversuche

2

▲ *Tim will an dem Glücksrad mit 18 Sektoren spielen. Er wettet darauf, dass das Rad auf einer durch 3 teilbaren Zahl stehen bleibt – denn 3 ist seine Lieblingszahl. Sarah überlegt und wettet dagegen. Wem von den beiden würdest du dich anschließen, um zu gewinnen? Begründe.*

In diesem Kapitel
- lernst du Vorgänge kennen, bei denen der Zufall eine Rolle spielt;
- stellst du Wahrscheinlichkeiten für Zufallsversuche übersichtlich dar und berechnest sie. ▶

2.1 Mengen

Ziel

In diesem Kapitel lernst du Schreibweisen für Mengen und ihre Anwendung kennen.

Aufgabe mit Lösung

Mengen und Mengenoperationen

Rechts siehst du den Stundenplan der Klasse 8 a.

Std.	Mo	Di	Mi	Do	Fr
1	En	Mu	Ch	De	Prof
2	En	Ku	Ch	De	Prof
3	Ph	Ma	Eth	Geo	Frz
4	Ph	Ma	Eth	GRW	Bio
5	Frz	Ge	De	Spo	Ma
6	Frz	Ge	De	Spo	Ma
7	Info		En		
8			En		

→ Vervollständige die Menge F aller Unterrichtsfächer:
F = {Bio; Ch; ...; Spo}

Lösung

In der Menge F werden alle Unterrichtsfächer der Klasse 8 a aufgelistet.
F = {Bio; Ch; De; En; Eth; Frz; Ge; Geo; GRW; Info; Ku; Ma; Mu; Ph; Prof; Spo}

→ In einer Umfrage der Schülerzeitschrift wurde nach den fünf Lieblingsfächern gefragt.
Gib die Menge M der naturwissenschaftlichen Fächer an, die Mila mag.
Gib die Menge S aller Fächer an, die Mila und Henri beide mögen.

Lösung

N = {Bio; Ch; Ph}
S = {De; Ph}

→ Gib die Menge V aller Fächer an, die Henri oder Mila oder beide mögen und gibt die Menge D aller Fächer an, die Mila mag, aber Henri nicht.

Lösung

Zur Menge V gehören alle Fächer, die von mindestens einem der beiden genannt wurden. Mehrfach genannte Fächer werden nur einmal notiert.
V = {Bio; Ch; De; En; GRW; Ku; Ph; Spo}
Zur Menge D gehören die Liebungsfächer von Mila, die aber nicht auch Lieblingsfächer von Henri sind D = {En; Bio; Ch}.

→ Veranschauliche die Mengen V und D in Abhängigkeit von Milas und Henris Lieblingsfächern

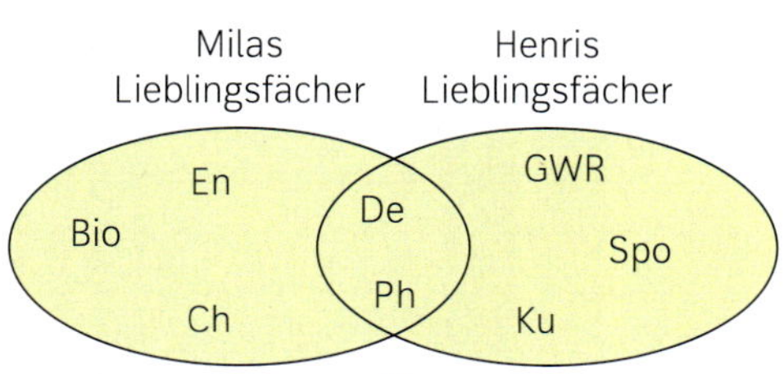

V

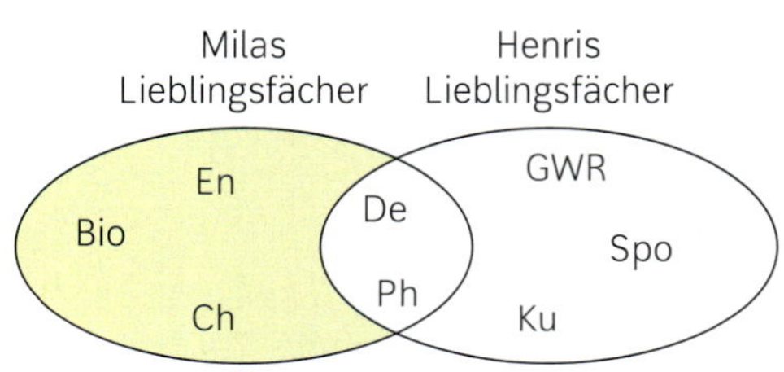

D

Information

Menge

Eine **Menge M** fasst bestimmte unterscheidbare Objekten zu einem Ganzen zusammen.
Die Objekte der Menge werden **Elemente** genannt.

Gehört eine Element m zu einer Menge M, so schreibt man: $\mathbf{m \in M}$

R ist die Menge aller Schülerinnen und Schüler der Robotik-AG.
R = {Eva; Gabi; Karl; Kevin; Tom}

T ist die Menge aller Schülerinnen und Schüler der Tennis-AG.
T = {Eva; Kevin; Mike; Bastian; Sina}
$Eva \in T$

Venn-Diagramm

Mengen können mithilfe von **Venn-Diagramme** veranschaulicht werden.

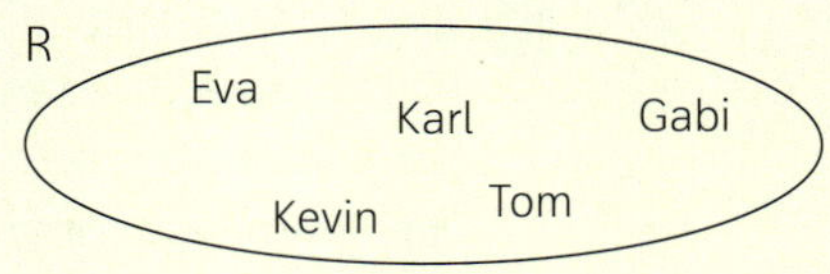

Durchschnittsmenge

Die Menge aller Elemente, die zugleich zur Menge A als auch zur Menge B gehören, heißt **Durchschnittsmenge S** der Mengen A und B.
Man schreibt: $\mathbf{S = A \cap B}$

S ist die Menge aller Kinder, die sowohl an der Robotik-AG als auch der Tennis-AG teilnehmen.
$S = R \cap T$ = {Eva; Kevin}

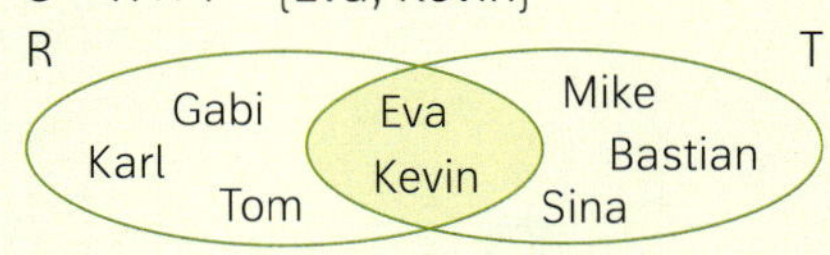

Durchschnittsmenge S

Vereinigungsmenge

Die Menge aller Elemente, die zu mindestens einer der beiden Mengen A oder B gehören, heißt **Vereinigungsmenge V** von A und B.
Man schreibt: $\mathbf{V = A \cup B}$

V ist die Menge aller Kinder, die entweder an der Robotik-AG oder der Tennis-AG oder beiden teilnehmen.
$V = R \cup T$ = {Eva; Gabi; Karl; Kevin; Mike; Bastian; Sina; Tom}

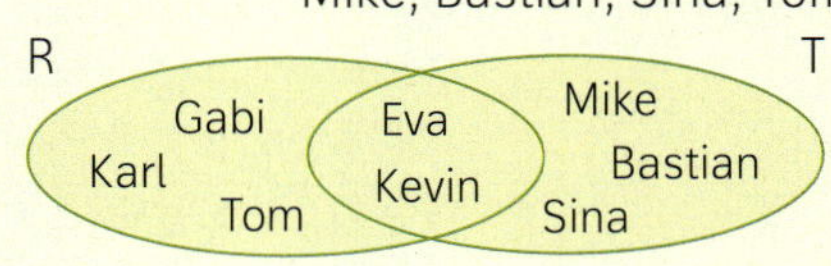

Vereinigungsmenge V

Differenzmenge

Die Menge aller Elemente, die in A, aber nicht in B enthalten sind, heißt **Differenzmenge D**.
Man schreibt: $\mathbf{D = A \setminus B}$

D ist die Menge aller Kinder, die an der Robotik-AG, aber nicht auch noch an der Tennis-AG teilnehmen.
$D = R \setminus T$ = {Gabi; Karl; Tom}

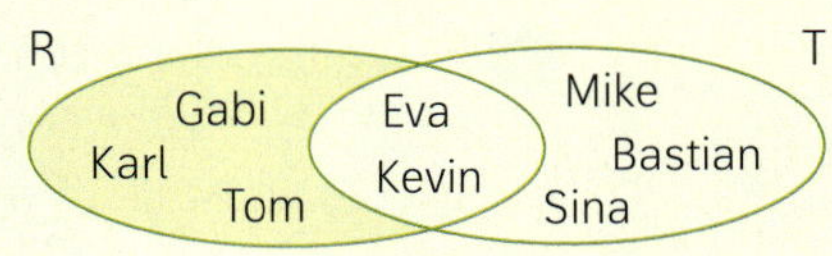

Differenzmenge D

Üben

1 Gibt jeweils zwei Mengen mit Zahlen und zwei Mengen mit Gegenständen an.

2 Endscheide, ob es sich bei dem folgenden Objekt um eine Menge handelt. Begründe deine Enzscheidung.
a) A = { }
b) B = {rot; grün; gelb; violett; rot}
c) C = {2; 4; 6; 8; 10; 12; 33}
d) D = {Quader; Pyramide; Kugel}
e) E = (1; 3; 5)
f) F = Menge aller geraden Zahlen

3 Beschreibe die Mengen A, B und C in Worten.
A = {1; 2; 3; 4; 5; 6; 7; 8; 9; 10}; B = {2; 4; 6; 8; 10}; C = {2; 3; 5; 7}

4 Gebt jeder die Menge L eurer fünf Lieblingsgetränke an.
Vergleicht dann eure Menge mit der eurer Nachbarin oder eures Nachbarn.
a) Bestimmt die Menge aller Getränke, die ihr beide gern mögt.
b) Bestimmt jeweils die Menge aller Getränke, die ihr selbst sehr gern mögt, die aber nicht zu den Lieblingsgetränken eurer Nachbarin oder eures Nachbarn zählen.

5 Gegeben sind die Mengen A = {1; 2; 3; 4; 5; 6; 7; 8; 9; 10}, B = {2; 3; 5; 7}, C = {2; 4; 6; 8; 10} und D = {11; 13}.
Bestimme die angegebene Menge und zeichne das zugehörige Venn-Diagramm.
a) $A \cap B$
b) $A \cap D$
c) $A \cap C$
d) $A \cup B$
e) $B \cup C$
f) $A \setminus B$
g) $C \setminus A$
h) $(A \cap B) \cap C$

6 Sammy würfelt fünfmal mit einem Würfel. Sie würfelt: 1; 5; 3; 1; 6.
Daraufhin sagt sie zu ihren Freunden: „Die Menge W meiner Wurfergebnisse ist W = {1; 1; 3; 5; 6}."
Begründe, wie Sammy zu dieser Aussage kommt.
Entscheide anschließend, ob ihre Aussage richtig ist.

7 Wahr oder falsch? Entscheide und korrigiere, wenn nötig.
a) In der Menge der natürlichen Zahlen sind die Primzahlen enthalten.
b) Die Vereinigungsmenge zweier Mengen ist nie leer.
c) In der Durchschnittsmenge zweier Mengen liegen nie alle Elemente einer Menge.
d) Die Differenzmenge hat stets weniger Elemente als jede der beiden Ausgangsmengen.

8 ≡ Frau Kühnel möchte für ihre Kinder einen Obstteller vorbereiten. Sie fragt: "Möchtet ihr Äpfel oder Birnen." Charlotte antwortet:" Ich hätte dann gern vier Apfelstücke und sechs Birnenstücke." Darauf erwidert Louis: „Du kannst doch nicht beide Obstsorten nehmen. Mutti hat gefragt Äpfel *oder* Birnen."
Was meinst du dazu?

9 ≡ Ordne jedem Venn-Diagramm die passenden Mengen zu. Gib an, ob es sich um eine Durchschnittsmenge, eine Vereinigungsmenge oder eine Differenzmenge handelt.
A = {1; 5; 8; 9}; B = {2; 6; 8}; C = {4; 5; 6; 7}; D = {3; 5; 7; 9}; E = {1; 5; 9}

a)
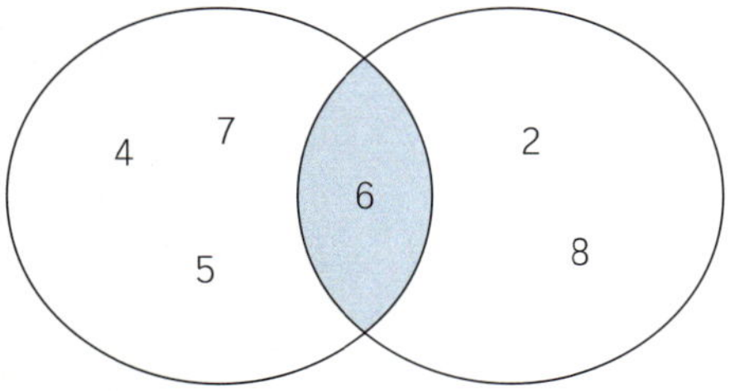

b)
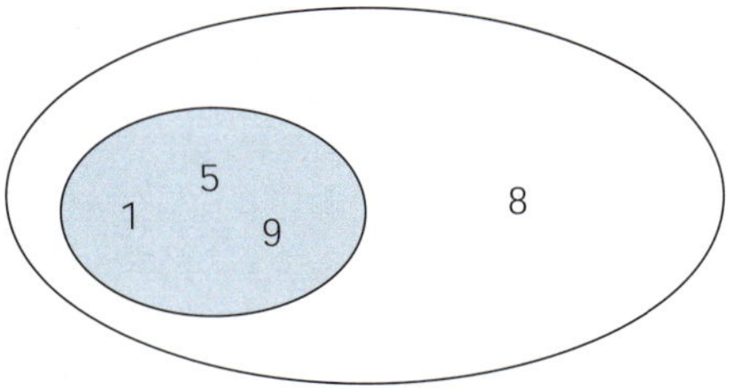

c)
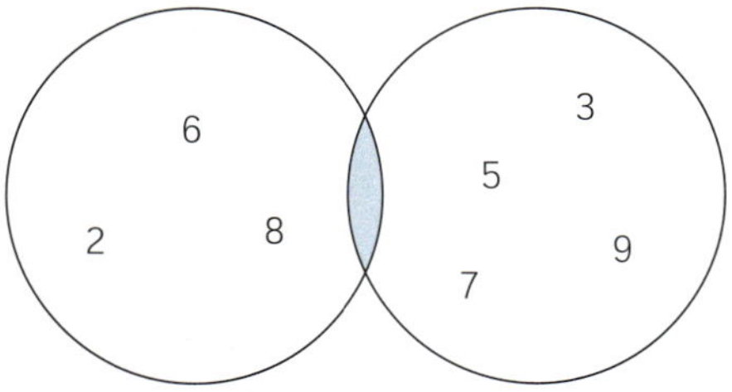

d)
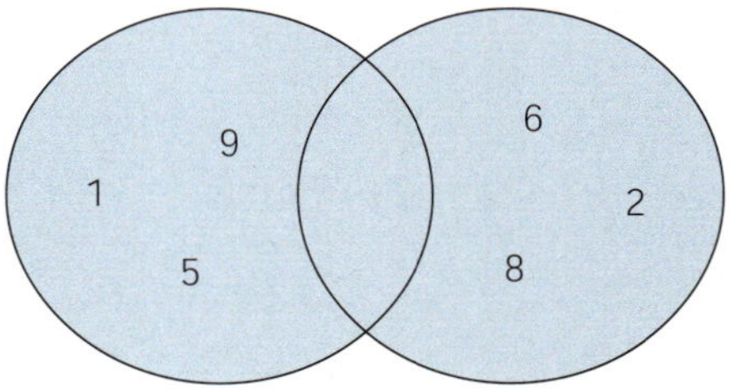

e)
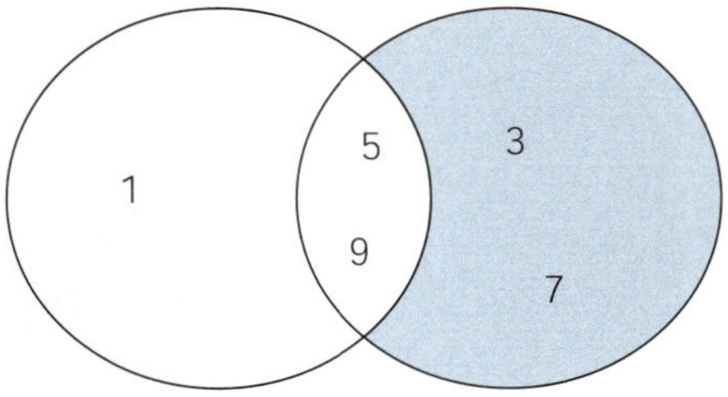

f)
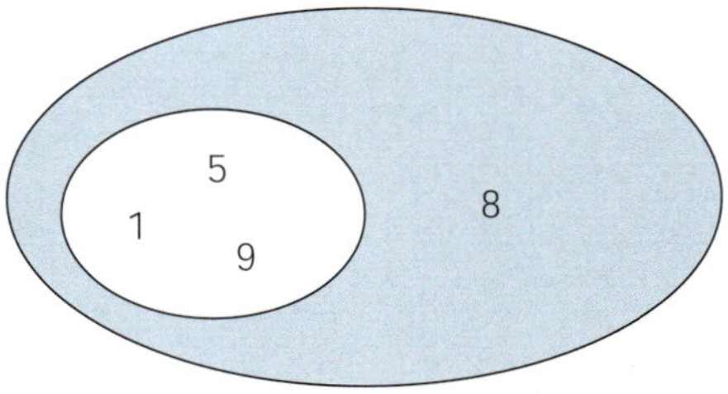

10 ≡ Erik möchte Heidelbeermuffins backen. Die Menge Z aller Zutaten ist Z = {Mehl, Zucker, Milch, Salz, Heidelbeeren, Backpulver, Vanillezucker}.
Überlege dir Mengen A, B, ... , J sodass die folgenden Aussagen erfüllt sind.

(1) $Z \cap A = \{$Mehl; Salz$\}$; (2) $Z \cup B = Z$;
(3) $C \cap Z = \{\ \}$; (4) $Z \cap D = Z$;
(5) $Z \cup E \neq Z$; (6) $F \cap Z = F$;
(7) $Z \setminus G = \{$Zucker$\}$; (8) $H \setminus Z = \{$Zimt$\}$;
(9) $Z \setminus I = \{\ \}$; (10) $J \setminus Z = \{\ \}$

2.2 Zufallsversuche – Wahrscheinlichkeiten

Einstieg

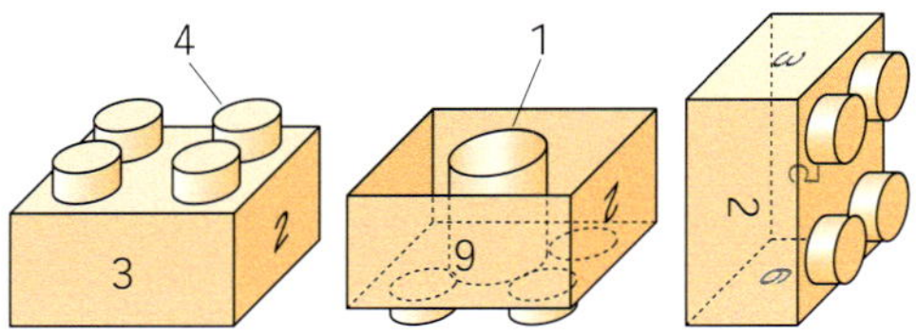

Mia und Ben wollen Mensch-ärgere-dich-nicht spielen, doch leider ist kein Würfel auffindbar. Mia schlägt vor, einen Lego-Vierer mit den Zahlen von 1 bis 6 zu beschriften. Beurteilt, wie sich der Einsatz dieses Würfels auf das Spiel auswirkt.

Aufgabe mit Lösung

Ergebnisse eines Zufallsversuchs

Emma und Charlice spielen ein Würfelspiel mit einem gefärbten Zylinder. Emma behauptet: „Rot und Grün müssen gleich häufig auftreten." Charlice vermutet: „Blau wird bestimmt viel häufiger fallen als Rot oder Grün."

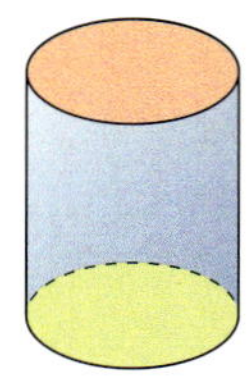

Würfe	absolute Häufigkeit		
	Rot	Grün	Blau
20	4	4	12
60	11	12	37
100	17	20	63

Um dies zu überprüfen, würfeln sie 20-mal, 60-mal und 100-mal mit dem Zylinder und notieren ihre Ergebnisse in einer Tabelle.

→ Nimm Stellung zu den Aussagen von Emma und Charlice.

Lösung

Die Ergebnisse Rot und Grün kommen nicht immer in der gleichen Anzahl vor, allerdings sind die Werte immer nah beieinander. Somit sollte Emmas Aussage umformuliert werden in: „Rot und Grün treten etwa gleich häufig auf." In der Tabelle tritt Blau immer häufiger auf als Rot oder Grün. Daher liegt Charlice mit ihrer Vermutung richtig.

→ Charlice und Emma finden es seltsam, dass Grün häufiger als Rot vorkommt. Daher haben sie den Zylinder sogar 1 000-mal geworfen. Mithilfe einer Tabellenkalkulation haben sie die relativen Häufigkeiten in Abhängigkeit von der Versuchsanzahl grafisch dargestellt. Beschreibe das Diagramm.

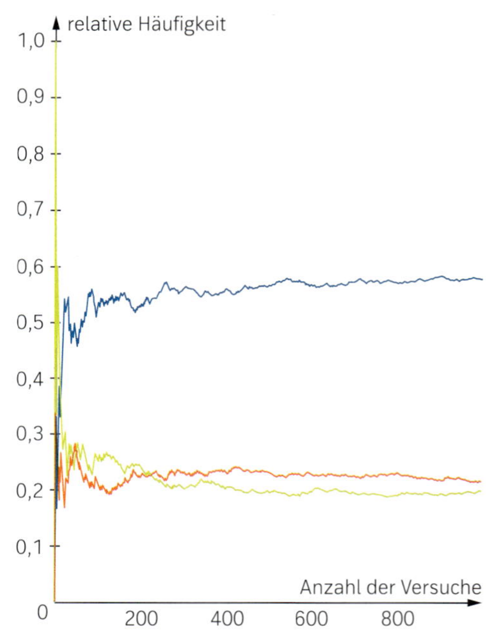

Lösung

Im Diagramm sind die relativen Häufigkeiten für Rot, Grün und Blau dargestellt. Während die rote und grüne Linie nahe bei der relativen Häufigkeit von 0,2 sind, liegt die blaue Linie bei 0,6. Zu Beginn der Würfelserie treten noch große Schwankungen der relativen Häufigkeiten auf. Je öfter aber gewürfelt wird, desto weniger ändern sich die relativen Häufigkeiten.

Information

Statt Zufallsversuch sagt man auch **Zufallsexperiment**

Zufallsversuch

Zufallsversuche sind Versuche mit folgenden Eigenschaften:

- Mögliche Ausgänge eines Zufallsversuchs nennt man **Ergebnisse**.
- Man kann nicht vorhersagen, welches **Ergebnis** bei der Durchführung auftritt; das hängt vom Zufall ab.
- Alle möglichen Ergebnisse des Versuchs werden in der **Ergebnismenge S** zusammengefasst.
- Der Versuch ist in gleicher Weise (beliebig oft) wiederholbar.

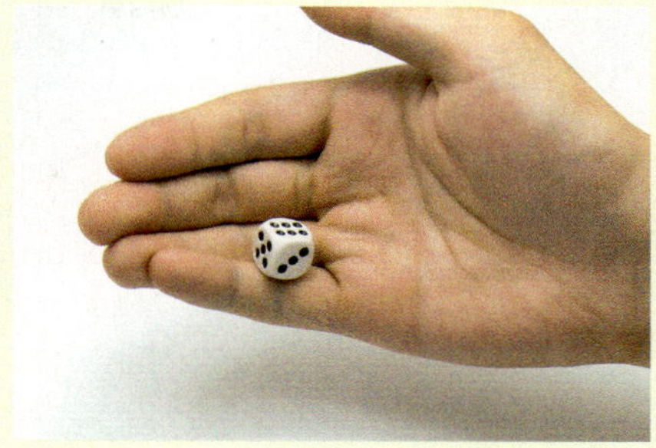

Zufallsversuch: Würfeln
Ergebnis e: Werfen einer 1
Ergebnismenge: S = {1; 2; 3; 4; 5; 6}

Empirisches Gesetz der großen Zahlen

Der Ausgang jeder einzelnen Durchführung eines Zufallsversuchs ist rein zufällig und daher nicht vorhersehbar.
Die dabei ermittelten relativen Häufigkeiten schwanken aber mit zunehmender Versuchsanzahl in der Regel immer weniger um einen festen Wert.

Zufallsversuch:

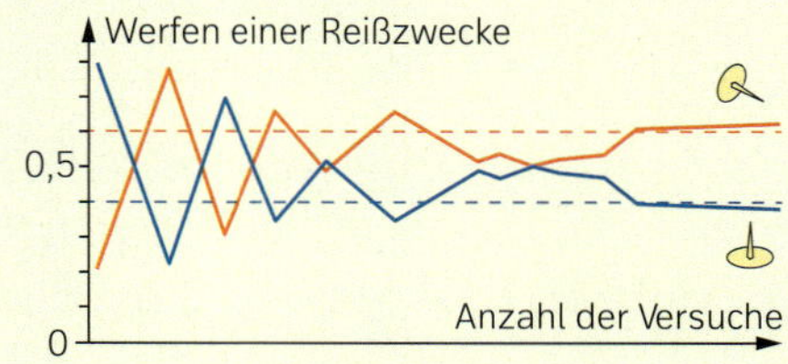

Wahrscheinlichkeit (engl.) probabilitiy (franz.) probabilité (lat.) probabilitas

Wahrscheinlichkeit

Die **Wahrscheinlichkeit** eines Ergebnisses ist der Wert, um den die relativen Häufigkeiten bei häufiger Versuchsdurchführung schwanken. Für die Wahrscheinlichkeit eines Ergebnisses e schreibt man **P(e)**. Die Summe der Wahrscheinlichkeiten aller Ergebnisse beträgt 1.

Ergebnismenge:
S = {; 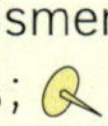}

P() = 0,4 und P() = 0,6
P() + P() = 0,4 + 0,6 = 1

Üben

1 Naturgesetze, Geschick oder reiner Zufall beeinflussen Situationen im Alltag.

a) Gib an, ob die Situation zufällig ist oder nicht.
(1) Wasser siedet bei 100 °C.
(2) Julias Vater hat „vier Richtige“ im Lotto.
(3) Ein Eisennagel wird in der Nähe eines Magneten angezogen.
(4) Am 24.12. ist schulfrei.
(5) Tim wirft eine Münze; sie zeigt Zahl.
(6) Marie wirft einen Ball in die Luft; er fällt wieder herunter auf die Erde.

b) Gib an, ob die Situation eher durch Geschick, Zufall oder beides beeinflusst ist.
(1) Lukas gewinnt beim Skatspiel.
(2) Maries Vater gewinnt im Fußballtoto.
(3) Anne trifft eine Dose bei einer Wurfbude.
(4) Christians Mutter zieht ein Gewinnlos.

c) Denkt euch selbst jeweils Beispiele aus eurem Alltag aus, die eher durch ein Naturgesetz, durch Geschick oder durch Zufall beeinflusst sind. Lasst eure Partnerin oder euren Partner entscheiden, um was es sich handelt.

2 Ein regelmäßiges Tetraeder ist ein Körper, dessen Seitenflächen vier gleichseitige, gleich große Dreiecke sind. Beim abgebildeten Tetraeder ist die gewürfelte Zahl diejenige, die oben in der Spitze des Tetraeders steht.
Gib die Ergebnismenge beim Würfeln des Tetraeders an.

3 Bei einer Geburtstagsfeier werden kleine Gewinne durch Werfen eines Würfels ausgelost. Man erhält einen Gewinn, wenn man eine 1 würfelt. Du kannst beim Werfen einen gewöhnlichen Würfel oder einen Tetraeder wählen.
Wofür entscheidest du dich? Begründe deine Entscheidung.

4 Die Klassen 8a und 8b wollen die Seiten für ein Fußball auslosen. Da keine Münze verfügbar ist, schlägt der Spielführer der Klasse 8a vor, einen Kronkorken zu werfen. Die Klasse 8b ist damit nicht einverstanden.

a) Versetz dich in die Situation. Was würdest du machen? Ist die Seitenwahl so fair?

b) Bei einer Versuchsreihe mit einem Kronkorken wurden folgende Ergebnisse erzielt:

Anzahl der Würfe	50	100	200
Ergebnis: *liegt auf dem Rücken* 	31	57	118
Ergebnis: *liegt auf dem Rand* 	19	43	82

Berechne die relativen Häufigkeiten der beiden Ergebnisse nach 50, 100, 200 Würfen. Gib dann einen Näherungswert für die Wahrscheinlichkeit P (Rückenlage) an. Beurteile danach die Seitenwahl mit einem Kronkorken.

c) Für eine neue Versuchsreihe schlägt Florian vor, die Versuchsdurchführung zu beschleunigen: „Wir werfen nicht mehrmals mit einem einzelnen Kronkorken, sondern mit mehreren Kronkorken zugleich." Was meinst du dazu?

5 Im Altertum wurde oft bei Zufallsentscheidungen ein Astragalus geworfen. Das ist ein Vieraugenwürfel aus dem Fußgelenkknöchel von Lämmern. Ein Astragalus kann auf vier verschiedenen Seitenflächen liegen bleiben.
Eine Versuchsreihe aus 30 Würfen ergab:
3; 1; 2; 3; 2; 2; 4; 2; 2; 2; 2; 3; 3; 3; 3; 3; 2; 3; 4; 3; 2; 2; 2; 2; 3; 4; 4; 1; 2; 2

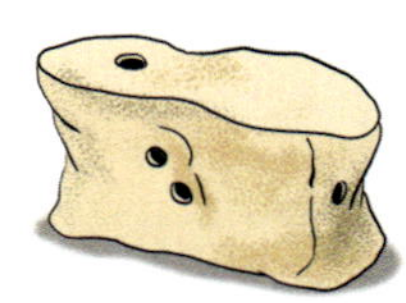

a) Bestimme nach jedem Wurf die relative Häufigkeit für ein Ergebnis deiner Wahl.

b) Stelle die Entwicklung der relativen Häufigkeit für dieses Ergebnis in Abhängigkeit von der Anzahl der Würfe in einem Diagramm dar.

c) Ermittle aus dem Diagramm die Wahrscheinlichkeiten für dieses Ergebnis.

6 Stellt selbst einen Ersatz-Astragalus aus einer Astgabel her und ermittelt für dessen Augenzahl die Wahrscheinlichkeiten. Schätzt zuvor.

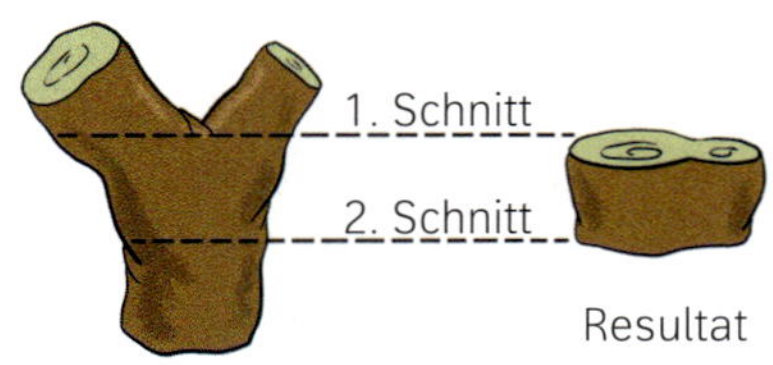

7 Werft einen Würfel 100-mal.

a) Gebt das Ergebnis mit der größten und der kleinsten relativen Häufigkeit an.

b) Vergleicht eure Lösungen mit einer anderen Gruppe. Was stellt ihr fest?

8 Felix würfelt mit einer Reißzwecke: , , , , ,
Er behauptet: „Damit das empirische Gesetz der großen Zahl gilt, muss jetzt die Seitenlage kommen.“ Was meinst du dazu?

WES-127827-006
Zufallsveruche

9 Wirf ein regelmäßiges Tetraeder 10, 25, 50, 100, 200, 300, 400 und 500 mal.
a) Notiere die absolute Häufigkeit des Ergebnisses „3“ in einer Tabelle.
b) Berechne für das Ergebnis jeweils die relative Häufigkeit.
c) Stelle die relative Häufigkeiten des Ergebnisses „3“ in Abhängigkeit von der Anzahl der Würfe grafisch dar.
d) Formuliere eine Vermutung für die anderen Ereignisse.

10 Beim Werfen einer Streichholzschachtel kann diese unter anderem auf der Boden- oder Deckfläche landen.
a) Welches dieser beiden Ergebnisse ist wahrscheinlicher. Stelle eine Vermutung auf.
b) Gib Schätzwerte für die Wahrscheinlichkeiten an.
c) Überprüfe deine Schätzwerte im Versuch.

11 Die folgenden Wahrscheinlichkeiten werden den Ergebnissen beim Wurf eines Lego-Vierers zugeordnet:

Ergebnis	 1	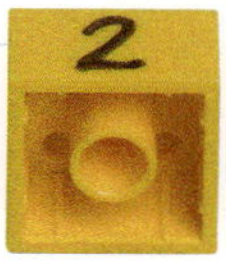 2	 3	 4	 5	 6
Wahrscheinlichkeit	0,48	0,06	0,06	0,28	0,06	0,06

Gib Schätzwerte für die einzelnen Augenzahlen an, wenn der Lego-Stein 500-mal, 1 250-mal oder 2 000-mal geworfen wird.

12 Man kann auch andere Lego-Steine zum Würfeln nutzen. Du kannst eine Tabellenkalkulation einsetzen.
a) Ermittelt Näherungswerte für die Wahrscheinlichkeiten der einzelnen Ergebnisse beim Werfen eines Lego-Sechsers und vergleicht sie mit dem Lego-Vierer.
b) Beschreibt eine mögliche Vorgehensweise bei einem Lego-Achter.

Weiterüben

13 Die Wahrscheinlichkeit, dass sich bei einem neuen Auto innerhalb der ersten drei Monate ein Mangel durch Verarbeitungsfehler herausstellt, liegt bei 0,8 %.
a) In einer Woche werden 3 745 Fahrzeuge fertiggestellt.
Bei wie vielen dieser Fahrzeuge wird sich voraussichtlich ein Mangel herausstellen?
b) Bei den Autos, die montags das Band verlassen, ist die Wahrscheinlichkeit eines Verarbeitungsfehlers doppelt so hoch wie an jedem anderen Wochentag.
An jedem Arbeitstag (Montag bis Sonntag) werden gleich viele Autos produziert. Wie viele Autos einer Montagsproduktion werden voraussichtlich einen Mangel aufweisen?

2.3 Ereignisse und Wahrscheinlichkeiten

Einstieg

Beim „Schweine würfeln“ wird ein kleines Plastikschweinchen geworfen. Dabei gibt es die dargestellten möglichen Ergebnisse mit den folgenden Wahrscheinlichkeiten:

P (rechte Seite) = 0,41; P (Beine) = 0,08;
P (linke Seite) = 0,32; P (Rücken) = 0,17;
P (Schnauze) = 0,01; P (Ohr) = 0,01

Bestimmt die Wahrscheinlichkeit für folgende Ereignisse:

- Das Schwein liegt auf einer Seite.
- Das Schwein liegt nicht auf dem Rücken.
- Das linke Ohr des Schweins berührt den Boden.

Aufgabe mit Lösung

Wahrscheinlichkeiten von Ereignissen

Sebastian und Philine würfeln mit dem Lego-Vierer, um zu entscheiden, wer zuerst Klavier spielen darf.
Sebastian setzt darauf, dass eine ungerade Zahl erscheint. Philine hält eine gerade Zahl für wahrscheinlicher.

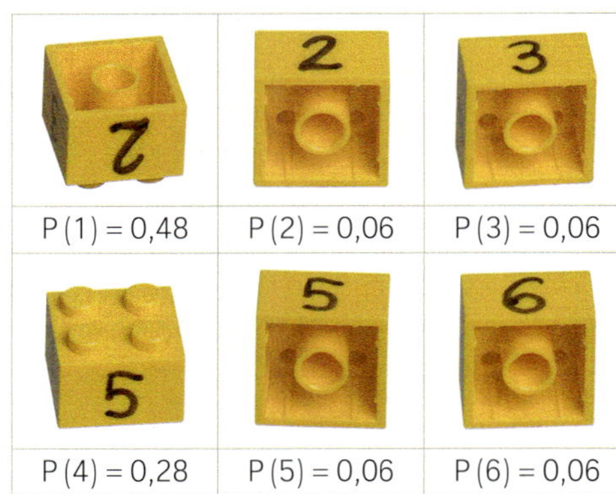

→ Berechne die Wahrscheinlichkeit beider Ereignisse, um zu bestimmen, wer richtig liegt.

Lösung

In 48 % der Würfe erscheint eine 1, in 6 % der Würfe erscheint eine 3 und in 6 % der Würfe erscheint eine 5.
Also erscheint in 48 % + 6 % + 6 % = 60 % der Würfe eine 1 oder 3 oder 5.
Daher beträgt die Wahrscheinlichkeit für eine ungerade Augenzahl:
P (ungerade Augenzahl) = P (1) + P (3) + P (5) = 0,60
Entsprechend erhält man:
P (gerade Augenzahl) = P (2) + P (4) + P (6) = 0,06 + 0,28 + 0,06 = 0,40
Ergebnis:
Sebastian ist im Vorteil, da ungerade Augenzahlen häufiger erwartet werden können.

→ Berechne die Wahrscheinlichkeit dafür, keine 4 zu werfen.

Lösung

In 28 % aller Würfe erscheint eine 4. Also erscheint in den übrigen 72 % aller Würfe eine andere Augenzahl als 4.
P (keine 4) = 1 − P (4) = 1 − 0,28 = 0,72

Information

Ereignis, Summenregel

Verschiedene Ergebnisse lassen sich zu einem **Ereignis E** zusammengefassen. Ereignisse sind Mengen.

Summenregel:
Die Wahrscheinlichkeit eines Ereignisses ist die Summe der Wahrscheinlichkeiten der zugehörigen Ergebnisse.

Würfeln eines Lego-Vierers
Ereignis E: Zahl ist Quadratzahl
$E = \{1; 4\}$

$P(E) = P(1) + P(4)$
$P(E) = 0{,}48 + 0{,}28$
$= 0{,}76$

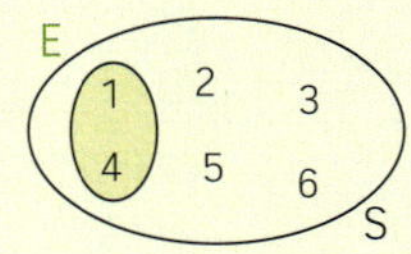

Gegenereignis, Komplementärregel

Das **Gegenereignis $\overline{E}$** eines Ereignisses E enthält alle Ergebnisse der Ergebnismenge S, die nicht zu E gehören.

Komplementärregel:
Da jedes Element der Ergebnismenge S entweder zur Menge E oder der Menge der Gegenereignisse $\overline{E}$ zugeordnet werden kann, gilt:
$P(E) + P(\overline{E}) = 1$

Ereignis E: Augenzahl ist keine 6
$E = \{1; 2; 3; 4; 5\}$
Gegenereignis $\overline{E}$:
Augenzahl ist 6
$\overline{E} = \{6\}$

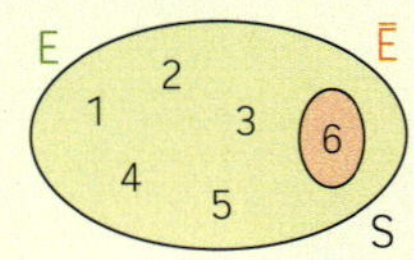

$P(E) = 1 - P(\overline{E}) = 1 - 0{,}06 = 0{,}94$

Unmögliches und sicheres Ereignis

Erfüllt keines der Ergebnisse eines Zufallsversuchs die Bedingung für das Ereignis E, so wird das Ereignis als **unmögliches Ereignis** bezeichnet.
Es gilt: $P(E) = 0$
Erfüllen alle Ergebnisse eines Zufallsversuchs die Bedingung für das Ereignis E, so wird das Ereignis **sicheres Ereignis** genannt.
Es gilt: $P(E) = 1$

Ereignis E: Augenzahl ist größer als 6
$E = \{\ \}$
$P(E) = P(\{\ \}) = 0$

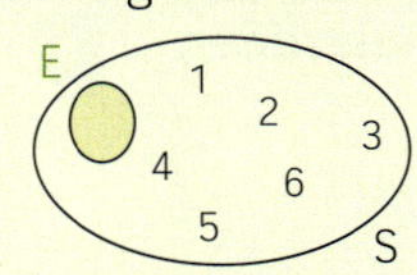

Ereignis E: Augenzahl ist höchstens 6
$E = S = \{1; 2; 3; 4; 5; 6\}$
$P(E) = P(S) = 1$

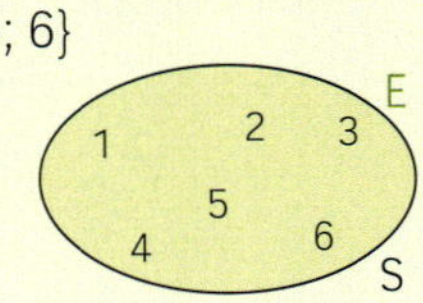

Üben

1 Für das Werfen eines Lego-Vierers wurden folgende Wahrscheinlichkeiten ermittelt:

Augenzahl	1	2	3	4	5	6
Wahrscheinlichkeit	0,48	0,06	0,06	0,28	0,06	0,06

a) Bestimme die Wahrscheinlichkeit für die folgenden Ereignisse.
A: Eine ungerade Zahl wird geworfen.
B: Eine durch 2 oder 3 teilbare Zahl wird geworfen.
C: Eine durch 2 und durch 3 teilbare Zahl wird geworfen.

b) Gib das Gegenereignis an und berechne die Wahrscheinlichkeit vorteilhaft.
D: Es wird keine 6 geworfen.
E: Die Augenzahl ist mindestens 4.
F: Die geworfene Augenzahl ist gerade.
G: Die Augenzahl ist kleiner als 1.

c) Gib ein unmögliches Ereignis und ein sicheres Ereignis an.

2 ☰ Die Wahrscheinlichkeit für den Defekt eines Laptops ist durch die Tabelle angegeben.
Berechne die Wahrscheinlichkeit dafür, dass der Laptop
(1) bis zu 3 Jahre funktioniert;
(2) bis zu 4 Jahre funktioniert;
(3) weniger als 3 Jahre funktioniert;
(4) länger als 4 Jahre funktioniert.

Defekt im Jahr	Wahrscheinlichkeit
1	0,02
2	0,05
3	0,12
4	0,37
5	0,31
6 oder später	0,13

3 ☰ Erfahrungsgemäß stellt die Polizei bei einer Verkehrskontrolle von 178 Autos bei 23 Autos Mängel fest.
a) Bestimme die Wahrscheinlichkeit, dass ein zufällig ausgewähltes Auto bei einer Verkehrskontrolle Mängel aufweist. Runde sinnvoll.
b) Schätze, wie viele von 800 Autos Mängel aufweisen könnten.

Weiterüben

4 ☰ Ein Dekaeder ist ein Körper mit zehn Flächen. Paul hat einen solchen Körper aus Holz selbst gebastelt und die Seitenflächen mit den Zahlen von 1 bis 10 beschriftet. In einer langen Versuchsreihe hat er aus den relativen Häufigkeiten folgende Wahrscheinlichkeiten für die einzelnen Augenzahlen geschlussfolgert:

Augenzahl	1	2	3	4	5	6	7	8	9	10
Wahrscheinlichkeit	0,13	0,06	0,08	0,16	0,16	0,05	0,09	0,04	0,12	0,11

a) Berechne die Wahrscheinlichkeit, dass die geworfene Zahl
(1) kleiner als 5 ist;
(2) mindestens 7 beträgt;
(3) eine Primzahl ist;
(4) eine Quadratzahl ist.
b) Formuliere ein Ereignis, dass mit der folgenden Wahrscheinlichkeit eintritt. Gib das Ereignis auch als Menge an.
(1) $P(A) = 0{,}27$
(2) $P(B) = 0{,}42$
(3) $P(\overline{C}) = 0{,}75$
(4) $P(D) = P(C);\ D \neq C$
(5) $P(E) = 0$
(6) $P(F) = 1$

Das kann ich noch!

A Herr Meier hat sich ein neues Auto gekauft. Dafür hat er einen einjährigen Kredit über 15 000 € aufgenommen. Der Zinssatz beträgt 6 %.
Wie viel Zinsen muss er zahlen?

Regenwahrscheinlichkeiten

Rätselhafter Regen?

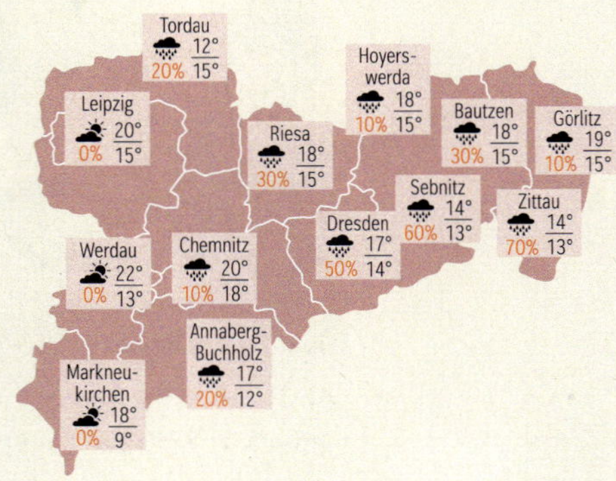

Zittau – Wenn es im Wetterbericht heißt: „Die Regenwahrscheinlichkeit beträgt 70 %“ klingt das dramatisch. Aber was bedeutet diese Angabe? Werde ich zu 70 % nass? Regnet es in 7 von 10 Minuten? Regnet es auf 70 von 100 Quadratkilometern?
„Heiter bis wolkig, örtlich Schauer – das sagt den meisten Menschen zu wenig“, meint Meteorologin Merve Günzeltepe, „mit einer Prozentangabe kommen viele Menschen besser zurecht; 100 % Regenwahrscheinlichkeit bedeutet eben, dass es garantiert regnen wird.“ Die Regenwahrscheinlichkeit ist die Wahrscheinlichkeit des Eintreffens des Regenereignisses an einem bestimmten Ort in dem angegebenen Vorhersagezeitraum. Als „Regenereignis“ gilt dabei bereits ein einzelner Regentropfen, der den Ort erreicht. Regenwahrscheinlichkeiten sind Schätzwerte, die auf bisherigen Messdaten aus der Vergangenheit basieren. Ein Beispiel: Hat es in 70 von 100 Tagen mit vergleichbarer Wetterlage am Folgetag geregnet, wird die Regenwahrscheinlichkeit mit 70 % angegeben. „Unter Meteorologen ist der Nutzen dieser Angabe umstritten. Denn er sagt nichts darüber aus, ob man in einen leichten Nieselregen kommt oder besser ein Kanu einpacken sollte“, ergänzt Günzeltepe zum Abschluss des Interviews.

1 Erläutere, was die Aussagen bedeuten.
a) Die Regenwahrscheinlichkeit in Bautzen für morgen beträgt 30 %.
b) Die Regenwahrscheinlichkeit in Borna beträgt morgen 0 %.

2 Der örtliche Wetterdienst überprüft mit Wetterstationen, wie gut die vorhergesagten Regenwahrscheinlichkeiten waren. Hier siehst du das Ergebnis.
a) Beschreibe, wie die Überprüfung stattgefunden hat.
b) Nimm Stellung zu der Güte der vorhergesagten Regenwahrscheinlichkeiten.

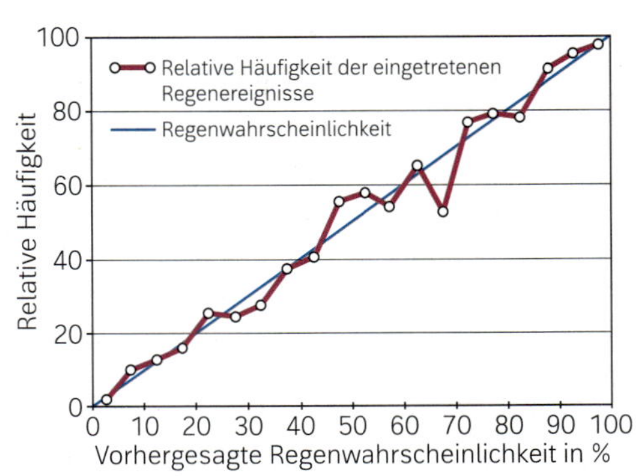

3 Für ein Gebiet wird eine Regenwahrscheinlichkeit von 60 % angegeben. Nun regnet es dort einmal. Ist dadurch die Regenwahrscheinlichkeit auf 100 % gestiegen?
Tipp: Vergleiche mit der entsprechenden Behauptung beim Münzwurf.

2.4 Laplace-Versuche

Einstieg

Julius und Johannes diskutieren, wer von beiden heute den Tafeldienst übernimmt. Julius versteckt ein Stück Kreide in einer von drei Brotdosen und bietet Johannes an, den Tafeldienst zu übernehmen, wenn dieser die Kreide zieht.
Begründet, warum sich Johannes nicht auf das Spiel einlassen sollte.
Ändert das Spiel so ab, dass Johannes keinen Nachteil hat.

Aufgabe mit Lösung

Laplace-Versuch

Mia und Moritz spielen mit zwei Würfeln, einem runden und einem gewöhnlichen. Mia fällt auf: „Ich glaube, mit dem runden Würfel stimmt etwas nicht. Da treten so häufig Sechsen auf."
Die beiden Freunde testen die Würfel. Dazu werfen sie jeden Würfel 100-mal.

Augenzahl		1	2	3	4	5	6
absolute Häufigkeit	runder Würfel	6	17	18	16	18	25
	gewöhnlicher Würfel	14	18	15	17	19	17

→ Beschreibe, was dafür spricht, dass einer der Würfel nicht in Ordnung ist.

Lösung

Die Augenzahlen des gewöhnlichen Würfels sind in etwa gleich häufig. Das ist bei dem runden Würfel jedoch nicht so. Während die Eins nur 6-mal vorkommt, sticht die Sechs mit insgesamt 25-mal stark heraus. Daher hat Mia vermutlich recht.

→ Schätze die Wahrscheinlichkeiten für das Werfen einer Sechs für beide Würfel und bewerte diese.

Lösung

Bei dem runden Würfel beträgt die relative Häufigkeit der Augenzahl Sechs bei 100 Versuchen $\frac{25}{100} = 0{,}25$. Daher kann die Wahrscheinlichkeit mit etwa $25\,\% = \frac{1}{4}$ geschätzt werden.
Bei dem gewöhnlichen Würfel beträgt die relative Häufigkeit für das Ergebnis einer Sechs hingegen nur $\frac{17}{100} = 0{,}17$. Es kann somit von einer Wahrscheinlichkeit von etwa $17\,\% \approx \frac{1}{6}$ ausgegangen werden. Bei einem perfekt gefertigten Würfel ist jedes Ergebnis mit einer Wahrscheinlichkeit von $\frac{1}{6} = 16{,}\overline{6}\%$ gleich wahrscheinlich.
Die Wahrscheinlichkeit eine Sechs zu werfen, weicht bei dem runden Würfel, anders als bei dem gewöhnlichen Würfel, stark von diesem Ideal ab. Mias Vermutung scheint richtig zu sein.

Information

Pierre Simone Marquis de Laplace (1729–1827) franz. Mathematiker

Laplace-Versuche

Zufallsversuche, bei dem alle Ergebnisse gleich wahrscheinlich sind, nennt man **Laplace-Versuche**.

Würfeln: $S = \{1; 2; 3; 4; 5; 6\}$

Bei einem Laplace-Versuch mit n möglichen Ergebnissen hat jedes einzelne Ergebnis die Wahrscheinlichkeit $\frac{1}{n}$.

Jedes Ergebnis hat die Wahrscheinlichkeit $\frac{1}{6}$.

Für die Wahrscheinlichkeit eines Ereignisses E gilt:

$P(E) = \frac{\text{Anzahl der zum Ereignis gehörenden Ergebnisse}}{\text{Anzahl aller möglichen Ergebnisse}}$

Ereignis E: Augenzahl ist kleiner 3
$E = \{1; 2\}$
$P(E) = \frac{2}{6} = \frac{1}{3}$

Üben

1 Gib für jeden Zufallsversuch die Ergebnismenge an. Entscheide anschließend, ob es sich dabei um einen Laplace-Versuch handelt. Wenn ja, gib ebenfalls die Wahrscheinlichkeit an, mit der die einzelnen Ergebnisse eintreffen.
(1) eine Münze (2) einen Kronkorken
(3) ein Tetraeder (4) eine Streichholzschachtel

2 Ein Dodekaeder ist ein Körper, der aus zwölf kongruenten, regelmäßigen Fünfecken besteht. Ein Dodekaeder wird geworfen.

a) Bestimme die Wahrscheinlichkeit folgender Ereignisse bei dem Wurf mit einem Dodekaeder. Die Augenzahl ist
(1) gerade; (2) durch 5 teilbar; (3) durch 13 teilbar; (4) kleiner als 9.

b) Gib jeweils ein Ereignis an, das mit der folgenden Wahrscheinlichkeit eintritt.
(1) $P(A) = 1$ (2) $P(B) = 0{,}25$ (3) $P(C) = \frac{1}{12}$ (4) $P(D) = \frac{5}{12}$

c) Gib zwei verschiedene Ereignisse an, die mit der gleichen Wahrscheinlichkeit eintreten.

3 Bei einer Geburtstagsfeier werden kleine Gewinne mit einem Würfelspiel verteilt. Worauf würdest du setzen?
(1) Erscheinen einer Primzahl beim Werfen eines Oktaeders.
(2) Erscheinen einer geraden Zahl beim Werfen eines gewöhnlichen Würfels.

4 In einem Becher befinden sich 6 schwarze, 4 rote und 5 weiße Kugeln. Eine Kugel wird zufällig gezogen und ihre Farbe bestimmt. Bestimme die Wahrscheinlichkeit für das Ziehen einer

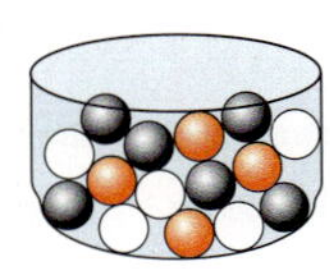

a) weißen Kugel; **b)** roten Kugel;
c) schwarzen Kugel; **d)** Kugel, die nicht weiß ist.

5 Leon würfelt mit einem Würfel die Augenzahlen 5, 1, 3, 2 und 4. Er meint: „Dass beim nächsten Wurf eine 6 fällt, ist am wahrscheinlichsten." Nimm dazu Stellung.

6 ≡ Entscheide, ob die folgende Aussage korrekt ist. Begründe kurz.

a) Beim einmaligen Werfen eines Würfels gibt es 6 verschiedene Ereignisse, die gleich wahrscheinlich sind.

b) Beim Werfen eines Tetraeders gibt es kein Ereignis, dass mit einer Wahrscheinlichkeit von 10 %; 40 %; 50 % eintritt.

c) Bei jedem beliebigen Würfel gibt es nur ein Ereignis mit einer Wahrscheinlichkeit von 1.

7 ≡ Alexander und Oliver drehen einen regelmäßigen Glückskreisel mit Feldern, die von 0 bis 9 nummeriert sind. Alexander gewinnt eine Spielmarke, wenn der Kreisel bei einer Primzahl zur Ruhe kommt. Oliver gewinnt eine Marke, wenn die Zahl gerade ist.

a) Sollte sich Oliver auf das Spiel einlassen?

b) Alexander sagt: „Wenn wir 50-mal spielen werde ich 20 Marken bekommen." Begründe, wie Alexander zu dieser Aussage kommt. Hat Alexander recht?

8 ≡ Ein deutsches Skatblatt besteht aus 8 Eichel-Karten, 8 Grün-Karten, 8 Herz-Karten und 8 Schellen-Karten. Aus dem Skatblatt wird zufällig eine Karte aufgedeckt. Ordne folgenden Ereignissen ihre Wahrscheinlichkeit zu.

(1) Die Karte ist der Herz-König.
(2) Es ist eine Eichel-Karte.
(3) Die Karte zeigt eine Zahl.
(4) Die Karte ist ein Ass.
(5) Die Karte ist keine Schellen-Karte.
(6) Die Karte zeigt einen König, einen Ober oder einen Unter.

$P(A) = \frac{1}{8}$ | $P(B) = \frac{3}{8}$ | $P(C) = \frac{1}{32}$ | $P(D) = \frac{3}{4}$ | $P(E) = 0{,}5$ | $P(F) = 0{,}25$

9 ≡ Beim Mini-Roulette-Spiel bleibt die Kugel in einem der 13 Fächer liegen. Erarbeitet gemeinsam Fragestellungen zu diesem Spiel und beantwortet diese.

Das kann ich noch!

A Berechne.

1) $2 + (-7)$ 2) $-3 + (-11)$ 3) $5 - 7$ 4) $-4 - (-9)$
5) $2 \cdot (-13)$ 6) $(-4) \cdot (-9)$ 7) $-1 \cdot 0$ 8) $-24 : 3$
9) $-54 : (-6)$ 10) $-9 : 0$ 11) $-3 : 4$ 12) $-\frac{1}{2} : \frac{3}{4}$
13) $0{,}7 \cdot (-3)$ 14) $-\frac{2}{9} \cdot \frac{1}{4}$ 15) $-\frac{1}{2} - \frac{1}{4}$ 16) $-13{,}5 : (-2)$

Zurückführen eines Zufallsversuchs auf einen Laplace-Versuch

Pasch (franz.) Wurf mit gleicher Augenzahl auf mehreren Würfeln

5er-Pasch

10 Anneke und Jonas spielen mit zwei Würfeln. Jonas schlägt vor: „Wir betrachten den Unterschied der beiden Augenzahlen. Es gibt sechs Möglichkeiten: 0, 1, 2, 3, 4, 5. Du setzt auf 1, 3 und 4, ich auf 0, 2, 5. Dann hat jeder drei Möglichkeiten. Das ist fair."

Anneke entgegnet: „Das glaube ich nicht. Du hast mehr Möglichkeiten. Für die Augendifferenz 0 gibt es sechs Päsche, Augendifferenz 2 bei 6–4, 5–3, 4–2, 3–1 und Augendifferenz 5 bei 6–1. Du hast also 11 Möglichkeiten. Ich habe aber nur 10 Möglichkeiten: 6–5, 5–4, 4–3, 3–2, 2–1, 6–3, 5–2, 4–1, 6–2, 5–1."
Spielt das Spiel und entscheidet anschließend, ob Anneke recht hat.

Information

Zurückführung auf Laplace-Versuch

Viele Zufallsversuche, deren Ergebnisse nicht gleich wahrscheinlich sind, können auf einen Laplace-Versuch zurückgeführt werden, indem man eine andere Ergebnismenge betrachtet, bei der die Ergebnisse gleich wahrscheinlich sind.

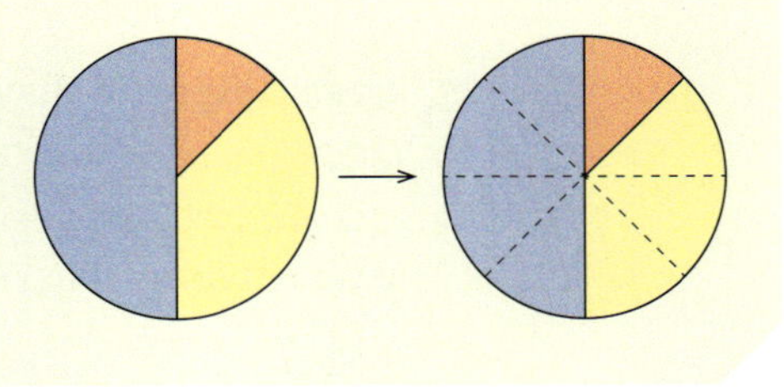

11 Bestimme für das Werfen zweier Würfel die Wahrscheinlichkeit des Ereignisses.

A: Die Augensumme ist 7.
B: Die Augensumme ist gerade.
C: Die Augensumme ist 13.
D: Die Augensumme ist ungerade.
E: Die Augensumme ist größer 2.
F: Das Augenprodukt ist 12.
G: Das Augenprodukt ist 27.
H: Das Augenprodukt ist größer 29.
I: Es ist ein Pasch (gleiche Augenzahlen).
J: Die Augenzahlen sind benachbart.

Weiterüben

12 Für ein Schulfest hat die Klasse 8a zwei Glücksräder gebastelt. Diese sind mit den Ziffern von 0 bis 9 beschriftet. Das linke Rad gibt die Zehnerziffer, das rechte die Einerziffer der gedrehten „Glückszahl" an. Für einen Einsatz von 0,50 € dürfen beide Räder einmal gedreht werden. Wenn die angezeigte Glückszahl zwei gleiche Ziffern hat, erhält man einen Gewinn im Wert von 1 €, z. B. Filzstifte, Anspitzer usw.

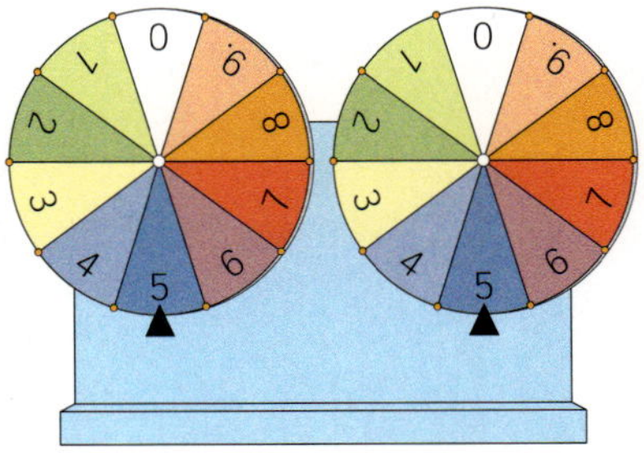

a) Wie viele Ergebnisse sind beim Drehen der Glücksräder möglich?
b) Gib die Anzahl der Gewinnergebnisse an.
c) Berechne die Wahrscheinlichkeit eines Gewinns.
d) Die Klasse 8a rechnet damit, dass bei diesem Schulfest 500 Spiele durchgeführt werden. Maja sagt: „Ich würde 50 Gewinne kaufen." Der Klassensprecher entgegnet: „Mit 100 sind wir definitiv auf der sicheren Seite." Entscheide, wer recht hat.

2.5 Baumdiagramme bei mehrstufigen Zufallsversuchen

Einstieg

In einer Porzellanfabrik werden bei der Qualitätskontrolle Becher erst auf ihre Form hin geprüft: 95 % aller Becher haben eine gute, 4 % eine mittelmäßige und 1 % eine schlechte Form. Dann wird die Glasur der Becher überprüft: 90 % aller Becher haben eine gleichmäßige Glasur, 10 % eine ungleichmäßige.
Stellt übersichtlich dar, welche Möglichkeiten es für die Qualität eines Bechers gibt.

Aufgabe mit Lösung

Zweistufige Zufallsversuche

Julia hat einen Beutel mit fünf blauen und zwei roten Kugeln. Sie schlägt Marie ein Spiel vor: „Du ziehst nacheinander zwei Kugeln aus dem Beutel. Haben sie die gleiche Farbe, gewinnst du, sonst gewinne ich."

→ Stelle den von Julia vorgeschlagenen Zufallsversuch durch ein Baumdiagramm dar. Ergänze auch die Wahrscheinlichkeiten an den Pfaden.

Lösung

Es gibt zwei Möglichkeiten das Spiel durchzuführen.

1. Möglichkeit:
Nach dem ersten Zug kann man die Kugel wieder zurücklegen und erneut aus dem Beutel ziehen.
Die Wahrscheinlichkeiten sind dann beim zweiten Zug genauso groß wie beim ersten: $P(R) = \frac{2}{7}$ und $P(B) = \frac{5}{7}$.

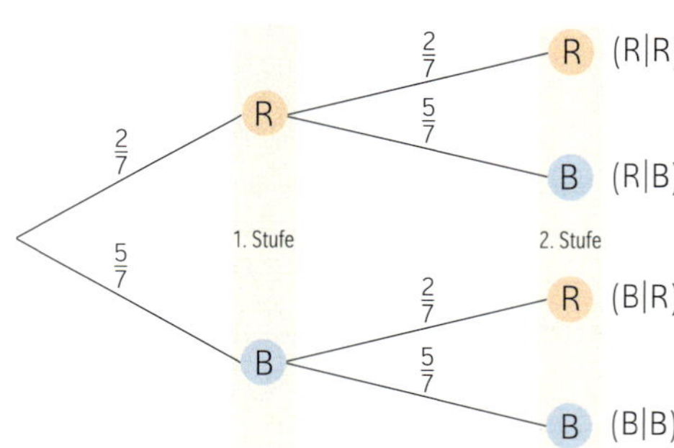

2. Möglichkeit:
Nach dem ersten Zug wird die Kugel nicht zurückgelegt. Dann hängen die Wahrscheinlichkeiten in der zweiten Stufe von den Ergebnissen der ersten Stufe ab.
So sind z. B. im ersten Zug zwei von sieben Kugeln rot. Es gilt: $P(R) = \frac{2}{7}$.
Da für den zweiten Zug nur noch sechs Kugeln enthalten sind, wovon eine rot ist, gilt für den zweiten Zug $P(R) = \frac{1}{6}$.

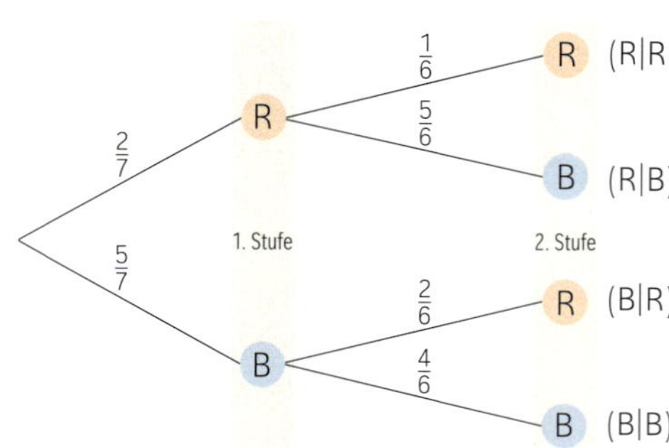

Information

Mehrstufige Zufallsversuche mit einem Baumdiagramm darstellen

Ein Zufallsversuch, der in mehreren Schritten nacheinander durchgeführt wird, heißt **mehrstufig**.
Mehrstufige Zufallsversuche lassen sich in Form von **Baumdiagrammen** darstellen.
Zu jedem Ergebnis gehört ein sogenannter Pfad des Baumdiagramms. Die Ergebnisse werden am Ende des Pfads notiert.
An den Pfaden werden auf allen Stufen die Wahrscheinlichkeiten des Zufallsversuchs notiert.

Zweimaliges Ziehen ohne Zurücklegen aus einem Gefäß mit zwei grünen und drei weißen Kugeln

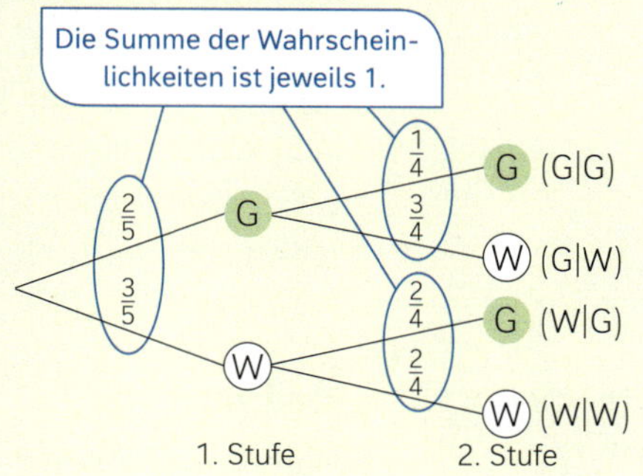

Üben

1 Die beiden Glücksräder A und B werden gedreht.
Stelle diesen Zufallsversuch in einem Baumdiagramm dar.
Markiere die Pfade, die zum Ereignis „Zweimal dieselbe Farbe" gehören.

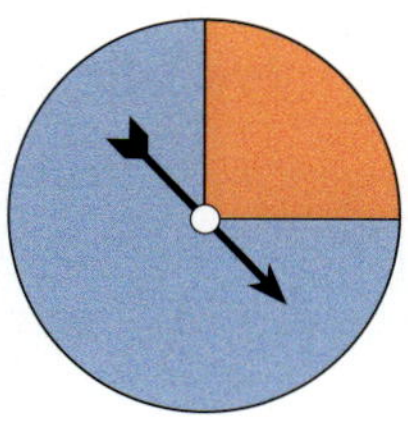

Glücksrad A

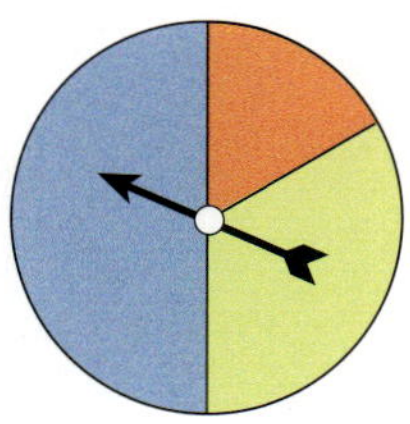

Glücksrad B

2 In einem Gefäß sind eine rote, zwei blaue und drei grüne Kugeln. Nacheinander werden zwei Kugeln gezogen (und nicht wieder zurückgelegt).
Stelle den Zufallsversuch in einem Baumdiagramm dar.

3 Aus einem Beutel wird zweimal nacheinander eine Kugel gezogen.
a) Begründe anhand des Baumdiagramms, dass die Kugeln nach dem Ziehen nicht zurückgelegt wurden. Woran lässt sich dies besonders einfach erkennen?
b) Gib an, wie viele Kugeln jeder Farbe am Anfang in dem Beutel waren.

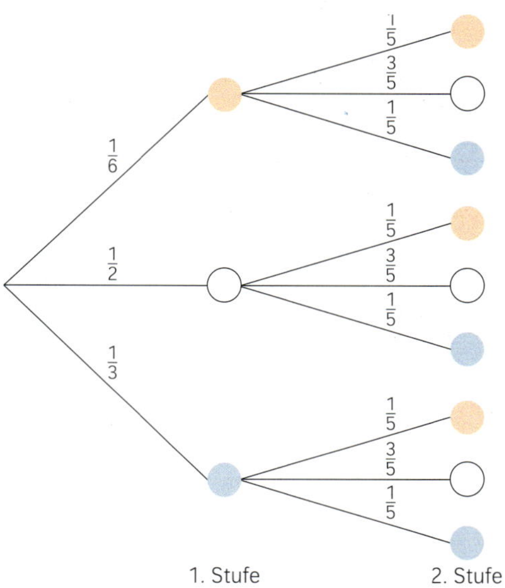

4 Eine Münze und ein Würfel werden nacheinander geworfen.
a) Gebt die möglichen Ergebnisse an und stellt sie im Baumdiagramm dar.
b) Was verändert sich, wenn Münze und Würfel gleichzeitig geworfen werden?

2.6 Pfadregeln

Einstieg

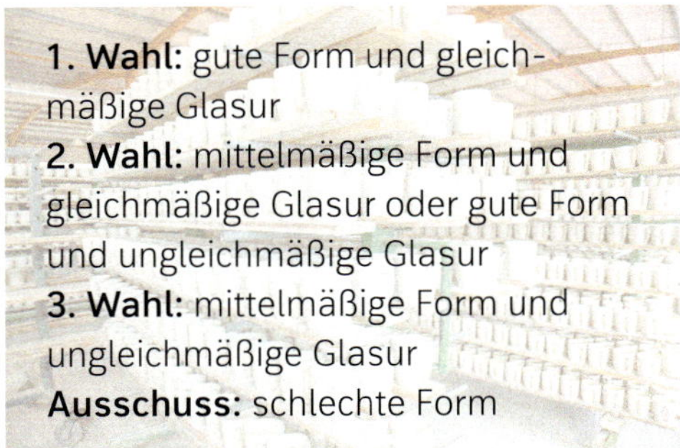

Betrachtet die Qualitätsprüfung der Porzellanbecher aus dem Einstieg von Seite 80.
Berechnet die Wahrscheinlichkeiten, dass ein hergestellter Becher 1. Wahl, 2. Wahl, 3. Wahl oder Ausschuss ist.

Aufgabe mit Lösung

Pfadregeln

Marie ist nicht begeistert von Julias Spielvorschlägen auf Seite 80 und bietet ihr an, die Spielregeln etwas zu ändern: „Wenn zwei blaue Kugeln gezogen werden, gewinnst du, sonst gewinne ich."

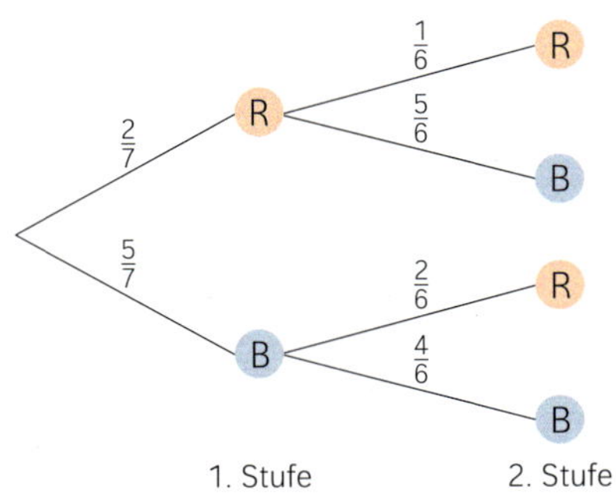

→ Wie viele Gewinne kann Julia erwarten, wenn die beiden das Spiel im Laufe des Schuljahres 210-mal spielen? Bestimme auch die Wahrscheinlichkeit.

Lösung

Die Wahrscheinlichkeit als erste Kugel eine blaue Kugel zu ziehen, beträgt $\frac{5}{7}$. Also wird in etwa $\frac{5}{7}$ aller Spiele dieser Fall eintreten, d. h. in $\frac{5}{7} \cdot 210 = 150$ Spielen. Die Wahrscheinlichkeit, danach als zweite Kugel ebenfalls eine blaue Kugel zu ziehen, beträgt $\frac{4}{6}$. Julia kann somit in $\frac{4}{6}$ der 150 Spiele, also $\frac{4}{6} \cdot 150 = 100$ Spielen, einen Gewinn erwarten. Der Anteil der Spiele, in denen die beiden gezogenen Kugeln blau sind, beträgt somit $\frac{5}{7} \cdot \frac{4}{6} = \frac{20}{42} = \frac{10}{21}$. Die Wahrscheinlichkeit, dass beide Kugeln blau sind, ist also $\frac{10}{21} \approx 0{,}48$.

→ Begründe, warum Julia vorschlagen sollte, dass Marie nur gewinnt, wenn zwei verschiedenfarbige Kugeln gezogen werden und Julia bei zwei blauen Kugeln gewinnt.

Lösung

Die Wahrscheinlichkeiten der Pfade werden am Ende dieser notiert. Julia gewinnt, wenn die beiden gezogenen Kugeln blau sind: $P(\text{Julia gewinnt}) = \frac{10}{21}$

Marie gewinnt, wenn beide Kugeln verschiedenfarbig sind:

$P(\text{Marie gewinnt}) = \frac{5}{21} + \frac{5}{21} = \frac{10}{21}$

Beide Mädchen hätten nun dieselbe Wahrscheinlichkeit zu gewinnen.

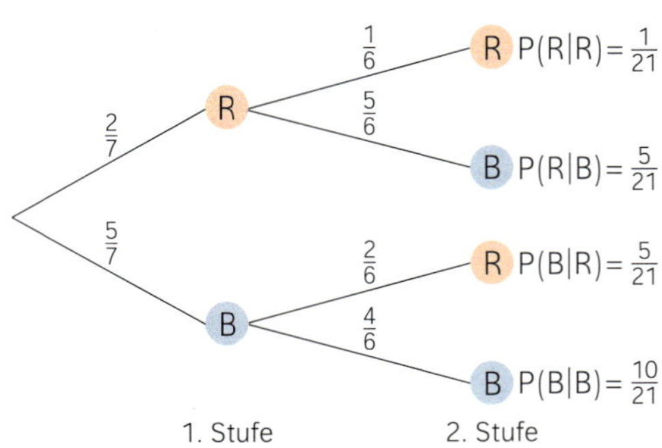

Information

Pfadmultiplikationsregel

Die Wahrscheinlichkeit eines Pfades ist gleich dem Produkt der Wahrscheinlichkeiten längs des Pfades.

Pfadadditionsregel

Gehören zu einem Ereignis mehrere Pfade in einem Baumdiagramm, so ist die Wahrscheinlichkeit dieses Ereignisses gleich der Summe der Pfadwahrscheinlichkeiten der zu dem Ereignis gehörenden Ergebnisse.

Doppelter Münzwurf

$P(W|W) = \frac{1}{2} \cdot \frac{1}{2} = \frac{1}{4}$

Es wird $P(W|W)$ als Kurzschreibweise für $P((W|W))$ vereinbart.

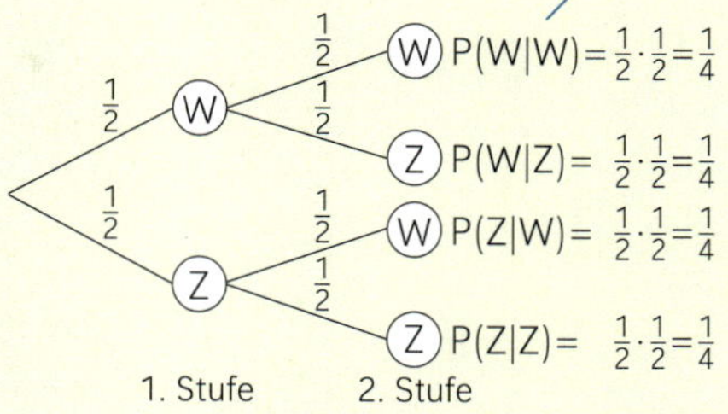

P („Zweimal dasselbe werfen")

$= P(W|W) + P(Z|Z) = \frac{1}{2} \cdot \frac{1}{2} + \frac{1}{2} \cdot \frac{1}{2} = \frac{1}{2}$

Üben

1 In einem Gefäß befinden sich acht Kugeln: drei graue (G) und fünf violette (V). Es wird zweimal gezogen und die Kugel nach dem ersten Zug zurückgelegt.
Stelle den Zufallsversuch in einem Baumdiagramm dar und beschrifte diesen.
Bestimme die Wahrscheinlichkeiten der folgenden Ereignisse.
(1) A: Erst eine graue, dann eine violette Kugel ziehen.
(2) B: Zweimal dieselbe Farbe ziehen.
(3) $C = \{(G|V); (V|G); (G|G)\}$

2 Kunigunde (K) und Wilfried (W) teilen sich einen Adventskalender. Jeden Tag werfen sie eine Münze darum, wer das Türchen öffnen darf.
a) Erstelle für die ersten drei Türchen ein Baumdiagramm.
b) Ermittle die folgenden Wahrscheinlichkeiten.
(1) A: Kunigunde darf an den ersten drei Tagen mindestens zwei Türchen öffnen.
(2) B: Wilfried darf an den ersten drei Tagen genau ein Türchen öffnen.
c) Prüfe, ob $P(A) = P(\overline{B})$ gilt. Begründe.

3 Beim Würfelspiel Kniffel werden immer fünf Würfel gleichzeitig geworfen. Fünf Mal dieselbe Augenzahl ist dabei das begehrteste Ereignis.
a) Berechne die Wahrscheinlichkeit für einen Kniffel mit nur einem Wurf.

4 Ein Glücksrad hat zwei rote, drei grüne und fünf weiße Felder. Es wird zweimal gedreht. Erläutere mithilfe eines Baumdiagramms den Unterschied zwischen den Ereignissen E_1 und E_2.
E_1: Erst kommt Rot, dann kommt Grün.
E_2: Das Rad bleibt einmal bei Rot und einmal bei Grün stehen.

5 ☰ Zwei Glücksräder werden gedreht. Vervollständige das Baumdiagramm im Heft.
Zeichne dann zwei Glücksräder, die zu diesem Baumdiagramm passen.

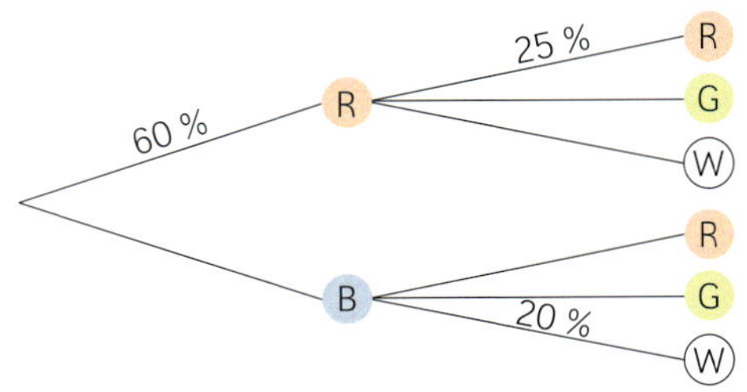

6 ☰ Das Glücksrad 1 und das Glücksrad 2 werden jeweils zweimal gedreht. Zeichne die zugehörigen Baumdiagramme.

(1)
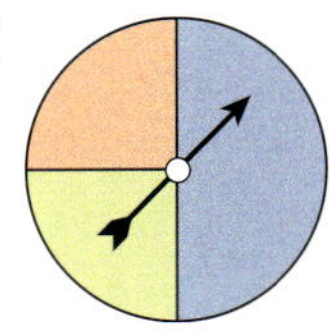

(2)
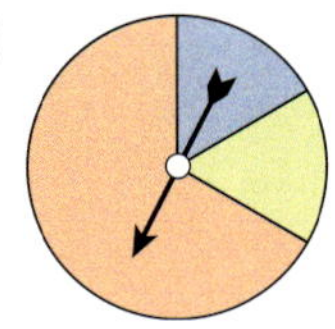

a) Berechne die Wahrscheinlichkeit für das Ereignis „Rot, dann Grün".

b) Berechne, bei welchem Glücksrad die Wahrscheinlichkeit höher ist, mindestens zweimal dieselbe Farbe zu drehen.

c) Ermittle, wie oft das erste Glücksrad gedreht werden müsste, damit die Wahrscheinlichkeit nie blau zu drehen kleiner als 10 % ist.

7 ☰ Das Glücksrad rechts hat drei verschieden große Felder. Das blaue Feld ist doppelt so groß wie das rote Feld; das grüne Feld hat die dreifache Größe des roten Feldes.

a) Das Glücksrad wird einmal gedreht. Ordne den Ergebnissen Grün, Rot, Blau Wahrscheinlichkeiten zu.

b) Das Glücksrad wird zweimal nacheinander gedreht.
Stelle diesen Zufallsversuch durch ein Baumdiagramm dar und trage die zugehörigen Wahrscheinlichkeiten ein.

c) Bestimme die Wahrscheinlichkeit des Ereignisses „Beide Male dieselbe Farbe".

8 ☰ In Klasse 8c stellt Herr Hoffmann ein Gefäß mit zwei weißen und drei roten Kugeln auf den Lehrertisch. Mithilfe eines Baumdiagramms soll bestimmt werden, wie wahrscheinlich es ist, eine weiße und eine rote Kugel zu ziehen. Die Schülerinnen und Schüler arbeiten in Gruppen und präsentieren ihre Ergebnisse:

Gruppe A sagt, das Ergebnis sei $\frac{6}{25}$.

Gruppe B behauptet hingegen, dass das Ergebnis $\frac{3}{10}$ sei.

Ganz anders die Gruppen C und D – sie kommen auf andere Werte:

Gruppe C besteht darauf, es handle sich bei $\frac{12}{25}$ um das korrekte Ergebnis.

Demgegenüber besteht Gruppe D auf dem Ergebnis $\frac{3}{5}$.

Herr Hoffmann hört aufmerksam zu und sagt dann: „Da habt ihr recht!".
Untersuche, welche der Gruppen er gemeint haben könnte.

Vereinfachtes Baumdiagramm

9 In einem Gefäß befinden sich drei grüne, vier blaue und fünf rote Kugeln. Zwei Kugeln werden ohne Zurücklegen gezogen.
Bestimme mithilfe eines vereinfachten Baumdiagramms die Wahrscheinlichkeit dafür, dass beide Kugeln die gleiche Farbe haben.

In einem vereinfachten Baumdiagramm zeichnet und beschriftet man nur die Pfade, die man zur Lösung der Aufgabe benötigt.

Berechne die Wahrscheinlichkeit, dass zweimal dieselbe Farbe gedreht wird.

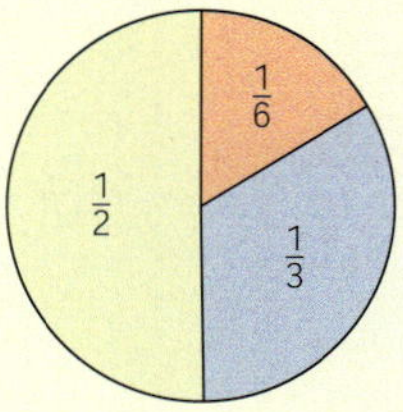

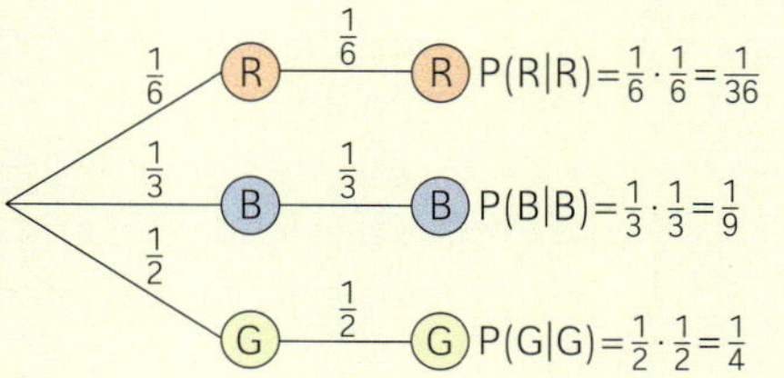

10 Bei vielen Würfelspielen hat das Ereignis, dass beide Würfel dieselbe Augenzahl zeigen (Pasch), eine besondere Bedeutung.
Bestimme mithilfe eines vereinfachten Baumdiagramms die Wahrscheinlichkeiten für einen Pasch.

11 Aus einem Gefäß mit verschiedenfarbigen Kugeln wird zweimal gezogen.
Entscheide, ob sich die folgenden Aussagen anhand des vereinfachten Baumdiagramms treffen lassen.

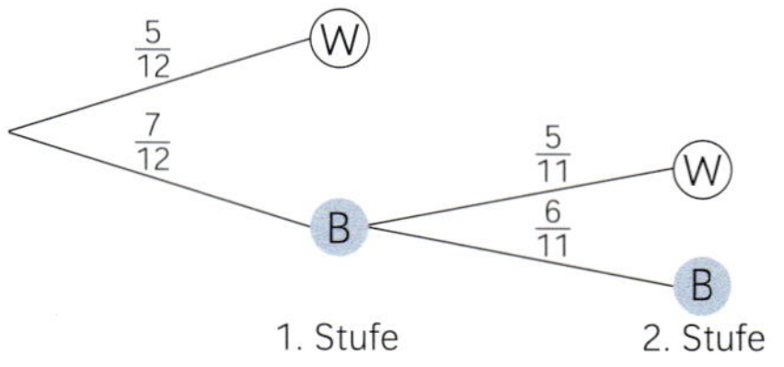

a) P („Zweimal blau ziehen“) $= \frac{7}{22}$

b) Es befinden sich nur blaue und weiße Kugeln im Gefäß.

c) Es wird ohne Zurücklegen gezogen.

d) P („Zweimal grün ziehen“) = 0

12 Eine Münze wird zweimal geworfen. Beschreibe die Ereignisse in Worten und berechne seine Wahrscheinlichkeiten.

$E_1 = \{(Z|Z); (Z|W); (W|Z)\}$ $\quad$ $E_2 = \{(Z|W); (W|Z)\}$

$E_3 = \{(W|Z); (W|W)\}$ $\quad$ $E_4 = \{(W|Z); (Z|W); (W|W)\}$

13 Ein Skatspiel besteht aus 32 Karten. Beim Austeilen erhält jeder Spieler 10 Karten, wovon 2 Karten verdeckt auf den Tisch gelegt werden (Skat).
Bestimme die Wahrscheinlichkeit, dass im Skat

a) zwei Herzkarten liegen;

b) zwei gleichfarbige Karten liegen;

c) eine Herzkarte und eine Schellenkarte liegen.

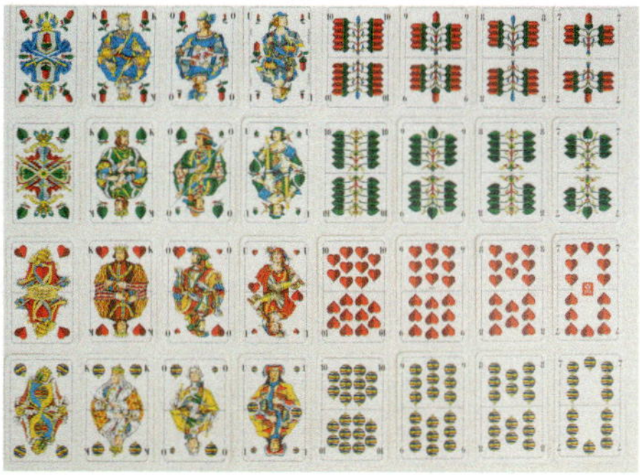

Weiterüben

14 ☰ Zum Geburtstag bringt Lars seinen 25 Mitschülern Kaugummis in verschiedenen Geschmacksrichtungen mit: 14 Päckchen Erdbeere, 10 Päckchen Kirsch, 7 Päckchen Orange und 19 Päckchen Cola. Nacheinander darf jeder zwei Päckchen blind aus einem Beutel ziehen. Lasse zieht als erster zweimal nacheinander.

a) Stelle das Ziehen von Lasse in einem Baumdiagramm dar und trage die zugehörigen Wahrscheinlichkeiten ein.

b) Bestimme die Wahrscheinlichkeit, dass Lasse seine beiden Lieblingssorten Kirsch und Cola zieht.

c) Bestimme die Wahrscheinlichkeit dafür, dass Lasse zwei gleiche Päckchen aus dem Beutel holt.

d) Bestimme die Wahrscheinlichkeit dafür, dass Lasse kein Cola-Päckchen zieht.

e) Nachdem Lasse ein Päckchen Cola und ein Päckchen Orange gezogen hat, ist Lotta an der Reihe. Bestimme die Wahrscheinlichkeit, dass sie Erdbeere und Orange zieht.

15 ☰ Auf dem Tisch liegen verdeckt acht Zahlkärtchen. Davon werden zwei Kärtchen gezogen und aus den Ziffern wird eine zweistellige Zahl gebildet.

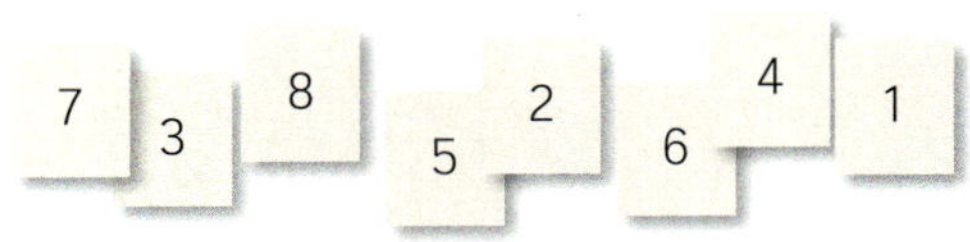

a) Das erste gezogene Kärtchen stellt die Zehnerziffer dar. Dann wird das Kärtchen wieder zurückgelegt und nach dem Mischen wird ein zweites Kärtchen gezogen. Dieses stellt die Einerziffer dar.
(1) Wie viele Ergebnisse sind möglich?
(2) Begründe, dass es sich um einen Laplace-Versuch handelt.
(3) Wie groß ist die Wahrscheinlichkeit, dass eine Zahl unter 20 entsteht?

b) Bearbeite die Fragestellungen von Teilaufgabe a) für den Fall, dass das gezogene Kärtchen nicht zurückgelegt wird.

c) Die beiden Kärtchen werden gleichzeitig gezogen und so angeordnet, dass eine möglichst hohe Zahl entsteht. Bestimme die Wahrscheinlichkeit, dass bei diesem Ziehvorgang eine Zahl unter 30 entsteht.

16 ☰ Im Juli 2021 kam es bei 28,4 % der Fernverkehrszüge der Deutschen Bahn zu Verspätungen. Für die Sommerferien hat Sheldons Familie ein Zugticket für Fernverkehrszüge gebucht. Auf der Fahrt müssen sie einmal umsteigen.

a) Erstelle ein Baumdiagramm.

b) Berechne die Wahrscheinlichkeit, dass es auf Sheldons Fahrt zu keiner Verspätung kommt.

c) Gib ein Ereignis an, dessen Wahrscheinlichkeit etwa 8 % beträgt.

d) Berechne, um wie viel Prozentpunkte die Deutsche Bahn ihre Pünktlichkeitsrate verbessern müsste, damit Sheldon mit einer Wahrscheinlichkeit von 90 % ohne Verspätungen reisen kann.

17 ≡ Ein Ikosaeder ist ein regelmäßiger zwanzigflächiger Wurfstein. Er wird zweimal hintereinander geworfen. Lege ein vereinfachtes Baumdiagramm an, mit dem sich das Ereignis „Die Augensumme ist größer als 37“ veranschaulichen lässt.

18 ≡ Beim Roulette bleibt die Kugel in einem der Felder mit den Nummern 0, 1, ..., 36 liegen. Davon sind 18 Felder rot. Luiz hat noch zwei Chips, von denen er je einen in zwei aufeinander folgenden Spielen auf „Rot“ setzen will. Bleibt die Kugel in einem roten Feld liegen, so erhält er seinen Einsatz und einen gleich hohen Gewinn zurück. Sonst ist der Einsatz verloren.

a) Wie viele Chips kann Luiz nach zwei Spielen besitzen?

b) Berechne für jede Möglichkeit die Wahrscheinlichkeit.

c) Warum heißt es in Spielerkreisen: „Auf Dauer gewinnt immer die Bank“?

19 ≡ Zu Annas Schulweg gehören drei Kreuzungen mit Fußgängerampeln. Häufig zeigen die Ampeln Rot. Manchmal kommt es aber auch vor, dass alle Ampeln gerade Grün zeigen, wenn Anna kommt. Zur genaueren Untersuchung stoppt Anna die Rot- und Grünzeiten der Ampeln. Nimm an, dass die Ampeln nicht auf „Grüne Welle“ geschaltet sind, d. h. es ist an jeder Ampel zufällig, ob man sie bei Rot oder Grün antrifft.

	Ampel 1	Ampel 2	Ampel 3
Rotzeit	60 s	60 s	40 s
Grünzeit	30 s	20 s	60 s

a) Berechne zunächst für jede Ampel einzeln die Wahrscheinlichkeit dafür, dass sie bei Annas Ankunft Rot bzw. Grün zeigt. Zeichne dann ein Baumdiagramm.

b) Berechne die Wahrscheinlichkeit, dass alle Ampeln bei Annas Ankunft Rot zeigen.

c) Untersuche, ob die Wahrscheinlichkeit, dass alle Ampeln Rot zeigen, größer ist, als das alle Ampeln Grün zeigen.

d) Ermittle die Wahrscheinlichkeit dafür, dass mindestens eine Ampel Rot zeigt.

e) Ermittle die Wahrscheinlichkeit dafür, dass genau eine Ampel Rot zeigt.

Klassische Probleme der Wahrscheinlichkeitsrechnung

1 Warum lohnt es sich, beim 4-fachen Würfeln darauf zu wetten, dass mindestens eine Sechs fällt, aber nicht darauf, dass beim 24-fachen Würfeln mit zwei Würfeln mindestens ein Sechser-Pasch auftritt?
Betrachte zur Lösung das Ereignis
E_1: „Beim 4-fachen Würfeln fällt keine Sechs“ bzw.
E_2: „Beim 24-fachen Würfeln mit zwei Würfeln fällt keine Doppelsechs“ und je das zugehörige Gegenereignis.
Vergleiche die berechneten Wahrscheinlichkeiten.

Blaise Pascal (1623–1662) und Pierre de Fermat (1607–1665) korrespondierten 1654 über die Lösung dieses Problems des Chevalier de Méré – dies gilt als die „Geburtsstunde“ der Wahrscheinlichkeitsrechnung.

2 Die Wahrscheinlichkeit für eine Sechs ist $\frac{1}{6}$; also lohnt es sich darauf zu wetten, dass eine Sechs in drei Würfen auftritt. Überprüfe diese Behauptung.

Diese Aussage findet man im Buch *„Liber de ludo aleae“* (Über das Glücksspiel) von Geronimo Cardano (1501–1576).

3 Beim Würfeln mit zwei Würfeln tritt die Augensumme 11 genauso häufig auf wie Augensumme 12. Beide Augensummen kommen dreimal so häufig vor wie die Augensumme 7. Überprüfe dies. Bestimme dazu allgemein die Wahrscheinlichkeit für die Augensummen 2, 3, 4, ..., 12 beim zweifachen Würfeln.

Dem großen Mathematiker Gottfried Wilhelm Leibniz (1646–1716) werden die nebenstehenden Behauptungen nachgesagt.

4 Es werden 13 Karten gut gemischt und eine Karte nach der anderen abgehoben. Stimmt kein Kartenwert mit der Ziehungsnummer überein, so gewinnt der Spieler. Löse dieses Problem für ein Kartenspiel mit 4 Karten. Mit welcher Wahrscheinlichkeit stimmt bei keiner Karte der Kartenwert mit der Nummer überein? Bestimme auch die Wahrscheinlichkeiten, dass der Kartenwert bei einer Karte bzw. zwei Karten übereinstimmt.
(Nimm für das Ass den Kartenwert 1.)

Dieses *Problem* findet sich zum ersten Mal im *„Essai d'Analyse sur les Jeux de Hazard“* von Pierre Rémond de Montmort (1678-1719). Seit einer Arbeit von Leonhard Euler (1707-1783) wird das Problem als *Rencontre-Problem* bezeichnet (*„Calcul de la probabilité dans le jeu de rencontre“*, 1751).

5 „Erhält man beim Werfen mit drei Würfeln die Augensumme 10 häufiger als die Augensumme 9?“
Beantworte diese Frage.

Galileo Galilei (1564–1642) wurde diese Aufgabe von seinem Fürsten vorgelegt.

6 Aus einem Kartenspiel mit 32 Karten werden zufällig 4 Karten ohne Zurücklegen gezogen. A wettet mit B, dass dies 4 Karten mit verschiedenen Symbolen sind (Kreuz, Pik, Herz, Karo).
Bei welchem Wetteinsatz ist dies eine faire Wette?

Aufgaben dieser Art schickte Pierre de Fermat (1607 – 1665) an Christian Huygens (1629 –1695).

7 Bei einem fairen Glücksspiel, das aus mehreren Runden besteht, gewinnt derjenige von zwei Mitspielern den gesamten Spieleinsatz, der als erster 6 Punkte erreicht. Das Spiel muss bei einem Zwischenstand von 5 : 2 abgebrochen werden. Wie ist die gerechte Aufteilung des Spieleinsatzes?
a) Zeichne ein Baumdiagramm für die ausstehenden Runden und bestimme die Wahrscheinlichkeit dafür, dass der führende Spieler gewinnt.
b) Betrachte das in Teilaufgabe a) beschriebene Spiel. Pascal und Fermat sahen es als gerecht an, wenn die ausgefallenen Runden des abgebrochenen Spiels durch Münzwurf ersetzt werden. Wie oft muss man im Mittel noch die Münze werfen, um das unterbrochene Spiel zu Ende zu bringen?

Dieses sogenannte *Problème des partis* findet sich im Buch *„Della Summa de Arithmetica Geometria Proportioni et Proportionalita“* von Luca Pacioli (1445–1514). Pacioli gab eine Lösung an, die von Geronimo Cardano (1501 –1576) und von Niccolo Tartaglia (1449–1557) kritisiert wurde. Pierre de Fermat und Blaise Pascal lösten das Problem 1654 mithilfe eines Baumdiagramms.

8 A und B spielen mit einem Würfel. Derjenige von beiden hat gewonnen, der als Erster eine Sechs wirft.
(1) A beginnt; dann würfelt B; danach ist A wieder an der Reihe usw.
(2) A beginnt und wirft einmal; dann folgt B; anschließend darf A zweimal würfeln, dann B zweimal usw.
(3) A beginnt und wirft einmal; dann würfelt B zweimal; anschließend darf A dreimal würfeln, dann B viermal usw.
Welche Chancen hat A zu gewinnen? Berechne die Wahrscheinlichkeit für einen Gewinn von A innerhalb der ersten 10 Runden.

Aufgaben dieser Art findet man im Buch „Ars conjectandi“ des Mathematikers Jacob Bernoulli (1655 –1705).

2.7 UND-Ereignisse und ODER-Ereignisse

Einstieg

Bestimmt für die regulären Polyeder (Tetraeder; Hexaeder; Oktaeder, Dodekaeder; Ikosaeder) die Wahrscheinlichkeit für die folgenden Ereignisse:
- Die Augenzahl ist keine Primzahl.
- Die Augenzahl ist durch 2 oder 3 teilbar.
- Die Augenzahl ist durch 4 oder 6 teilbar.
- Die Augenzahl ist weder durch 4 noch durch 5 teilbar.

Aufgabe mit Lösung

UND-Ereignisse und ODER-Ereignisse

Carl möchte am Glücksrad mit den Zahlen 1 bis 25 drehen.

Bei welchem der folgenden Ereignisse hat Carl die größeren Chancen?

A: Die Zahl ist durch 2 und durch 5 teilbar.

B: Die Zahl ist durch 2 oder durch 5 teilbar.

Lösung

Die Ereignisse A und B können als Verknüpfung der beiden folgenden Ereignisse aufgefasst werden:

E_1: Die Zahl ist durch 2 teilbar.

E_2: Die Zahl ist durch 5 teilbar.

Den Zusammenhang kann man durch Mengendiagramme verdeutlichen.

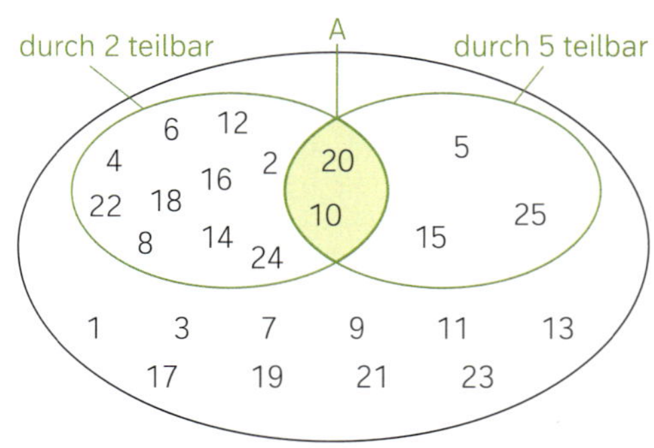

Zum Ereignis A gehören alle Zahlen von 1 bis 25, die sowohl zum Ereignis E_1 als auch zum Ereignis E_2 gehören. So gehören die Ergebnisse 10 und 20 zum UND-Ereignis A, da beide Zahlen sowohl durch 2 als auch durch 5 teilbar sind.

$A = \{10; 20\}$; also $P(A) = \frac{2}{25} = 0{,}08$

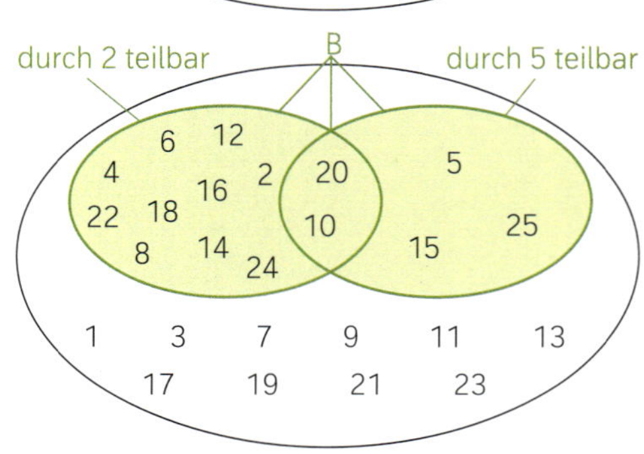

Zum Ereignis B gehören alle Zahlen von 1 bis 25, die zu E_1 oder E_2 oder zu beiden gehören.

So gehört 16 zum ODER-Ereignis B, da 16 durch 2 ist. $B = \{2; 4; 5; 6; 8; 10; 12; 14; 15; 16; 18; 20; 22; 24; 25\}$ also

$P(B) = \frac{15}{25} = 0{,}6$

Carl sollte sich also auf jeden Fall für Ereignis B entscheiden.

Information

UND-Ereignis und ODER-Ereignis

Ereignisse sind Mengen, sie können also zu neuen Ereignissen verknüpft werden

Zu einem **UND-Ereignis $E = E_1 \cap E_2$** gehören alle Ergebnisse, die zu dem Ereignis E_1 **und** auch zu dem Ereignis E_2 gehören. Dies entspricht der Durchschnittsmenge $E_1 \cap E_2$

Zu einem **ODER-Ereignis $E = E_1 \cup E_2$** gehören alle Ergebnisse, die zu dem Ereignis E_1 **oder** zu dem Ereignis E_2 (oder zu beiden) gehören. Dies entspricht der Vereinigungsmenge $E_1 \cup E_2$.

Zur **Differenz $E = E_1 \setminus E_2$** gehören alle Ergebnisse, die zu E_1, **aber nicht** zu E_2 gehören.

Einmaliges Würfeln mit einem Würfel.
Gerade Augenzahl: $E_1 = \{2; 4; 6\}$
Durch 3 teilbare Augenzahl: $E_2 = \{3; 6\}$
E: Die Zahl ist durch 2 **und** 3 teilbar.
$E = E_1 \cap E_2$
$= \{6\}$

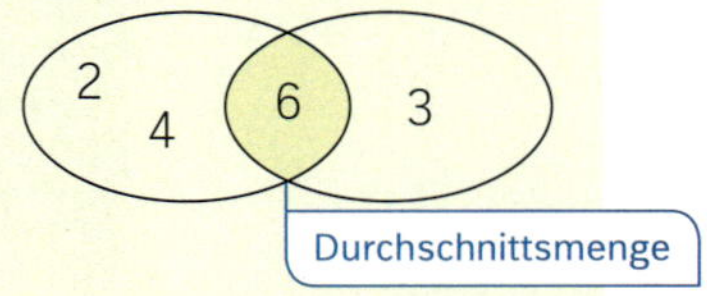

E: Die Zahl ist durch 2 **oder** 3 teilbar.
$E = E_1 \cup E_2$
$= \{2; 3; 4; 6\}$

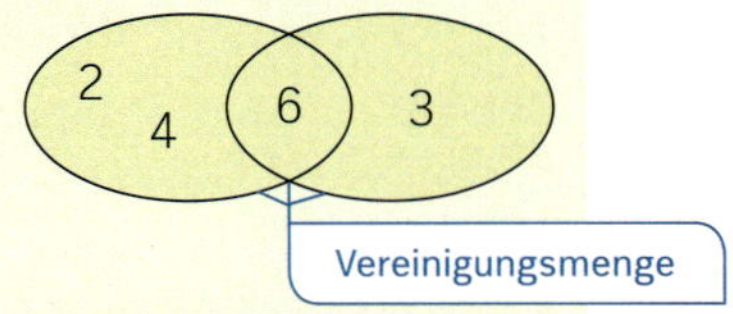

E: Die Zahl ist durch 2, **aber nicht** durch 3 teilbar.
$E = E_1 \setminus E_2$
$= \{2; 4\}$

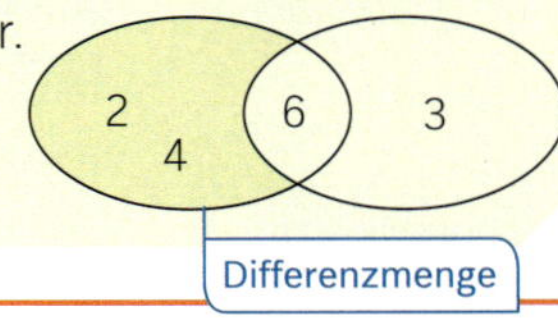

Üben

1 Bestimme die Wahrscheinlichkeit für folgende Ereignisse beim einmaliges Würfelwurf:
(1) ungerade Zahl;
(2) keine Primzahl;
(3) durch 2 oder 3 teilbare Zahl;
(4) durch 2 und 3 teilbare Zahl;
(5) höchstens die Zahl 4 zu werfen;
(6) nicht die Zahl 3 zu werfen.

2 Für das Werfen des Lego-Vierers nimm die folgende Wahrscheinlichkeiten an:

Augenzahl	1	2	3	4	5	6
Wahrscheinlichkeit	0,48	0,06	0,06	0,28	0,06	0,06

Es gilt: E_1: Die Augenzahl ist durch 2 teilbar. E_2: Die Augenzahl ist durch 3 teilbar.
Bestimme die Wahrscheinlichkeit.

a) $P(E_1 \setminus E_2)$
b) $P(E_1 \cup E_2)$
c) $P(E_1 \cap \overline{E_2})$
d) $P(E_1 \cup \overline{E_2})$
e) $P(\overline{E_1} \cap E_2)$
f) $P(\overline{E_1} \cup E_2)$
g) $P(\overline{E_1} \setminus \overline{E_2})$
h) $P(\overline{E_1} \cup \overline{E_2})$

3 Bestimme die Wahrscheinlichkeiten für das Eintreten der Ereignisse.
A: Die Zahl ist durch 4 teilbar.
B: Die Zahl ist durch 6 teilbar.
C: Die Zahl ist durch 4 und durch 6 teilbar.
D: Die Zahl ist durch 4 oder durch 6 teilbar.
E: Die Zahl endet auf 0 oder 5.
F: Die Zahl hat zwei gleiche Ziffern.
G: Die Zahl ist weder durch 4 noch durch 6 teilbar.
H: Die Zahl ist durch 6 teilbar oder endet auf 0 oder 5.

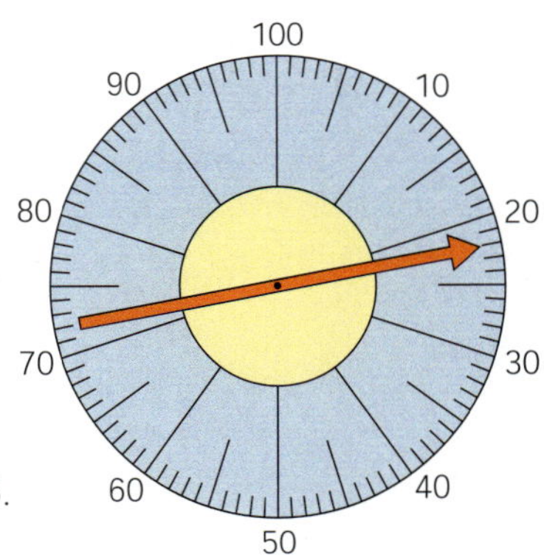

2.8 Abzählprobleme

Einstieg

In einer Fastfood-Kette können sich die Kunden Sandwichs nach Wunsch belegen lassen. Dazu wählen sie jeweils ein Brot, einen Belag und eine Sauce aus. Auf wie viele verschiedene Weisen kann man sich sein Sandwich zusammenstellen?

Aufgabe mit Lösung

Produktregel der Kombinatorik

Henry wünscht sich einen Elektroroller. Bei seinem Lieblingsmodell kann er die Ausführung selbst zusammenstellen. Dabei kann er die Farbe (schwarz/türkis/rot), die Akkukapazität (180 Wh/210 Wh) und eine Handyhalterung (ja/nein) wählen.

→ In wie vielen verschiedenen Ausführungen kann Henry seinen Roller bestellen?

Lösung

Das Baumdiagramm rechts zeigt alle Möglichkeiten, diese Ausführungswünsche miteinander zu kombinieren.
Für die Farbe gibt es drei Möglichkeiten.
Für die Akkukapazität gibt es dann jeweils zwei weitere Auswahlmöglichkeiten.
Zum Schluss gibt es jeweils 2 Möglichkeiten, je nachdem, ob der Roller eine Handyhalterung besitzen soll oder nicht.
Insgesamt gibt es somit $3 \cdot 2 \cdot 2 = 12$ verschiedene Ausführungen, in denen der Hersteller dieses Rollermodell anbietet.

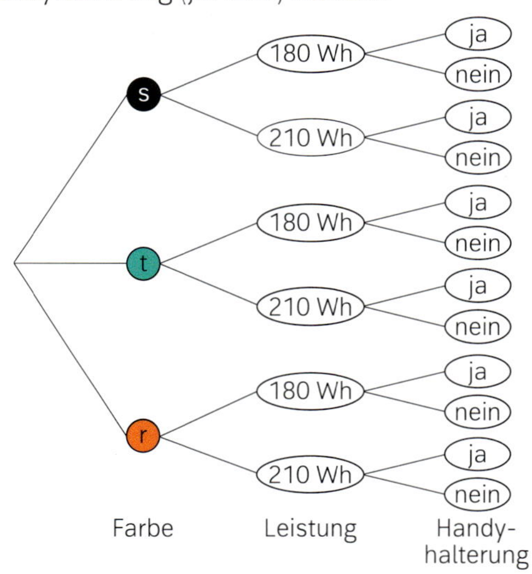

Information

Produktregel

Nacheinander werden k Entscheidungen getroffen. Angenommen, es gibt auf:
Stufe 1: n_1 Möglichkeiten
Stufe 2: n_2 Möglichkeiten
...
Stufe k: n_k Möglichkeiten

Dann gibt es insgesamt
$n_1 \cdot n_2 \cdot \ldots \cdot n_k$ Möglichkeiten.

Die Gesamtzahl aller Möglichkeiten entspricht somit dem Produkt der Möglichkeiten der einzelnen Stufen.

Kombination eines Zahlenschlosses mit $k = 3$ Rädern mit den Ziffern 0 bis 9

Zahlen dürfen sich wiederholen
Stufe 1: 10 Möglichkeiten
Stufe 2: 10 Möglichkeiten
Stufe 3: 10 Möglichkeiten
$10 \cdot 10 \cdot 10 = 1\,000$ Möglichkeiten

Zahlen dürfen sich nicht wiederholen
Stufe 1: 10 Möglichkeiten
Stufe 2: 9 Möglichkeiten
Stufe 3: 8 Möglichkeiten
$10 \cdot 9 \cdot 8 = 720$ Möglichkeiten

Üben

1 An einem 1 000-m-Lauf nehmen zehn Läufer teil, darunter auch Luis.
a) Berechne, die Anzahl möglicher Reihenfolgen, in denen die Läufer das Ziel erreichen.
b) Berechne die Anzahl der möglichen Zieldurchläufe, bei denen, Luis als Erster durch das Ziel läuft.

2 Ein Restaurant wirbt damit, 120 verschiedene 3-Gänge-Menüs anbieten zu können.
a) Gib eine mögliche Anzahl an Vorspeisen, Hauptgerichten und Nachspeisen an, die dieses Angebot zulassen.
b) Gib eine mögliche Anzahl an Vor- und Nachspeisen an, wenn das Restaurant 5 Hauptspeisen anbietet.

3 Für eine Tombola wurden 1 000 Lose verkauft, welche die Nummern 000, 001, ..., 999 tragen. Die Gewinnzahl für die Tombola wird so bestimmt: In einer Urne sind 10 Kugeln mit den Nummern 0, 1, 2, ..., 9. Nacheinander werden drei Kugeln herausgenommen. Diese bestimmen (in der Reihenfolge der Ziehung) die Hunderter-, Zehner- und Einerziffer der Gewinnzahl.
Unter welcher Bedingung ist dieses Verfahren geeignet?

4 Sucht in den Bildern nach Abzählproblemen.
Formuliert Fragen zu den Problemen und löst sie gemeinsam.

5 Kiara hat in ihrem Bücherregal 14 Romane, 5 Sachbücher und 3 Fotobücher.
a) Berechne die Anzahl der möglichen Anordnungen.
b) Berechne die Anzahl der möglichen Anordnungen, wenn thematisch identische Bücher nebeneinanderstehen sollen.

6 In einem Gefäß sind eine blaue, eine rote und eine schwarze Kugel. In einem zweiten Gefäß sind ebenfalls eine blaue, eine rote, eine schwarze und außerdem eine gelbe und eine weiße Kugel.

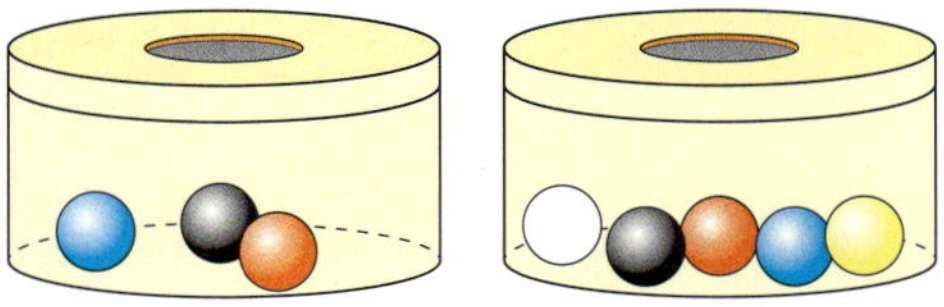

Aus beiden Gefäßen wird je eine Kugel gezogen. Mia behauptet: „Das sind insgesamt 15 Möglichkeiten.“ Lars widerspricht: „Nein, es gibt 12 Möglichkeiten!“
Beurteile die Aussagen und entscheide, wer recht hat.

7 Die Klassen 8 a (mit 10 Mädchen und 9 Jungen), 8 b (mit 14 Mädchen und 8 Jungen) und 8 c (mit 9 Mädchen und 11 Jungen) sind zu einem Umwelt-Hearing eingeladen.
Je ein Schüler aus jeder Klasse soll an der Podiumsdiskussion teilnehmen.
a) Wie viele Möglichkeiten der Auswahl dreier Mädchen gibt es?
b) Wie viele Möglichkeiten der Auswahl dreier Jungen gibt es?
c) Wie viele Möglichkeiten der Auswahl gibt es insgesamt?

2.9 Bestimmen von Wahrscheinlichkeiten durch Simulation

Einstieg

Hala, Leon und Luca benötigen für ein Spiel einen Dodekaeder. Sie finden aber keinen.
Leon: „Wir nehmen zwei gewöhnliche Würfel und bilden die Augensumme."
Hala: „Wir basteln uns ein Glücksrad mit 12 Sektoren."
Luca: „Wir werfen eine Münze und einen gewöhnlichen Würfel. Erscheint Zahl, wird das Würfelergebnis um sechs vermehrt, sonst nicht."
Untersucht diese Vorschläge.

Aufgabe mit Lösung

Bestimmen von Wahrscheinlichkeiten durch Simulation

Mila und Niklas planen die Weihnachtsfeier für ihre Tischtennis-AG. Alle zehn Spieler und Spielerinnen wollen gemeinsam wichteln. Dafür packt jede Person ein Geschenk in einen Sack. Jede Person zieht dann blind ein Geschenk heraus.

Niklas befürchtet, dass manche bei dieser Auswahl ihr eigenes Geschenk ziehen könnten. Aber wie wahrscheinlich ist das eigentlich?
Mila meint: „Wir können das doch mal durchspielen."
Niklas runzelt die Stirn: „Und wie? Wir sind doch nur zu zweit!"
Gib eine Möglichkeit an, wie die zwei die Situation nachspielen können.

Lösung

1. Schritt:
Statt Geschenke zu verteilen, werden die Namen auf Zettel geschrieben und in ein Gefäß gelegt.
2. Schritt:
Man zieht nacheinander die Zettel und notiert die gezogenen Namen in einer Teilnahmeliste hinter den Namen. Steht zweimal derselbe Name hintereinander, wird gestoppt.

Teilnehmer	Gezogene Namen	
	1. Versuch	2. Versuch
1. Mila	Theo	Mia
2. Niklas	Nils	Alex
3. Theo	Kim	Theo
4. Chris	Lena	
5. Nils	Mila	
6. Kim	Alex	
7. Lena	Tarik	
8. Alex	Niklas	
9. Tarik	Mia	
10. Mia	Chris	
	✓	✗

Theo hat sein Geschenk gezogen.

keiner hat sein Geschenk gezogen.

→ Mila schlägt vor: „Lass es uns ein wenig öfter nachspielen, dann können wir die Wahrscheinlichkeit besser einschätzen. Statt der Namen notieren wir nur noch die Nummern."
Schätze mithilfe der Tabelle rechts ab, wie wahrscheinlich es ist, dass jemand sein eigenes Geschenk zieht.

Lösung

Bei 5 von 8 Versuchen gab es übereinstimmende Nummern. $\frac{5}{8}$ entspricht einer relativen Häufigkeit von 62,5 %.

Teil-nehmer	Nummern auf den gezogenen Zetteln							
	1.	2.	3.	4.	5.	6.	7.	8.
1. Mila	9	2	10	6	5	2	9	6
2. Niklas	2	6	3	1	1	6	3	10
3. Theo		8	1	7	8	4	4	2
4. Chris		1	9	3	9	7	5	1
5. Nils		4	4	10	2	10	2	8
6. Kim		9	7	2	10	3	10	7
7. Lena		7	5	8	7	1	8	4
8. Alex			6	5		8	7	9
9. Tarik			8	9			6	5
10. Mia			2				1	3
	×	×	✓	×	×	×	✓	✓

Das ist eine erste Abschätzung für die gesuchte Wahrscheinlichkeit. Für eine präzisere Angabe müssten die beiden die Versuche viel öfter durchführen.

Information

Simulation von Zufallsversuchen

Zufallsversuche können mit geeigneten Zufallsgeräten nachgespielt (simuliert) werden. Mit einer solchen Simulation eines Zufallsversuchs lassen sich oft Zeit und Aufwand einsparen.
Wenn es bei komplizierten Vorgängen nicht gelingt, die Wahrscheinlichkeit einfach zu berechnen, hilft eine Simulation. Führt man die Simulation oft genug durch, lässt sich die Wahrscheinlichkeit anhand der berechneten relativen Häufigkeit sinnvoll schätzen.

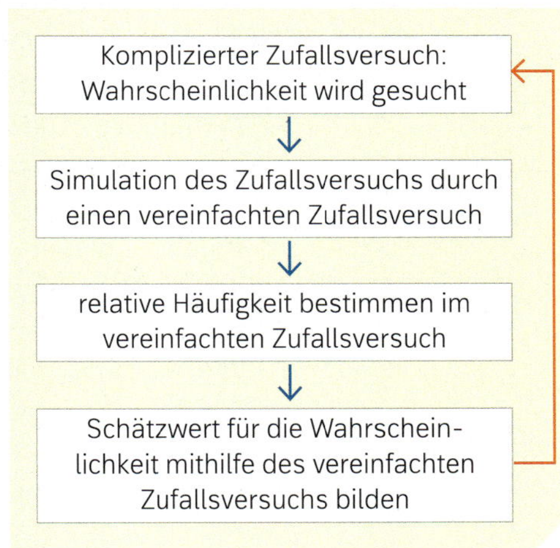

Die Verwendung von Taschenrechner oder Tabellenkalkulation ist auch möglich:
Der Befehl **rand** erzeugt eine Zufallszahl zwischen 0 und 1. **rand(A,B)** erzeugt eine ganzzahlige Zufallszahl zwischen A und B. Einige Rechner nutzen **Ran#** statt **rand()** und **randint(A,B)** oder **RanInt(A,B)** statt **rand(A,B)**.

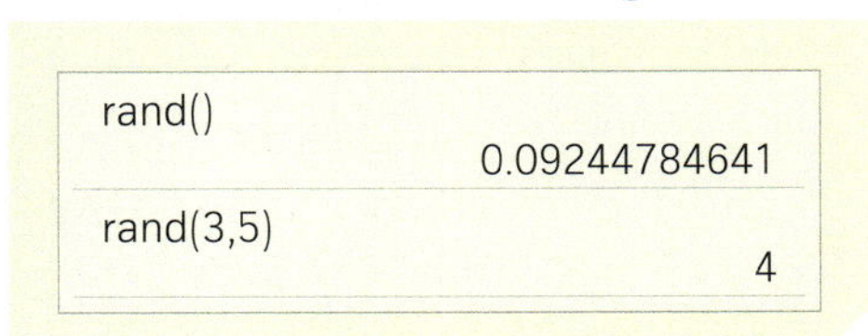

Der Befehl **Zufallszahl()** liefert eine Zufallszahl zwischen 0 und 1 wie in Spalte A. Der Befehl **Zufallsbereich(A,B)** liefert eine Zufallszahl im Bereich von A bis B.

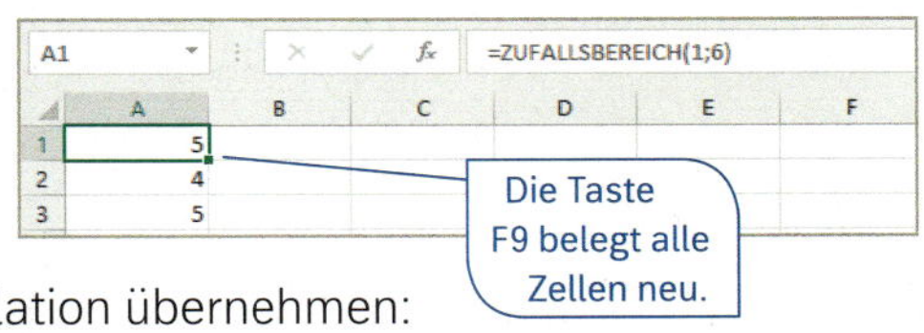

Auch das Auszählen kann die Tabellenkalkulation übernehmen:
Der Befehl **Zählenwenn(A1:A10;3)** zählt, wie oft die Zahl 3 in den Zellen A1 bis A10 vorkommt. Im Beispiel ist das zweimal

Üben

1 Entscheide, ob sich die folgenden Zufallsversuche mit dem angegebenen Zufallsgerät simulieren lassen. Begründe kurz.

a) Glücksrad mit sechs Feldern simuliert durch einen Würfelwurf

b) Zuordnen von Trikots für 12 Personen simuliert durch die Augensumme zweier Würfel

c) Kreisel mit vier Zahlen simuliert durch vierfachen Münzwurf

d) Erste Lotto-Zahl simuliert durch das Werfen von 49 Münzen

CAS

2 Für ein Fantasy-Spiel wird ein Oktaeder zum Würfeln benötigt. Erzeugt mit dem Rechner 20 Zufallszahlen zwischen 1 und 8. Vergleicht mit eurem Nachbarn.

CAS

3 Für ein Spiel soll mit einem Tetraeder gewürfelt werden. Du hast leider keinen Tetraeder zur Hand, dafür aber einen Taschenrechner. Wie kannst du dir helfen?

4 Zur Fußball-WM oder Fußball-EM bringen manche Schokoriegelmarken 60 Sammelbilder von verschiedenen Fußballstars und Trainern der Zeit heraus. Die Sammelbilder sind in jedem Schokoriegel enthalten. Anna fehlen nur noch 5 Sammelbilder. Um sicher zu gehen, dass sie diese auch bekommt, kauft sie sich eine 18er-Packung mit Schokoriegeln.

a) Simuliere diesen Zufallsversuch. Nimm dazu 18 Zufallszahlen (aus dem Bereich von 1 bis 60) und triff die Annahme, dass 1, 2, 3, 4 und 5 die fehlenden Bilder sind. Bekommt Anna alle Sammelbilder?

b) Führe diese Simulation insgesamt 10-mal durch und stelle eine Vermutung an, ob 18 Riegel ausreichend sind.

5 Nicht immer hat man das passende Zufallsgerät parat. Wählt eines der folgenden Zufallsgeräte aus und sammelt möglichst viele Ideen, mit welchen anderen Zufallsgeräten es sich simulieren ließe. Erstellt gemeinsam ein Informationsplakat.

Tetraeder (vier gleichseitige Dreiecksflächen)	**Dekaeder** (zehn identische Dreiecksflächen)	**Ikosaeder** (zwanzig gleichseitige Dreiecksflächen)	**Hexakontaeder** (sechzig identische Fünfecksflächen)
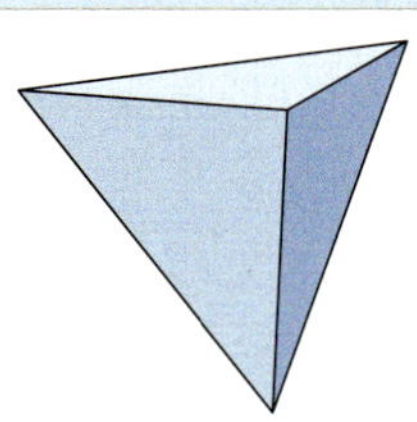	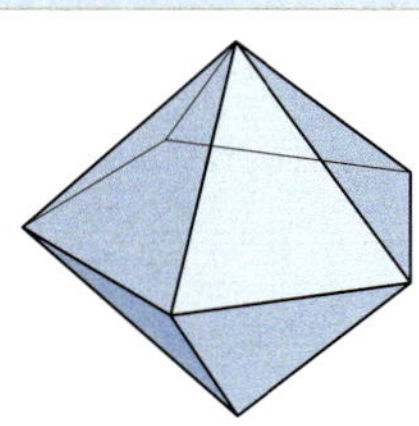	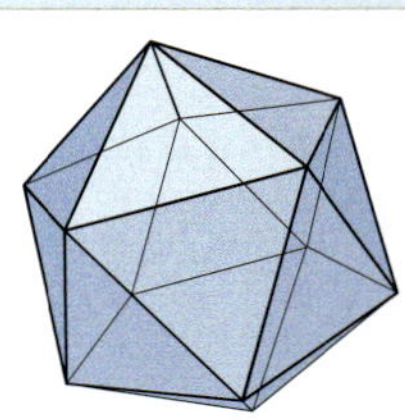	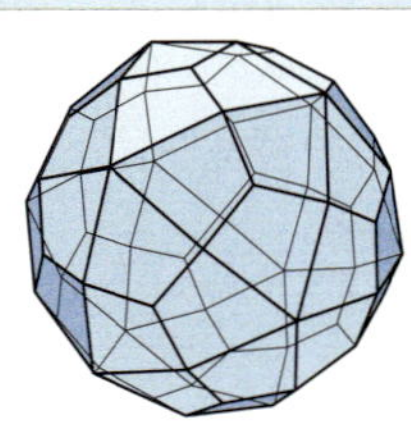

6 Wie kannst du vorgehen, um die Güte der Zufälligkeit der Zufallszahlen deines Rechners zu überprüfen? Diskutiere deine Ideen mit deiner Partnerin oder deinem Partner. Tragt eure gemeinsamen Ideen eurer Klasse vor.

7 ≡ Am Tag der offenen Tür sollen in Lisas Schule auch ein paar Zufallsversuche gezeigt werden. Lisa meint: „Der Reißzweckenwurf ist eine super Sache, aber vielleicht etwas gefährlich, wenn kleinere Kinder dabei sind. Lasst uns den Versuch simulieren". Untersuche die drei folgenden Vorschläge.

Weiterüben

8 ≡ Mit dem Glücksrad rechts sollten Gewinne bei einem Klassenfest ausgelost werden. Da das Glücksrad defekt ist, soll die Auslosung mit einem anderen Zufallsgerät erfolgen.
Nenne mehrere Möglichkeiten.

9 ≡ Ein Glücksrad umfasst die 26 Buchstaben des Alphabets, zwei Felder „Dreh nochmal" und ein Joker-Feld. Beschreibe, wie du dieses Glücksrad mithilfe einer Tabellenkalkulation simulieren könntest.

CAS **10** ≡ Simuliert 100 Würfelwürfe und wertet aus, wie oft die 5 „gewürfelt" wurde. Vergleicht eure Ergebnisse.

CAS **11** ≡ Die Schülerinnen und Schüler der Klasse 8e haben 20 Würfelversuche simuliert. Nimm Stellung zu Sophies, Jeremys und Evrens Beiträgen.

Zufallsversuch

Ein **Zufallsversuch** ist ein Versuch, dessen Ausgang nicht vorhersagbar ist. Ein möglichen Ausgang eines Zufallsversuchs nennt man **Ergebnis**. Die möglichen Ergebnisse fasst man zur **Ergebnismenge** S zusammen.

Würfeln mit einem Zylinder
Ergebnis: Würfeln einer 3
$S = \{1; 2; 3\}$

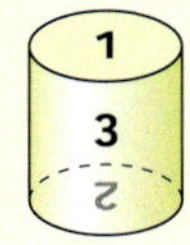

Empirisches Gesetz der großen Zahlen und Wahrscheinlichkeit

Je häufiger ein Zufallsversuch durchgeführt wird, desto weniger schwanken die relativen Häufigkeiten um einen festen Wert.
Dieser Wert heißt **Wahrscheinlichkeit** und wird mit **P** bezeichnet.

Die Summe der Wahrscheinlichkeiten aller Ergebnisse beträgt 1.

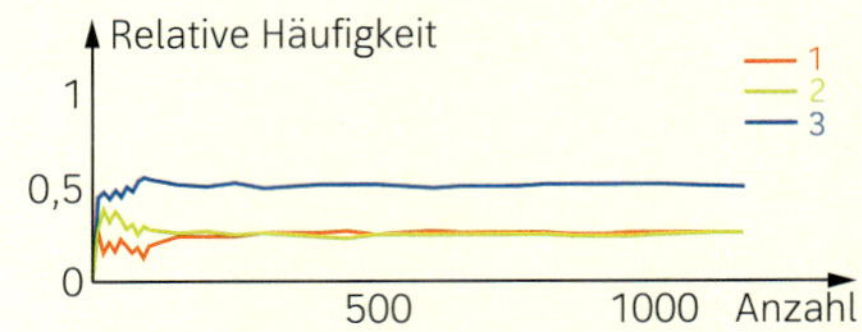

$P(1) = P(2) = 0{,}25;\ P(3) = 0{,}5$
$P(1) + P(2) + P(3) = 0{,}25 + 0{,}25 + 0{,}5$
$= 1$

Ereignis

Mehrere Ergebnisse lassen sich zu einem **Ereignis E** zusammenfassen.
Die Wahrscheinlichkeit eines Ereignisses ist gleich der Summe der Wahrscheinlichkeiten der zugehörigen Ergebnisse.

Ereignis E: ungerade Zahl
$E = \{1; 3\}$
$P(E) = P(1) + P(3)$
$= 0{,}25 + 0{,}5 = 0{,}75$

Laplace-Versuch

Zufallsversuche, bei denen alle Ergebnisse gleich wahrscheinlich sind, heißen **Laplace-Versuche**.
Für Laplace-Versuche gilt:
Die Wahrscheinlichkeit eines Ereignisses E beträgt

$P(E) = \frac{\text{Anzahl der zum Ereignis gehörenden Ergebnisse}}{\text{Anzahl aller möglichen Ergebnisse}}$

Werfen mit einem Würfel
$S = \{1; 2; 3; 4; 5; 6\}$
$P(1) = P(2) = P(3) = \ldots = P(6) = \frac{1}{6}$

Ereignis: durch 3 teilbare Augenzahl
$E = \{3; 6\}$
$P(E) = \frac{2}{6} = \frac{1}{3}$

Komplementärregel

Das Gegenereignis $\overline{E}$ eines Ereignisses E enthält alle Ergebnisse, die nicht zu E gehören. Es gilt:
$\mathbf{P(E) + P(\overline{E}) = 1}$

Würfeln mit zwei Würfeln,
Pasch bei zwei gleichen Augenzahlen
$P(\text{kein Pasch}) = 1 - P(\text{Pasch})$
$= 1 - \frac{6}{36}$
$= \frac{5}{6}$

Simulation

Zufallsversuche können durch geeignete Zufallsgeräte simuliert (nachgespielt) werden. Häufig werden dabei Zufallszahlen verwendet

Zufallsversuch: 10-maliges Werfen eines Oktaeders
Simulation: 10 Zufallszahlen im Bereich von 1 bis 8

Das Wichtigste auf einen Blick

Mehrstufige Zufallsversuche – Baumdiagramme

Mehrstufige Zufallsversuche werden mithilfe von **Baumdiagrammen** dargestellt.
Zu jedem der möglichen Ergebnisse des Zufallsversuchs gehört ein **Pfad**.

Ziehen von zwei Kugeln ohne Zurücklegen aus einer Urne mit drei blauen und vier grünen Kugeln

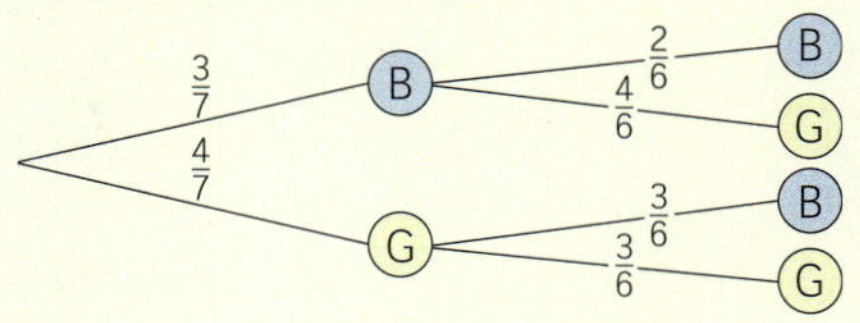

Ein Pfad gehört z. B. zum Ergebnis (Blau|Grün).

Pfadregeln

Pfadmultiplikationsregel:
Die Wahrscheinlichkeit eines Ergebnisses ist gleich dem Produkt der Wahrscheinlichkeiten längs eines Pfades.

$P(\text{Blau} \mid \text{Grün}) = \frac{3}{7} \cdot \frac{4}{6} = \frac{2}{7} \approx 28{,}6\,\%$

$P(\text{Grün} \mid \text{Blau}) = \frac{4}{7} \cdot \frac{3}{6} = \frac{2}{7} \approx 28{,}6\,\%$

Pfadadditionsregel:
Gehören zu einem Ereignis mehrere Ergebnisse, dann ist die Wahrscheinlichkeit dieses Ereignisses gleich der Summe der einzelnen Pfade der Ergebnisse.

P (beide Farben sind unterschiedlich)
$= P(\text{Blau} \mid \text{Grün}) + P(\text{Grün} \mid \text{Blau})$
$= \frac{2}{7} + \frac{2}{7} = \frac{4}{7} \approx 57{,}1\,\%$

UND-Ereignisse und ODER-Ereignisse

Zu einem **UND-Ereignis $E = E_1 \cap E_2$** gehören alle Ergebnisse, die zu dem Ereignis E_1 **und** auch zu dem Ereignis E_2 gehören.
Dies entspricht der Durchschnittsmenge $S = E_1 \cap E_2$

$E_1 = \{2; 4; 6\}$, $E_2 = \{4; 5; 6\}$
$U = E_1 \cup E_2$
$= \{4; 6\}$

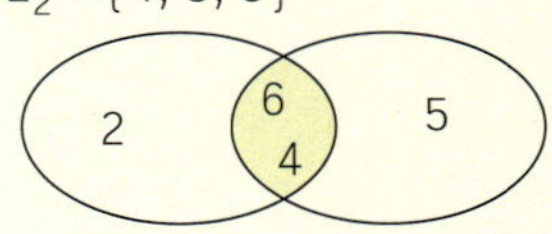

Zu einem **ODER-Ereignis $E = E_1 \cup E_2$** gehören alle Ergebnisse, die zu dem Ereignis E_1 **oder** zu dem Ereignis E_2 (oder zu beiden) gehören.
Dies entspricht der Vereinigungsmenge $V = E_1 \cup E_2$.

$O = E_1 \cup E_2$
$= \{2; 4; 5; 6\}$

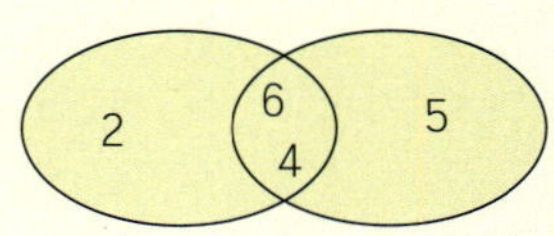

Zur **Differenzmenge $E = E_1 \setminus E_2$** gehören alle Ergebnisse, die zu E_1, **aber nicht** zu E_2 gehören.

$D = E_1 \setminus E_2$
$= \{2\}$

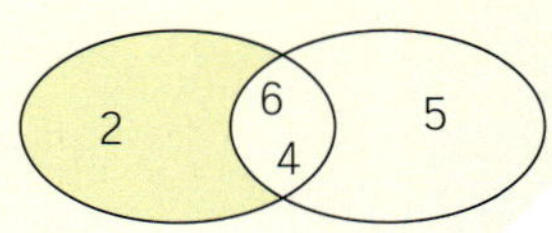

Abzählprinzip (Produktregel der Kombinatorik)

Nacheinander sollen k Entscheidungen getroffen werden.
Gibt es auf der 1. Stufe n_1 Möglichkeiten, auf der 2. Sufe n_2 Möglichkeiten, ... und auf der k-ten Stufe n_k Möglichkeiten, so gibt es insgesamt $n_1 \cdot n_2 \cdot \ldots \cdot n_k$ Möglichkeiten.

Anzahl der Anordnung von 6 Büchern:
$6 \cdot 5 \cdot 4 \cdot 3 \cdot 2 \cdot 1 = 720$

Bist du fit?

Lösungen im Anhang

1 Eine Fabrik stellt Metallstifte her, die eine Länge von 7,00 cm haben sollen. Aus regelmäßigen Stichproben ist bekannt, dass die maschinell hergestellten Metallstifte nicht immer exakt die gewünschte Länge haben. Bei der routinemäßigen Kontrolle der Produktion wird die Länge auf 0,01 cm genau gemessen.
Die Tabelle zeigt die Wahrscheinlichkeit für die verschiedenen Stiftlängen.
Berechne die Wahrscheinlichkeiten dafür, dass die Stiftlänge des entnommenen Metallstiftes
(1) 0,01 cm;
(2) mehr als 0,02 cm;
(3) weniger als 0,03 cm
von der Solllänge abweicht.

Länge	Wahrscheinlichkeit
6,97 cm	0,04
6,98 cm	0,07
6,99 cm	0,2
7,00 cm	0,35
7,01 cm	0,23
7,02 cm	0,08
7,03 cm	0,03

2 Ein Spielwürfel wird geworfen.
a) Berechne die Wahrscheinlichkeit eine Zahl zu werfen, die
A: kleiner als 5 ist.
B: eine Primzahl ist.
C: durch 3 teilbar ist.
D: größer als 6 ist.
b) Jan hat zehnmal gewürfelt und dabei bereits dreimal eine 6 geworfen, aber noch keine 1. Gib die Wahrscheinlichkeit an, beim nächsten Wurf
E: eine 6 zu werfen.
F: eine 1 zu werfen.
c) Ein Würfel wird während eines Brettspiels 1800-mal geworfen.
Wie viele Sechser sind zu erwarten?

3 Als Werbeaktion dürfen Kundinnen und Kunden nach ihrem Einkauf einmalig an einem Glücksrad drehen. Die folgende Tabelle zeigt die Wahrscheinlichkeiten mit denen Einkaufsgutscheine und Trostpreise zu gewinnen sind.
Zeichne ein passendes Glücksrad.

Wahrscheinlichkeit	5 %	10 %	25 %	60 %
Gewinn	50 €	20 €	5 €	Kugelschreiber

4 Ida muss auf ihrem Schulweg über drei Ampeln. Die Rot- und Grünphasen sind dabei jeweils unterschiedlich lang. Im nachfolgenden Baumdiagram ist die Wahrscheinlichkeit dargestellt, mit welcher Ida an jeder einzelnen Ampel warten muss oder nicht.
Vervollständige das Baumdiagramm in deinem Heft.

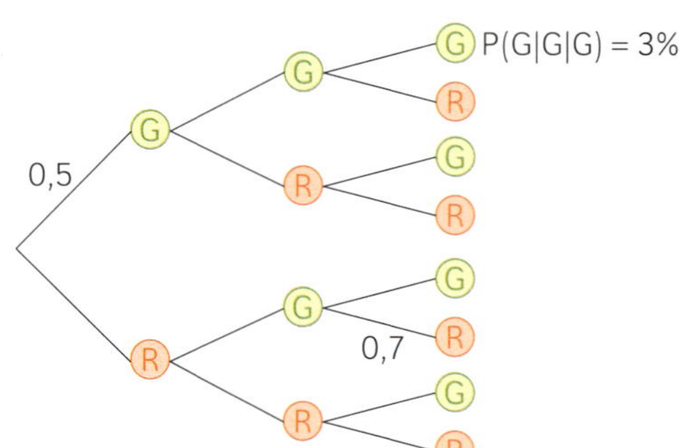

5 Bei einem Tetraeder wird die gewürfelte Zahl an der Spitze abgelesen.
Ein Tetraeder wird zweimal geworfen. Ordne die Ereignisse aufsteigend nach ihrer Wahrscheinlichkeit.

E_1: Mindestens einmal Augenzahl 1 werfen.
E_2: Beim zweiten Wurf Augenzahl 1 werfen.
E_3: Nur beim zweiten Wurf Augenzahl 1 werfen.
E_4: Nur ungerade Augenzahlen werfen.
E_5: Eine gerade, eine ungerade Zahl werfen.
E_6: Augensumme 3 werfen.

CAS **6** Ein Würfel wird 50-mal geworfen.
a) Führe den Zufallsversuch durch und dokumentiere dein Ergebnis.
b) Entscheide, ob die relative Häufigkeit deines Ergebnisses von den folgenden Ereignissen um maximal 5 Prozentpunkte abweicht.
(1) $E_1 = \{6\}$ (2) $E_2 = \{1; 2\}$ (3) $E_3 = \{2; 3; 4; 5; 6\}$
c) Gib das Ereignis deines Zufallsexperiments an, dessen relative Häufigkeit möglichst genau 50% beträgt. Erläutere dein Vorgehen.

7 In einer Urne befinden sich 12 gleichartige Kugeln in vier unterschiedlichen Farben, davon 5 rote, 4 blaue, 2 grüne und 1 gelbe.
Zwei Kugeln werden ohne Zurücklegen gezogen.
a) Zeichne ein vereinfachtes Baumdiagramm und bestimme die Wahrscheinlichkeit für A: Die erste Kugel ist rot B: Zweimal die gleiche Farbe
b) Bestimme eine Zusammenstellung der 12 Kugeln, so dass für die folgenden Wahrscheinlichkeiten gilt: :
(1) $P(C) = \frac{5}{12}$ mit C: Die erste Kugel ist blau
(2) $P(D) = \frac{1}{11}$ mit D: Zwei gelbe Kugeln

8 Das Büro einer Firma ist mit einer Sicherung an der Haupttür und einem Bewegungsmelder im Kassenraum gesichert. Nach Werksangaben wird garantiert, dass die Türsicherung in 99,5 %, der Bewegungsmelder in 98,5 % aller Störungen funktioniert.
a) Berechne die Wahrscheinlichkeit für das gleichzeitige Funktionieren der Systeme.
b) Bestimme die Wahrscheinlichkeit, dass beide Sicherungen gleichzeitig versagen.
c) Begründe, dass die Summe der Wahrscheinlichkeiten aus Teilaufgabe a) und b) nicht 100% ergeben.
d) Die Firma möchte einen anderen Bewegungsmelder installieren, sodass die Wahrscheinlichkeit für ein ungehindertes Eindringen bei höchstens 1 : 100 000 liegt. Berechne, mit welcher Wahrscheinlichkeit dann das Funktionieren des Melders garantiert sein müsste.

9 In einem Abiturjahrgang sind 150 Schülerinnen und Schüler. Davon haben 46 % Französisch, 24 % Spanisch und 18 % beide Fremdsprachen gelernt.
Eine Person des Abiturjahrgangs wird zufällig ausgewählt.
a) Mit welcher Wahrscheinlichkeit hat diese Person Französisch oder Spanisch (d. h. entweder Französisch oder Spanisch oder beide Fremdsprachen) gelernt?
b) Mit welcher Wahrscheinlichkeit hat sie weder Französisch noch Spanisch gelernt?

Simulation mit Zufallszahlen

Du hast bereits im vorherigen Kapitel kennengelernt, wie du Zufallsversuche mithilfe von Zufallsgeräten, Tabellenkalkulationen oder dem Taschenrechner simulierst. Hier sollst du weitere Simulationen ausprobieren und dadurch selbst die Wahrscheinlichkeiten der Zufallsversuche bestimmen.

Aufgabe mit Lösung

Bestimmen von Wahrscheinlichkeiten durch Simulation

Beim „Mensch-ärgere-dich-nicht"-Spiel darf der erste Stein versetzt werden, wenn eine Sechs gewürfelt wird. Dazu hat man drei Versuche.
Mit welcher Wahrscheinlichkeit erhält man bei drei Würfen eine Sechs? Beantworte diese Frage auf drei Wegen:
- mithilfe eines Computeralgebrasystems
- mithilfe einer Tabellenkalkulation
- mithilfe eines Baumdiagramms

CAS → Bestimme die Wahrscheinlichkeit näherungsweise durch 300 Simulationen mithilfe deines Rechners.

Lösung

Mit **randlist(3,1,6)** werden drei ganzzahlige Zufallszahlen zwischen 1 bis 6 erzeugt. Durch die wiederholte Ausgabe erhält man weitere Listen von drei Zufallszahlen.
Unter den ersten 55 Versuchsergebnissen befinden sich 23 mit einer Sechs. Die relative Häufigkeit ist näherungsweise gleich der Wahrscheinlichkeit. Der grobe Näherungswert ist damit:
P (eine Sechs) $\approx \frac{23}{55} \approx 0{,}418 = 41{,}8\,\%$
In einer Simulation von 300 Versuchen wurde in 131 Versuchen mindestens eine Sechs gewürfelt. Die relative Häufigkeit entspricht dann: $\frac{131}{300} \approx 0{,}437 = 43{,}7\,\%$
Je häufiger die Simulation durchgeführt wird, desto mehr nähert sich die relative Häufigkeit der Wahrscheinlichkeit an.
Ergebnis:
Die Wahrscheinlichkeit liegt etwa bei 43,7 %.

Liste mit den ersten 55 Simulationen

126	311	555	563	531
614	554	156	335	166
636	335	416	353	651
144	354	332	534	525
146	164	214	341	462
153	355	233	611	142
354	163	453	336	533
542	311	445	426	635
344	643	666	533	651
444	324	336	632	243
613	654	434	122	112

→ Bestimme die Wahrscheinlichkeit näherungsweise durch 1000 Simulationen mithilfe einer Tabellenkalkulation.

Lösung

	A	B	C	D	E	F	G
1	**Simulation**	**Würfel 1**	**Würfel 2**	**Würfel 3**	**Kommt 6 vor?**		
2	1	6	2	4	1	Anzahl der Simulationen	1000
3	2	2	2	5	0	**keine 6**	583
4	3	5	3	3	0	**mindestens eine 6**	417
5	4	2	2	2	0	**relative Häufigkeit**	0,417
6	5	2	3	4	0		

In dieser Simulation wurden in der Spalte A die Zahlen von 1 bis 1000 ausgefüllt.
In den Spalten B bis D wurde durch den Befehl **Zufallsbereich(1;6)** jeweils eine Zufallszahl von 1 bis 6 simuliert. Durch den Befehl **Zählenwenn(B2:D2;6)** wird in Spalte E gezählt, wie viele Sechsen in der jeweiligen Simulation geworfen wurden. Dabei wurde der Befehl automatisch nach unten ergänzt.
Zum Schluss wurde durch den Befehl **Zählenwenn(E2:E1001;0)** gezählt, wie häufig keine Sechs gewürfelt wurde. Dadurch kann bestimmt werden, wie häufig bei 1 000 Versuchen mindestens eine Sechs gewürfelt wurde.
Ergebnis: Bei 1 000 Versuchen liegt die Wahrscheinlichkeit in dieser Simulation näherungsweise bei 41,7 %.

→ Zeichne ein verkürztes Baumdiagramm für den dreistufigen Versuch. Berechne die gesuchte Wahrscheinlichkeit mithilfe der Pfad- und Summenregel.

Lösung

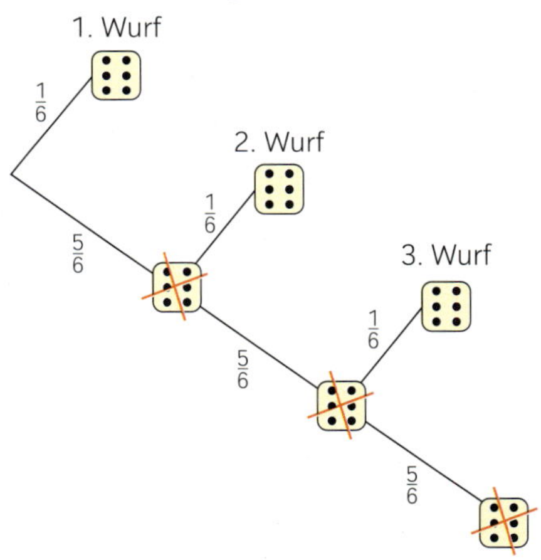

Mithilfe des Baumdiagramms kann die Wahrscheinlichkeit bestimmt werden, dass keine Sechs gewürfelt wird. Dies ist das Gegenereignis zum gesuchten Ereignis, dass mindestens eine Sechs gewürfelt wird.

$P(\text{keine Sechs}) = \frac{5}{6} \cdot \frac{5}{6} \cdot \frac{5}{6} = \frac{125}{216}$

Daher ist die Wahrscheinlichkeit mindestens eine Sechs zu würfeln:

$1 - \frac{125}{216} = \frac{91}{216} \approx 0{,}421 = 42{,}1\,\%$

Ergebnis: Die Wahrscheinlichkeit ist 42,1 %.

Simulation von Zufallsgeräten durch Zufallsgeräte

1 Eine Münze soll einmal geworfen werden. Beschreibe, wie dieser Zufallsversuch simuliert werden kann. Gib zu den Ergebnissen W bzw. Z des Münzwurfes geeignete Möglichkeiten der Simulation an.
(1) mit einem Würfel mit den Zahlen 1 bis 6;
(2) mit einem Kreisel mit den Zahlen von 1 bis 8;
(3) mit einem Dodekaeder (siehe Bild);
(4) mit einem Glücksrad mit den Zahlen 1 bis 25;
(5) mit einem Skat-Blatt (32 Karten, vier Farben)

2 Kann das Werfen eines Würfels mit einem einfachen Münzwurf simuliert werden? Begründe deine Antwort.

3 Ein Jahr hat 12 Monate. Um einen Monat zufällig auszuwählen, kann man in einen Behälter Zettel mit den Monatsnamen legen und einen Zettel ziehen.
Beschreibe, wie du diesen Zufallsversuch simulieren kannst.
(1) durch das gleichzeitige Werfen einer Münze und eines Würfels;
(2) durch das Drehen eines Glücksrades (mit den Zahlen von 1 bis 100)

Simulation aufwändiger Zufallsversuche

4 Zu einer Serie von Sammelbildern in Cornflakes-Packungen gehören 8 verschiedene Bilder. Jede Packung enthält ein Sammelbild. Anna will 12 Cornflakes-Packungen kaufen, um möglichst viele verschiedene Bilder zu haben.
Simuliere diesen Zufallsversuch und bestimme so die Wahrscheinlichkeit, mit 12 Packungen noch nicht alle Bilder zu haben.

5 Eine Münze wird fünfmal geworfen. Bestimmt mithilfe des Rechners näherungsweise die Wahrscheinlichkeit für folgende Ereignisse:
(1) viermal Zahl (2) dreimal Zahl (3) zweimal Zahl (4) einmal Zahl
Tragt in der Gruppe 600 Simulationen zusammen.

6 Fünf Würfel werden gleichzeitig geworfen. Bestimmt durch 300 Simulationen die Wahrscheinlichkeit für folgende Ereignisse:
(1) Genau einer der fünf Würfel zeigt die Augenzahl 6.
(2) Genau drei der fünf Würfel zeigen die Augenzahl 3.
(3) Mehr als drei der fünf Würfel zeigen die Augenzahl 2.
(4) Mindestens einer der fünf Würfel zeigt die Augenzahl 1.
(5) Alle fünf Würfel zeigen verschiedene Augenzahlen.

7 Drei Würfel werden gleichzeitig geworfen.
Bestimme durch 2000 Simulationen in einer Tabellenkalkulation näherungsweise die Wahrscheinlichkeit folgender Ereignisse:
(1) Genau einer der drei Würfel zeigt die Augenzahl 4.
(2) Alle drei Würfel zeigen verschiedene Augenzahlen.
(3) Alle drei Würfel zeigen die Augenzahl 6.

8 Auf einem Hühnerhof scharren fünf junge hungrige Hühner im Sand. Plötzlich sehen sie sich genau fünf gleich lecker aussehenden Regenwürmern gegenüber. Jedes Huhn stürzt sich sofort auf einen Wurm, wählt aber sein Opfer zufällig aus.
Bestimme, wie viele Regenwürmer im Durchschnitt überleben, wenn dieser Versuch wiederholt wird.
Ermittle mithilfe einer geeigneten Simulation näherungsweise die Wahrscheinlichkeit für das Überleben eines Regenwurmes.

9 Zwei Münzen werden gleichzeitig geworfen.
a) Notiere die Ergebnismenge und berechne zu jedem Ergebnis die entsprechende Wahrscheinlichkeit.
b) Simuliere das Werfen der zwei Münzen durch Zufallszahlen. Führe 200 Versuche durch und berechne die relativen Häufigkeiten der Ergebnisse. Vergleiche mit den Wahrscheinlichkeiten aus Teilaufgabe a).
c) Erhöhe die Anzahl der Simulationen so, dass die relativen Häufigkeiten der Ergebnisse mit der Wahrscheinlichkeit aus Teilaufgabe a) gerudet auf die zweite Nachkommastelle übereinstimmen. Beschreibe dein Vorgehen. Wie viele Simulationen sind erforderlich.

Simulation von Alltagssituationen

10 Ein Flugunternehmen weiß, dass 90 % seiner Flüge planmäßig ankommen. Um mit den Beschwerden der Kunden umzugehen, soll eine Simulationsplanung erstellt werden.
a) Erstelle einen Simulationsplan für drei Flüge mit den Zufallszahlen von 1 bis 10. Dabei steht die Zufallszahl 10 für Verspätung. Beschreibe dein Vorgehen.
b) Führe die Simulation 20-mal mit deinem Rechner durch und werte diese anschließend aus. Achte dabei besonders auf den Fall, dass alle drei Flüge pünktlich sind.

11 *Simulation des „kleinen“ Geburtstagsproblems*
Auf dem Schulhof stehen zufällig vier Schüler beieinander. Jeder hat in einem bestimmten Monat Geburtstag. Es ist möglich, dass mindestens zwei der vier Schüler im gleichen Monat Geburtstag haben.
a) Was meinst du: Kommt dieses Ereignis eher selten oder häufiger vor?
b) Steffi und Frauke wollen herausfinden, wie groß die Wahrscheinlichkeit ist, dass mindestens zwei von vier Personen im gleichen Monat Geburtstag haben.
Sie haben ein Glücksrad mit 12 gleich großen Feldern hergestellt. Steffi hat viermal nacheinander gedreht und dabei die Zahlen 7; 4; 12; 9 erhalten. Das soll bedeuten: Die vier Schüler haben in den Monaten Juli (7), April (4), Dezember (12) und September (9) Geburtstag, also alle in verschiedenen Monaten. Beurteile das Vorgehen der Mädchen.
Teste deine Vermutung durch eine eigene Simulation.

12 *Simulation des „großen“ Geburtstagsproblems*
a) In der 2. Bundesliga spielen auch Fußballvereine aus Sachsen. Auf den Internetseiten von Sportzeitschriften findet ihr für jeden Zweitligaverein eine aktuelle Aufstellung aller Spieler im Kader der Mannschaft mit Geburtsdatum. Untersucht für alle Vereine der 2. Bundesliga, ob mindestens zwei Spieler an einem Tag Geburtstag haben.
Bestimmt die absolute Häufigkeit für das Auftreten dieses Ereignisses.
b) Führt eine Simulation des Geburtstagsproblems für n = 25 Personen durch.
Stellt fest, ob das Ereignis A: „Mindestens zwei der 25 Personen haben am gleichen Tag Geburtstag eingetreten ist.“

```
randList(25,1,365)
        {220,88,28,70,43,2,325,59,17,►
```

Führt 50 Simulationen mit dem Rechner durch und bestimmt die relative Häufigkeit für das Ereignis A.

13 *Das „3-Türen-Problem“*

In der amerikanischen Spielshow „Let's make a deal“ winkt dem Gewinner als Hauptpreis ein Auto. Der Kandidat sieht drei verschlossene Tore. Hinter einem dieser Tore befindet sich das Auto, hinter den anderen beiden Toren jeweils ein für den Kandidaten wertloser Preis, z. B. eine Ziege.
In der ersten Runde entscheidet sich der Kandidat für eines der drei Tore, z. B. für Tor 2. Daraufhin öffnet der wissende Moderator eines der beiden anderen Tore, z. B. Tor 3, und eine Ziege schaut ins Publikum.
In der zweiten Runde hat der Kandidat nun die Möglichkeit, sich für das andere verschlossene Tor (hier Tor 1) zu entscheiden oder bei seiner ursprünglichen Wahl zu bleiben (hier Tor 2).
Was soll der Kandidat machen? Wechseln oder bei seiner Entscheidung bleiben?
Über diese Frage entspann sich vor einigen Jahren eine heiße Diskussion in der amerikanischen Zeitschrift „Parade“.

Argumentation von Marylin vos Savant (Kolumnistin der Zeitschrift)

Der Kandidat sollte in jedem Fall wechseln!
Die Wahrscheinlichkeit, dass sich das Auto hinter Tor 1 befindet, ist $\frac{1}{3}$. Die Wahrscheinlichkeit, dass sich das Auto hinter einem der beiden anderen Tore befindet, ist somit $\frac{2}{3}$. Mindestens hinter einem dieser beiden Tore steht eine Ziege.
Öffnet der Moderator eines dieser Tore, so steht das Tor fest, hinter welchem das Auto mit der Wahrscheinlichkeit $\frac{2}{3}$ steht. Also empfiehlt es sich, das Tor zu wechseln. Die Chance auf den Hauptgewinn verdoppelt sich.

Argumentation der meisten Leser

Wechseln ändert an den Erfolgschancen gar nichts!
Die Wahrscheinlichkeit, dass sich das Auto hinter Tor 1 befindet, ist $\frac{1}{3}$, genauso wie für jede der beiden anderen Tore.
Öffnet der Moderator zum Beispiel Tor 3, so scheidet dieses Tor als mögliches Auto aus. Die Wahrscheinlichkeit, dass sich das Auto hinter Tor 1 befindet, beträgt jetzt $\frac{1}{2}$, genauso wie für Tor 2.
Es gibt also keinen Grund die Tür zu wechseln.
Die Gewinnchance ist für beide Tore gleich.

a) Spielt die Situation aus „Let's make a deal“ z. B. mit drei umgedrehten Tassen und einer Münze als Hauptgewinn mehrfach durch. Lässt sich eine Tendenz ableiten? Diskutiert die beiden Argumentationen.

b) Überprüft die Vermutung durch 200-fache Simulation des Zufallsversuchs mithilfe von Zufallszahlen.

Lineare Funktionen

3

▲ *Der Milchtankwagen kommt zum Hof von Milchbauer Petersmann, um dort Milch abzuholen. Bei der Ankunft sind schon 8 250 l im Tankwagen. Pro Minute fließen dann 500 l in den Tankwagen. Erstelle eine Tabelle, wie viel Milch sich nach 2; 5; 9 Minuten im Tankwagen befindet. Zeichne den zugehörigen Graphen und beschreibe ihn.*

In diesem Kapitel
- lernst du spezielle Zuordnungen kennen;
- erstellst du Tabellen für sie;
- zeichnest du ihre Graphen und beschreibst sie mit Gleichungen. ▸

3.1 Funktionen – eindeutige Zuordnungen

Einstieg

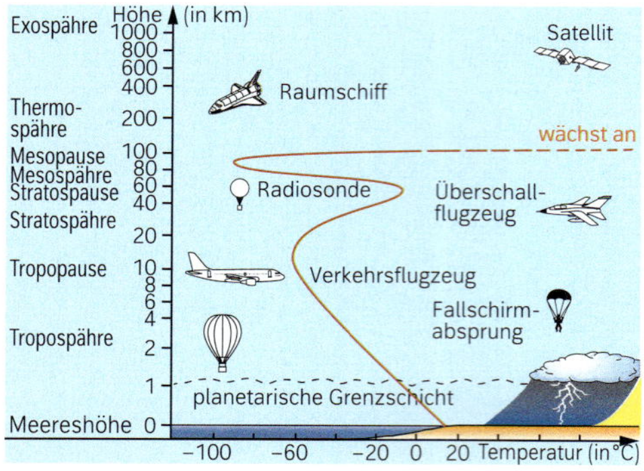

Das Diagramm zeigt die Zuordnung *Temperatur → Höhe in der Erdatmosphäre*.
Erstellt eine Tabelle zu dieser Zuordnung, aus der sich zu jeder der Temperaturen −80 °C; −60 °C; −40 °C; −20 °C; 0 °C; 20 °C die Höhe, in der sie herrscht, ablesen lässt.

Aufgabe mit Lösung

Grafischer Fahrplan der Bahn

Zur Planung von Überholvorgängen von Zügen und um Auswirkungen von Verspätungen abschätzen zu können, hat die Deutsche Bahn einen grafischen Fahrplan. Er ordnet jedem Punkt der Fahrstrecke den Zeitpunkt zu, zu dem sich ein bestimmter Zug dort befindet.

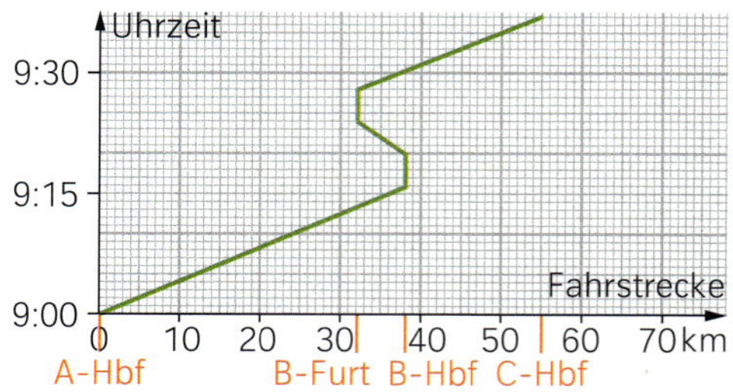

→ Beschreibe anhand des Graphen, wie der Zug dieses Fahrplans fährt.

Lösung

Der Zug fährt um 9:00 Uhr in A-Hbf ab, durchquert B-Furt ohne dort zu halten und kommt dann um 9:16 Uhr in B-Hbf an. Dort fährt er um 9:20 Uhr ab, zurück nach B-Furt, wo er um 9:24 Uhr ankommt. Um 9:28 Uhr fährt er weiter nach C-Hbf, wo er um 9:37 Uhr ankommt.

→ Auf dieser Strecke finden Arbeiten an den Gleisen statt. Für die Sicherheit der Arbeiter ist zu bestimmen, wann der Zug 19 km bzw. 35 km von A-Hbf entfernt ist.

Lösung

Um 9:08 Uhr ist der Zug 19 km von A-Hbf entfernt. Wann der Zug 35 km von A-Hbf entfernt ist, lässt sich nicht eindeutig bestimmen. Der Plan zeigt, dass der Zug insgesamt dreimal diese Entfernung von A-Hbf hat: um 9:15 Uhr, um 9:22 Uhr und um 9:29 Uhr.

→ Auf derselben Strecke fährt auch ein ICE. Entnimm dem grafischen Fahrplan, wann er 35 km von A-Hbf entfernt ist. Entscheide, ob auch er zu verschiedenen Zeiten in gleicher Entfernung von A-Hbf ist.

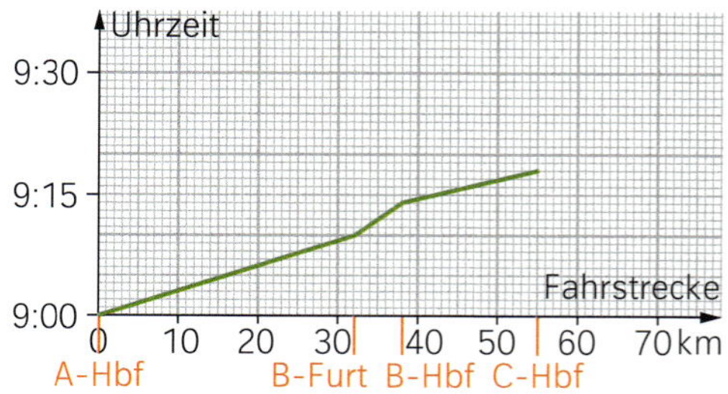

Lösung

Der ICE ist nur um 9:12 Uhr 35 km von A-Hbf entfernt. Er ist auch in jeder anderen Entfernung von A-Hbf nur zu einem einzigen Zeitpunkt.

Information

Funktion

Als **Funktion** bezeichnet man eine eindeutige Zuordnung, bei der jedem Element des **Definitionsbereiches** genau ein Element des **Wertebereiches** zugeordnet wird.
Die Elemente des Definitionsbereiches heißen **Argumente**, die Elemente des Wertebereiches **Funktionswerte**.

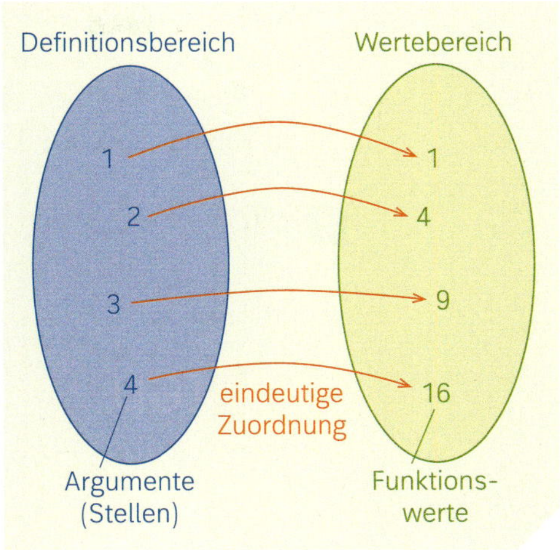

Üben

1 In einer Wetterstation wurde die Lufttemperatur aufgezeichnet.

a) Lies aus dem Graphen den Wert der Lufttemperatur zu den Zeitpunkten 0 Uhr, 4 Uhr, 8 Uhr, ..., 24 Uhr ab.
Erstelle eine Tabelle. Ist die Zuordnung *Zeitpunkt → Lufttemperatur* eindeutig, d. h. eine Funktion?

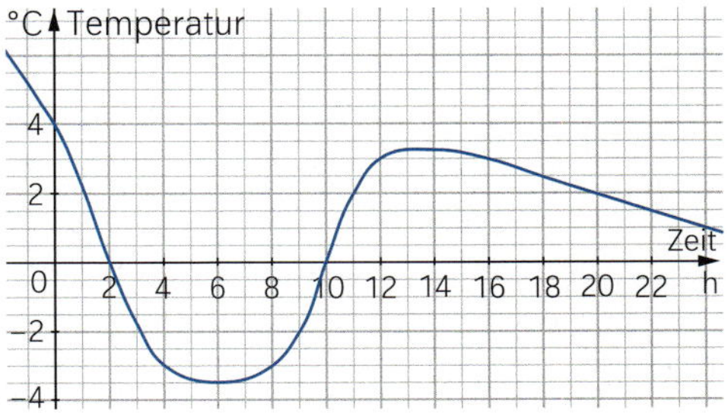

b) Wann hat die Lufttemperatur den Wert 1 °C?
Ist die Zuordnung *Lufttemperatur → Zeitpunkt* eindeutig? Begründe deine Antwort.

2 Gegeben sind die folgenden Zuordnungen.
(1) Formuliere für jede Zuordnung einen passenden Sachverhalt.
(2) Prüfe, ob es sich bei dieser Zuordnung um eine Funktion handelt.

a)

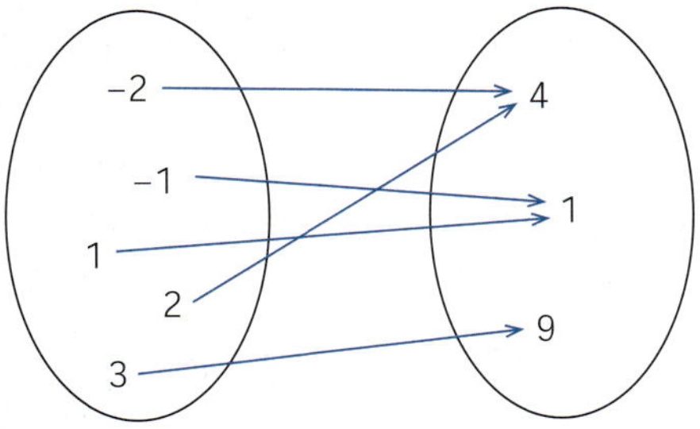

b)

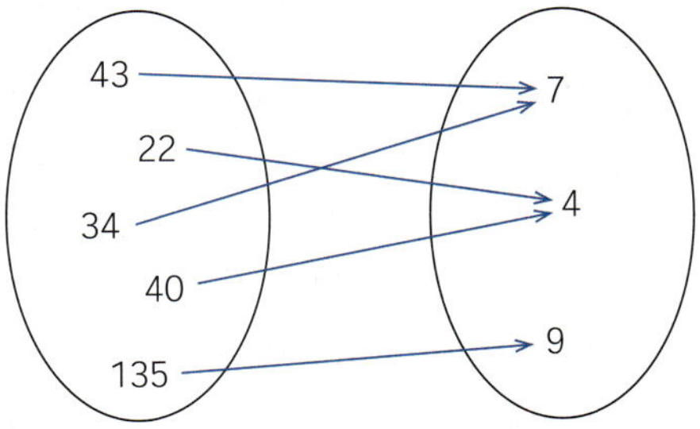

c)

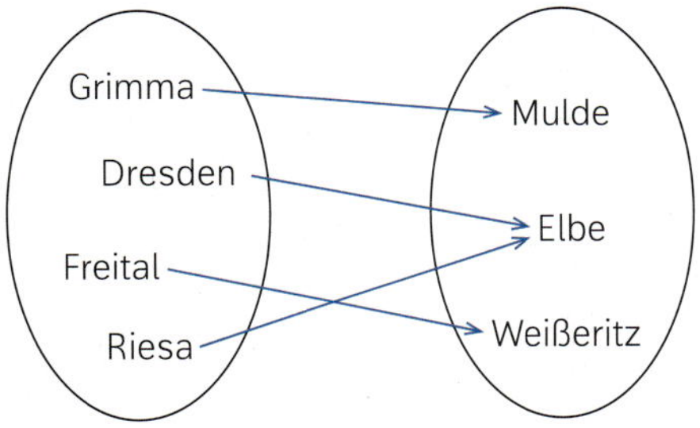

d)

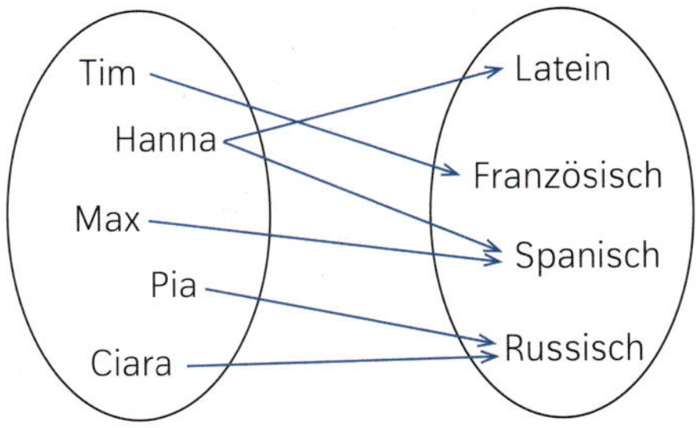

3 Ist die Zuordnung eine Funktion? Begründe.

a) Einem Staat wird die Hauptstadt zugeordnet.

b) Einem Klassenlehrer wird ein Schüler zugeordnet.

c) Einem Pkw-Kennzeichen wird ein Fahrzeughalter zugeordnet.

d) Einer Person wird eine Telefonnummer zugeordnet.

4 Gehört der Graph zu einer Funktion? Begründe.

(1)
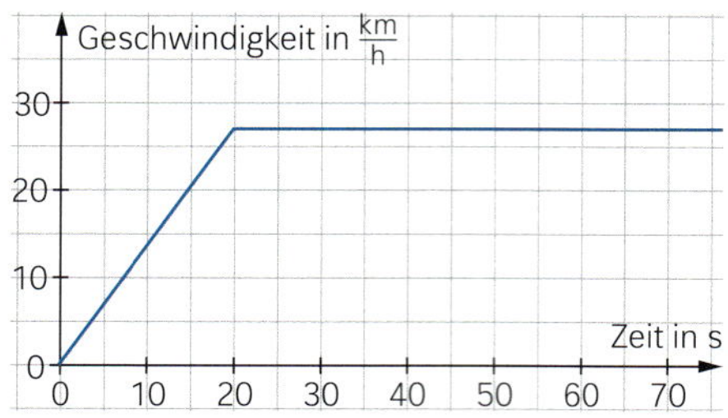

(2)
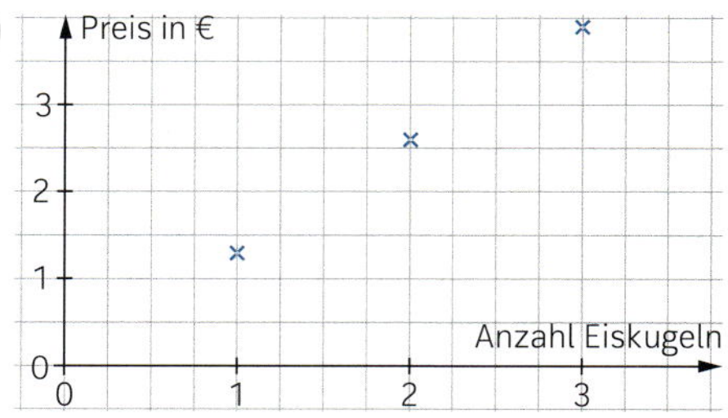

(3)
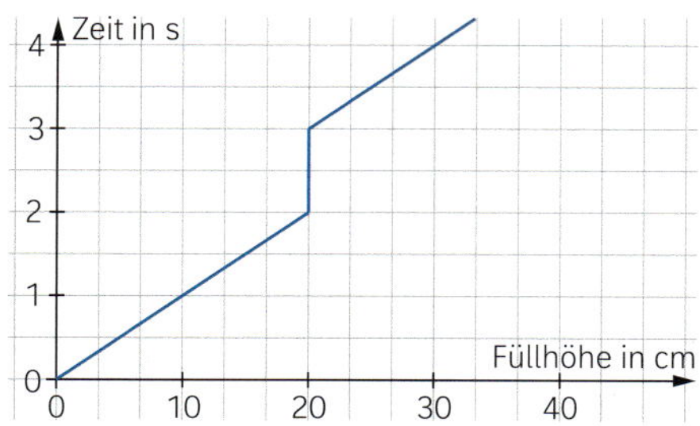

(4)
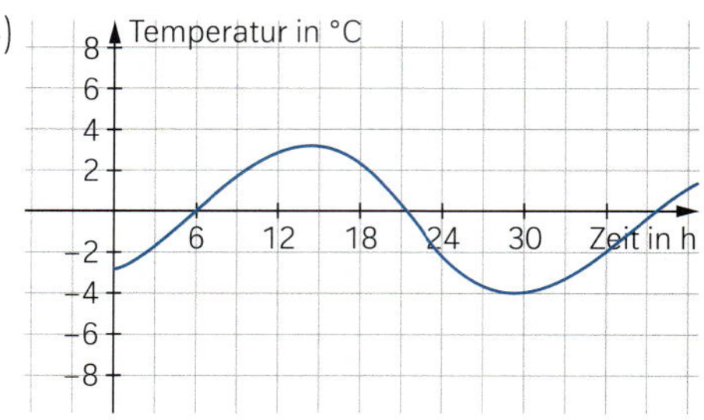

Darstellen von Funktionen

5 Bei Fahrrädern sollte die Rahmenhöhe zur Schrittlänge passen.

a) Bestimme die Rahmenhöhe, die ein Rennrad, ein Mountain-Bike und ein Trekking-Bike für eine Person mit einer Schrittlänge von
(1) 84 cm;
(2) 93 cm
haben sollte.

Bei **Rennrädern** sollte die Rahmenhöhe zwei Drittel der Schrittlänge betragen.

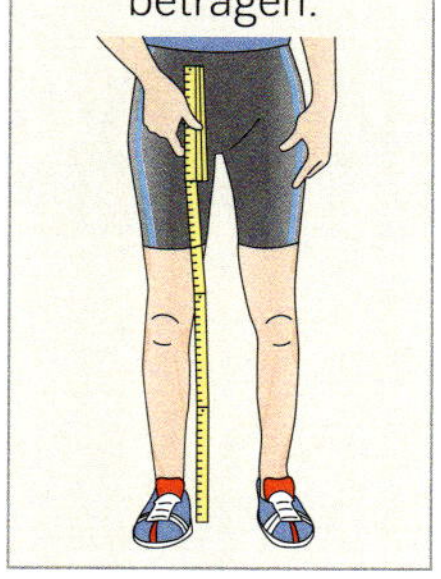

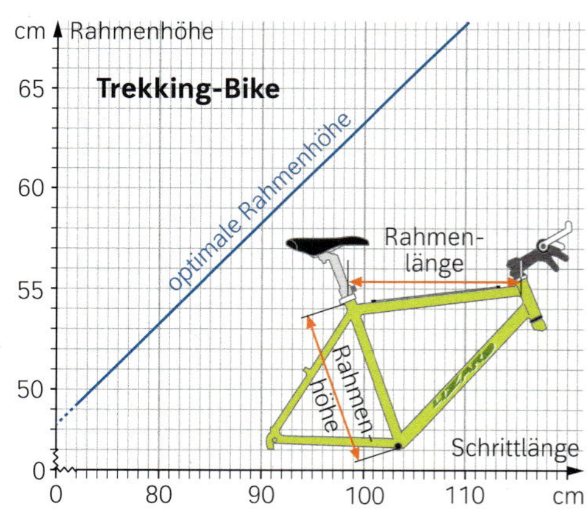

Mountain-Bike	Schrittlänge (in cm)	70	72	74	76	78	80	82	84	86	88	90	92	94	96	98
	Rahmenhöhe (in cm)	39	40	41	42	43	44	45	46	47	48	49	50	51	52	53

b) Für die drei Fahrradtypen ist die Funktion *Schrittlänge (in cm) → Rahmenhöhe (in cm)* auf verschiedene Weisen angegeben.
Vergleiche diese miteinander.

Information

Angabe von Funktionen

Eine Funktion wird durch ihren **Namen** und eine entsprechende **Zuordnungsvorschrift** angegeben. Als Namen verwendet man meist Kleinbuchstaben (z. B. f, g, h). Weiterhin ist ein **Definitionsbereich** anzugeben, um festzulegen, welchen Stellen x (Argumenten) Funktionswerte zugeordnet werden können.
Den zu x gehörenden Funktionswert bezeichnet man mit f(x) oder auch mit y.

$f\colon\; x \mapsto x^2 + 1$

Funktionsname: f; Argument: x; Funktionsterm: $x^2 + 1$; Zuordnungsvorschrift: $x \mapsto x^2 + 1$

Definitionsbereich: $D_f = \mathbb{Q}$

$f(x) = x^2 + 1$

sprich: „f von x“

Falls der Definitionsbereich die Menge aller rationalen Zahlen ist, so kann man die Angabe $D_f = \mathbb{Q}$ auch weglassen.

Weitere Darstellungsformen von Funktionen

Eine Funktion kann auf verschiedene Weisen dargestellt werden:

- Wortvorschrift
- Zuordnungsvorschrift
- Funktionsgleichung
- Wertetabelle
- Graph

Wortvorschrift: „Jeder Zahl wird ihre Quadratzahl zugeordnet.“

Zuordnungsvorschrift: $f\colon\; x \mapsto x^2$

Funktionsgleichung: $f(x) = x^2$

Wertetabelle:

x	y = f(x)
−2	4
−1	1
0	0
1	1
2	4

Graph:

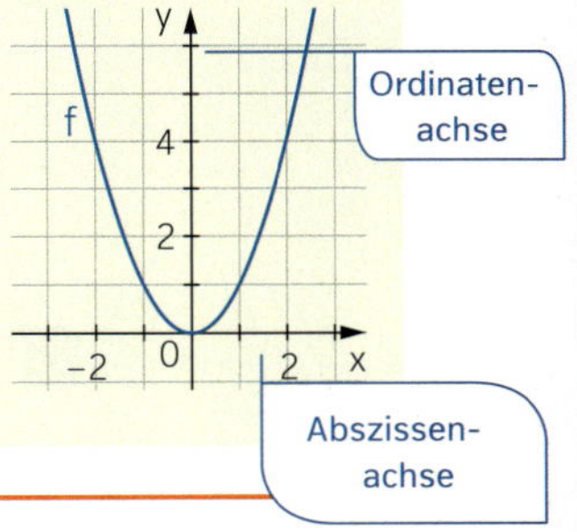

6 Gib zu der gegebenen Funktion vier weitere Darstellungsformen an.

a) $f\colon\; x \mapsto x + 1$

b)

x	−2	−1	0	1	2	3	4
f(x)	−4	−2	0	2	4	6	8

7 Überprüfe, ob es sich bei der gegebenen Zuordnung um eine Funktion handelt. Begründe.

a)

x	−4	−2	0	−2	−4	−6
f(x)	−3	−1	0	1	3	5

b)

x	−5	−3	0	2	4	6	8
f(x)	−1	−1	0	1	1	1	1

c)

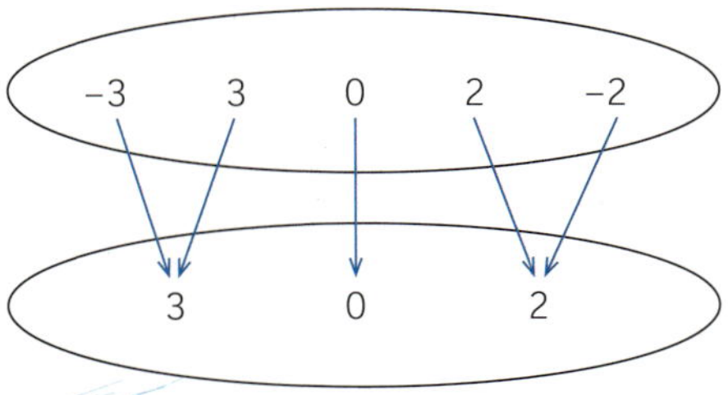

d)

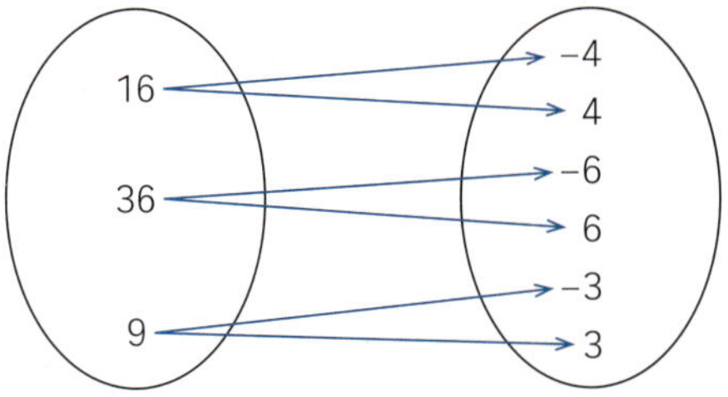

8 ☰ Beschreibt der dargestellte Graph eine Funktion? Begründe.

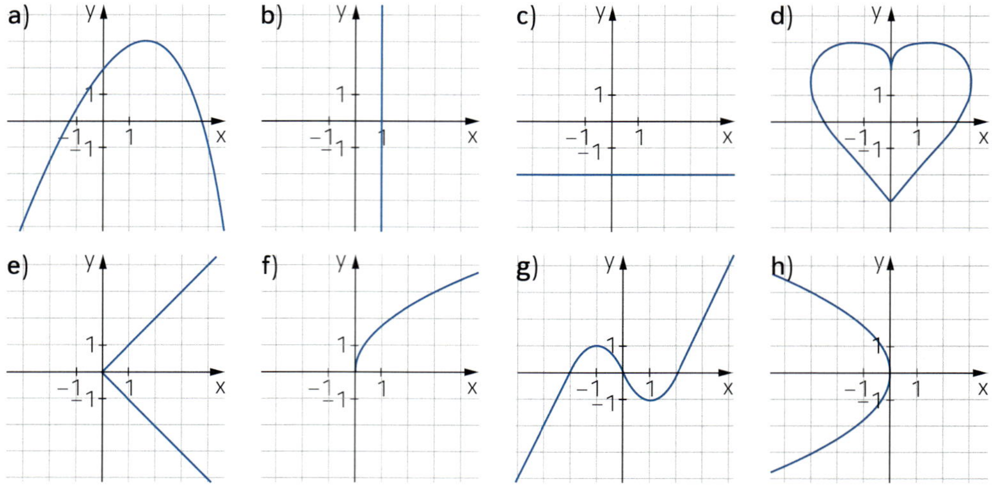

$\mathbb{N}^*$ = {1; 2; 3; ...}

9 ☰ Liegt eine Funktion mit dem Definitionsbereich $\mathbb{N}^*$ vor? Zeichne auch den Graphen.

a) *Zahl ↦ Nachfolger der Zahl*
b) *Zahl ↦ Anzahl der Teiler der Zahl*
c) *Zahl ↦ Teiler der Zahl*
d) *Zahl ↦ Vielfaches der Zahl*

10 ☰ Erstelle eine Wertetabelle für die Funktion. Gib auch den Definitions- und Wertebereich an.

a) Beim dreifachen Münzwurf wird jedem Ergebnis die Wahrscheinlichkeit zugeordnet.
b) Beim doppelten Wurf eines Würfels wird jeder möglichen Augensumme ihre Wahrscheinlichkeit zugeordnet.

11 ☰ Gegeben ist die Funktion f. Erstelle eine Wertetabelle für die x-Werte von −3 bis 3 und die zugehörigen Funktionswerte f(x).
Zeichne dann den Graphen der Funktion.

a) $f(x) = 2x - 1$
b) $f(x) = x^2 - 2$
c) $f(x) = x \cdot (2 + x)$
d) $f(x) = 3 - x^3$

12 ☰ Eine Funktion f ist gegeben durch ihre Zuordnungsvorschrift.
Zeichne den Graphen von f mithilfe einer Wertetabelle. Lies dann die folgenden Werte aus dem Graphen ab: $f(0{,}4)$; $f\left(-\frac{4}{5}\right)$; $f(1{,}5)$; $f(-1{,}5)$
Kontrolliere die Werte rechnerisch.

a) $x \mapsto 4x$
b) $x \mapsto 1 + \frac{1}{2}x$
c) $x \mapsto -x^2$
d) $z \mapsto (1 - z)^2$

13 ☰ Nach der Grundreinigung wird das Schwimmbecken wieder mit Wasser gefüllt. Der Bademeister misst zu verschiedenen Zeiten die Höhe des Wasserstandes und trägt diese in eine Tabelle ein. Ein paar Werte sind nicht mehr zu lesen. Zeichne den zugehörigen Graphen und bestimme die fehlenden Werte.

Zeit (in min)	Höhe des Wasserstands (in cm)
30	12
90	36
120	
140	56
	64
200	80

14 Gegeben ist eine Funktion h durch die Zuordnungsvorschrift $h: x \mapsto 5 - 2x$.
Für den Definitionsbereich gilt $D_h = \mathbb{Q}$

a) Berechne $h(-1)$ und $h(0)$.

b) Gib jeweils das Argument an, zu dem der Funktionswert 1 bzw. -3 gehört.

c) Gib den Wertebereich dieser Funktion an.

15 Frau Siede beabsichtigt, ein neues Auto zu kaufen. Drei Modelle sind in der engeren Wahl. Für die Kaufentscheidung ist ihr der Benzinverbrauch besonders wichtig.

(1) Für das Modell *Rasanti* gibt eine Automobilzeitschrift folgende Tabelle an.

Geschwindigkeit $\left(\text{in } \frac{\text{km}}{\text{h}}\right)$	50	70	90	100	120	130	150	180
Benzinverbrauch (in l pro 100 km)	6,1	6,4	7,0	7,3	8,0	8,5	10,0	13,8

(2) Für das Modell *Luna* ist im Prospekt folgendes Diagramm abgebildet.

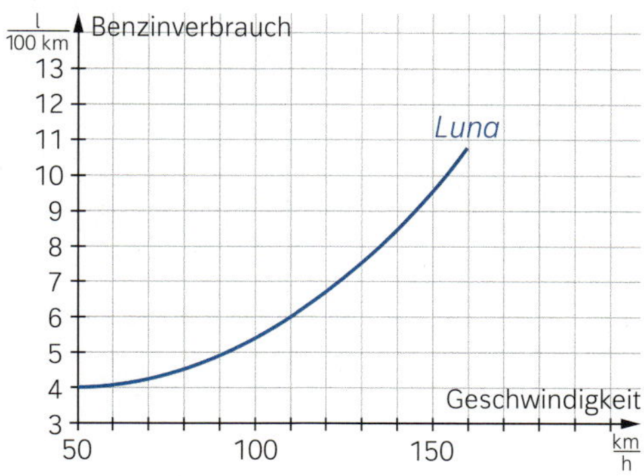

(3) Für das neue Modell *Cargo* gibt es nur eine Information aus der technischen Anleitung des Autohändlers.

CARGO INFO

Die Höchstgeschwindigkeit beträgt $140 \frac{\text{km}}{\text{h}}$.
Für Geschwindigkeiten $\left(x \text{ in } \frac{\text{km}}{\text{h}}\right)$ zwischen $50 \frac{\text{km}}{\text{h}}$ und $140 \frac{\text{km}}{\text{h}}$ lässt sich der Benzinverbrauch y (in l pro 100 km) beschreiben durch:
$y = 0{,}001\,x^2 - 0{,}1\,x + 6{,}3$

a) Stelle den Benzinverbrauch aller drei Modelle in Abhängigkeit von der Geschwindigkeit in einem gemeinsamen Diagramm dar.
Erstelle dazu zunächst für das Modell *Cargo* eine Wertetabelle.

b) Welche Informationen für die Kaufentscheidung können diesem Diagramm entnommen werden? Formuliere eine Empfehlung für den Kauf.

16 Zu jeder eingegebenen Zahl gibt diese „Funktionsmaschine“ – je nach vorheriger Einstellung – genau eine Zahl aus.

a) Entschlüsselt diese Einstellung und gebt eine Zuordnungsvorschrift dafür an. Vergleicht anschließend eure Ergebnisse.

(1)

Eingabe	−5	−4	0	1	3,5
Ausgabe	0	2	10	12	17

(2)

Eingabe	−3	−1,5	0	1	8
Ausgabe	2	0,5	-1	0	7

b) Erstellt weitere Beispiele und lasst den jeweiligen „Code“ von eurer Nachbarin oder eurem Nachbarn „knacken“.

Punktprobe

17 Welche der Punkte $P_1(8|0)$, $P_2(0|0)$, $P_3(-5|2)$, $P_4(-2|5)$, $P_5(0|5)$, $P_6(2|3)$ und $P_7(-1|4)$ liegen auf dem Graphen zu der Funktion mit der angegebenen Gleichung?

a) $f(x) = -\frac{2}{5}x$ **b)** $f(x) = 5 - x^2$

18 Eine Funktion f ist gegeben durch ihre Funktionsgleichung:

$f(x) = 1 + \frac{x}{2}$

Ergänze die fehlenden Koordinaten, sodass die Punkte auf dem Graphen von f liegen:

$P_1(2|\square)$, $P_2(\square|4)$, $P_3(0|\square)$,

$P_4(\square|0)$, $P_5(-3|\square)$, $P_6\left(\square\middle|\frac{1}{2}\right)$

Ein Punkt liegt auf dem Graphen einer Funktion f, wenn seine Koordinaten die Funktionsgleichung erfüllen.

Beispiel:

$f(x) = 2x + 1$, $P_1(4|9)$, $P_2(3|8)$

$P_1(4|9)$ in $f(x) = 2x + 1$ einsetzen:
Die Aussage $9 = 2 \cdot 4 + 1$ ist wahr,
P_1 liegt auf dem Graphen der Funktion von f.

Dies wird auch als Punktprobe bezeichnet.

$P_2(3|8)$ in $f(x) = 2x + 1$ einsetzen:
Die Aussage $8 = 2 \cdot 3 + 1$ ist falsch,
P_2 liegt nicht auf dem Graphen von f.

19 Welche Funktionsgleichung gehört zu welchem Graphen? Begründe deine Wahl mithilfe von Punktproben.

(A) $f(x) = \frac{1}{2x + 1}$ (B) $g(x) = x \cdot (x - 2)$ (C) $h(x) = x + |x|$ (D) $i(x) = 2x + 1$

(1)
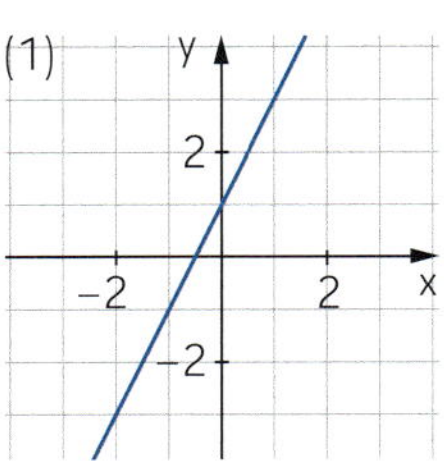

(2)
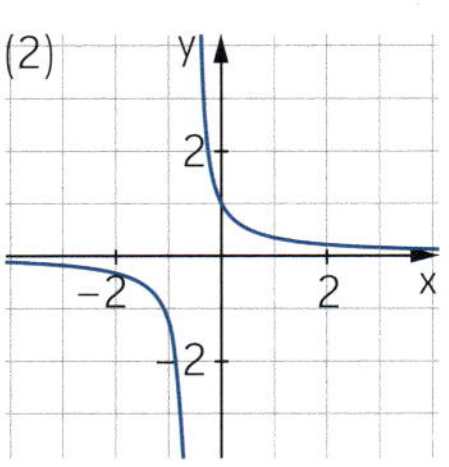

(3)
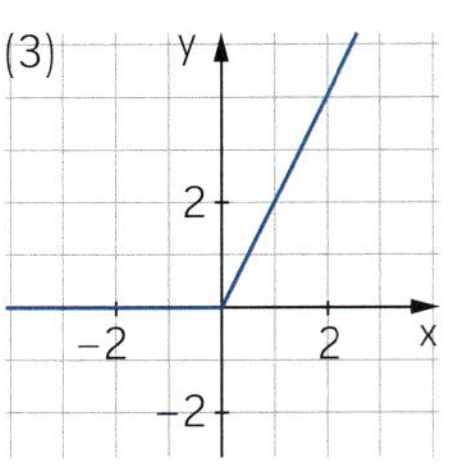

(4)
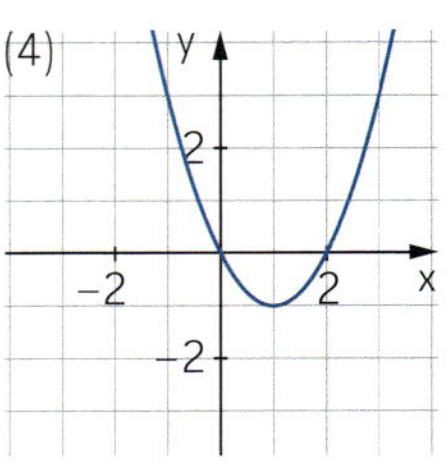

20 Erstellt selbst vier Funktionsvorschriften und zeichnet die zugehörigen Graphen. Tauscht eure Aufgaben und findet aus vorgegebenen Termen die richtige Zuordnung.

Funktionen mit dem Rechner darstellen

WES-127827-007
Funktionsgraphen

CAS

21 Mit dem Rechner kannst du die Wertetabelle und den Graphen einer Funktion erstellen.
Erstelle mit deinem Rechner den Graphen der Funktion f und eine Wertetabelle ($x \in \mathbb{Q}$; $-4 \leq x \leq 4$).
Übertrage den Graphen und die Wertetabelle in dein Heft.

a) $f(x) = 0{,}5x + 2$ **b)** $f(x) = 4x + x^2$

c) $f(x) = \frac{1}{x - 2} + 1$ **d)** $f(x) = -x^4 + 3x^2 - x$

$-4 \leq x \leq 4$ bedeutet: $-4 \leq x$ und $x \leq 4$

$f(x) = x^3 - x^2 - 2x$

Graph von f

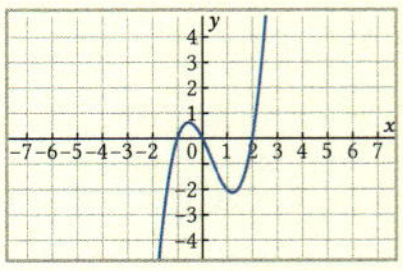

Wertetabelle

x	y1
−4	−72
−3	−30
−2	−8
−1	0
0	0
1	−2
2	0
3	12
4	40

22 Eine Funktion f ist gegeben durch $f(x) = x^3 + 4x^2 + x - 6$.
a) Übertrage den Graphen in dein Heft.
b) Bestimme $f(-1)$.
c) Bestimme alle Stellen, an denen die Funktionswerte 0 sind.
d) Bestimme den Funktionswert an der Stelle -10.
e) Ab welcher Stelle gilt für die Funktionswerte $y \geq 20$?

Weiterüben

23 Gegeben ist die Funktion f mit $f(x) = \frac{1}{2} \cdot (x-2)^2 \cdot (x+1)$.
a) Zeichne den Graphen der Funktion.
b) Berechne den Funktionswert an der Stelle $x = 3$.
c) Bestimme die Stellen, für die gilt: $f(x) = 0$.
d) Untersuche, ob die Punkt $P(1\,|\,1)$ und $Q(-2\,|\,8)$ auf dem Funktionsgraphen von f liegen.

24 Die unten abgebildeten Gefäße werden gleichmäßig mit Wasser aus dem Wasserhahn gefüllt. Dabei wird jeweils der Graph der Funktion *Zeitpunkt → Wasserstand* betrachtet.
Entscheide, welcher Graph zu welchem Gefäß gehört.

(A)
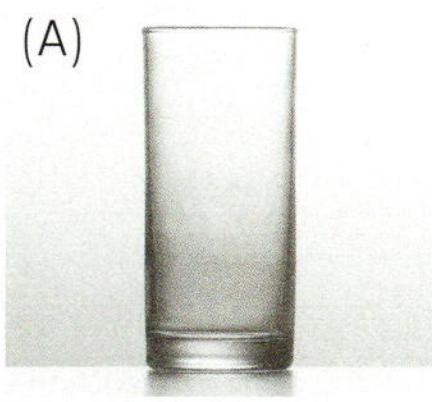

(B)
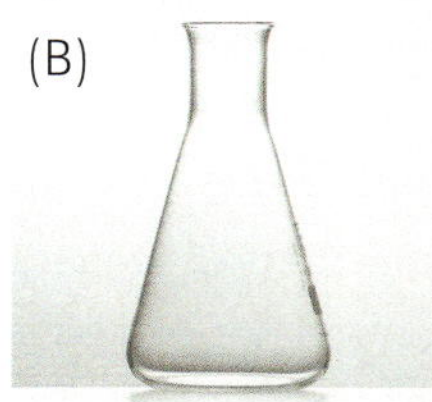

(C)
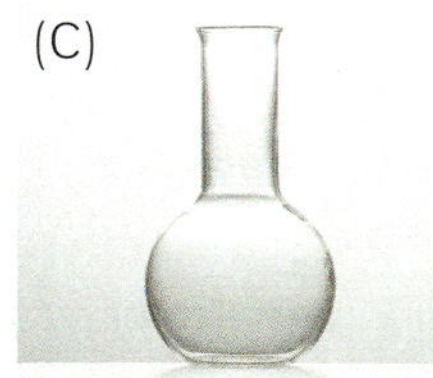

(D)

(1)
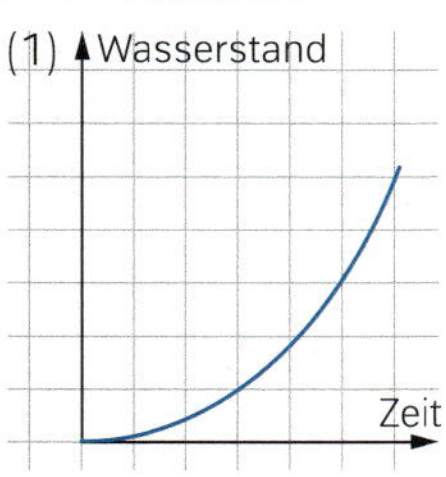

(2)
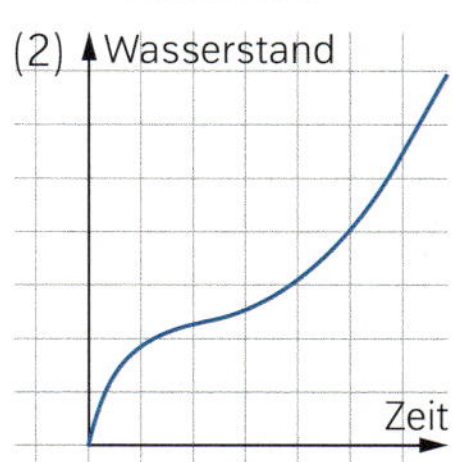

(3)
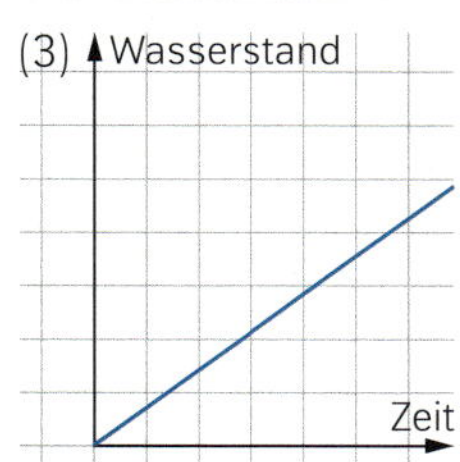

(4)
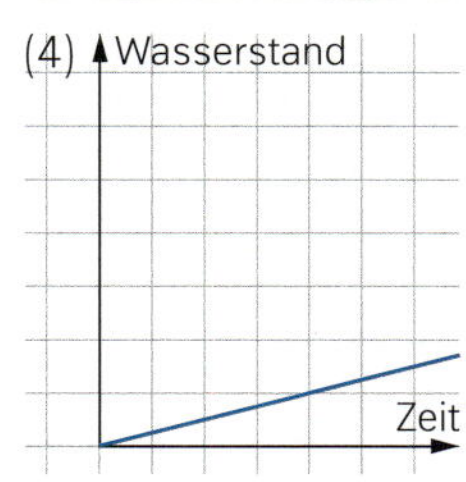

Das kann ich noch!

A Auf dem Schulfest darf ein Glücksrad zweimal gedreht werden.
Berechne die Wahrscheinlichkeit folgender Ereignisse:
Das Glücksrad bleibt
1) zweimal auf der 1 stehen (Ereignis A);
2) zuerst auf einer geraden und dann auf einer ungeraden Zahl stehen (Ereignis B);
3) einmal auf einer geraden und einmal auf einer ungeraden Zahl stehen (Ereignis C);
4) nie auf der 7 stehen (Ereignis D);
5) beim ersten Drehen auf einer Primzahl und beim zweiten Drehen auf einer geraden Zahl stehen (Ereignis E).

3.2 Eigenschaften von Funktionen

Einstieg

An einem Pegel (bzw. einer Pegellatte) misst man den Wasserstand eines Gewässers. Diese Messdaten sind beispielsweise wichtig für den Hochwasserschutz oder die Binnenschifffahrt. Für einen ganz bestimmten Tag hat man den Pegelstand eines Flusses (in m) in Abhängigkeit von der Zeit (in h) durch folgende Funktionsgleichung angenähert:
$f(x) = 0{,}002\,x^3 - 0{,}066\,x^2 + 0{,}51\,x + 1$
Zeichnet den Graphen von f mit eurem Rechner und beschreibt die Veränderung des Wasserstandes an diesem Tag. Begründet, weshalb man dazu nur den Verlauf des Graphen im Intervall $0 \le x \le 24$ betrachten kann.

Aufgabe mit Lösung

Funktionsgraphen interpretieren

Der Deutsche Wetterdienst erfasst in seinen Messtationen regelmäßig Daten wie Temperatur, Niederschlagsmenge, Sonnenscheindauer, Windstärke und Windrichtung. Die Abbildung zeigt den Temperaturverlauf für einen Tag an der Wetterstation auf dem Fichtelberg.

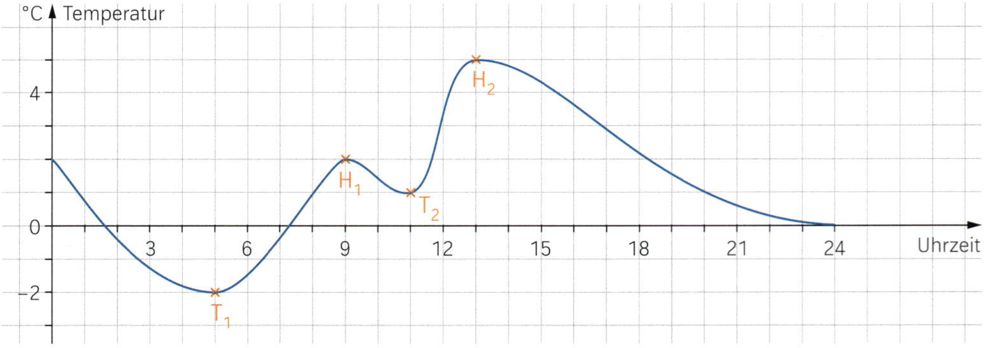

Beschreibe, wie sich die Temperatur im Verlaufe dieses Tages ändert.

Lösung

Um 0 Uhr beträgt die Temperatur +2 °C. Diese fällt dann weiter bis ca. 5 Uhr auf einen ersten Tiefstwert von −2 °C. Danach beginnt die Temperatur zu steigen, kurz nach 7 Uhr war diese bereits im positiven Bereich. Um 9 Uhr erreicht die Temperatur einen ersten Höchstwert von +2 °C und fällt danach wieder. Um 11 Uhr ist dann mit +1 °C ein zweiter Tiefstwert erreicht. Danach steigt die Temperatur bis 13 Uhr wieder und erreicht dort einen zweiten Höchstwert an diesem Tag. Mit 5 °C ist damit auch die Tageshöchsttemperatur erreicht. Ab 13 Uhr fällt die Temperatur wieder und erreicht um 24 Uhr einen Wert von 0 °C.

Information

Extrempunkte

Als **Hochpunkt** bezeichnet man einen Punkt, dessen y-Koordinate in seiner Umgebung am größten ist. Bei einem **Tiefpunkt** ist die y-Koordinate entsprechend am kleinsten. Zu Hoch- und Tiefpunkten sagt man auch **Extrempunkte**. Die jeweils zugehörigen Stellen heißen **Extremstellen**, die zugehörigen Funktionswerte nennt man **Extrema**. Man unterscheidet Maximum und Minimum.

Monotonie

Werden die Funktionswerte von links nach rechts größer, so ist die Funktion in diesem Bereich **monoton steigend**, werden sie kleiner, ist die Funktion **monoton fallend**.

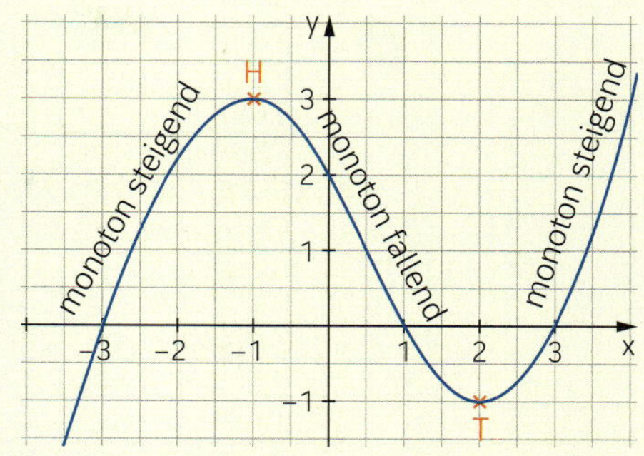

Extrempunkte: Hochpunkt $H(-1|3)$ Tiefpunkt $T(2|-1)$
Extremstellen: $x_H = -1$ $x_T = 2$
Extrema: Maximum: $y_H = 3$ Minimum: $y_T = -1$
Monotonieverhalten:
für $x \leq -1$ ist f monoton steigend
für $-1 \leq x \leq 2$ ist f monoton fallend
für $2 \leq x$ ist f monoton steigend

Üben

1 Lies aus dem Graphen die Eigenschaften der Funktion ab.

a) 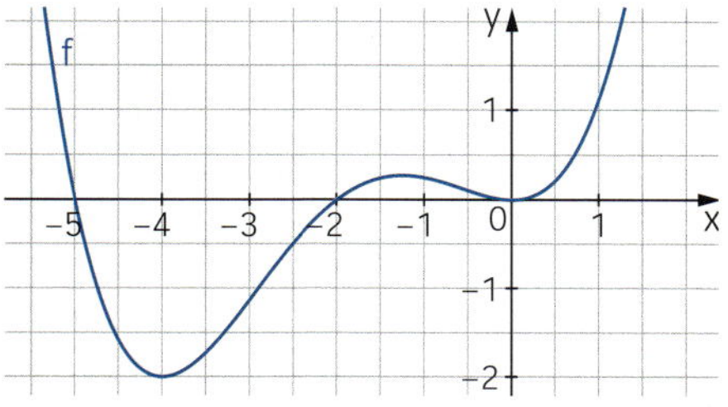

b) 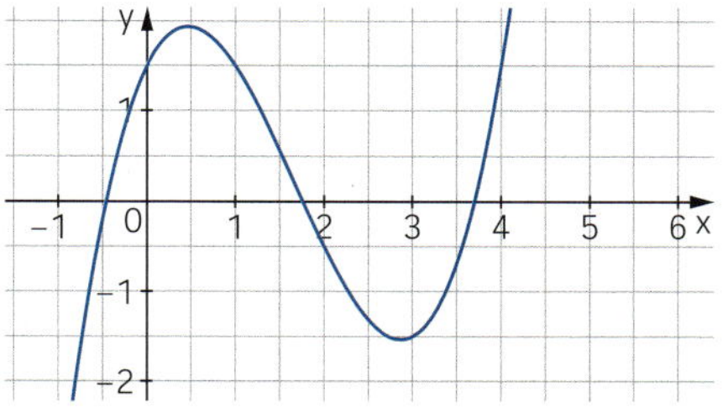

2 Während eines Fluges wurden die Daten eines Höhenmessers aufgezeichnet. Die Abbildung zeigt einen Ausschnitt. Beschreibe den Verlauf des Fluges.

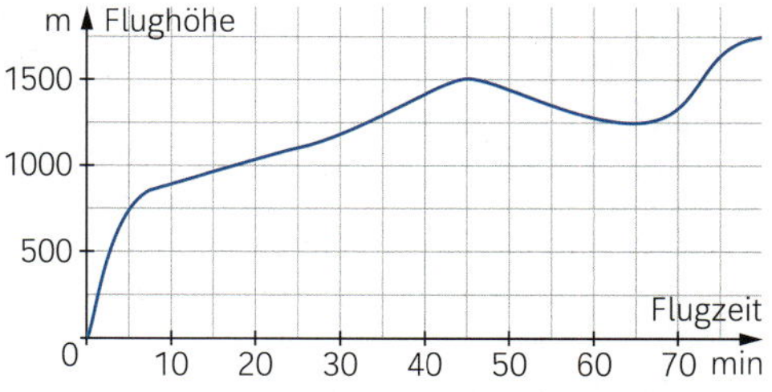

3 Skizziere den Graphen einer Funktion mit folgenden Eigenschaften:

a) Für $x \leq 0$ und $x \geq 3$ steigt, für $0 \leq x \leq 3$ fällt die Funktion. Der Hochpunkt ist $H(0|4)$, der Tiefpunkt $T(3|2)$. Der Graph schneidet die x-Achse bei -3.

b) Der Graph hat zwei Tiefpunkte $T_1(-3|1)$ und $T_2(1|1)$. $H(-1|4)$ ist ein Hochpunkt.

c) Für $x \leq -3$ und für $x \geq 2$ ist die Funktion monoton steigend. Für $-3 \leq x \leq 2$ ist die Funktion monoton fallend.

d) Der Graph hat einen Hochpunkt $H(0|2)$ und zwei Tiefpunkte $T_1(-3|-1)$ und $T_2(3|-1)$.

Schnittpunkte mit den Koordinatenachsen

4 Der Graph der Funktion f mit $f(x) = x^3 - 2x^2 - x + 2$ wurde im Koordinatensystem dargestellt.
Lies die Koordinaten der Schnittpunkte des Graphen der Funktion mit der x- und y-Achse ab.

$f(x) = x^3 - 2x^2 - x + 2$

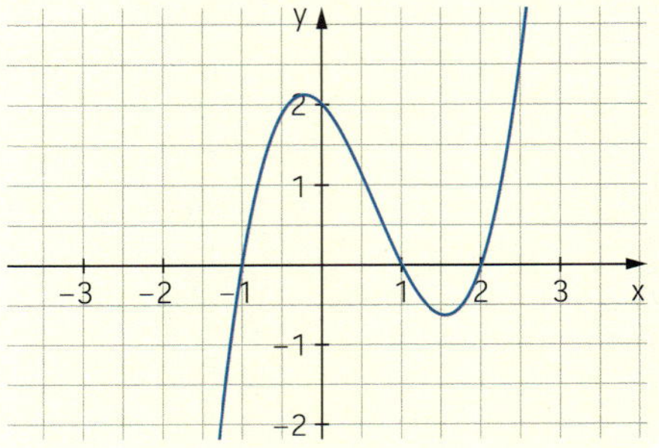

Information

Schnittpunkte mit den Koordinatenachsen

Zur Beschreibung von Funktionsgraphen gibt man oft die **Schnittpunkte mit den Koordinatenachsen** an.
Die x-Werte der Schnittpunkte des Graphen mit der x-Achse heißen auch **Nullstellen**.

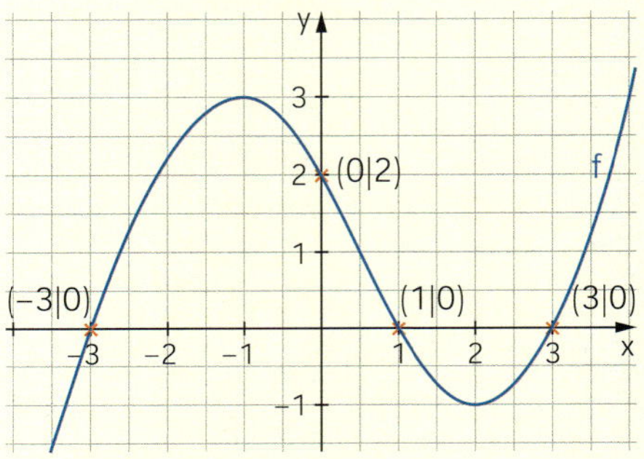

Schnittpunkt mit der y-Achse: $S_y(0|2)$
Schnittpunkte mit der x-Achse:
$P_1(-3|0)$, $P_2(1|0)$, $P_3(3|0)$
Nullstellen: $x_1 = -3$, $x_2 = 1$, $x_3 = 3$

WES-127827-008
Schnittpunkte

5 Zeichne mit deinem Rechner jeweils den Graphen der Funktionen f_1 bis f_4.

(1) $f_1(x) = -x^2 - x + 1$ (2) $f_2(x) = 0{,}5x^3 + 2$
(3) $f_3(x) = x^4 - 2x^2 + 1$ (4) $f_4(x) = 2{,}5x^3 + 5x^2 + 1$

a) Bestimme die Schnittpunkte mit den Koordinatenachsen.
b) Ermittle die Extrempunkte. Gib an, ob es sich um Hoch- bzw. Tiefpunkte handelt.
c) Ermittle die Intervalle, in denen die Funktionen monoton steigend bzw. monoton fallend sind.

6 Skizziere den Graphen einer Funktion, der die folgenden Eigenschaften erfüllt.
a) Der Graph schneidet die x-Achse in den Punkten $P_1(-2|0)$, $P_2(1|0)$ und $P_3(4|0)$.
b) Der Graph schneidet die y-Achse im Punkt $S_y(0|-3)$ und hat einen Tiefpunkt bei $T(2|-1)$.
c) Der Graph schneidet die x-Achse nicht.
d) Der Graph verläuft nur zwischen den Punkten $P_1(0|0)$ und $P_2(3|0)$ unterhalb der x-Achse.

Symmetrie von Funktionsgraphen

7 In der Abbildung siehst du die Graphen der Funktionen f und g mit $f(x) = \frac{1}{4}x^3$ und $g(x) = \frac{1}{2}x^2$.

Welche Symmetrieeigenschaften haben die Funktionsgraphen?

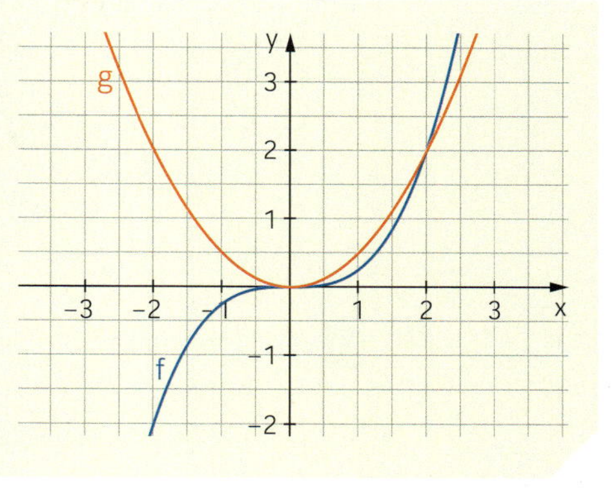

Information

Symmetrie

Der Graph einer Funktion ist **achsensymmetrisch zur y-Achse**, wenn er an dieser durch eine Spiegelung an der y-Achse auf sich selbst abgebildet werden kann.
Für alle Werte x gilt: $f(-x) = f(x)$

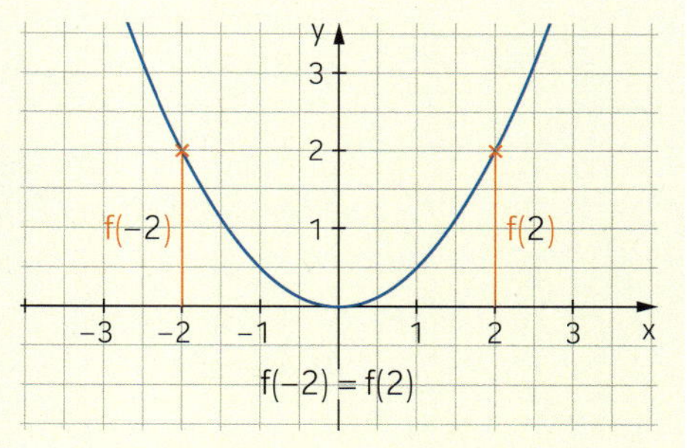

Der Graph einer Funktion ist **punktsymmetrisch zum Koordinatenursprung**, wenn er durch eine nacheinander ausgeführte Spiegelung an beiden Koordinatenachsen auf sich selbst abgebildet werden kann.
Für alle Werte x gilt: $f(-x) = -f(x)$

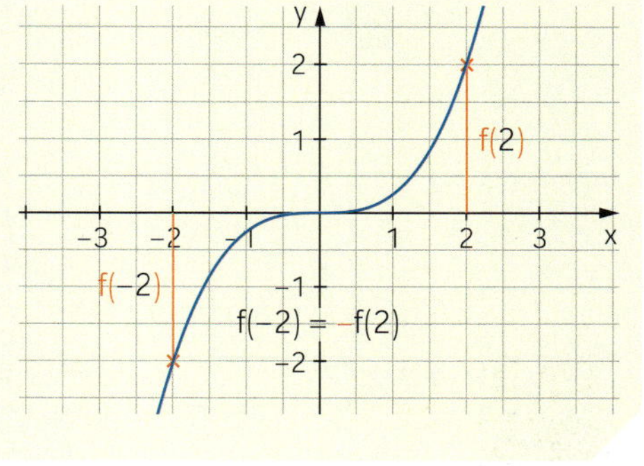

8 Untersuche den Graphen der Funktion auf Symmetrie.

a) 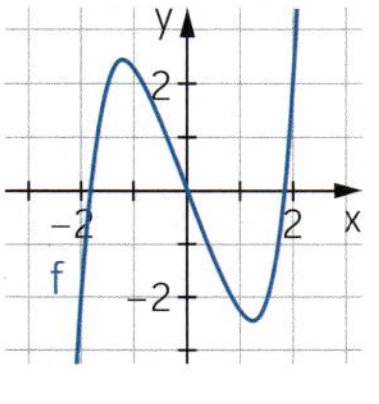

b) 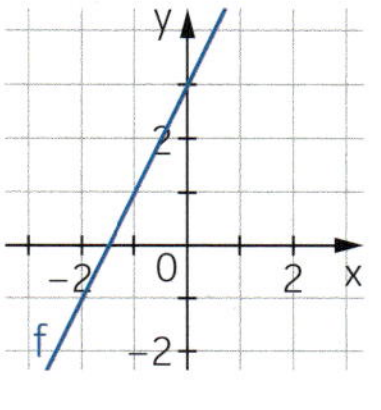

c) 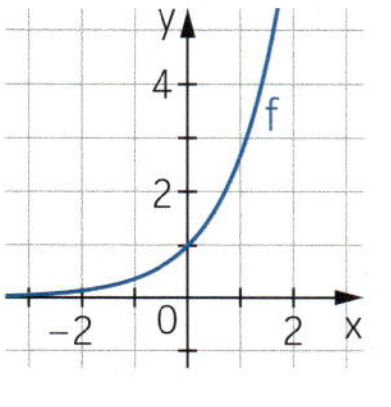

d) 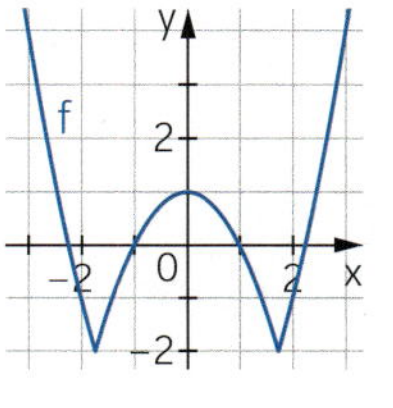

9 Untersuche den Graphen der Funktion f auf Symmetrie.

a) $f(x) = 0{,}5x^4 - 4x^2 - 3$
b) $f(x) = x^2 - 8x + 15$
c) $f(x) = -\frac{2}{3}x$
d) $f(x) = 3x^5 - 4x^3 + 2x$

10 ≡ Skizziere den Graphen einer Funktion, der folgende Eigenschaften erfüllt.

a) Der Graph ist symmetrisch zur y-Achse und hat einen Hochpunkt bei $H(2|3)$.

b) Der Graph ist symmetrisch zum Koordinatenursprung und verläuft durch den Punkt $P(-2|-1)$.

c) Der Graph ist symmetrisch zum Koordinatenursprung und hat mit der x-Achse den Schnittpunkt $(3|0)$.

d) Der Graph ist symmetrisch zur y-Achse, für $x \geq 0$ monoton fallend und für $x \leq 0$ monoton steigend.

11 ≡ Untersuche die Funktion mit dem Rechner.
Gib die Werte an, für die die Funktion nicht definiert ist.
Beschreibe den Verlauf des Graphen in der Nähe der nicht definierten Stelle.
Notiere weitere Eigenschaften der Funktion und ihres Graphen.

a) $f(x) = \frac{4 - x^2}{2 + x}$ **b)** $f(x) = \frac{x - 3}{x - 2}$

c) $f(x) = \frac{x^2 - 4}{x^2}$ **d)** $f(x) = \frac{x^3 - x^2}{x - 1}$

Es gibt Funktionen, die an bestimmten Stellen **nicht** definiert sind.
Beispiel: $f(x) = \frac{1}{2x - 4}$

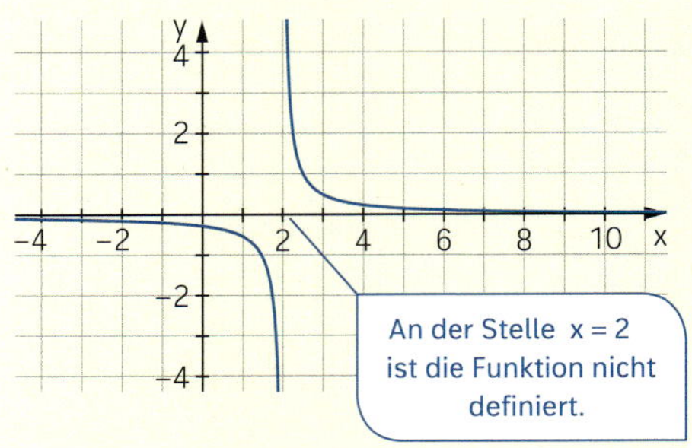

12 ≡ Gegeben sind die Funktionen s durch $s(x) = x^2 + 1$ und t durch $t(x) = 2x + 1$.

a) Zeichne beide Graphen in einem Rechnerfenster und vergleiche den Verlauf der beiden Graphen.

b) Für welche Stellen sind die Funktionswerte von s kleiner als die von t?

c) Ermittle näherungsweise eine Stelle x, für die die Differenz der Funktionswerte von s und t den Wert 1 annimmt.
Du kannst dir dazu auch eine Tabelle mit den entsprechenden Funktionswerten anzeigen lassen.

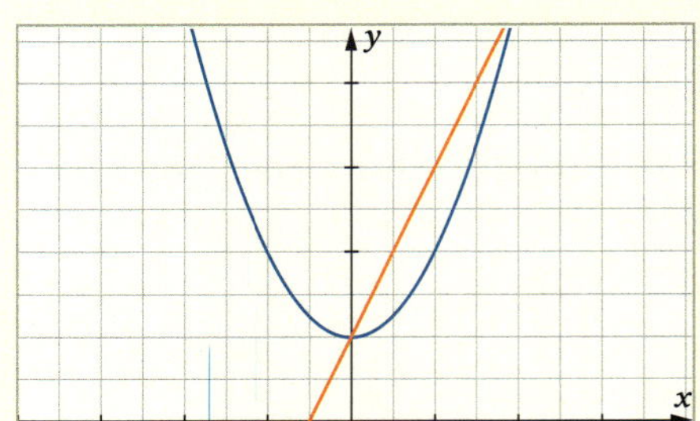

x	y1	y2
0	1	1
0.1	1.01	1.2
0.2	1.04	1.4
0.3	1.09	1.6
0.4	1.16	1.8
0.5	1.25	2

Weiterüben

13 ≡ Gegeben sind die Funktionen g durch $g(x) = x - 1$ und h durch $h(x) = -0{,}1\,x^2 + x + 4$.
Stelle die Graphen dieser Funktionen in einem geeigneten Rechnerfenster dar.

a) Ermittle den Bereich, in dem der Graph von h oberhalb des Graphen von g verläuft.

b) Ermittle die Differenz der Funktionswerte von g und h an der Stelle 3.

c) Untersuche, ob für diese beiden Funktionen jeweils ein größtmöglicher Funktionswert existiert. Gib diesen gegebenenfalls an.

14 ≡ Bei der Untersuchung von Eigenschaften einer Funktion mit dem Rechner muss der vom Rechner gewählte Zeichenbereich stets kritisch geprüft und gegebenenfalls angepasst werden, um charakteristische Eigenschaften ablesen zu können.
Untersuche, wie bei deinem Rechner der Zeichenbereich eingestellt bzw. verändert werden kann.

(1) $f_1(x) = x^5 - 5x^2 + 25$ (2) $f_2(x) = 2x^4 - 20x^3 + 2x^2$
(3) $f_3(x) = 0{,}01x^3 - 2{,}56x$ (4) $f_4(x) = x^3 - 72x^2 + 301x - 5832$

15 ≡ Tim, Leila, Miguel und Annika haben jeweils den Graphen der Funktion f mit $f(x) = x^2 - 24x + 144$ mit dem Rechner gezeichnet.

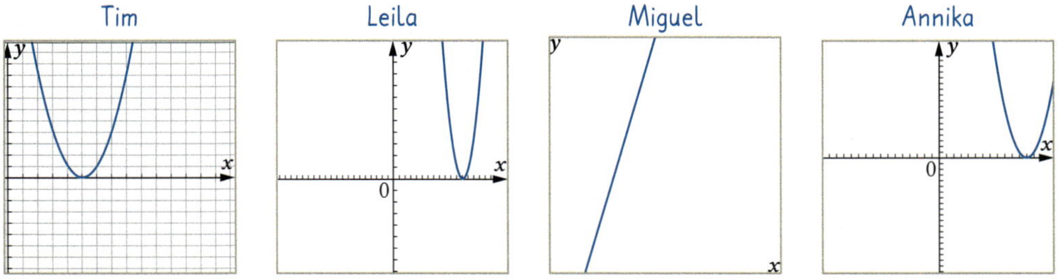

a) Die Schülerinnen und Schüler vermuten, dass ihnen ein Fehler bei der Eingabe der Funktionsgleichung unterlaufen ist. Umso erstaunter sind sie, als ihre Mathematiklehrerin sagt, dass alle vier Graphen in dem entsprechenden Ausschnitt korrekt gezeichnet sind.
Versuche jeweils die Darstellungen der Rechner annähernd zu erzeugen. Erläutere, weshalb die Aussage der Lehrerin richtig ist.

b) Meike behauptet: „Mit einem grafikfähigen Rechner können wir nur Vermutungen über die Eigenschaften einer Funktion äußern." Nimm zu dieser Aussage Stellung.

Das kann ich noch!

A Vervollständige die Lücken im Heft.

1) 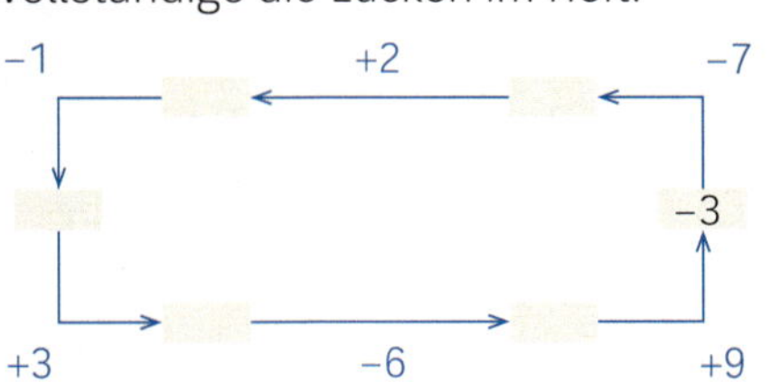

2) 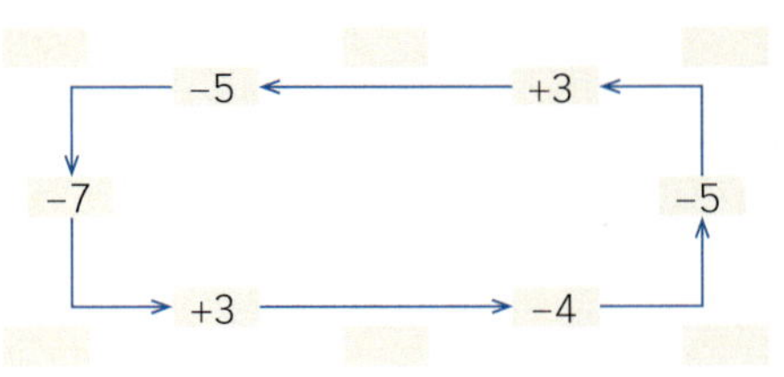

B Auf der Zahlengeraden sind Zahlen durch Pfeile markiert. Notiere diese Zahlen.

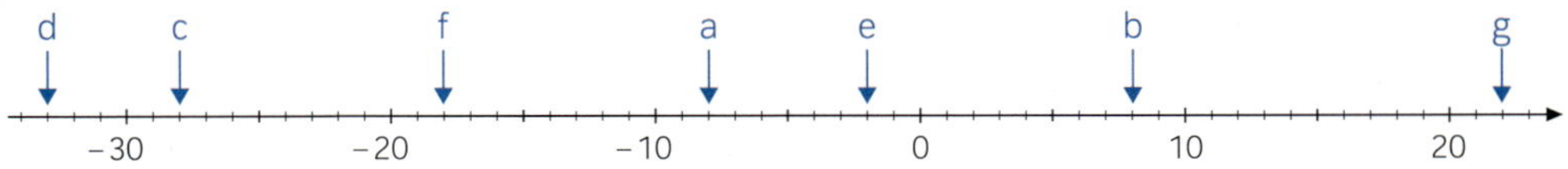

C Übertrage in dein Heft und fülle die Lücken aus.

1) ■ $\xrightarrow{+6}$ +4 2) −2 $\xrightarrow{+3}$ ■ 3) −8 $\xrightarrow{■}$ −2 4) +8 $\xrightarrow{-3}$ ■
5) +3 $\xrightarrow{■}$ −7 6) ■ $\xrightarrow{-10}$ −2 7) ■ $\xrightarrow{-3}$ +1 8) +2 $\xrightarrow{-12}$ ■

3.3 Lineare Funktionen der Form $y = m \cdot x$

Einstieg

Auf einem Wochenmarkt möchte ein Händler Erdnüsse verkaufen.
Erstellt dazu für die Funktion
Masse (in kg) → Preis (in €)
eine Wertetabelle und einen Graphen.
Berechnet den Preis einer Tüte mit 1,6 kg Erdnüssen.
Wie schwer ist eine Tüte mit Erdnüssen, die 4 € kostet?

Aufgabe mit Lösung

Unterschiedliche Skalen für Temperaturen

°R = Grad Réaumur

Der französische Naturforscher René-Antoine Ferchault de Réaumur führte 1730 eine Temperaturskala ein, bei der der Schmelzpunkt von Wasser bei 0 °R und der Siedepunkt von Wasser bei 80 °R liegt. Zwischen diesen beiden festen Punkten nahm er eine Einteilung in 80 gleich große Gradabstufungen vor. Auf den schwedischen Physiker Anders Celsius geht die Celsius-Temperaturskala zurück: 0 °C für den Gefrierpunkt und 100 °C für den Siedepunkt von Wasser.

Lege eine Tabelle für die Umrechnung von Temperaturen, die in Celsius angegeben sind, in Temperaturen, die in Réaumur angegeben sind, im Bereich von −20 °C bis 120 °C an.
Zeichne dann den Graphen der Funktion *Temperatur (in °C) → Temperatur (in °R)*.
Beschreibe die Funktion und ihren Graphen. Stelle auch die Funktionsgleichung auf.

Lösung

Temperatur (in °C)	Temperatur (in °R)
−20	−16
0	0
20	16
40	32
60	48
80	64
100	80
120	96

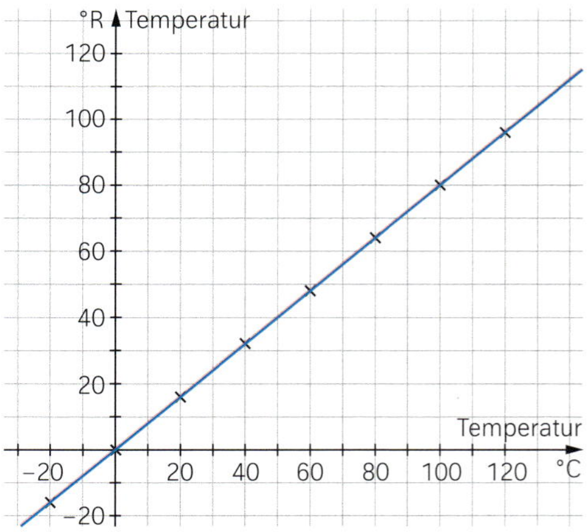

Der Graph ist eine Gerade, die durch den Ursprung verläuft. Somit liegt eine direkt proportionale Zuordnung vor. Die zugehörige Funktionsgleichung lautet: $y = 0{,}8 \cdot x$

Information

lateinisch:
linea - (gerade) Linie,
linearis - aus Linien bestehend

Spezielle lineare Funktionen

Funktionen mit der Gleichung $y = m \cdot x$ sind Beispiele für **lineare Funktionen**. Ihr größtmöglicher Definitionsbereich ist $\mathbb{Q}$, die zugehörigen Graphen sind Geraden durch den Koordinatenursprung.
Funktionen mit der Gleichung $y = m \cdot x$ beschreiben direkt proportionale Zuordnungen. Die x- und die y-Werte sind zueinander **direkt proportional**.
Der Quotient $\frac{y}{x}$ $(x \neq 0)$ ergibt den *Proportionalitätsfaktor m*.

Der Malpunkt darf auch weggelassen werden.

Funktionsgleichung: $y = 1{,}5 \cdot x$

x	−2	−1	0	1	2
y	−3	−1,5	0	1,5	3

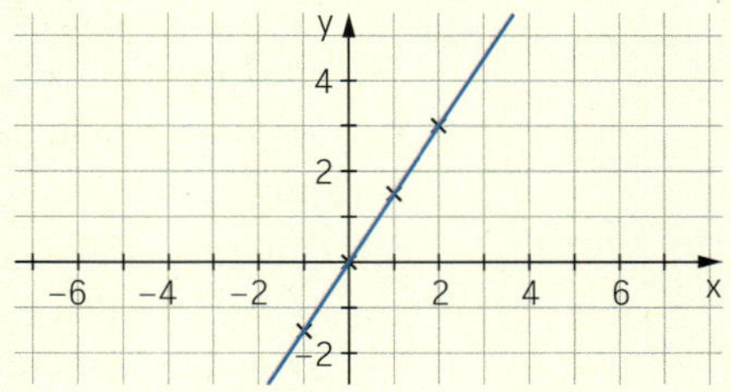

$\frac{y}{x} = m \quad (x \neq 0)$

$\frac{-3}{-2} = \frac{-1{,}5}{-1} = \frac{3}{2} = 1{,}5$

Üben

1 Marvin möchte insgesamt 5 kg Erdbeeren pflücken. Um 1 kg zu pflücken, benötigt er eine Viertelstunde.
a) Berechne die Pflückdauer und den Preis, den Marvin zahlen muss.
b) Unter welchen Bedingungen sind die Zuordnungen *Menge (in kg) → Preis (in €)* bzw. *Menge (in kg) → Pflückzeit (in Min)* direkt proportionale Zuordnungen?
Gib die Funktionsgleichungen an.

2 Im Bergbau werden Fördertürme eingesetzt. In Förderkörben wird so in der Erde abgebautes Material, z. B. Erz, an die Erdoberfläche befördert. Ein abwärts fahrender Förderkorb ist zum Zeitpunkt 0 direkt an der Erdoberfläche. 3 Sekunden vorher war er noch in 6 m Höhe.
a) Erstelle eine Wertetabelle für die Position des Förderkorbs in Abhängigkeit von der Zeit. Gib an, von welcher vereinfachenden Annahme du ausgehst.
b) Zeichne auch den Graphen und erstelle die Funktionsgleichung.

Das kann ich noch!

A Ein Quader hat eine Grundfläche von $45\,cm^2$ und ein Volumen von $1035\,cm^3$. Wie hoch ist der Quader?

3 Am „Super Monday" reduziert der Händler alle Preise um 20 %.
Stelle mithilfe einer Wertetabelle die Funktion grafisch dar. Notiere die Funktionsgleichung. Ist die Zuordnung direkt proportional? Begründe.
a) *alter Preis → Preisnachlass* **b)** *alter Preis → neuer Preis*

4 Gegeben ist die Funktion f mit $f(t) = 4t$.
a) Zeichne den Graphen der Funktion f in dein Heft.
b) Welcher der Punkte $P_1(-1|4)$, $P_2(3|12)$, $P_3(-2|-8)$, $P_4(0{,}5|2)$ liegt auf dem Graphen?
c) Die Punkte $Q_1(3|■)$, $Q_2(-2|■)$, $Q_3(■|5)$, $Q_4(■|-3)$ liegen auf dem Graphen. Bestimme die fehlende Koordinate.
d) An welcher Stelle nimmt die Funktion den Wert
(1) 80; (2) −200; (3) 0,6; (4) $\frac{1}{8}$ an?

5 Der Punkt P liegt auf dem Graphen einer Funktion der Form $y = mx$.
Bestimme die Funktionsgleichung.
a) P(2|−3) **b)** P(−1|0,5) **c)** P(5|−8) **d)** P(−4|8)

6 Als Hausaufgabe wurden die Graphen folgender Funktion gezeichnet (Einheit 1 bei 1 Karolänge). Kontrolliere. Welche Fehler wurden gemacht?

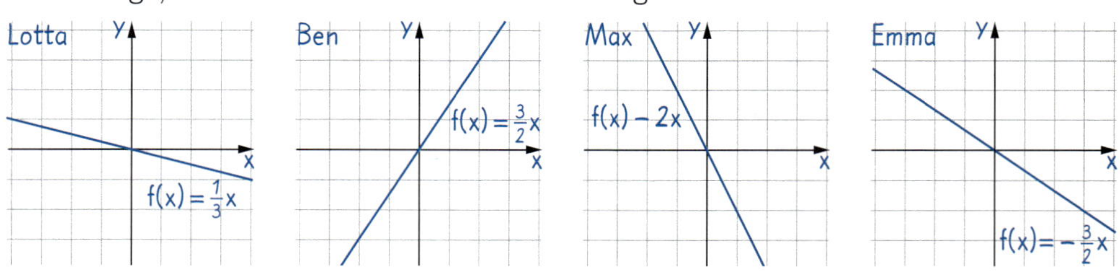

1 l = 1 dm³

7 In ein leeres quaderförmiges Aquarium fließen gleichmäßig in jeder Minute 3 l Wasser hinein.
a) Zeichne den Graphen der Funktion *Zeit (in min) → Wasservolumen (in l)* mithilfe einer Wertetabelle. Notiere auch die Funktionsgleichung.
b) Das Aquarium ist 30 cm lang und 20 cm breit. Gib Wertetabelle, Graph und Funktionsgleichung für die Funktion *Zeit (in min) → Wasserhöhe (in dm)* an.

8 Bei experimentell ermittelten Werten können stets Messungenauigkeiten vorliegen. Dies muss man bei der Auswertung berücksichtigen.

(1) Druck p und Volumen V einer Gasmenge werden gemessen.

p (in bar)	0,6	0,8	1,0	1,2	1,4	1,6
V (in cm³)	19	14,6	11,9	9,5	8,3	7,2

(2) Abhängigkeit des Widerstands R von Länge l des Leiters wird ermittelt.

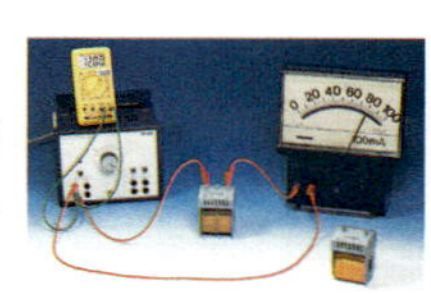

l (in m)	1	1,5	2	2,5	3	3,5
R (in Ω)	10,3	15,5	21	26	31	36

a) Stelle die Messwertpaare mit dem Rechner grafisch dar.
b) Untersuche, ob die Größen direkt oder indirekt proportional zueinander sind. Begründe.

9 ≡ In einem Fahrschullehrbuch sind „Faustregeln“ für die beiden Funktionen *Geschwindigkeit* → *Reaktionsweg* und *Geschwindigkeit* → *Bremsweg* angegeben. Bei diesen Faustregeln werden die Wege in m und die Geschwindigkeit in $\frac{km}{h}$ angegeben.

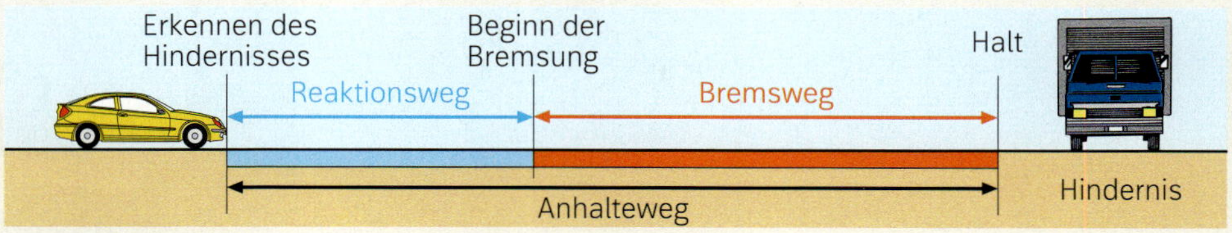

Der Reaktionsweg
Vom Sehen eines Hindernisses bis zum Niedertreten des Bremspedals legt das Fahrzeug einen bestimmten Weg zurück. Dieser Weg wird Reaktionsweg genannt. Für seine Länge gilt die Faustregel: Reaktionsweg = (Geschwindigkeit : 10) · 3

Der Bremsweg
Vom Niedertreten des Bremspedals bis zum Stillstand des Fahrzeugs legt das Fahrzeug einen bestimmten Weg zurück. Dieser Weg wird Bremsweg genannt. Für seine Länge gilt die Faustregel: Bremsweg = (Geschwindigkeit : 10) · (Geschwindigkeit : 10)

Betrachte die Geschwindigkeiten $10\frac{km}{h}$, $20\frac{km}{h}$, ..., $100\frac{km}{h}$.

a) Lege für die Funktion *Geschwindigkeit* $\left(in\ \frac{km}{h}\right)$ → *Reaktionsweg (in m)* eine Tabelle an. Sind die Größen direkt proportional zueinander? Zeichne den Graphen dieser Funktion und beschreibe ihn.

b) Lege für die Funktion *Geschwindigkeit* $\left(in\ \frac{km}{h}\right)$ → *Bremsweg (in m)* eine Tabelle an. Sind diese Größen direkt proportional zueinander? Zeichne den Graphen dieser Funktion und beschreibe ihn.
Vergleiche den Graphen mit dem aus Teilaufgabe a).

10 ≡ Tizian erinnert sich: „Als wir direkt proportionale Zuordnungen besprochen haben, konnten wir die direkte Proportionalität doch auch mit der Quotientengleichheit prüfen.“

a) Prüfe, ob diese auch für negative Zahlen gilt.

(1)

x	f(x)
−3	3,6
−4	4,8
5	−6
6	−7,2

(2)

x	f(x)
−1	3,5
0	0
1	−3,5
2	−7

(3)

x	f(x)
−1	0,5
0	0
1	0,5
2	1

(4)

x	f(x)
−1	1
0	0
1	1
2	4

b) Ergänze die Tabellen im Heft so, dass diese zu Funktionen gehören, die direkt proportionale Zuordnungen beschreiben.
Gib auch die Funktionsgleichungen an.

(1)

x	f(x)
−2	6
1	
4	

(2)

x	f(x)
0,5	
	−6
−2	−1

(3)

x	f(x)
2,4	3,6
0	
	−2

(4)

x	f(x)
−0,1	
	0
1	−0,1

Anstieg – Steigungsdreieck

11 Im Erzgebirge finden sich am Straßenrand viele Warnschilder, die auf eine Steigung oder ein Gefälle hinweisen. 10 % Steigung bedeutet: Auf je 100 m waagerechter Entfernung nimmt die Höhe um 10 m zu.

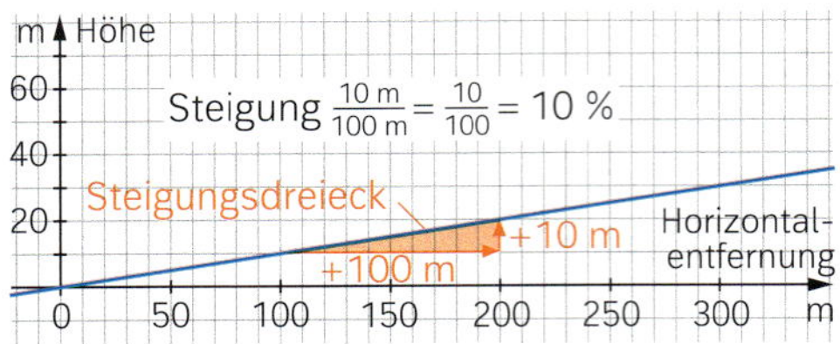

a) Zeichne die Gerade mit dem Anstieg 10 % durch den Ursprung des Koordinatensystems. Ermittle die zugehörige Funktionsgleichung.
Wie ändert sich der y-Wert, wenn man den x-Wert um 1 erhöht?

b) Dieses Schild warnt Verkehrsteilnehmer besonders vor einem Gefälle. Zeichne die zugehörige Gerade durch den Ursprung und ermittle die Funktionsgleichung.
Wie ändert sich hier der y-Wert, wenn man den x-Wert um 1 erhöht?

Information

Anstieg einer Geraden

Eine lineare Funktion mit der Funktionsgleichung $y = m \cdot x$ ist

- **monoton steigend**, falls m positiv ist und
- **monoton fallend**, falls m negativ ist.

Man nennt m den **Anstieg** (oder die **Steigung**) der Geraden.
Der Anstieg m lässt sich mithilfe eines **Steigungsdreiecks** berechnen:

$$m = \frac{\Delta y}{\Delta x} = \frac{y_2 - y_1}{x_2 - x_1}$$

Da der Anstieg m ein Quotient von Differenzen ist, spricht man auch vom **Differenzenquotienten**.

Δ heißt Delta und beschreibt üblicherweise Differenzen

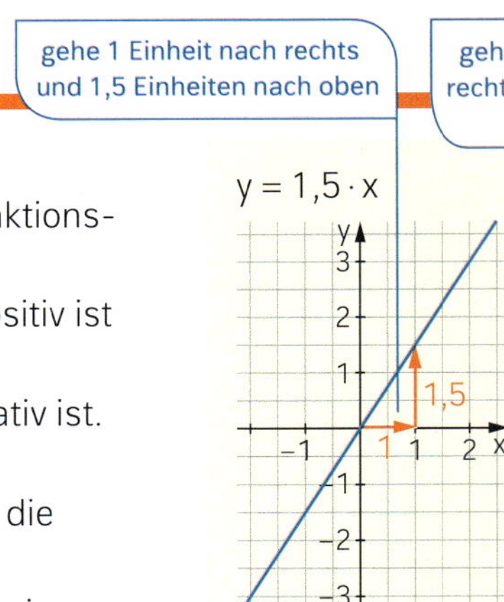

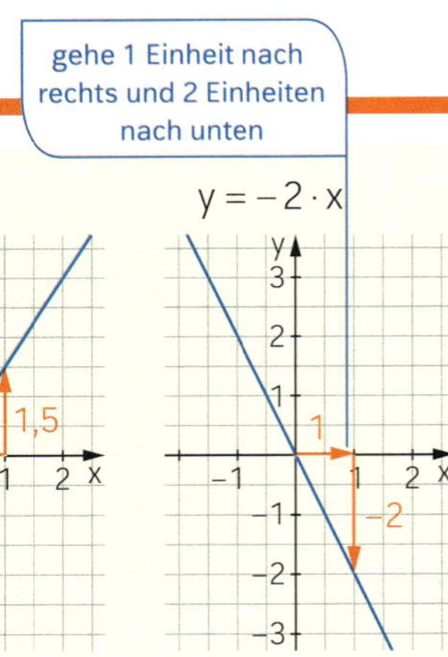

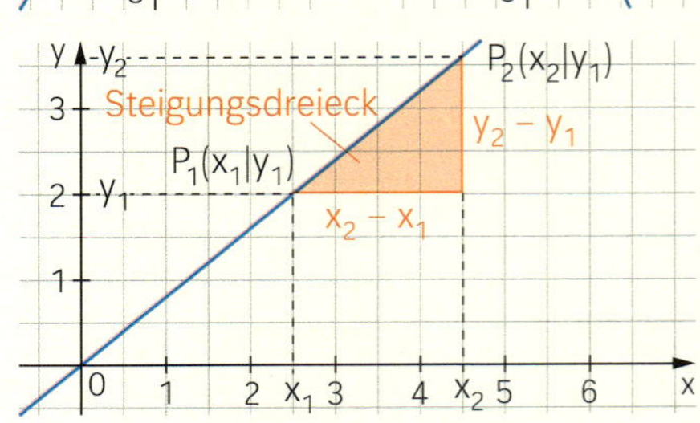

12 Überlege zunächst, ob der Graph der angegebenen Funktion steigt oder fällt. Gib dann den Anstieg der Gerade an und zeichne sie mithilfe eines Steigungsdreiecks.

a) $y = 3x$ **b)** $y = -2x$ **c)** $y = 0{,}8x$ **d)** $y = -0{,}4x$ **e)** $y = x$ **f)** $y = -x$

13 Sortiere die Funktionsterme der Funktionen nach der Größe des Anstiegs. Beginne mit dem kleinsten Anstieg.

$g(x) = -0{,}5x$; $h(x) = -3{,}2x$; $k(x) = -\frac{3}{2}x$; $l(x) = -2x$; $s(x) = -\frac{2}{3}x$; $r(x) = -5{,}2x$

14 Zeichne den Graphen einer Funktion der Form $y = mx$. Gib die Steigung m und die Funktionsgleichung an. Gehe dabei vom Ursprung

a) um 1 nach rechts, um 1,5 nach oben;
b) um 1 nach rechts, um 2,5 nach unten;
c) um 1 nach rechts; um 0,5 nach oben;
d) um 1 nach rechts, um 0,6 nach unten;
e) um 3 nach rechts; um 5,4 nach oben
f) um 5 nach rechts; um 6 nach unten.

15 Ein geradliniger Autobahnabschnitt von 4 km Länge überwindet einen Höhenunterschied von 110 m. Wie groß ist die Steigung?

16 Tom, Svea, Kim und Ylvi sollten eine Gerade mit 20 % Steigung skizzieren. Kontrolliere ihre Hausaufgaben.

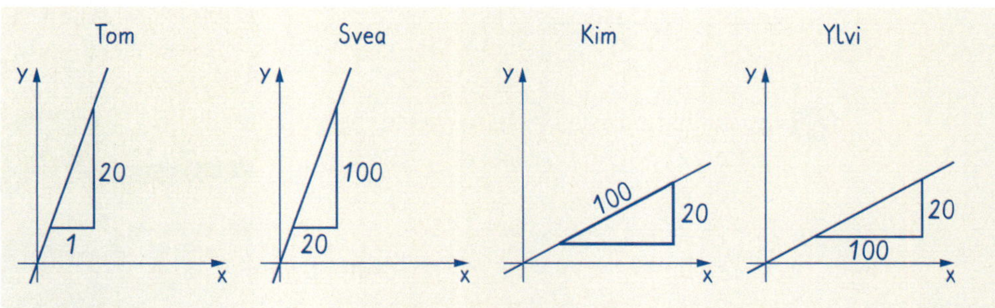

Unterschiedlich große Steigungsdreiecke bei gleicher Steigung

17 Zeichne den Graphen der Funktion f mithilfe eines geeigneten Steigungsdreiecks.

a) $f(x) = 1{,}2x$ **b)** $f(x) = 0{,}25x$
c) $f(x) = -1{,}5x$ **d)** $f(x) = -\frac{3}{4}x$
e) $f(x) = \frac{3}{2}x$ **f)** $f(x) = -\frac{4}{7}x$
g) $f(x) = \frac{2}{3}x$ **h)** $f(x) = -0{,}8x$
i) $f(x) = 0{,}6x$ **j)** $f(x) = -1{,}25x$

$f(x) = 0{,}4x$ ($0{,}4 = \frac{2}{5}$)

Geraden kann man mithilfe verschiedener Steigungsdreiecke zeichnen.

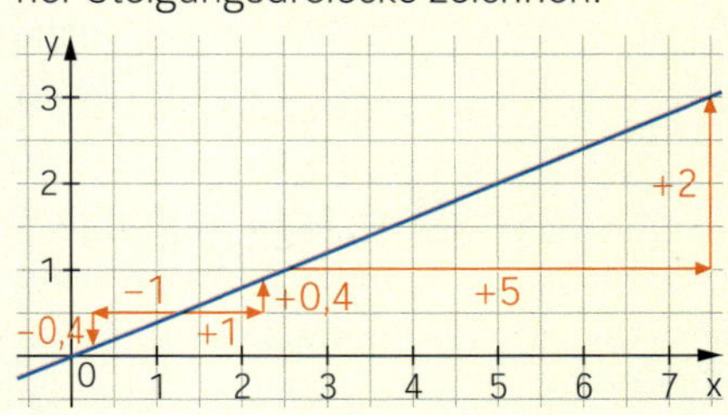

Du siehst leicht: Bei größeren Steigungsdreiecken, lässt sich die Gerade meist genauer zeichnen.

18 ☰ Laurie und Lias haben den Graphen f von $f(x) = -0{,}4x$ mithilfe von Steigungsdreiecken gezeichnet. Erkläre, wie sie vorgegangen sind, und vergleiche ihre Wege.

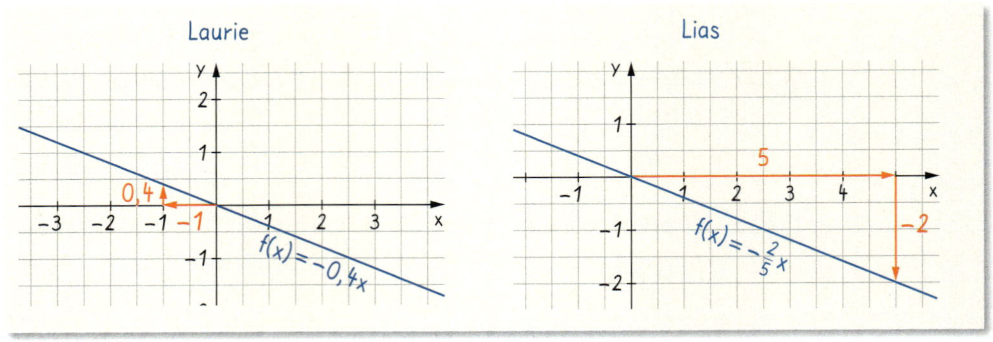

19 ☰ Bestimme den Anstieg m des Graphen.

a)
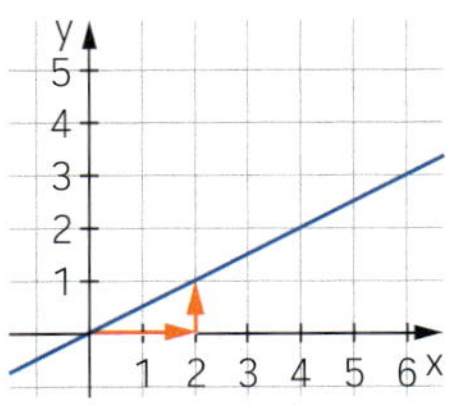

b)
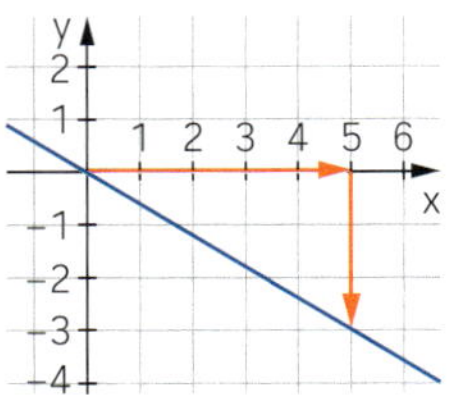

c)
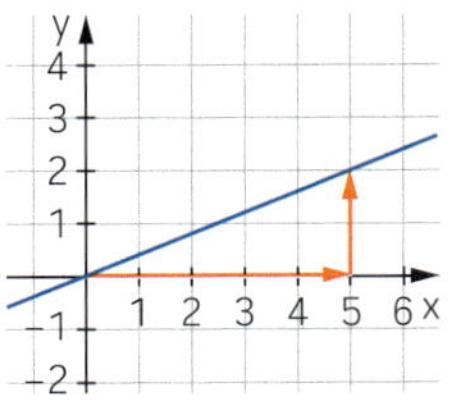

d)
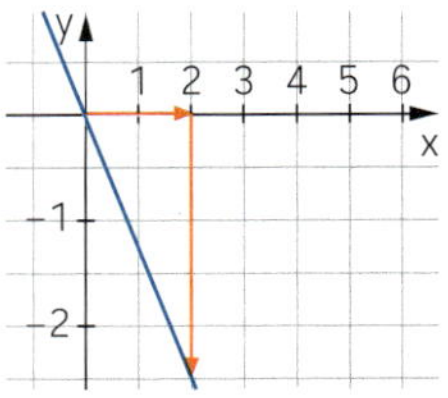

20 ☰ Die Ffordd Pen Llech im walisischen Küstenort Harlech ist eine der steilsten Straßen der Welt:
Sie hat eine Steigung von 37,5 %.

a) Zeichne eine Gerade mit der Steigung 37,5 % durch den Koordinatenursprung und ermittle die Funktionsgleichung.

b) Zeichne zum Vergleich je eine Gerade mit einer Steigung von 100 % und 200 %.

Weiterüben

21 ☰ Die Gerade soll durch den Punkt P und den Ursprung verlaufen.

a) Zeichne jeweils die Gerade und gib die Funktionsgleichung an.

(1) $P_1(1|4)$ (2) $P_2(-2|5)$ (3) $P_3(3|6)$ (4) $P_4(4|7)$

b) Welchen Zusammenhang kannst du zwischen m und den Koordinaten des vorgegebenen Punktes erkennen? Prüfe deine Vermutung an eigenen Beispielen.

22 ☰ Die „Steile Wand" ist die wohl bekannteste Straße von Meerane. Bei Radsportveranstaltungen gibt es dort regelmäßig sogenannte „Bergwertungen". Auf 248 m muss ein Höhenunterschied von 30 m überwunden werden.
Ermittle die durchschnittliche Steigung dieser Straße.

Promille
$1\,‰ = \frac{1}{1000}$

23 ≡ Bis 1945 gab es eine durchgehende Eisenbahnverbindung von der böhmischen Stadt Most über Moldava bis nach Freiberg. Eine besondere technische Herausforderung war der enorme Höhenunterschied.

a) Ermittle jeweils die Steigung (in Promille) auf den Streckenabschnitten zwischen Most und Louka sowie zwischen Dubi und Mikulov.

b) Recherchiere, welche maximale Steigung man mit Eisenbahnen ohne zusätzliche Unterstützung überwinden kann. Vergleiche diesen Wert mit der maximalen Steigung auf dieser Strecke.

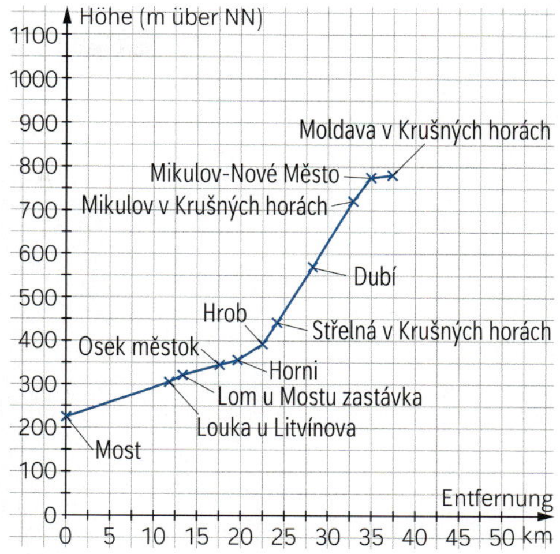

24 ≡ In der Abbildung siehst du Fabians Hausaufgaben.
Korrigiere mögliche Fehler.

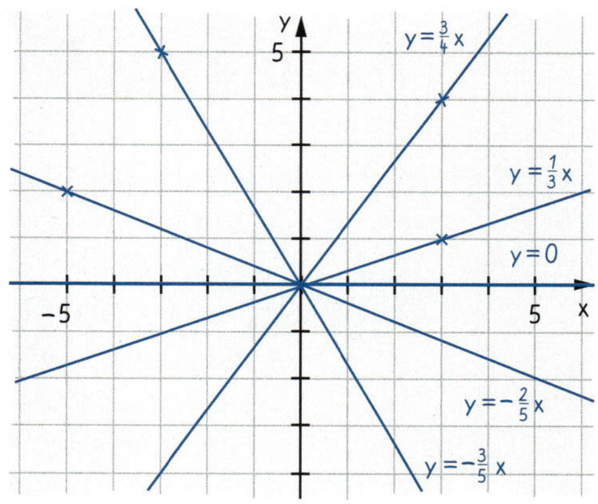

25 ≡ Wie ändert sich bei einer Funktion mit der Gleichung $y = mx$ der Funktionswert, wenn man x um

(1) 1 erhöht; (2) 2 erhöht;
(3) 3 erhöht; (4) 1 vermindert?

26 ≡ Notiere zu jeder Geraden die Steigung. Gib auch die Funktionsgleichung an.

a)
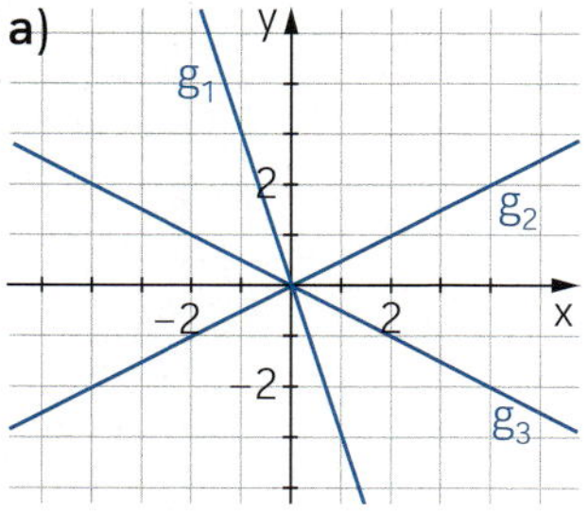

b)
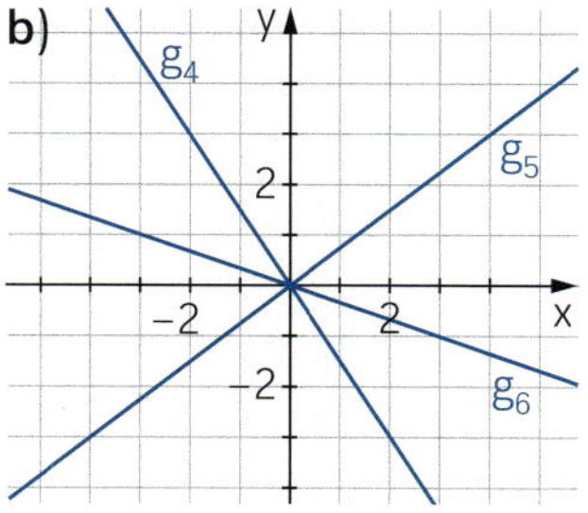

c)
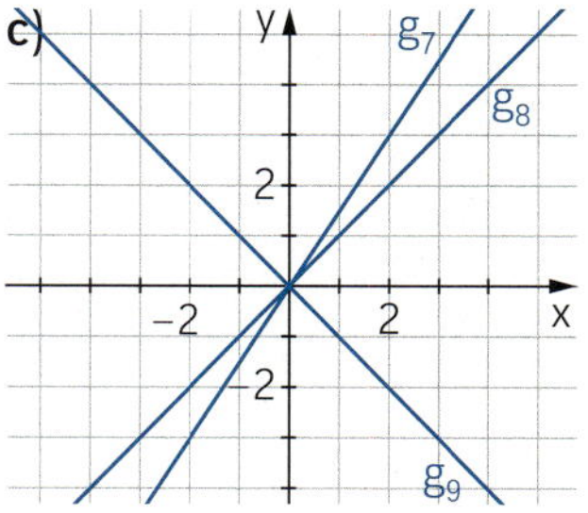

27 ≡ Kontrolliere die Berechnung des Anstiegs mithilfe des Differenzenquotienten.

Thu

$m = \frac{x_1 - x_2}{y_1 - y_2}$

$= \frac{2}{-\frac{4}{3}}$

$= -\frac{3}{2}$

Nick

$m = \frac{y_2 - y_1}{x_2 - x_1}$

$= \frac{-\frac{2}{3} - \frac{2}{3}}{1 - (-1)}$

$= -\frac{2}{3}$

Jule

$m = \frac{y_2 - y_1}{x_2 - x_1}$

$= \frac{4}{6}$

$= \frac{2}{3}$

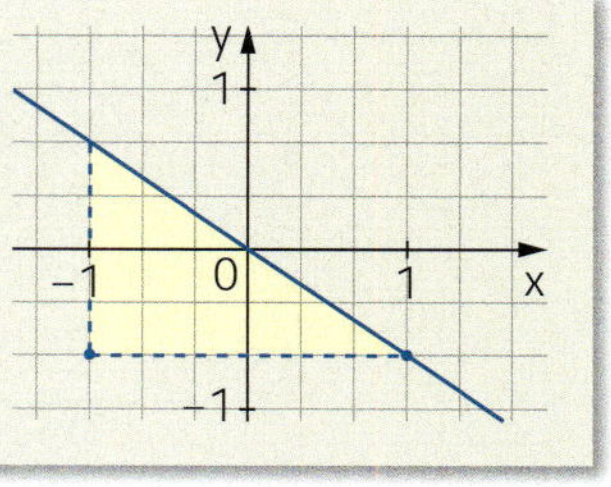

3.4 Lineare Funktionen der Form $y = m \cdot x + n$

Einstieg

In sogenannten Unverpacktläden kann man lose Waren, wie z. B. Mehl, Zucker, Reis und Nudeln mithilfe von Schäufelchen in mitgebrachte Gefäße füllen. In ein Schäufelchen passen etwa 40 g Spiralnudeln.
Zeichnet den Graphen der Funktion *Anzahl der Schäufelchen → Gesamtgewicht der Spiralnudeln*.
Ein Gefäß wiegt leer 500 g. Zeichnet den Graphen *Anzahl der Schäufelchen → Gesamtgewicht von Inhalt und Gefäß*.
Vergleicht die Graphen.

Aufgabe mit Lösung

Verschieben der Graphen von Funktionen der Form $y = m \cdot x$

Kies soll mit einem Lastwagenanhänger zu einer Baustelle transportiert werden. 1 m^3 Kies wiegt 2 t. Der leere Lastwagenanhänger wiegt 3 t.
Notiere zunächst für die Funktion *Volumen Kies x (in m^3) → Masse Kies y (in t)* die Funktionsgleichung. Zeichne den Graphen.
Nun betrachte die Gesamtmasse aus Kies und Lastwagenanhänger.
Zeichne in dasselbe Koordinatensystem den Graphen der Funktion *Volumen Kies x (in m^3) → Gesamtmasse des Anhängers y (in t)*.
Notiere die Funktionsgleichung.

Lösung

Da 1 m^3 Kies 2 t wiegt, wiegen x m^3 Kies $x \cdot 2\,t = 2 \cdot x\,t$. Die Funktionsgleichung lautet somit: $y = 2 \cdot x$
Die Gesamtmasse des beladenen Lastwagenanhängers setzt sich aus der Masse des leeren Anhängers (3 t) und der zugeladenen Masse Kies ($2 \cdot x$ t) zusammen.
Die Gesamtmasse des Anhängers ist immer um 3 t größer als die Masse des Kieses. Als Funktionsgleichung ergibt sich: $y = 2 \cdot x + 3$
Um vom ersten Graphen (Masse des Kies) zum zweiten (Gesamtmasse) zu kommen, muss man überall 3 Einheiten nach oben gehen. Das bedeutet: Wenn man den ersten Graphen um 3 Einheiten nach oben verschiebt, erhält man den zweiten Graphen.

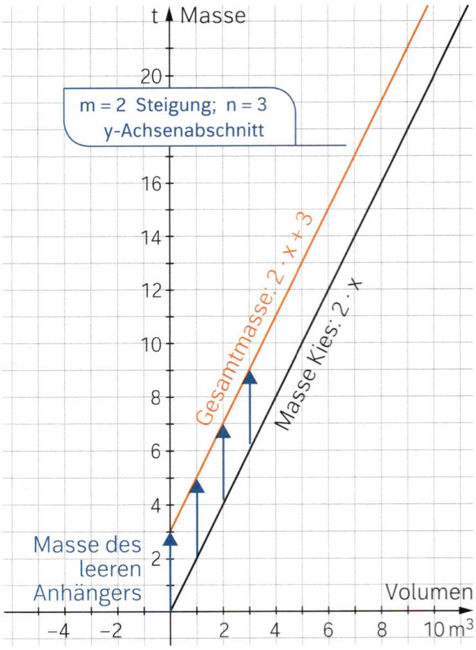

Wähle als Definitionsbereich $\mathbb{Q}$ und als Funktionsgleichung
(1) $y = 2 \cdot x$; (2) $y = 2 \cdot x + 3$; (3) $y = 2 \cdot x - 6$.
Zeichne alle drei Graphen in dasselbe Koordinatensystem.
Wie kommt man von dem ersten Graphen zu den beiden anderen?

Lösung

Jetzt dürfen auch negative Zahlen für x eingesetzt werden, da die rationalen Zahlen den Definitionsbereich bilden.
Der Graph zum Funktionsterm $2 \cdot x$ ist eine Gerade mit der Steigung 2 durch den Ursprung.
Der Funktionsterm $2 \cdot x + 3$ ist für jeden Wert von x um 3 größer als der Funktionsterm $2 \cdot x$ ist.
Der zugehörige Graph wurde um 3 Einheiten nach oben verschoben und die Gerade hat ebenfalls die Steigung 2.
Der Funktionsterm $2 \cdot x - 6$ ist für jeden Wert von x um 6 kleiner als der Funktionsterm $2 \cdot x$. Man erhält den Graphen zu $y = 2 \cdot x - 6$, indem man den Graphen zu $y = 2 \cdot x$ um 6 Einheiten nach unten schiebt. Diese verschobene Gerade hat ebenfalls die Steigung 2.

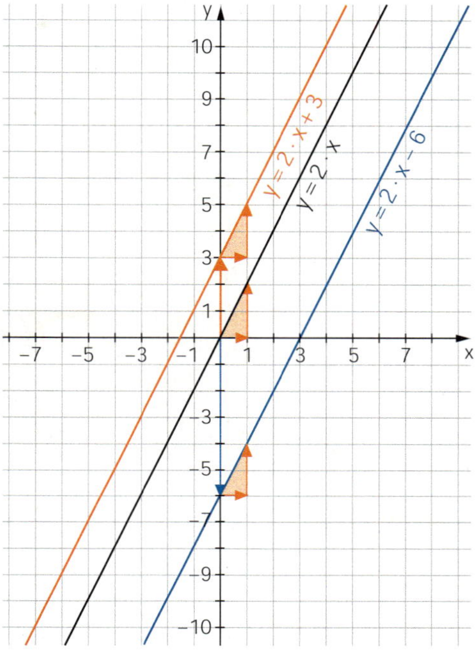

Information

Lineare Funktion

Eine Funktion mit der Funktionsgleichung $\mathbf{y = m \cdot x + n}$ heißt lineare Funktion.

Der Graph einer **linearen Funktion** mit dem Definitionsbereich $\mathbb{Q}$ ist eine Gerade.

Dabei ist m der **Anstieg** (die Steigung) der Geraden.

Die Gerade schneidet die y-Achse im Punkt P(0 | n).
n nennt man daher den **y-Achsenabschnitt**.

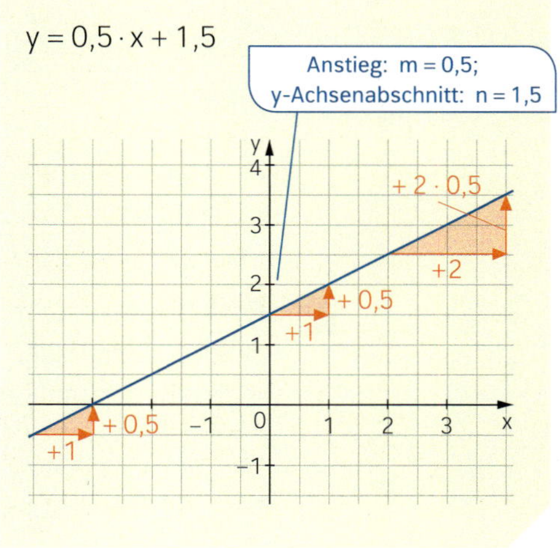

Üben

1 Zeichne den Graphen der Funktion der Form $y = m \cdot x$. Verschiebe den Graphen um
(1) 4 Einheiten nach oben; (2) um 1 Einheit nach unten
und gib für den neuen Graphen die entsprechende Funktionsgleichung an.

a) $y = 1{,}5 \cdot x$ **b)** $y = -4 \cdot x$ **c)** $y = -\frac{2}{3} \cdot x$ **d)** $y = \frac{5}{4} \cdot x$

WES-127827-009
Parameter

2 Zur Untersuchung der Bedeutung der Parameter in der Funktionsgleichung $y = m\,x + n$ kannst du auch mit deinem Rechner die Größen m und n, z. B. mit Schiebereglern variieren.

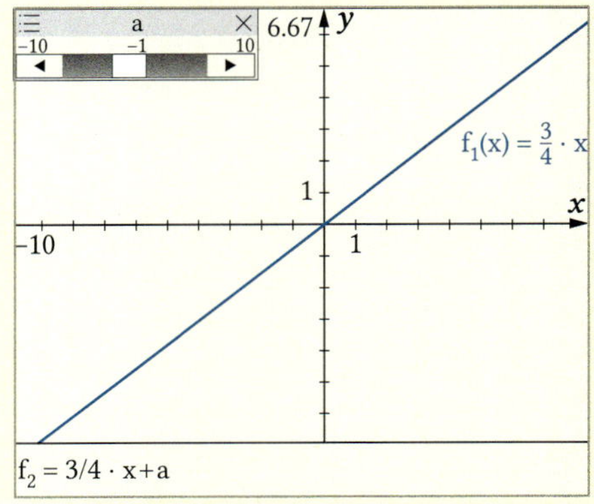

a) Zeichne den Graphen zu $y = \frac{3}{4}x$ sowie die Graphen zu $y = \frac{3}{4}x + n$ für verschiedene Werte von n.
Welchen Einfluss hat der Summand n auf den Verlauf des Graphen?
Untersuche diese Fragestellung auch für Geraden mit anderen Anstiegen.

b) Zeichne den Graphen zu $y = mx + 2$ für verschiedene Werte von m.
Welchen Einfluss hat der Faktor m auf den Verlauf des Graphen?
Untersuche diese Fragestellung auch für Geraden mit anderen y-Achsenabschnitten.

c) Schreibe eine Zusammenfassung deiner Ergebnisse.

Zeichnen des Graphen einer linearen Funktion mithilfe von m und n

3 Gegeben ist die Funktionsgleichung einer linearen Funktion.
Notiere den Anstieg m und den y-Achsenabschnitt n.
Zeichne den Graphen.

a) $y = \frac{3}{4}x - 2$ **b)** $y = 4x + 1{,}5$
c) $y = \frac{1}{3}x - 1$ **d)** $y = x + 2$
e) $y = x$ **f)** $y = -3$

Kurzschreibweise für $y = 1 \cdot x + 0$

Kurzschreibweise für $y = 0 \cdot x - 3$

Zeichnen des Graphen zu $y = \frac{2}{3} \cdot x + 2$

(1) Markiere den Schnittpunkt mit der y-Achse: P(0|2)

(2) Finde einen weiteren Punkt mithilfe der Steigung: Gehe von P aus um 3 Einheiten nach rechts und um 2 Einheiten nach oben und markiere diesen Punkt. Verbinde die beiden Punkte durch eine Gerade.

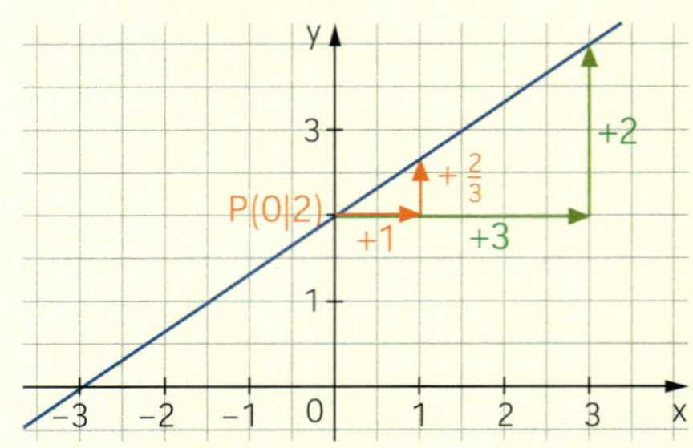

4 Zeichne den Graphen der linearen Funktion mithilfe ded Anstiegs m und des y-Achsenabschnitts n.

a) $y = -\frac{1}{3}x + 1$ **b)** $y = -1{,}5x + 2$
c) $y = -x + 4{,}5$ **d)** $y = -\frac{2}{5}x - 3$

5 Zeichne den Graphen der linearen Funktion f. In welchem Punkt schneidet der Graph die y-Achse?
Zeichne den Graphen derjenigen Funktion g durch den Ursprung, deren Graph den selben Anstieg m hat.
Notiere die zugehörige Funktionsgleichung.

a) $f(x) = 0{,}4x + 1$ **b)** $f(x) = \frac{1}{2}x + 3{,}5$ **c)** $f(x) = x - \frac{4}{5}$ **d)** $f(x) = \frac{3}{4}x - \frac{5}{2}$

6 Bestimme die Funtkionsgleichung der Graphen g_1 bis g_5.

a)

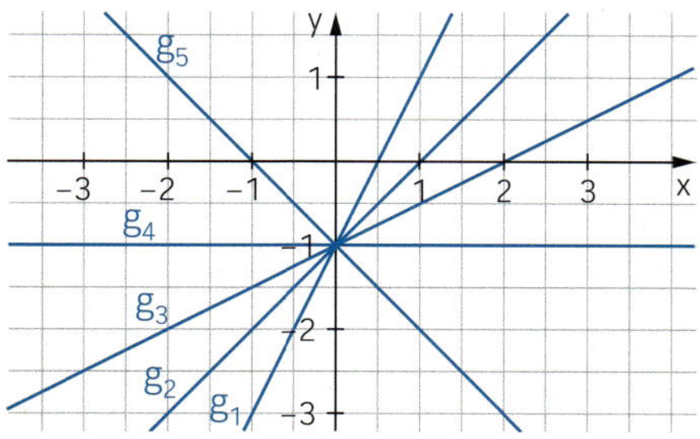

b)

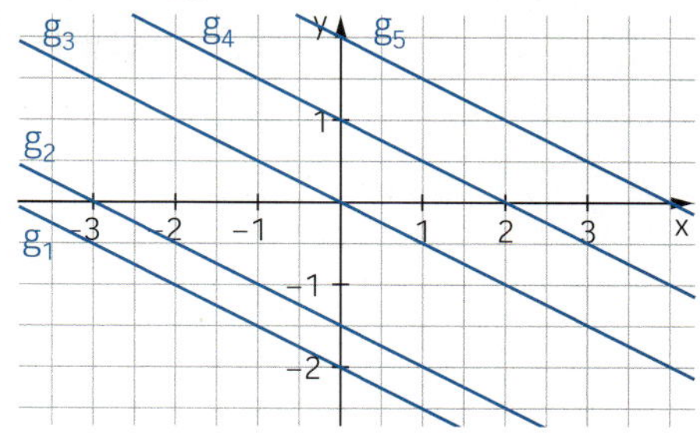

7 Bestimme zu jedem Graph die Funktionsgleichung.

a)

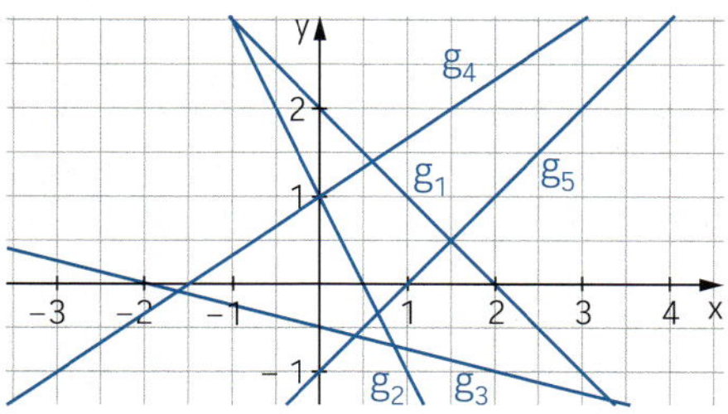

b)

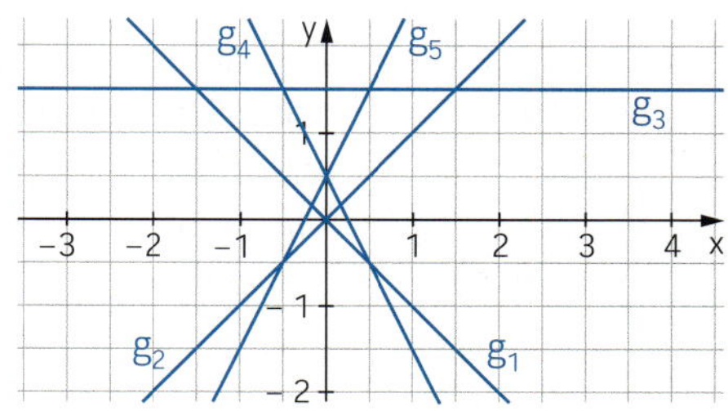

8 Wählt je eine Karten und zeichnet die Graphen der angegebenen linearen Funktionen in ein Koordinatensystem. Kontrolliert eure Zeichnungen gegenseitig.

Karte A

$y = 2x + 3$; $y = -2x - 1$; $y = \frac{1}{4}x + 5$;
$y = -\frac{2}{5}x + \frac{1}{2}$; $y = 4 - 0{,}5x$

Karte B

$y = 2x + 1$; $y = -2x - 3$; $y = \frac{1}{4}x + 2$;
$y = -\frac{3}{4}x - 2$; $y = 3 + 0{,}25x$

9 Die Abbildung zeigt Sophies Hausaufgaben. Kontrolliere sie.
Erkläre ihr, worauf sie achten muss, wenn sie die Graphen zeichnen möchte.

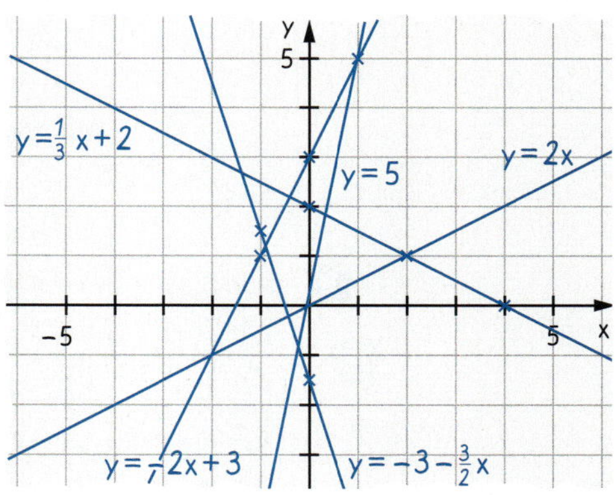

10 Gib eine Gleichung einer Funktion an, deren Graph durch die folgenden Punkte verläuft.

a) A(−2|−4) und B(2|4)
b) C(−2|4) und D(3|4)
c) E(0|1) und F(2|5)

11 Ermittle zeichnerisch, ob die angegebenen Punkte auf dem Graphen der Funktion liegen. Kontrolliere anschließend rechnerisch.

a) $y = -2x + 3$	$P_1(1\|1)$;	$P_2(5\|-1)$;	$P_3(-3\|-3)$;	$P_4(0\|1{,}5)$
b) $y = \frac{1}{2}x - 4$	$P_1(0\|4)$;	$P_2(4\|2)$;	$P_3(-4\|-6)$;	$P_4(5\|-1{,}5)$
c) $y = -\frac{2}{3}x + 5$	$P_1(3\|3)$;	$P_2(1\|6)$;	$P_3(-3\|7)$;	$P_4\left(2\middle\|3\frac{2}{3}\right)$
d) $y = 0{,}8x + 2{,}5$	$P_1(5\|4{,}5)$;	$P_2(0\|3)$;	$P_3(-3\|0)$;	$P_4(-1\|3{,}3)$

12 Im Koordinatensystem sind die Achsen unterschiedlich eingeteilt.
Gib zu dem dargestellten Graph die Funktionsgleichung an.

a)

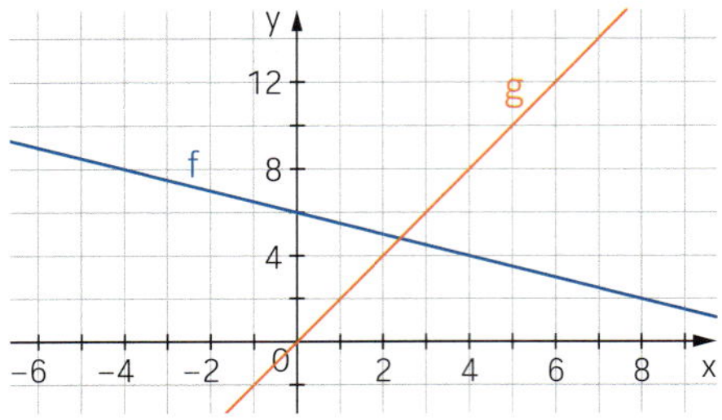

b)

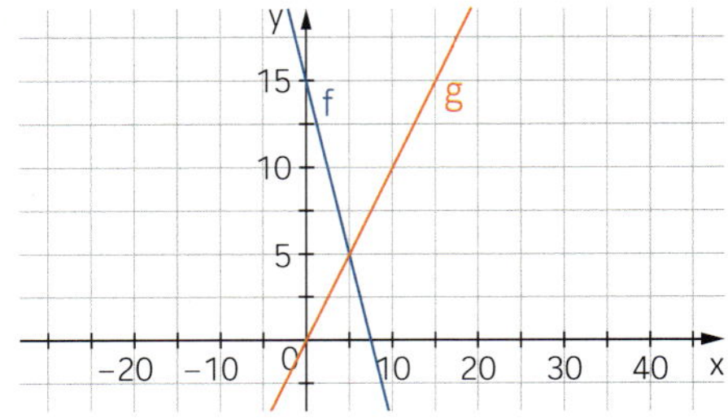

13 Bei vielen Rechnern kann man auch mehrere Parameter gleichzeitig variieren.

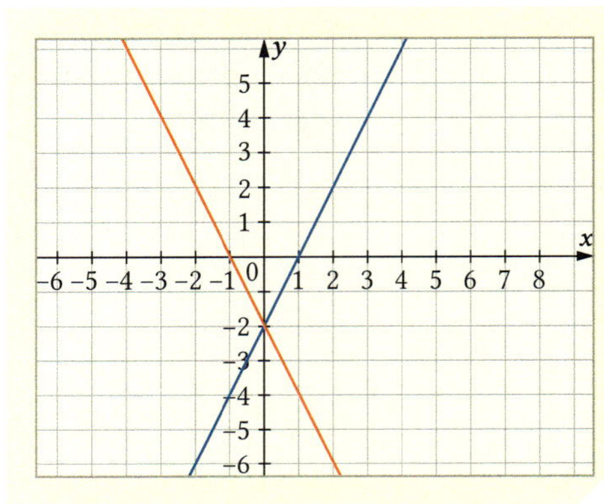

a) Beschreibe die Veränderungen, die sich beim Verlauf der Graphen ergeben, wenn man bei folgenden Funktionsgleichungen den Parameter a gleichzeitig verändert:
(1) $y = a \cdot x - a$ und (2) $y = -a \cdot x - a$
Überprüfe anschließend am Rechner.

b) Stelle weitere Gleichungen linearer Funktionen auf, in denen Parameter enthalten sind. Triff eine Vorhersage bezüglich der Veränderung des Graphen. Überprüfe erst im Anschluss.

14 Überlege, wie die Achsen eingeteilt sein müssen, sodass der Graph zur angegebenen Gleichung korrekt gezeichnet ist.

a) $f(x) = 2x$

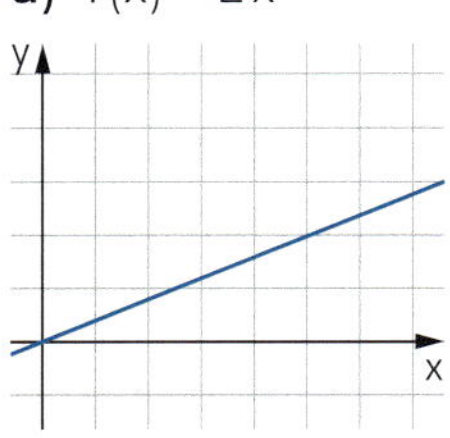

b) $f(x) = \frac{1}{2}x - 2$

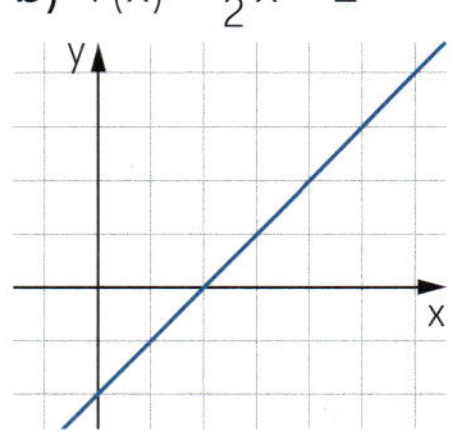

c) $f(x) = -x + 6$

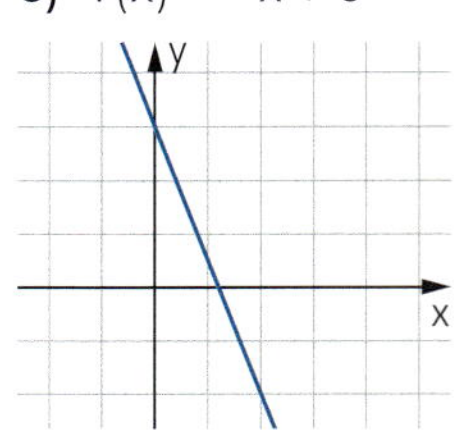

d) $y = x + 1$

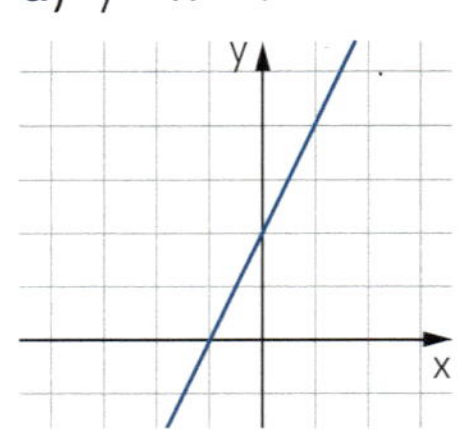

15 Graphen linearer Funktionen können mit Koordinatenachsen Dreiecke begrenzen. (2 Kästchen entsprechen 1 cm.)

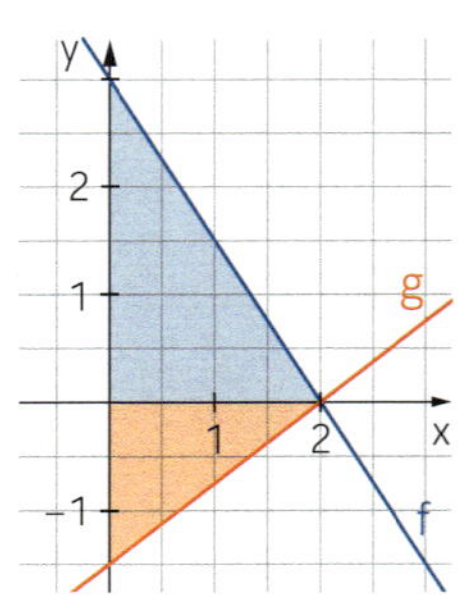

a) Ermittle den Flächeninhalt des Dreiecks, welches durch die beiden Koordinatenachsen und die Graphen der folgenden Funktionen begrenzt wird:
(1) $f\colon x \mapsto -\frac{3}{2}x + 3$; (2) $g\colon x \mapsto \frac{3}{4}x - \frac{3}{2}$.

b) Bestimme den Flächeninhalt des Dreiecks, welches durch die y-Achse und die Graphen der Funktionen f und g begrenzt wird.

c) Ermittle die Gleichung einer linearen Funktion, deren Graph mit den Koordinatenachsen ein Dreieck mit dem Flächeninhalt von $10\,cm^2$ begrenzt.
Ist die Aufgabe eindeutig lösbar? Suche gegebenenfalls nach weiteren Lösungen.

Lage zweier Geraden zueinander

16 Zeichne die Graphen der beiden linearen Funktionen in dasselbe Koordinatensystem. Beschreibe ihre Lage zueinander mit Fachbegriffen.

(1)	(2)	(3)	(4)
$y = 0{,}5x - 1{,}5$	$y = 2x + 3$	$y = -4 - 4x$	$y = x - 3$
$y = \frac{1}{4}x + 1$	$y = 2x - 4$	$2y + 8x = -8$	$y = -x + 3$

Löse die Gleichung erst nach y auf.

Information

Lage zweier Geraden zueinander

Haben zwei Geraden übereinstimmende Anstiege, so sind sie **parallel** zueinander. Stimmen auch die y-Achsenabschnitte noch überein, so sind die Geraden **identisch**.

Haben zwei Geraden verschiedene Anstiege, so **schneiden sie sich** in einem Punkt.

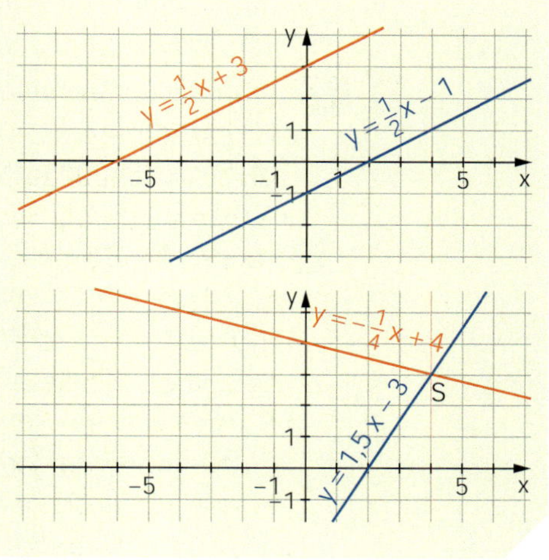

17 Jede Gleichung beschreibt eine lineare Funktion. Forme die Gleichungen gegebenenfalls nach y um. Zeichne die beiden Graphen in ein Koordinatensystem. Beschreibe ihre Lage zueinander.

a) $y = x - 3$ und $y = -3x - 11$
b) $y = -x + 1$ und $x + y = -1$
c) $x + 3y = 6$ und $6y = 12 - 2x$
d) $x - \frac{3}{2}y - 3 = 0$ und $\frac{3}{2}x - y - 3 = 0$

18 Beschreibe die Lage der beiden Graphen zueinander ohne sie zu zeichnen.

a) $y = 0{,}5x$ und $y = -x + 6$
b) $2y + 3x = -4$ und $3y + 4{,}5x = 21$
c) $y - x = -19$ und $y - \frac{1}{3}x = 15$
d) $1{,}5y + x = 0{,}5$ und $3y = 1 - 2x$

19 Gegeben ist die Funktion g mit der Gleichung $y = 3x - 6$.
Gib die Gleichung einer Funktion an, deren Graph

a) parallel zu dem von g ist und durch den Punkt $P(0|2)$ verläuft;
b) denselben y-Achsenabschnitt wie g hat, aber monoton fallend ist;
c) die x-Achse an derselben Stelle schneidet wie der von g.

20 Die Graphen zu $g(x) = 2x + 3$ und $f(x) = \frac{1}{2}x - 2$ schneiden sich.
Für welche x-Werte sind die Funktionswerte von g größer als die von f?

21 Beschreibe den Verlauf des Graphen zu $y = mx + n$ im Koordinatensystem in Abhängigkeit vom Anstieg m und dem y-Achsenabschnitt n.

Anwendungen

22 ≡ Da sich Eisen bei Erwärmung ausdehnt, haben Brücken Dehnungsfugen. Die Funktion *Temperatur (in °C) → Breite der Dehnungsfuge (in mm)* ist eine lineare Funktion.
Die Dehnungsfuge einer Stahlbrücke wurde bei unterschiedlichen Temperaturen gemessen. Bei 0 °C ist sie 48 mm breit, bei 25 °C nur 28 mm.

a) Bestimme die Funktionsgleichung in der Form $y = mx + n$. Erläutere die Bedeutung der Parameter m und n für diesen Sachverhalt. Zeichne den Funktionsgraphen.

b) Berechne jeweils die Fugenbreite für die Temperaturen 30 °C; 10 °C; – 10 °C; – 15 °C.

c) Bei welcher Temperatur ist die Dehnungsfuge 54 mm breit?

d) Welche Höchsttemperatur hat man bei der Konstruktion der Brücke angenommen?

23 ≡ Eine Kerze ist 21 cm lang. Beim Brennen wird sie stündlich um 1,2 cm kürzer.

a) Zeichne den Graphen der Funktion *Brenndauer x (in Stunden) → Länge y (in cm)*.

b) Notiere die Funktionsgleichung in der Form $y = mx + n$. Erläutere die Bedeutung der Parameter m und n für diesen Sachverhalt.

c) Wie lang ist die Kerze nach (1) 5 Stunden; (2) 7,5 Stunden; (3) 12,5 Stunden?

d) Nach welcher Zeit ist die Kerze nur noch 3,8 cm lang?

e) Nach welcher Zeit ist die Kerze abgebrannt?

CAS **24** ≡ Mit Graphen linearer Funktionen lassen sich unterschiedliche Muster darstellen.

a) Erzeuge die nachfolgenden Muster mit der Grafikanwendung deines Rechners.

b) Variiere diese Muster, indem du für für m und n geeignete Parameter einsetzt. Nutze dazu u. a. auch die Schieberegler-Funktion.

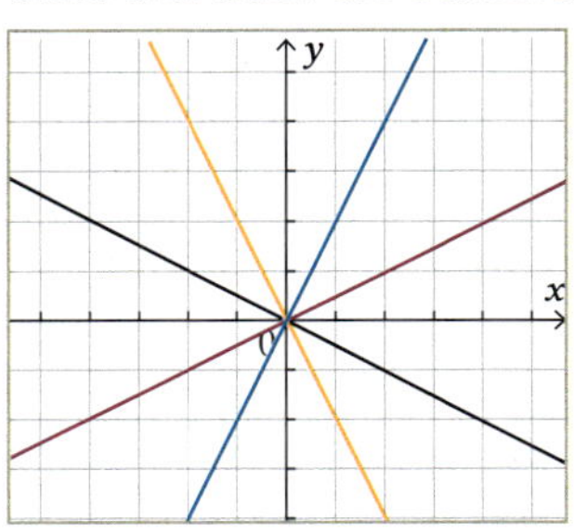

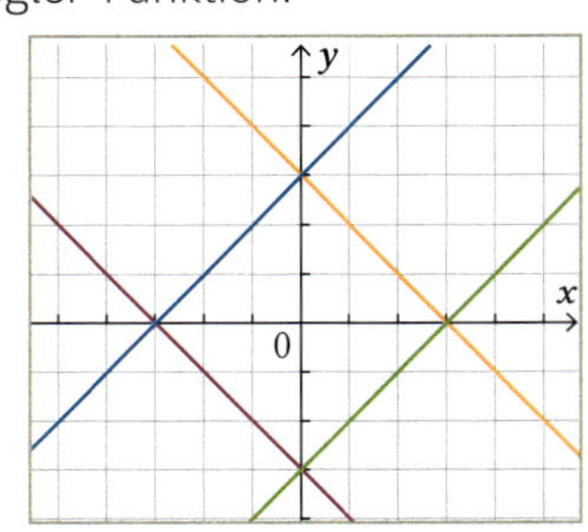

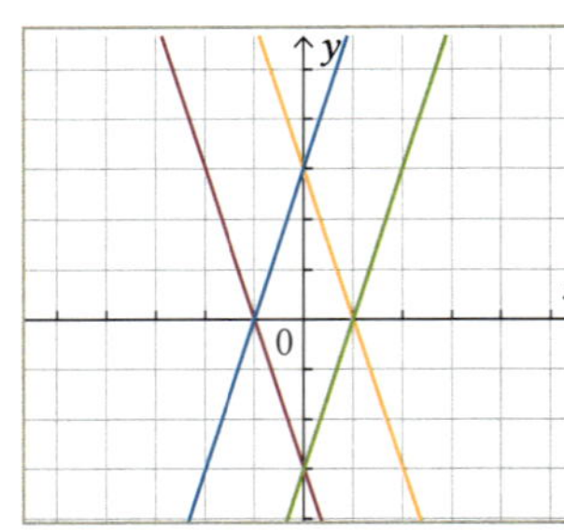

25 ≡ In einem Stadion findet ein Konzert statt. Die 45 000 Karten sind restlos ausverkauft. Nach dem Ende des Konzerts werden sechs Ausgänge geöffnet. Durch jeden von ihnen verlassen pro Minute 200 Besucher das Stadion.
Betrachte die Funktion *Zeit nach Konzertende (in min) → Anzahl der Besucher, die noch im Stadion sind.*
Erstelle für diese Funktion die Funktionsgleichung und zeichne den Graphen.
Erläutere die Bedeutung der Parameter m und n der Funktionsgleichung in dieser Sachsituation.

Weiterüben

26 Gib die Gleichung einer linearen Funktion an, für die Folgendes gilt:
Der Graph verläuft
(1) nur durch den 1. und 3. Quadranten;
(2) durch die ersten drei Quadranten;
(3) nur durch zwei Quadranten.
Du kannst zur Kontrolle den Graphen mit deinem Rechner zeichnen.

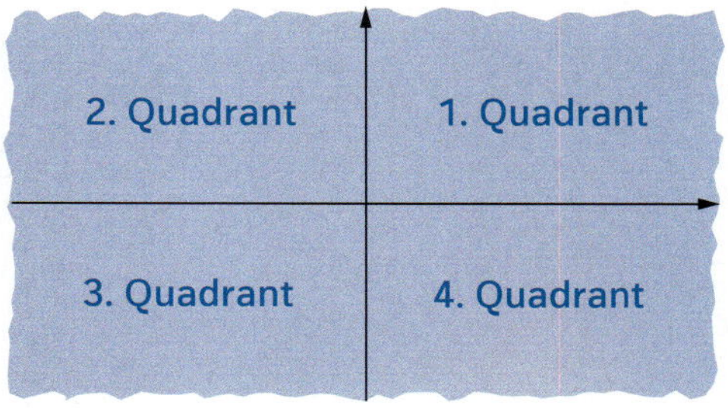

27 Ben, Tim, Mia und Eva haben den Graphen der linearen Funktion mit der Funktionsgleichung $y = 4x + 1$ gezeichnet.

a) Vergleiche und erkläre die Unterschiede.

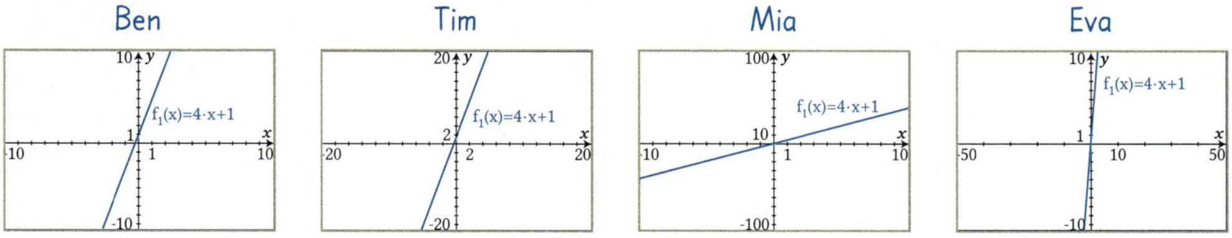

b) Zeichne den Graphen der Funktion zu $y = \frac{1}{2}x + 3$ so in ein Koordinatensystem, dass er
(1) etwas flacher (2) sehr flach; (3) etwas steiler; (4) sehr steil
verläuft. Formuliere, welche Veränderungen bei der Einstellung des Rechenfensters vorgenommen werden müssen.

28 DGS Untersuche den Zusammenhang zwischen den Anstiegen von zueinander senkrechten Geraden.

a) Übertrage die Tabelle in dein Heft und ergänze. Zeichne dazu mit deinem dynamischen Geometrie-System eine Gerade g durch zwei beliebige Punkte. Konstruiere durch einen der Punkte eine Senkrechte h. Stelle nun für die Anstiege von g die nachfolgenden Werte ein und bestimme die zugehörigen Anstiege von h.

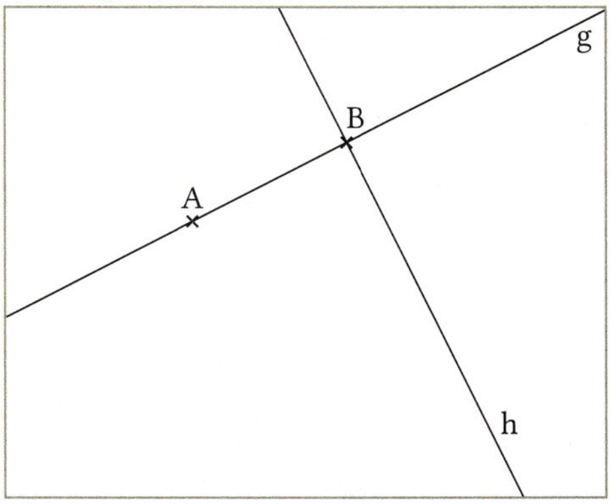

Anstieg g	-2	$-\frac{3}{4}$	$-\frac{1}{3}$	0,25	$\frac{1}{2}$	1
Anstieg h						

b) Formuliere einen Zusammenhang zwischen den Anstiegen von zueinander senkrechten Geraden.

c) In der Abbildung wird der Graph von f einschließlich seines Steigungsdreiecks um einen Winkel von 90° um den Koordinatenursprung gedreht.
Es entsteht der Graph einer Funktion g. Erläutere den Zusammenhang zwischen den Anstiegen der beiden Graphen an den Steigungsdreiecken.

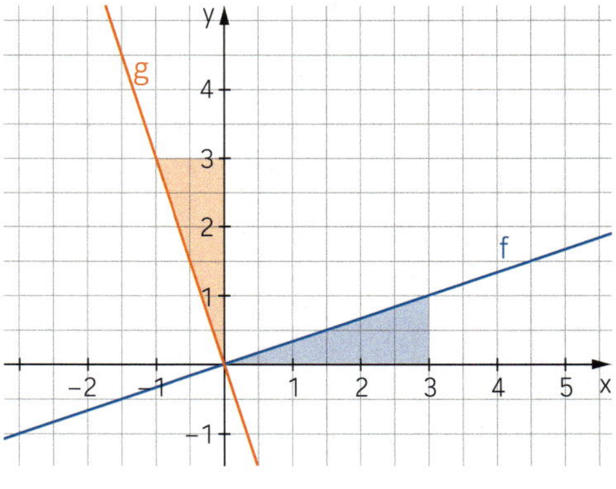

3.5 Nullstellen linearer Funktionen – Lösen linearer Gleichungen

Ziel

Du kannst schon den Graphen einer linearen Funktion zeichnen. Weiterhin kannst du Gleichungen durch Umformungen lösen. Hier lernst du, das Lösen linearer Gleichungen der Form $ax + b = c$ am Graphen einer linearen Funktion zu deuten.

Aufgabe mit Lösung

Bestimmung von Zeitpunkten

Sarah möchte die Angabe zur Brenndauer ihrer 10 cm hohen Kerze prüfen.
Die Kerze ist zylinderförmig und wird jede Stunde um 1,6 cm kürzer. Daraus kann Sarah nun die Brenndauer der Kerze errechnen.

→ Betrachte zuerst die Funktion *Zeit x (in h)* ↦ *Länge der Kerze y (in cm)*.
Stelle eine Gleichung für diese Funktion auf und zeichne den Graphen.

Lösung

Da die Kerze in einer Stunde um 1,6 cm kürzer wird, sind es nach 2 Stunden $2 \cdot 1{,}6$ cm, nach 3 Stunden $3 \cdot 1{,}6$ cm und nach x Stunden $x \cdot 1{,}6$ cm.
Für die Kerzenlänge ergeben sich folgende Längen:

nach	1 Stunde	$10\,\text{cm} - 1 \cdot 1{,}6\,\text{cm}$
	2 Stunden	$10\,\text{cm} - 2 \cdot 1{,}6\,\text{cm}$
	x Stunden	$10\,\text{cm} - x \cdot 1{,}6\,\text{cm}$

Damit ergibt sich für die Länge y der Kerze nach einer Zeit x die Gleichung
$y = 10 - x \cdot 1{,}6$ oder $y = -1{,}6x + 10$.
Trägt man die Längen nach 0 und nach 5 Stunden im Koordinatensystem ein, kann man durch Verbinden der Punkte die Gerade zeichnen.

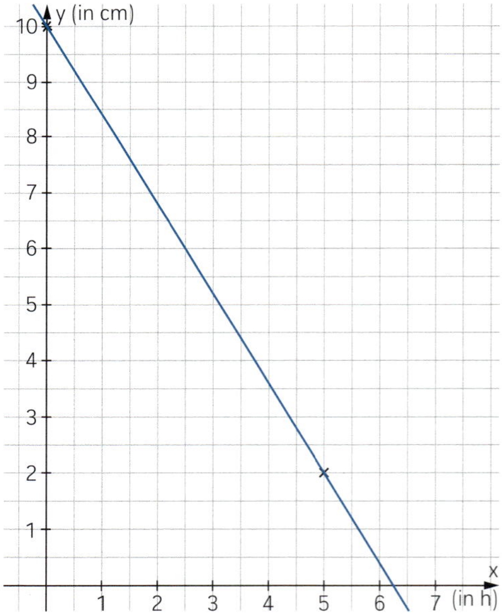

→ Ermittle nun die Brenndauer der Kerze.

Lösung

Die Kerze ist abgebrannt, wenn die Länge der Kerze 0 cm beträgt. Bei der graphischen Darstellung ist es die Stelle, an der Graph die x-Achse schneidet. Diese Stelle wird auch als Nullstelle bezeichnet. Da diese Stelle am Graph nicht genau abgelesen werden kann, berechnet Sarah diese. Bei der Nullstelle sucht sie also die Stelle x, bei der für y der Wert 0 entsteht:

$$0 = -1{,}6x + 10 \quad |+1{,}6x$$
$$1{,}6x = 10 \quad |:1{,}6$$
$$x = 6{,}25$$

Die Kerze ist nach 6,25 h oder 6 h und 15 min vollständig abgebrannt.

Information

Berechnung von Nullstellen

Eine Stelle x_0, an der eine Funktion f den Wert 0 annimmt, heißt **Nullstelle** der Funktion.
An der Nullstelle schneidet der Graph die x-Achse.
Für diese Stelle gilt also: $f(x_0) = 0$

$f(x) = -2x + 4$

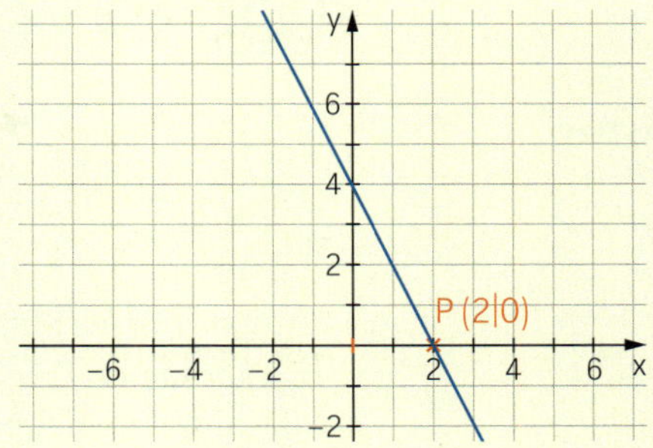

Die Nullstelle einer linearen Funktion $y = mx + n$ ermittelt man rechnerisch, indem man für y den Wert 0 einsetzt und die Gleichung nach x auflöst.

Berechnung der Nullstelle:

$y = -2x + 4$
$0 = -2x + 4 \quad |+2x$
$2x = 4 \quad |:2$
$x = 2$

Die Stelle $x_0 = 2$ ist Nullstelle der Funktion f.

Üben

1 Zeichne den Graphen der Funktion. Bestimme die Nullstelle grafisch und rechnerisch.
a) $y = 2x - 5$ b) $y = -4x + 7$ c) $y = \frac{1}{2}x + 3$ d) $y = -\frac{3}{4}x - 2$

2 Berechne die Nullstelle der Funktion.
a) $y = -3x + 7$ b) $y = 2x - 9$ c) $y = 0{,}3x + 15$ d) $y = -1{,}2x - 9$
e) $y = \frac{3}{5}x - 7$ f) $y = -\frac{4}{3}x + 5$ g) $y = 4x$ h) $y = 3$

3 Gib drei lineare Funktionen mit der Nullstelle 4 an.

4 Ein Heißluftballon befindet sich in 200 m Höhe. Zum Landen verringert er seine Höhe mit der Sinkgeschwindigkeit $1{,}5\,\frac{m}{s}$.

a) Zeichne den Graphen der Funktion *Zeit (in s) → Höhe (in m)*.
b) Bestimme, wann der Ballon landet.
c) Ab wann unterschreitet der Ballon eine Mindesthöhe von 10 m?
d) Zum sicheren Landen darf die Sinkgeschwindigkeit bis auf höchstens $2\,\frac{m}{s}$ erhöht werden. Wie viel früher landet der Ballon dann?

5 Ermittle mit deinem Rechner grafisch die Lösung der Gleichung. Führe dazu das Lösen der Gleichung auf das Problem der Ermittlung der Nullstelle einer linearen Funktion zurück.
a) $\frac{3}{16} - \frac{24}{51}x = 0$ b) $23{,}8x = 37$
c) $17x + 8 = 3$ d) $24 - 3x = 4{,}7x + 5$

3.6 Lineare Funktionen durch Punkte – Regression

Einstieg

Die Atmosphäre lässt sich in verschiedene Schichten gliedern. In der untersten, der Troposphäre, sinkt die Temperatur im Mittel um einige Grad pro Kilometer. Dieser Bereich ist die wolkenreichste Schicht. Sie ist über den Polargebieten etwa 11 km hoch.

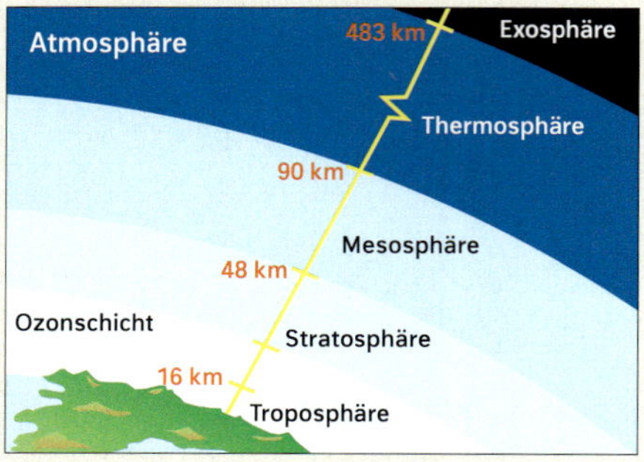

Ein Flugzeug überquert den Nordpol in 11 km Höhe und misst als Außentemperatur −65 °C. Ein anderes Flugzeug überquert den Nordpol zum selben Zeitpunkt in 8 km Höhe. Es misst als Außentemperatur −50 °C.
Welche Temperaturen herrschen in anderen Flughöhen?
Zeichnet den Graphen der Funktion
Höhe über dem Nordpol (in km) → Lufttemperatur in der Atmosphäre (in °C).
Stellt dazu auch eine Funktionsgleichung auf.

Aufgabe mit Lösung

Geraden durch zwei Punkte

Familie Wagner hat einen 6 200 l fassenden Regenwasserspeicher. Um Mitternacht beginnt zur Freude der Familie ein lang andauernder, gleichmäßiger Regen (sogenannter Landregen). Um abschätzen zu können, was dieser Landregen bringt, misst sie morgens um 5:30 Uhr den Wasserstand von 2 100 l und ein zweites Mal um 6:45 Uhr den Wasserstand von 2 450 l.

→ Beschreibe die Abhängigkeit der Wassermenge im Regenbehälter von der Dauer des Landregens durch eine Funktion.

Lösung

Annahme: Der Regen fällt gleichmäßig, somit steigt auch die Wassermenge im Regenwasserbehälter gleichmäßig an.
Die Funktion
Uhrzeit x → Volumen Regenwasser y (in l) im Behälter ist eine lineare Funktion mit der Gleichung $y = mx + n$.

Clever sparen, Regenwasser nutzen

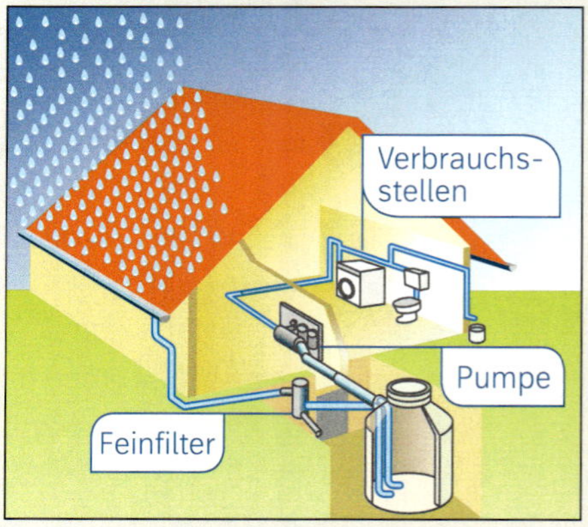

Einige Haushalte nutzen für die Toilettenspülung, die Waschmaschine, die Garten- und Grünanlagenbewässerung oder auch für Autowaschanlagen gesammeltes Regenwasser. Diese modernen Anlagen sparen das Trinkwasser und schonen somit die Umwelt.

Zum Messwert 2100 l um 5:30 Uhr gehört der Punkt $P_1(5{,}5\,|\,2100)$ des Graphen, zum Messwert 2450 l um 6:45 Uhr der Punkt $P_2(6{,}75\,|\,2450)$.
Trägt man beide Punkte in das Koordinatensystem ein und verbindet sie geradlinig, so lässt sich die Steigung m der Geraden berechnen:

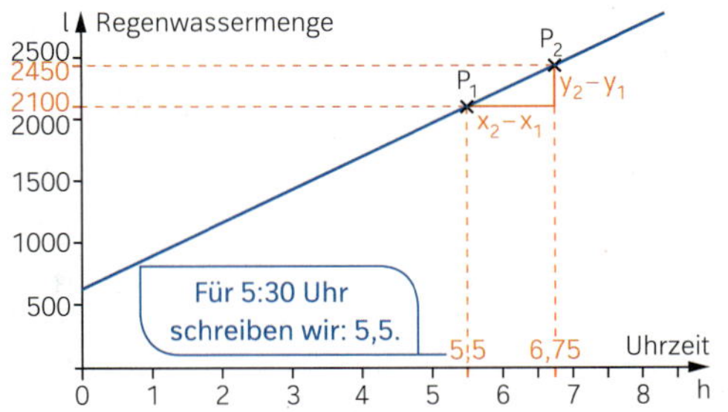

$$m = \frac{y_2 - y_1}{x_2 - x_1} = \frac{2450 - 2100}{6{,}75 - 5{,}5} = 280$$

Die Funktionsgleichung hat somit die Form $y = 280 \cdot x + n$.
Den noch unbekannten y-Achsenabschnitt n kann man durch Einsetzen eines Punktes bestimmen. Dazu werden die Koordinaten des Punktes $P_1(5{,}5\,|\,2100)$ in die Gleichung eingesetzt:

$$280 \cdot 5{,}5 + n = 2100$$
$$1540 + n = 2100 \quad |-1540$$
$$n = 560$$

Somit hat die Funktion *Uhrzeit x → Volumen Regenwasser y (in l)* die Gleichung $y = 280 \cdot x + 560$.

→ Bestimme, wie lange es noch regnen muss, um den Behälter komplett zu füllen.

Lösung

Den Zeitpunkt der kompletten Füllung des Regenwasserbehälters kann man aus einer genügend großen Zeichnung des Graphen ablesen oder rechnerisch bestimmen.
Es ist die Stelle gesucht, an der die Funktion mit $y = 280 \cdot x + 560$ den Wert 6200 annimmt. Dazu löst man die Gleichung $280 \cdot x + 560 = 6200$:

$$280 \cdot x + 560 = 6200 \quad |-560$$
$$280x = 5640 \quad |:280$$
$$x = \frac{5640}{280} = \frac{141}{7} \approx 20{,}14$$

0,14 Stunden sind 8,4 Minuten, also ungefähr 8 Minuten. Bei gleichmäßig anhaltendem Regen ist der Regenwasserbehälter also um 20:08 Uhr gefüllt.

Information

Funktionsgleichungen von Geraden durch zwei Punkte $P_1(x_1\,|\,y_1)$ und $P_2(x_2\,|\,y_2)$

(1) Berechne den Anstieg mithilfe der Koordinaten der beiden Punkte:

$$m = \frac{y_2 - y_1}{x_2 - x_1}$$

(2) Setze die Koordinaten eines Punktes (z. B. P_1) in die Gleichung $y = mx + n$ ein. Löse die Gleichung nach n auf.

(3) Schreibe die Funktionsgleichung auf.

Gesucht: Funktionsgleichung der Geraden durch die Punkte $P_1(-2\,|\,1)$ und $P_2(3\,|\,-1)$

(1) $m = \frac{-1-1}{3-(-2)} = \frac{-2}{5} = -\frac{2}{5}$

(2) $1 = -\frac{2}{5} \cdot (-2) + n$, also $n = +\frac{1}{5}$

(3) $y = -\frac{2}{5}x + \frac{1}{5}$

Üben

1 Bestimme die Gleichung der Geraden durch die Punkte P_1 und P_2.

a) $P_1(1|2)$; $P_2(2|4)$ **b)** $P_1(3|2)$; $P_2(-6|3)$ **c)** $P_1(-2|3)$; $P_2(8|8)$

2 Bestimme die Gleichung der Geraden durch die angegebenen Punkte. Zeichne dann die Gerade durch die beiden Punkte in ein Koordinatensystem und liest am Graphen Anstieg und y-Achsenabschnitt ab.

a) $A(6|2)$; $B(-2|-5)$ **b)** $A(2|3)$; $B(0|3)$ **c)** $A(-4|3)$; $B(-2|2)$

3 Die lineare Funktion hat die Gleichung (1) $y = mx + 3$; (2) $y = \frac{2}{3}x + n$.
Welche Zahlen muss man für m und n einsetzen, damit der Graph durch P geht?

a) $P(4|7)$ **b)** $P(-1|0)$ **c)** $P\left(\frac{1}{6}\middle|2\right)$

4 Liegen die folgenden Punkte auf dem Graphen einer linearen Funktion?
Falls ja, gib die Funktionsgleichung an. Falls nein, begründe die Antwort.

a) $A(0|4)$, $B(-1|3)$, $C(3|1)$ **b)** $A(0|5)$, $B(3|3)$, $C(-3|7)$ **c)** $A(0|-2)$, $B(2|0)$, $C(4|4)$

5 Ermittle jeweils die Gleichung einer linearen Funktion, welche die gegebenen Eigenschaften besitzt. Falls mehrere Möglichkeiten existieren, sind einschränkende Eigenschaften anzugeben (z. B. für m und n).

a) Der Graph von f besitzt die Nullstelle −2 und verläuft parallel zum Graphen der Funktion g mit $g(x) = -0{,}5x + 7$.

b) Der Graph von f hat den y-Achsenabschnitt 3 und eine Nullstelle bei 6.

c) Der Graph von f verläuft senkrecht zum Graphen von g mit $g(x) = -0{,}5x + 7$.

d) Der Graph von f verläuft nur durch den ersten und dritten Quadranten.

e) Der Graph von f verläuft durch genau drei Quadranten, aber nicht durch den ersten.

f) Der Graph von f ist monoton steigend und schneidet den Graphen von g mit $g(x) = -0{,}5x + 7$ im Punkt $S(4|5)$.

g) Der Graph von f schließt mit den positiven Koordinatenachsen eine Fläche mit einem Flächeninhalt von 20 Flächeneinheiten ein.

6 Emma, Julian und Timon prüfen, ob die Punkte $A(1|1)$, $B(3|5)$ und $C(2|3)$ auf einer Geraden liegen. Sie nutzen sehr unterschiedliche Bereiche des Rechners.

Emma

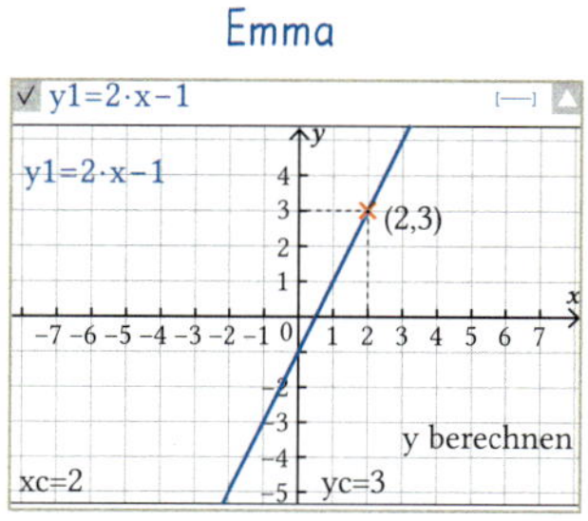

Julian

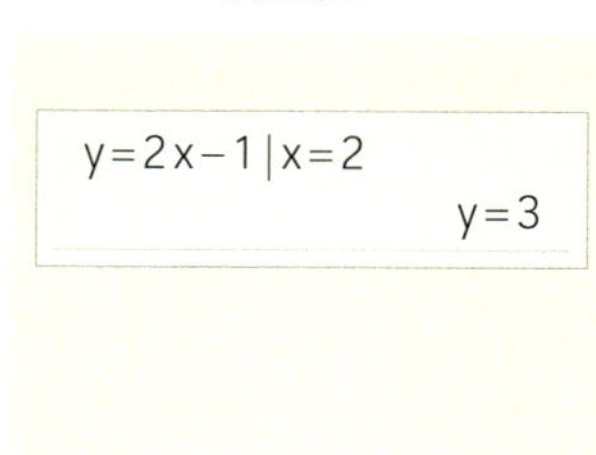

Timon

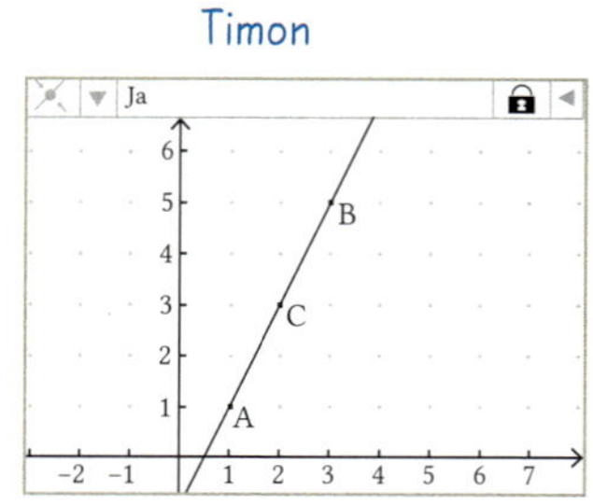

a) Erläutere die Vorgehensweise für jedes Lösungsverfahren und benenne mögliche Vor- und Nachteile

b) Untersuche, wie sich der jeweilige Lösungsansatz mit deinem Rechner realisieren lässt. Findest du weitere Möglichkeiten?

c) Führe die Lösungsschritte zu dieser Aufgabe für die Punkte $D(-1|5)$, $E(2|-4)$ und $F(-2|8)$ mit unterschiedlichen Verfahren aus.

7 ≡ Gegeben sind zwei Punkte P (−2 | −1) und Q (6 | 5). Lukas behauptet: „Wenn ich den Anstieg m der Geraden berechnen möchte, dann ist es egal, in welcher Reihenfolge ich die beiden Punkte einsetze. Der Anstieg ändert sich nicht."
Prüfe Lukas' Behauptung.

8 ≡ Erläutere Jakobs Vorgehen zum Bestimmen des Anstiegs und des y-Achsenabschnittes einer linearen Funktion durch die Punkte P_1 (3 | 1) und P_2 (5 | 2,5).

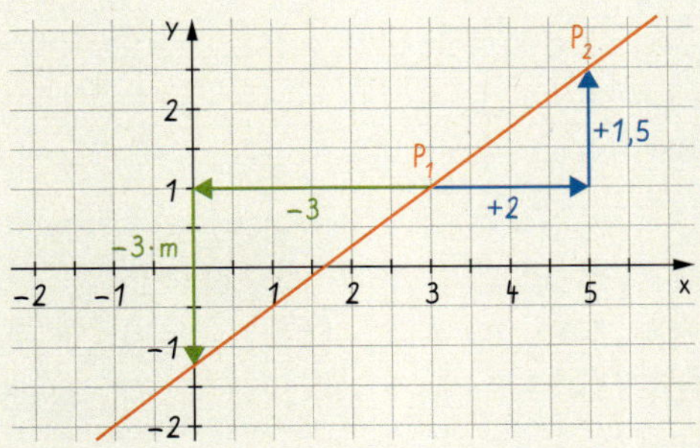

Anstieg:
$m = \frac{1,5}{2} = 0,75$
y-Achsenabschnitt:
$n = 1 - 3 \cdot 0,75$
$= 1 - 2,25$
$= -1,25$

Stückweise lineare Funktionen

9 ≡ Die Parkgebühren eines Parkhauses in einer Großstadt werden neben dem Kassenautomaten aufgelistet. Zeichne den Graphen. Beachte dabei:
Markiere einen Punkt, der nicht zum Graphen gehört, mit ∘.
Markiere einen Punkt, der zum Graphen gehört, mit •.

Parkdauer in Stunden	Betrag (in €)
1. Stunde	2,50
ab der 2. angefangenen Stunde	5,00
ab der 3. angefangenen Stunde	7,50
ab der 4. angefangenen Stunde	10,00
ab der 5. angefangenen Stunde	13,00
ab der 6. angefangenen Stunde	16,00

10 ≡ Der Wasserspeicher einer Gemeinde wird im Laufe der Nacht mit einer gleichmäßig zufließenden Wassermenge befüllt. Der Einfüllvorgang beginnt um 19:30 Uhr. In bestimmten Zeitabständen wird die Höhe des Wasserspiegels abgelesen.

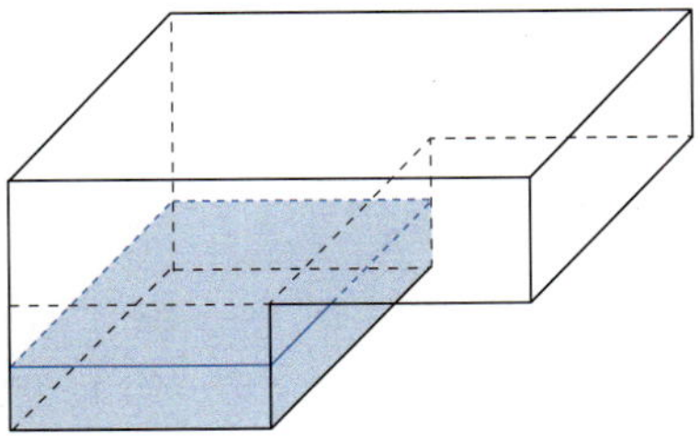

Uhrzeit	19:30	19:45	20:45	21:15	22:00
Pegelstand (in m)	0,00	0,50	2,50	3,50	

Uhrzeit	23:00	00:15	1:00	2:00	3:00
Pegelstand (in m)	7,00	8,25	9,00		11,00

a) Stelle die Messdaten grafisch dar.
b) Untersuche, ob du die fehlenden Werte in der Tabelle ergänzen kannst.
c) Untersuche, ob du die Daten dieser Tabelle durch Geradengleichungen beschreiben kannst.

WES-127827-010
Stückweise
lineare Funktioen

11 Mit Graphen linearer Funktionen kann man im Rechner auch Gegenstände zeichnen. Dazu muss man manchmal aus Geraden Strecken erzeugen oder auch Geraden parallel zur y-Achse zeichnen.
Zeichne in der Grafikanwendung deines Rechners das nebenstehende Haus nach. Beginne mit der Giebelseite des Hauses. Notiere die verwendeten Gleichungen und die Einschränkungen.

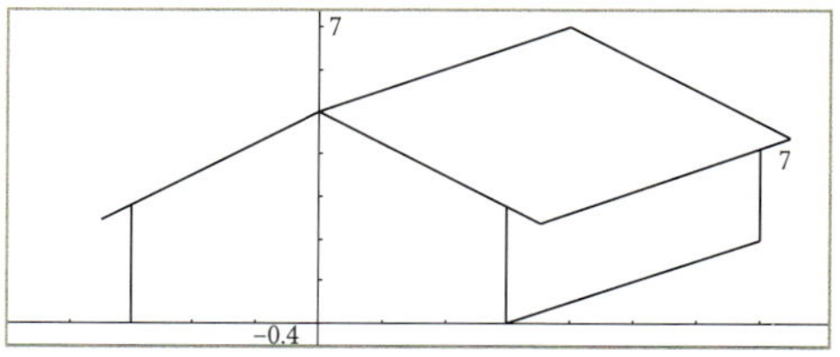

Geraden durch Punktwolken

12 In Studien ist man zu der Annahme gekommen, dass das Zirpen der Grillen abhängig von der Temperatur ist. Folgende Daten geben diesen Zusammenhang wieder.

Temperatur (in °C)	17	18	19	22	23	24	25	26	28	29	30
Anzahl der Zirpvorgänge (pro min)	105	110	110	130	152	156	160	170	175	196	212

a) Zeichne die gegebenen Werte in ein Koordinatensystem ein.
b) Zeichne nach Augenmaß eine Gerade ein, von der die Punkte wenig entfernt sind.
c) Bestimme die Funktionsgleichung dieser Geraden.
d) Wie hoch ist die geschätzte Anzahl der Zirpvorgänge (pro min) bei 15 °C bzw. 32 °C?

Information

Ausgleichsgerade

Die nach Augenmaß durch eine Punktwolke eingezeichnete Gerade, von der die eingezeichneten Punkte nicht weit entfernt sind, nennt man **Ausgleichsgerade**.

Luftfeuchtigkeit (in %) → Gefühlte *Temperatur (in °C)*

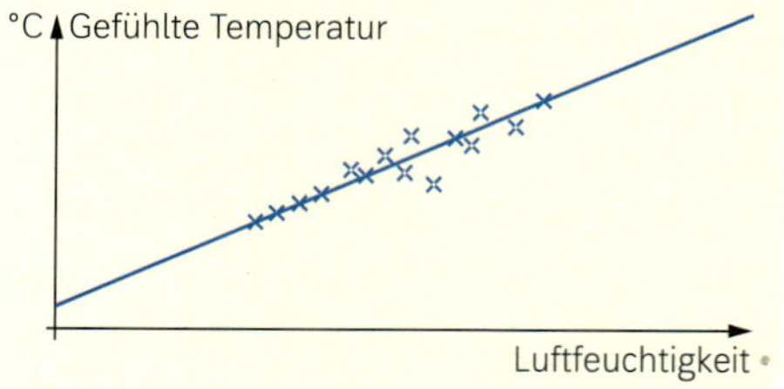

13 Die Tabelle zeigt die Anzahl der Katzen und Hunde (in Millionen) in deutschen Haushalten in den letzten Jahren.

Jahr	2015	2016	2017	2018	2019	2020
Katzen (in Mio.)	12,9	13,4	13,7	14,8	14,7	15,7
Hunde(in Mio.)	7,9	8,6	9,2	9,4	10,1	10,7

a) Bestimme zu beiden Punktmengen eine Ausgleichsgerade.
b) Hundezüchter prognostizieren, dass die Anzahl der Hunde die Anzahl der Katzen in deutschen Haushalten in der Zukunft überholen wird. Bestimme diesen Zeitpunkt. Bewerte dein Ergebnis. Recherchiere dazu im Internet auch nach aktuellen Zahlen.

Regressionsgeraden

WES-127827-011 Regressionsgerade

14 In einem Experiment wurde der elektrische Widerstand eines Drahtstücks bei verschiedenen Temperaturen gemessen. Die Tabelle zeigt die Ergebnisse.

Temperatur (in °C)	50	80	100	110	120	140	160
Widerstand (in Ohm)	53,3	58,4	61,9	63,9	65,3	69	72,3

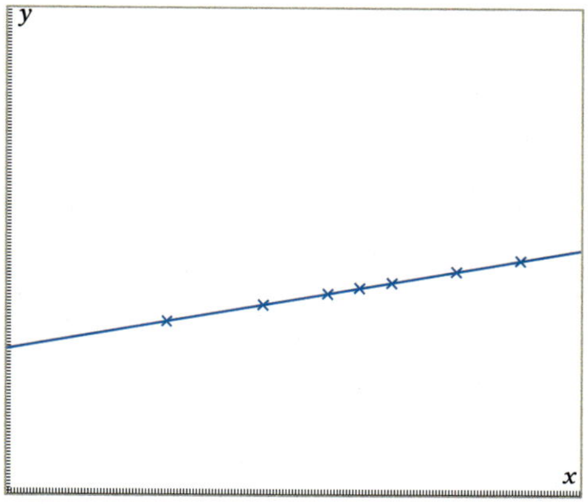

Neben der Zeichnung einer Ausgleichsgeraden nach Augenmaß ist es auch möglich, eine Näherungsgerade mit einem Rechner zu bestimmen. Das Verfahren wird als Regression bezeichnet, die Näherungsgeraden heißen Regressionsgeraden.

a) Ermittle mit deinem Rechner für die gegebenen Messwerte die Gleichung einer Regressionsgeraden.

b) Bestimme mit dieser Gleichung den elektrischen Widerstand bei einer Temperatur von 25 °C.

c) Beurteile, in welchem Bereich mit dieser Näherung physikalisch sinnvolle Aussagen getroffen werden können.

Information

Regressionsgerade

Bei der Berechnung einer Regressionsgeraden wird zu jedem Punkt der Geraden der Abstand zum direkt darunter bzw. darüberliegenden Punkt ermittelt und quadriert. Die **Regressionsgerade** ist dann diejenige, für die die Summe der Flächeninhalte dieser Quadrate möglichst klein ist.

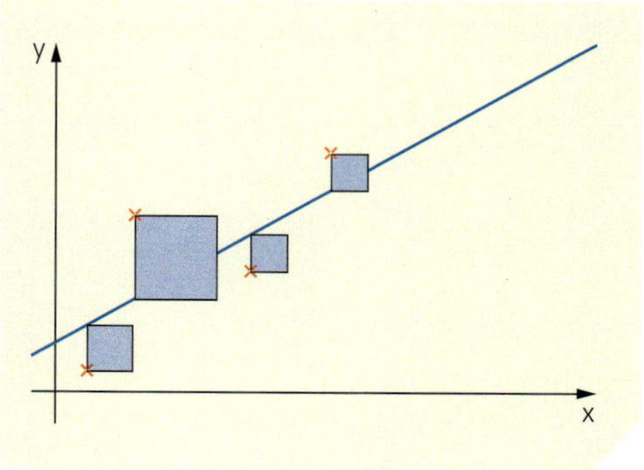

15 Temperaturen werden mit zunehmender Windstärke als deutlich geringer empfunden als sie laut Thermometer tatsächlich sind. Daher wird in vielen Wetterberichten im Winter neben der tatsächlichen Temperatur auch die „gefühlte Temperatur“ genannt. Die Tabelle zeigt die bei 0 °C gefühlte Temperatur in Abhängigkeit von der Windstärke.

Windstärke (in Beaufort)	0	1	2	3	4	5	6	7	8
Gefühlte Temperatur (in °C)	0	−1	−2	−7	−11	−14	−17	−18	−19

a) Stelle mit deinem Rechner die Daten grafisch dar. Ermittle dann die Gleichung der Regressionsgeraden.

b) Triff eine Vorhersage:
Welche Temperatur wird man bei 0 °C und 10 Beaufort fühlen?

16 Der englische Biologe und Statistiker Sir Francis Galton (1822 – 1911) verglich die Körpergröße von Männern mit der ihrer Väter. Er fand dabei heraus, dass Söhne von sehr kleinen Vätern nicht so klein wie ihre Väter und Söhne von großen Vätern nicht ganz so groß wie ihre Väter sind.
Maximilian möchte diese Aussage prüfen und recherchiert im Internet Daten von bekannten männlichen Persönlichkeiten und ihrer Söhne bzw. Väter.

Er stellt dazu folgende Tabelle zusammen:

Größe des Vaters (in cm)	150	156	161	165	172	174	175	181	185	188	191	200
Größe des Sohnes (in cm)	152	154	159	170	174	175	175	179	186	185	189	192

a) Stelle die Größe der Söhne in Abhängigkeit von der Größe der Väter in einem Koordinatensystem dar und ermittle die Gleichung einer Regressionsgeraden.
b) Ermittle mit dieser Näherung die Körpergröße für den Sohn eines 1,70 m großen Mannes.
c) Beurteile, in welchem Bereich mit dieser Näherung sinnvolle Aussagen getroffen werden können. Wie passen die Werte von Maximilian zu den Untersuchungen von Galton?

17 Nach einem Test werden die Studentinnen und Studenten befragt, wie viele Stunden sie in die Vorbereitung investiert haben. Die Angaben werden in Beziehung zu ihren Ergebnissen gesetzt. So besagt das Zahlenpaar (3|82), dass eine Studentin oder ein Student bei 3 Stunden Vorbereitung 82 von 100 Punkten erreicht hat.
Bestimme eine Ausgleichsgerade zu der Punktmenge und bewerte deine Ergebnisse.

Stunden	3,0	2,5	1,5	2,6	1,0	5,5	4,2	3,7	0,5	3,5	8,2	5,4	9,3	7,0	5,2	8,4
Punkte	82	71	73	75	47	78	90	85	56	87	94	70	89	96	74	100

18 In einer Kultur werden Bakterien gezüchtet. Die Bakterien vermehren sich durch Zellteilung. Um optimale Wachstumsbedingungen zu gewährleisten, werden die Bakterien in eine spezielle Nährlösung gegeben. Nach einem Tag bedecken die Bakterien eine Fläche von 158 mm², das Gefäß ist 75 cm² groß. Am darauf folgenden Tag wird jeweils um dieselbe Uhrzeit die von den Bakterien bedeckte Fläche gemessen.

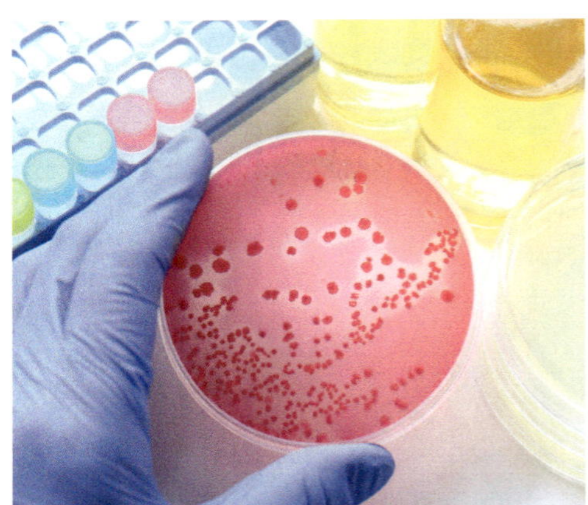

2. Tag: 191 mm²   3. Tag: 231 mm²
8. Tag: 600 mm²   9. Tag: 726 mm²

Prüfe, ob die Messwerte mit einer linearen Funktion beschrieben werden können.

Modellieren mit linearen Funktionen

1 Familie Felker möchte in den Urlaub fahren. Herr Felker tankt dazu den Tank, der 60 l fasst, voll. Er weiß, dass sein Auto im Durchschnitt 6,3 l auf 100 km verbraucht. Bis zum Urlaubsort sind es 850 km.

a) Beschreibe die Funktion *gefahrene Wegstrecke (in km) → Tankinhalt (in l)* durch eine lineare Funktion. Welche Annahmen hast du dabei gemacht?

b) Zeichne den Graphen der Funktion.

c) Ermittle, ob Familie Felker ohne Nachtanken den Urlaubsort erreicht.

▶ Modellieren mit linearen Funktionen

- Beschreibe die reale Situation durch eine Funktion. Überlege, welche Vereinfachungen der Wirklichkeit du dabei treffen musst.
- Löse das mathematische Problem. Du kannst dabei auch den Funktionsgraphen zeichnen. Überlege dir z. B., welche Bedeutung die Achsenschnittpunkte haben.
- Übertrage deine Lösung auf die Realität und bewerte sie.

2 Samira möchte gern ihren Führerschein machen. Im Internet hat sie folgende Information gefunden: „Neben der Grundausbildung müssen insgesamt mindestens 12 Sonderstunden absolviert werden: 5 Überlandfahrten, 4 Autobahnfahrten und 3 Fahrten bei Dunkelheit. Durchschnittlich benötigen Fahrschüler mindestens 30 Fahrstunden." Die Fahrschule *Patente* bietet verschiedene Tarife an. Für welchen sollte sich Samira entscheiden?

Classic	pauschal 1 700 €
Medio	Grundgebühr: 350 € Fahrstunde: 52 €
Premio	Grundgebühr: 150 € Fahrstunde: 48 € Sonderfahrten: 55 €

3 Das Erdbeerland bietet Erdbeeren zum Selbstpflücken an. Ein Kilogramm selbstgepflückte Erdbeeren kostet dabei 2,50 €. Im Bioladen kostet ein Kilogramm 6,60 €. Familie Klaus rechnet mit Fahrkosten von 10 € für die Hin- und Rückfahrt. Ab welcher Menge lohnt sich die Fahrt?

4 Tessa fährt in 3 Wochen zum Schüleraustausch nach Italien. Sie schätzt, dass sie schon 800 italienische Wörter kennt. Täglich will sie weitere 8 Vokabeln lernen. Wie viele italienische Wörter wird sie zu Beginn des Schüleraustausches kennen?

Funktion

Eine eindeutige Zuordnung, bei der jedem Wert x aus dem Definitionsbereich D_f genau ein Wert y zugeordnet wird, heißt **Funktion**. y heißt **Funktionswert** von x oder an der **Stelle** x.
Heißt die Funktion f, so bezeichnet man den Funktionswert von x auch mit f(x).
Eine Funktion kann angegeben werden durch:
- eine *Wortvorschrift*
- eine *Zuordnungsvorschrift*
- eine *Funktionsgleichung*;
- eine *Wertetabelle*;
- einen *Funktionsgraphen*.

Wortvorschrift:
Jeder Zahl wird ihre Quadratzahl vermindert um 1 zugeordnet.

Zuordnungsvorschrift:
$f: x \mapsto x^2 - 1$

Funktionsgleichung:
$f(x) = x^2 - 1$

Wertetabelle:

x	y
−2	3
−1	0
0	−1
1	0
2	3

Graph:

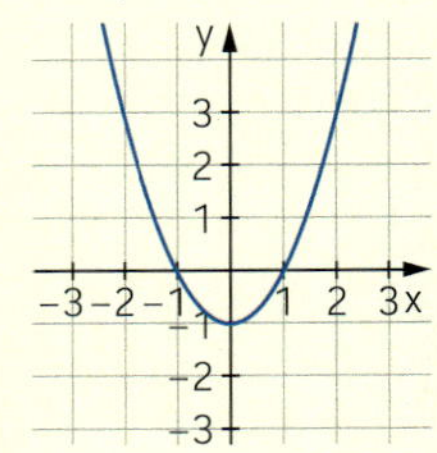

Lineare Funktionen der Form y = m x + n

Eine Funktion mit der Funktionsgleichung **$y = mx + n$** heißt **lineare Funktion**.
Der Graph einer linearen Funktion ist eine Gerade.
Die Funktion ist
- monoton steigend, falls m positiv ist und
- monoton fallend, falls m negativ ist.

m ist der **Anstieg** (oder die Steigung) der Geraden.
n nennt man den **y-Achsenabschnitt**.

$y = 2x - 1$
$m = 2$
$n = -1$

Die Funktion ist monoton steigend.

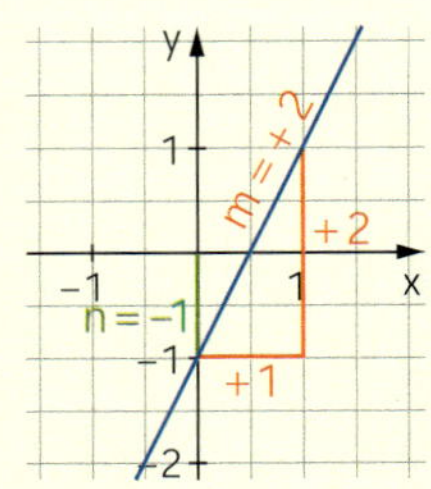

Nullstelle

Eine Stelle x_0, an der eine Funktion f den Wert 0 annimmt, heißt **Nullstelle** der Funktion.
Für eine Nullstelle gilt: $f(x_0) = 0$

$f(x_0) = 2x_0 - 1 = 0$
$x_0 = \frac{1}{2}$

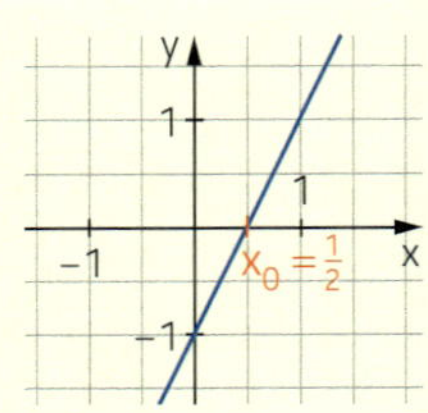

Gerade durch zwei Punkte

Für eine Gerade, die durch die Punkte $P_1(x_1|y_1)$ und $P_2(x_2|y_2)$ verläuft, gilt:
$m = \frac{y_2 - y_1}{x_2 - x_1}$
Um den Wert von n zu bestimmen, setzt man die Koordinaten von P_1 oder P_2 in die Gleichung $y = mx + n$ ein und löst diese.

Gerade durch $P_1(3|-4)$, $P_2(-1|8)$

Anstieg: $m = \frac{8-(-4)}{-1-3} = -3$

y-Achsenabschnitt n:
$-4 = -3 \cdot 3 + n$, also $n = 5$
Geradengleichung: $y = -3x + 5$

Das Wichtigste auf einen Blick

Regressionsgerade

Bei der Berechnung einer Regressionsgeraden wird zu jedem Punkt der Geraden der Abstand zum direkt darunter bzw. darüberliegenden Punkt ermittelt und quadriert. Die **Regressionsgerade** ist dann diejenige, für die die Summe der Flächeninhalte dieser Quadrate möglichst klein ist.

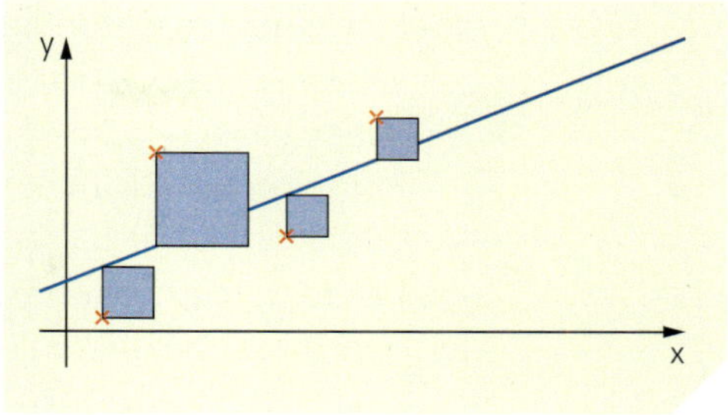

Bist du fit

Lösungen im Anhang

1 Das Diagramm zeigt den Wasserstand (in m ü.NN) in einem Seehafen.

a) Gib den Wasserstand um 3:00 Uhr, 5:00 Uhr, 8:00 Uhr, 10:00 Uhr, 14:00 Uhr, 18:00 Uhr, 20:00 Uhr und 22:00 Uhr an.

b) Gib an, zu welchen Zeitpunkten der Wasserstand +20 cm; 0 cm; −20 cm beträgt.

c) Entscheide und begründe, welche der Zuordnungen *Zeit → Wasserstand*, *Wasserstand → Zeit* eine Funktion ist.

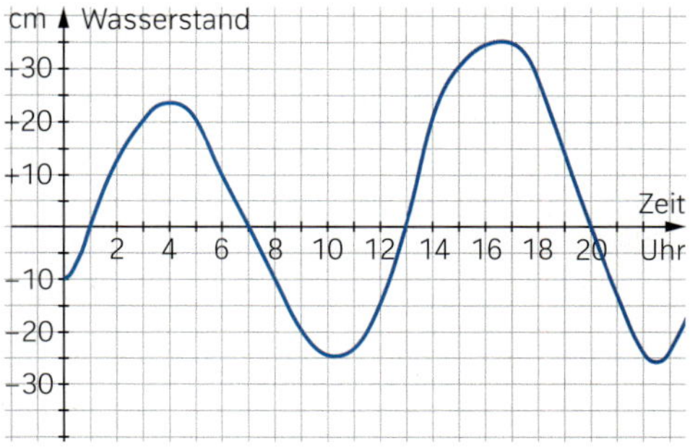

2 Rechts siehst du den Querschnitt eines Auffangbeckens. Dieses wird gleichmäßig mit Wasser befüllt. Die Graphen zeigen die Füllhöhe in Abhängigkeit von der Füllzeit.

a) Gib an, welcher der Graphen zum Becken passt. Begründe.

b) Skizziere jeweils den Querschnitt eines Auffangbeckens, zu dem die anderen Graphen passen.

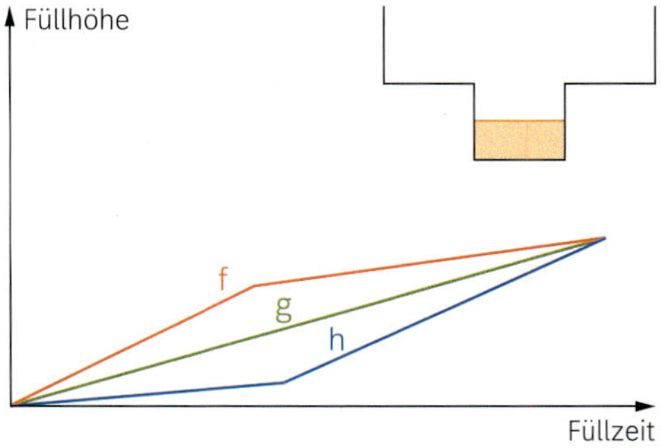

3 Zeichne den Graphen der Funktion, ohne eine Wertetabelle anzulegen.

a) $f_1(x) = \frac{5}{3}x$ **b)** $f_2(x) = -x + 1$ **c)** $f_3(x) = 1{,}4\,x - 2$ **d)** $f_4(x) = 2x - \frac{1}{2}$

4 Gib zu jeder Geraden die Funktionsgleichung an.

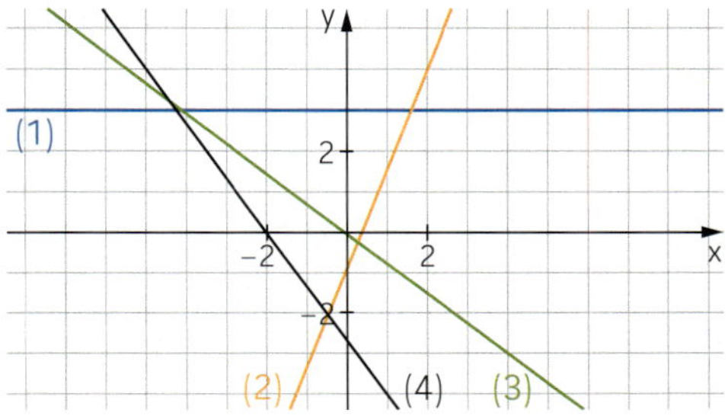

5 Gegeben ist die Funktion mit f mit $f(x) = \frac{3}{4}x + 1{,}5$. Gib eine Bedingung an, sodass der Graph einer lineare Funktion g mit $g(x) = mx + n$
(1) steiler verläuft;
(2) flacher verläuft;
(3) parallel verläuft;
(4) denselben y-Achsenabschnitt hat.

6 Untersuche, welche der Punkte $P_1(1\,|\,1)$, $P_2(9\,|\,-3)$ und $P_3(-3\,|\,-7)$ zum Graphen von $y = 2x - 1$ gehören.

7 Prüfe, ob die drei Punkte auf einer Geraden liegen.
a) $P(-2\,|\,2)$; $Q(-1\,|\,3)$; $R(2\,|\,0)$
b) $P(1\,|\,-1)$; $Q(3\,|\,1)$; $R(5\,|\,3)$

8 Untersuche, ob der Punkt $P(20\,|\,380)$ unterhalb oder oberhalb des Graphen zu $f(x) = 21x - 30$ liegt.

9 Berechne die Nullstellen der Funktion.
a) $y = \frac{4}{3}x$
b) $g(x) = -2x + \frac{1}{2}$
c) $y = \frac{5}{6}x - 1$
d) $f(x) = 1{,}5x + 6$

10 Ermittle die Funktionsgleichung einer linearen Funktion mit $f(x) = mx + n$, für die gilt:
(1) $m = \frac{3}{4}$ und $P(2\,|\,-3)$ liegt auf dem Graphen;
(2) $n = -8$ und $P(-1\,|\,-2)$ liegt auf dem Graphen;
(3) $P_1(-4\,|\,5)$ und $P_2(5\,|\,-4)$ liegen auf dem Graphen;
(4) $m = 2$ und Nullstelle bei 3.

CAS **11** Ermittle die Stellen, an denen die Funktion die angegebenen Funktionswerte annimmt.
a) $f(x) = 3x - 2$; $y = -9$
b) $f(x) = \frac{1}{10}x - 1$; $y \le 100$
c) $f(x) = \frac{2}{3}x - 4$; $y \ge 12$
d) $f(x) = -3x + 4$; $-31 \le y \le 31$

CAS **12** Ein Fallschirmspringer hat 20 Sekunden nach dem Öffnen des Fallschirms noch eine Höhe von 250 m über dem Boden. Er sinkt in jeder Sekunde um 5 m.
a) Berechne, in welcher Höhe der Fallschirm geöffnet wurde.
b) Ermittle die Funktionsgleichung für die Funktion
Fallzeit bei geöffnetem Fallschirm (in s) → Höhe über dem Boden (in m).
c) Ermittle, wie lange das Absinken bei geöffnetem Fallschirm dauert.

13 Die Graphen der Funktionen f mit $f(x) = 2x - 2$ und g mit $g(x) = -x + 8$ begrenzen jeweils mit den Koordinatenachsen ein Dreieck.
(a) Veranschauliche den Sachverhalt durch eine Skizze.
(b) Ermittle den Flächeninhalt des Dreiecks, welches von den Graphen von f und g und
(1) der x-Achse;
(2) der y-Achse
begrenzt wird.

Lineare Gleichungssysteme

4

▲ *Max und Mia haben zwei verschiedene Möglichkeiten gefunden, 2-Cent- und 10-Cent-Münzen mit einem 1 g-Massestück auszubalancieren.*
Kannst du aus den beiden Möglichkeiten folgern, wie schwer 2-Cent- und wie schwer 10-Cent-Münzen sind?

In diesem Kapitel
- lernst du, wie man die Lösungen von mehreren Gleichungen mit mehreren Variablen bestimmt;
- wirst du dies auch zeichnerisch und rechnerisch durchführen. ▶

4.1 Lineare Gleichungen mit zwei Variablen

Einstieg

Emma hat 5-Cent- und 10-Cent-Münzen im Gesamtwert von 65 Cent. Wie viele Münzen von jeder Sorte kann sie haben?

Aufgabe mit Lösung

Lösen einer Gleichung mit zwei Variablen

Die Klasse 8 a möchte auf ihrer Klassenfahrt eine Paddeltour unternehmen. Für die 28 Schülerinnen und Schüler stehen Vierer- und Sechser-Boote zur Verfügung. Diese müssen allerdings immer voll besetzt werden.

→ Wie könnte man die Schülerinnen und Schüler auf die Boote verteilen?

Lösung

Da die Anzahl der benötigten Boote unbekannt ist, führt man Variablen ein.

x ... Anzahl der Boote für 4 Personen
y ... Anzahl der Boote für 6 Personen

Bei x Booten für 4 Personen und y Booten für 6 Personen sind insgesamt $4 \cdot x + 6 \cdot y$ Personen untergebracht.
In die Klasse 8 a gehen 28 Schülerinnen und Schüler. Somit erhält man die Gleichung $4 \cdot x + 6 \cdot y = 28$.
Man sucht nun Werte für x und y, die diese Gleichung erfüllen. Dies kann in einer Tabelle durch systematisches Probieren erfolgen.

x	y	4x + 6y
0	5	30
1	**4**	**28**
2	3	26
3	3	30
4	**2**	**28**
5	1	26
6	1	30
7	**0**	**28**

In der Tabelle erkennt man, dass es verschiedene Möglichkeiten als Lösung gibt: Die Klasse könnte ein Vierer-Boot und vier Sechser-Boote benutzen, aber auch vier Vierer-Boote und zwei Sechser-Boote sowie sieben Vierer-Boote.

Information

Lineare Gleichung mit zwei Variablen

Eine Gleichung mit zwei Variablen x und y, die in der Form $\mathbf{a \cdot x + b \cdot y = c}$ geschrieben werden kann, heißt **lineare Gleichung mit zwei Variablen**.

Eine Lösung einer linearen Gleichung mit zwei Variablen ist ein **geordnetes Paar**.

Gesucht sind Lösungen der Gleichung: $4x + 3y = 2$

$(-1\,|\,2)$ ist Lösung der Gleichung, denn $4 \cdot (-1) + 3 \cdot 2 = 2$ ist wahr.

$(2\,|\,1)$ ist keine Lösung der Gleichung, denn $4 \cdot 2 + 3 \cdot 1 = 2$ ist falsch.

Üben

1 Welche geordneten Paare $(4|4)$, $(-1|1)$, $(1|-6)$, $(2|0)$, $(-1|9)$, $\left(0\middle|\frac{1}{4}\right)$ sind Lösungen der Gleichung?

a) $x + y = 8$ **b)** $7x + 8y = 2$ **c)** $-2s + \frac{1}{3}t = -4$ **d)** $2x + 2y = 16$

2 Nenne drei geordnete Paare, die Lösung der Gleichung $-2x + 5y = 3$ sind. Nenne auch drei geordnete Paare, die keine Lösung dieser Gleichung sind.

3 Ein Kreuz soll wie rechts gezeichnet werden. Dabei soll die gesamte Randlinie genau 40 cm lang sein. Die Abmessungen x und y sind noch nicht festgelegt.

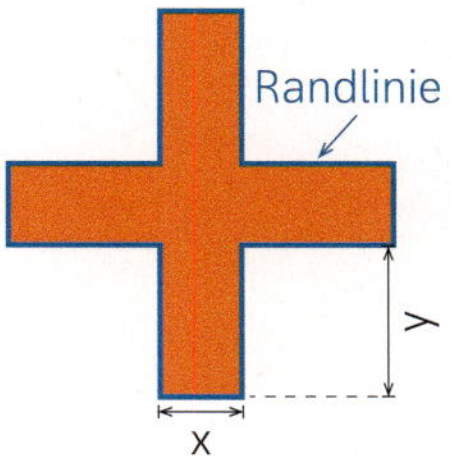

a) Gib die geforderte Bedingung für die Randlinie in Form einer Gleichung an.
b) Welche der geordneten Paare $(2|4)$, $(6|2)$, $(8|3)$, $(4{,}5|1)$, $(3|3{,}5)$, $\left(\frac{1}{2}\middle|\frac{19}{4}\right)$ sind Lösungen dieser Gleichung mit zwei Variablen?

4 Das geordnete Paar $(4|-1)$ ist Lösung einer linearen Gleichung. Gib mindestens drei verschiedene Möglichkeiten für diese Gleichung an.

5 In einer Jugendherberge gibt es Zimmer für fünf und sieben Personen. Insgesamt kommen dort 210 Gäste unter.
a) Wie viele Zimmer könnte die Jugendherberge haben? Nutze eine passende lineare Gleichung.
b) Eine andere Jugendherberge hat nur Zimmer für fünf und acht Personen. Erstelle eine passende Gleichung und finde auch hier mögliche Anzahlen an Zimmern für die Unterbringung von 210 Gästen.

6 Verwendet man für Zahlungen nur 20-€- und 50-€-Scheine, ergeben sich spezielle Beträge.
a) Nenne die fünf kleinsten Geldbeträge, die man mit 20-€- und 50-€-Scheinen zahlen kann.
b) 430 € sollen mit 20-€-Scheinen und 50-€-Scheinen ausgezahlt werden. Erstelle eine lineare Gleichung mit zwei Variablen, um alle Möglichkeiten zu finden.
c) Gibt es Lösungen der Gleichung aus Teilaufgabe b), die für die Auszahlung des Betrages keine Bedeutung haben? Begründe.

Das kann ich noch!

A Löse die Klammern auf.
1) $\left(\frac{1}{2}x^2 - \frac{1}{3}b\right)^2$ 2) $\left(-\frac{2}{3}y^2z + \frac{z^2}{2}\right)^2$
3) $(-3ab^2 + 4c)(4c + 3ab^2)$ 4) $(3ab^2 - 4b)(4b - 3ab^2)$

B Löse die Klammern auf und fasse so weit wie möglich zusammen.
1) $-(-a)^2 + 3(-a^2)$ 2) $-(-b - (-b + 1) - (1 - b) - (-b))$

Geraden als Graphen linearer Gleichungen mit zwei Variablen

7 Zeichne die Gerade in ein Koordinatensystem. Forme die Gleichung gegebenenfalls vorher um.

a) $2x + 4y = 16$ b) $\frac{x}{3} + y = 3$ c) $4y = -8$ d) $-5x = 10$

Information

Graph einer linearen Gleichung

Statt durch Probieren Lösungen zu finden, kann eine lineare Gleichung der Form $ax + by = c$ mit $b \neq 0$ auch durch Auflösen nach y auf die Form $y = mx + n$ gebracht werden.
Lösungen sind dann die geordneten Paare $(x \mid mx + n)$. Diese liegen alle auf einer Geraden mit der Gleichung $y = mx + n$.
Somit lautet die allgemeine Lösungsmenge: $L = \{(x \mid mx + n)\}$
Sonderfälle:
- $a = 0$: Es entsteht eine *Parallele zur x-Achse* mit der Gleichung $y = \frac{c}{b}$.
- $b = 0$: Ist $a \neq 0$, erhält man keine Funktion. Es entsteht eine *Parallele zur y-Achse* mit der Gleichung $x = \frac{c}{a}$.

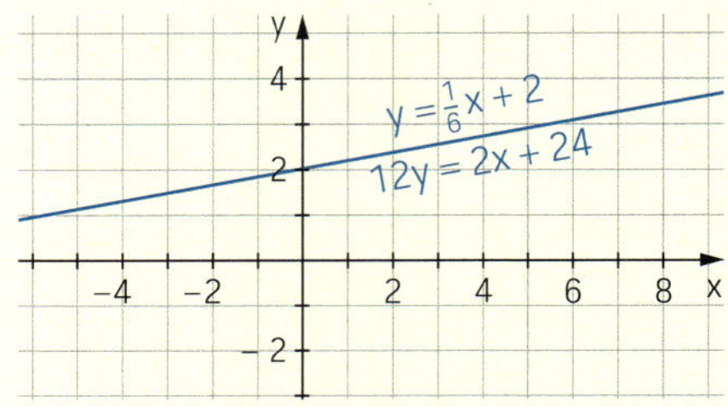

Sonderfälle:

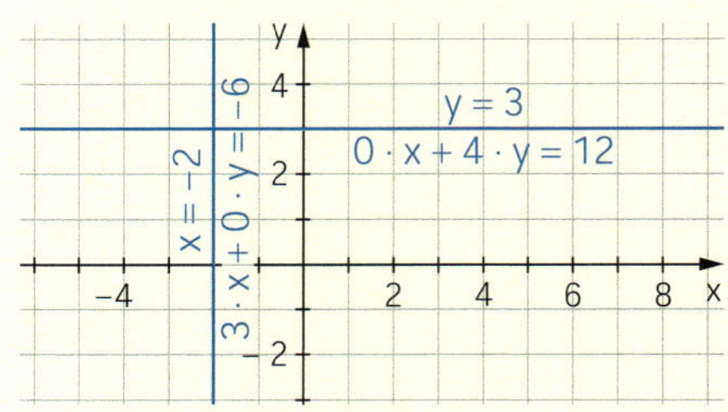

Statt $y = 4$ kann man auch schreiben $0x + y = 4$

8 Gib zu der Geraden eine passende lineare Gleichung mit zwei Variablen an. Gehört die Gerade zu einer linearen Funktion? Begründe.

a)
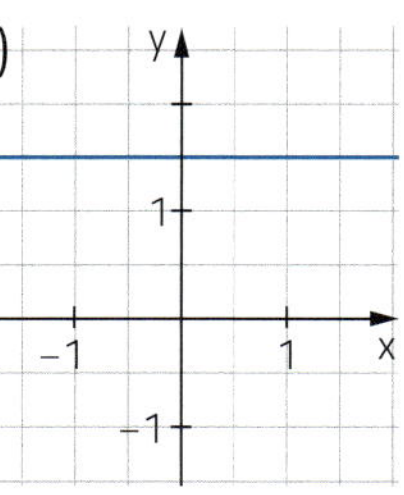

b)
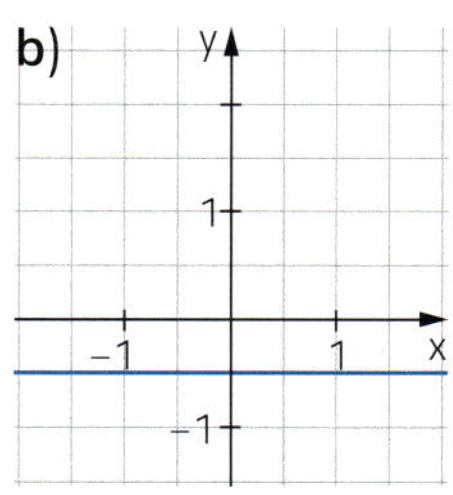

c)
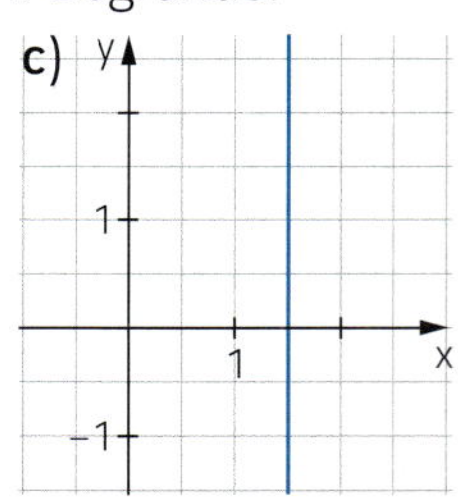

d)
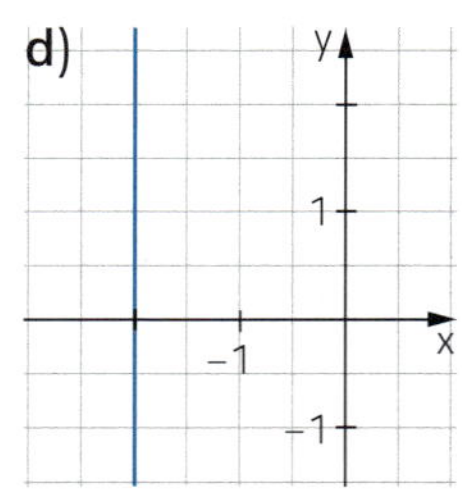

9 Zeichne den zugehörigen Graphen mit deinem Rechner und lies mindestens drei verschiedene Lösungen ab.

a) $y = 2x - 1$ b) $2x + 2y = -1$ c) $\frac{1}{4}x + \frac{1}{2}y = 2$ d) $0{,}3x - 0{,}2y = 0{,}1$

10 Ergänze die Koordinaten der Punkte $P_1(0 \mid \square)$, $P_2(\square \mid 0)$, $P_3(1 \mid \square)$, $P_4(\square \mid 6)$, $P_5(-0{,}2 \mid \square)$ und $P_6(\square \mid -0{,}6)$ so, dass diese zum Graphen der angegebenen linearen Gleichung gehören.

a) $x + y = 1$ b) $2x - 5y = 0$ c) $\frac{x}{2} + \frac{y}{3} = 2$ d) $-2x + 0{,}4y = 4$

e) $y = 6$ f) $x = 2$ g) $3x - 3y = 0$ h) $-2y = 1$

11 ≡ Welche der geordneten Paare (1 | 5), (−12 | −1), (5 | 2) und (5 | −1) sind Lösungen der Gleichung?

a) $x = 5$ **b)** $y = -1$ **c)** $x = \frac{1}{2}$ **d)** $y = 5$

12 ≡ In welchem Punkt schneidet die Gerade die y-Achse, in welchem die x-Achse?

a) $3y = 12x + 15$ **b)** $4x + 5y = 5$ **c)** $x - 3y = 0$ **d)** $\frac{x}{2} + \frac{y}{4} - \frac{3}{4} = 0$

13 ≡ Sind die folgenden Geraden Graphen linearer Funktionen?
Gib eine lineare Gleichung an.

a) Parallele zur x-Achse durch P(−3 | 2)
b) Parallele zur y-Achse durch P(−3 | 2)
c) Senkrechte zur x-Achse durch Q(2 | −3)
d) Gerade durch P(−1 | 3) und Q(4 | −1)
e) Senkrechte zur y-Achse durch Q(2 | −3)
f) Gerade mit Anstieg $m = 2$ durch P(2 | 2)

14 ≡ Zur linearen Gleichung $3a - 4b = 24$ gehören zwei lineare Funktionen
$f: a \mapsto b$ und $g: b \mapsto a$.

a) Bestimme für beide Funktionen eine Gleichung.
b) Zeichne die zugehörigen Graphen in zwei Koordinatensysteme ein und vergleiche sie.

Weiterüben

15 ≡ Aus einem 300 cm langen Draht soll das Kantenmodell eines Prismas mit quadratischer Grundfläche hergestellt werden.
Jan und Marie finden zwei unterschiedliche Gleichungen, mit denen man den Zusammenhang zwischen der Kantenlänge der Grundfläche und der Höhe des Prismas beschreiben kann.

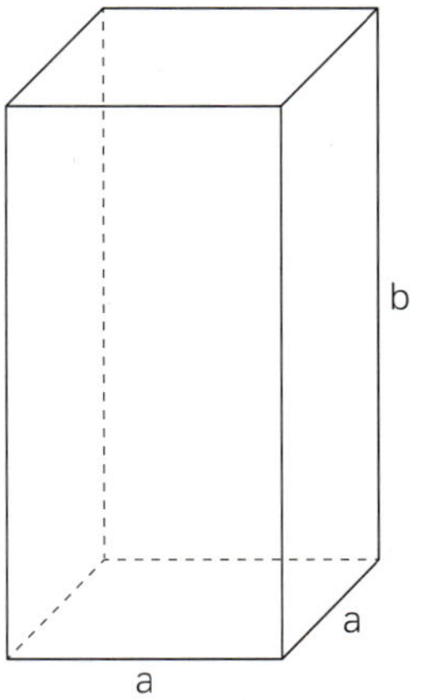

Jan: $8a + 4b = 300$ Marie: $2a + b = 75$

a) Überprüfe beide Gleichungen. Begründe möglichst anschaulich, dass beide Gleichungen korrekt sind.
b) Stelle die Gleichungen grafisch dar. Was fällt dir auf?
c) Max behauptet: Verschiedene Gleichungen können dieselbe Gerade darstellen. Nimm zu dieser Aussage Stellung. Gib ein Bespiel an.

16 ≡ Gegeben ist die Gleichung $2x - y^2 = 4$.

a) Handelt es sich um einen lineare Gleichung? Begründe.
b) Entscheide, ob die folgenden Gleichungen linear sind.

(1) $x \cdot y = 0$ (2) $x - y = -8$ (3) $x(x + 2) = y$ (4) $x = 3y + 1$

17 ≡ Miriam hat für ein Klassenfest Weizen- und Vollkornbrötchen eingekauft. Sie hat insgesamt 24 € bezahlt.
Wie viele Brötchen könnte sie von jeder Sorte gekauft haben?
Notiere dazu eine Gleichung mit zwei Variablen und gib mehrere Lösungen an.
Zeichne auch den Graphen.

4.2 Grafisches Lösen eines linearen Gleichungssystems

Einstieg

Kerzen brennen unterschiedlich schnell ab. Marie misst die Höhe der beiden Kerzen kurz nach dem Anzünden und dann noch einmal nachdem eine Stunde vergangen ist.
Ermittelt, wann die Kerzen die gleiche Höhe haben werden.
Wie hoch sind sie dann?

Aufgabe mit Lösung

Grafisches Lösen eines linearen Gleichungssystems

Lisa und Hans sind am Nachmittag auf dem Rummel. Hans fährt sechsmal Autoscooter und zweimal Breakdancer. Lisa fährt beide Fahrgeschäfte genau viermal. Sie bezahlt 36 €, Hans nur 34 €.

→ Wie viel kostet jeweils eine Fahrt mit den beiden Fahrgeschäften?

Lösung

Zunächst werden die Variablen festgelegt:
x ... Preis einer Fahrt Autoscooter (in €)
y ... Preis einer Fahrt Breakdancer (in €)
Hans fährt sechsmal Autoscooter und zweimal Breakdancer für 34 €: $6x + 2y = 34$
Lisa fährt beide Fahrgeschäfte viermal und bezahlt 36 €: $4x + 4y = 36$
Dabei sind $x \geq 0$ und $y \geq 0$, da die Anzahl der Fahrten nicht negativ sein kann.

Stellt man nun beide Gleichungen nach y um, können die Graphen der zugehörigen linearen Funktionen in einem Koordinatensystem gezeichnet werden.

$$6x + 2y = 34 \quad |-6x$$
$$2y = 34 - 6x \quad |:2$$
$$y = -3x + 17$$
$$4x + 4y = 36 \quad |-4x$$
$$4y = 36 - 4x \quad |:4$$
$$y = -x + 9$$

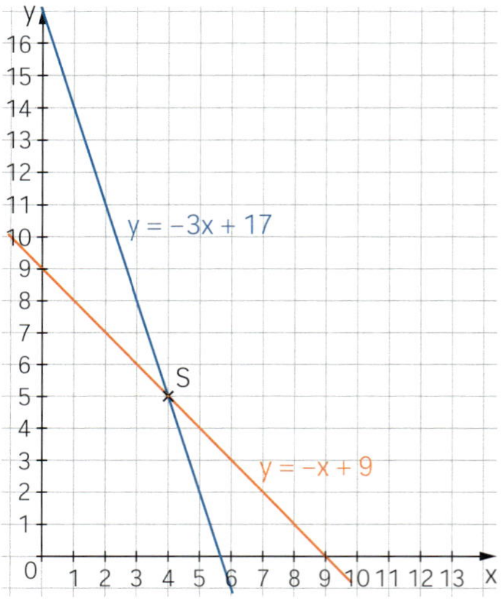

Man erhält einen Schnittpunkt S mit S(4 | 5). Dieser Punkt erfüllt beide Gleichungen. Seine Koordinaten stehen für den Preis des jeweiligen Fahrgeschäftes: x für Autoscooter, y für Breakdancer
Eine Fahrt mit dem Autoscooter kostet 4 €, eine mit dem Breakdancer 5 €.

Information

Lineares Gleichungssystem

Verknüpft man zwei lineare Gleichungen mit zwei Variablen durch „und“, so entsteht ein **lineares Gleichungssystem**.

Jedes geordnete Paar (x | y), dessen Zahlen die erste und zugleich die zweite Gleichung des Gleichungssystems erfüllen, ist eine Lösung dieses Gleichungssystems.

$$\left| \begin{aligned} x + y &= 5 \\ 2x - y &= 13 \end{aligned} \right|$$

Es ist üblich, die Gleichungen mit zwei senkrechten Strichen zusammenzufassen. Man kann sie auch mit römischen Ziffern nummerieren.

Das geordnete Paar (6 | −1) ist Lösung des linearen Gleichungssystems, da es beide Gleichungen erfüllt:

Probe: $6 + (-1) = 5$ wahr
$2 \cdot 6 - (-1) = 13$ wahr

Lösungsmenge $L = \{(6 \mid -1)\}$

Grafisches Lösen

Ein lineares Gleichungssystem wird grafisch gelöst, indem die beiden Gleichungen zunächst nach y umgeformt werden. Damit kann man die Graphen der linearen Funktionen in ein geeignetes Koordinatensystem einzeichnen.

Das geordnete Paar der Koordinaten des Schnittpunkts S (x | y) ist die Lösung des linearen Gleichungssystems.

$$\left| \begin{aligned} x + y &= 5 \\ 2x - y &= 13 \end{aligned} \right|$$

- Gleichungen nach y umformen:
  $y = 5 - x = -x + 5$
  $y = -13 + 2x = 2x + 13$
- Graphen zeichnen:

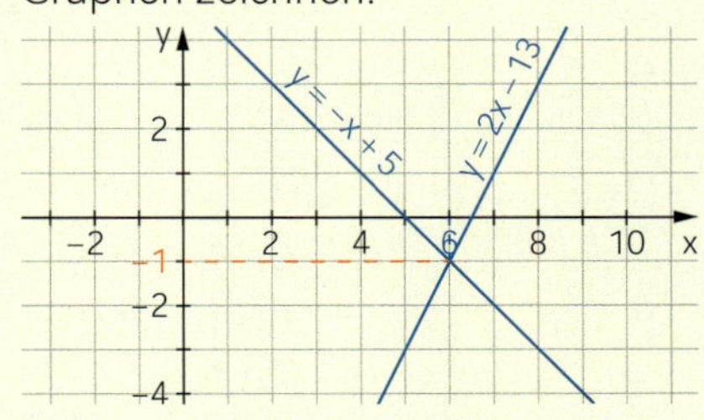

- Ablesen: Schnittpunkt S (6 | −1)
  $L = \{(6 \mid -1)\}$

Üben

1 Ermittle zeichnerisch in deinem Heft die Lösungsmenge des Gleichungssystems. Führe eine Probe durch.

a) $\left| \begin{aligned} y &= 2x - 3 \\ y &= 3x - 4 \end{aligned} \right|$
b) $\left| \begin{aligned} y + 2x &= 3 \\ 2y &= 10 \end{aligned} \right|$
c) $\left| \begin{aligned} x &= 1 - y \\ 6x + 24 &= 4y \end{aligned} \right|$
d) $\left| \begin{aligned} x + 2y &= 3 \\ x + y &= 1 \end{aligned} \right|$

e) $\left| \begin{aligned} 6a &= 2b - 8 \\ 8b - 12 &= 4a \end{aligned} \right|$
f) $\left| \begin{aligned} r + s &= 0 \\ -2r + s &= 3 \end{aligned} \right|$
g) $\left| \begin{aligned} x + 2y &= 8 \\ 2x \quad &= 6 \end{aligned} \right|$
h) $\left| \begin{aligned} 3p - 4q &= 4 \\ 2p + \; q &= 10 \end{aligned} \right|$

2 Simon löst das Gleichungssystem $y = 2x - 5$ *und* $y = x - 3$. Er schreibt als Antwort: „Das Gleichungssystem hat die Lösungen 2 und − 1.“ Was sagst du dazu?

3 Ein Gaswerk bietet den Kunden zwei Tarife an. Im April hat Familie Siede so viel Gas verbraucht, dass der Gesamtpreis bei beiden Tarifen der gleiche ist. Wie viel Gas hat sie verbraucht und wie viel muss sie bezahlen? Stelle ein Gleichungssystem auf und löse zeichnerisch.

Eurogas

Tarif	Mini	Classic
Monatlicher Grundpreis	10,00 €	15,00 €
Preis je m^3	0,60 €	0,40 €

4 Für eine Aufführung wurden insgesamt 100 Karten verkauft. Eine normale Karte kostete 10 €, die ermäßigten Karten 5 €. Insgesamt wurden 700 € eingenommen. Wie viele Karten wurden ermäßigt, wie viele zum normalen Preis verkauft?

5 Eine Jugendherberge hat 35 Zimmer für 145 Jugendliche. Diese können in Dreibett- und Fünfbettzimmern übernachten. Wie viele Dreibett- und Fünfbettzimmer gibt es?

Sonderfälle bei der Lösungsmenge

6 Bestimme die Lösungen folgender Gleichungssysteme grafisch. Was fällt dir auf?

(1) $\left|\begin{array}{l} 2x - 4y = -2 \\ 3x + y = 11 \end{array}\right|$ (2) $\left|\begin{array}{l} -x + 2y = 4 \\ 2x - 4y = 6 \end{array}\right|$ (3) $\left|\begin{array}{r} 2x + y = -4 \\ -6x - 3y = 12 \end{array}\right|$

Information

Anzahl der Lösungen eines linearen Gleichungssystems

$\left|\begin{array}{l} y = 2x - 5 \\ y = -x + 4 \end{array}\right|$

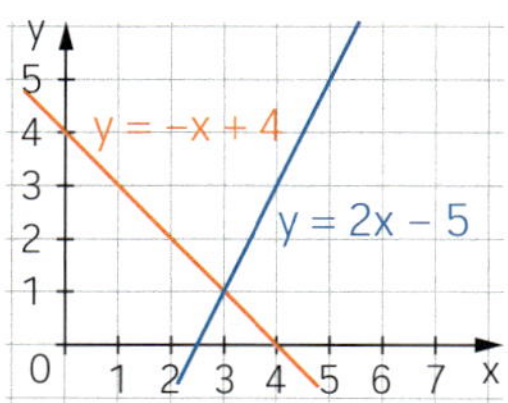

Beide Geraden haben *unterschiedliche* Anstiege. Sie schneiden sich in einem Punkt.
Das Gleichungssystem hat **genau eine** Lösung.
Die Lösungsmenge besteht aus einem einzigen geordneten Paar.

$L = \{(3\,|\,1)\}$

$\left|\begin{array}{l} y = -\frac{1}{5}x + 2 \\ y = -\frac{1}{5}x + 5 \end{array}\right|$

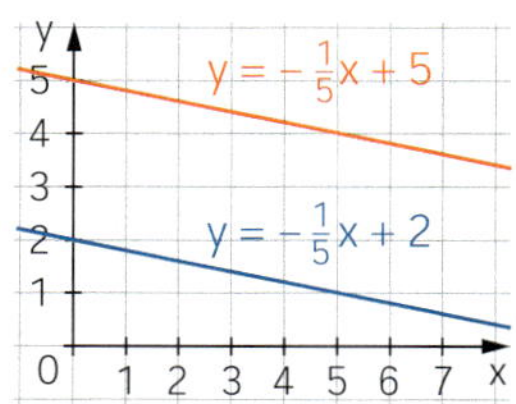

Beide Geraden haben den gleichen Anstieg, aber *unterschiedliche* y-Achsenabschnitte.
Die Geraden liegen parallel zueinander, sind aber nicht identisch.
Das Gleichungssystem hat also **keine** Lösung.
Die Lösungsmenge ist leer.

$L = \{\ \}$

$\left|\begin{array}{l} y = \frac{1}{2}x - 1 \\ y = \frac{1}{2}x - 1 \end{array}\right|$

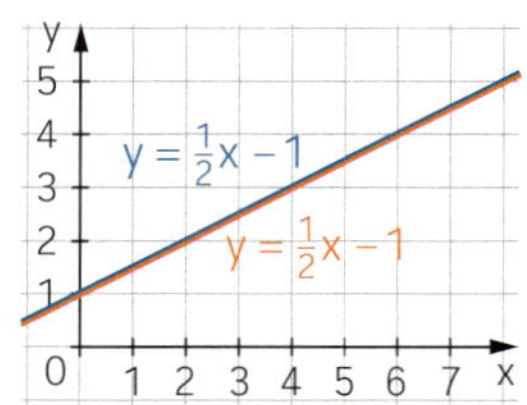

Beide Geraden haben den gleichen Anstieg und den gleichen y-Achsenabschnitt.
Sie sind *identisch*.
Das Gleichungssystem hat **unendlich viele** Lösungen.
Die Lösungsmenge besteht aus allen geordneten Paaren, die diese Geradengleichung erfüllen, also aus allen Punkten der Geraden.

$L = \left\{(x\,|\,y)\,\middle|\,y = \frac{1}{2}x + 1\right\}$

Gelesen: Menge aller Punkte $(x\,|\,y)$, für die gilt: $y = \frac{1}{2}x + 1$

7 Gib jeweils ein passendes Gleichungssystem und seine Lösungsmenge an.

(1)

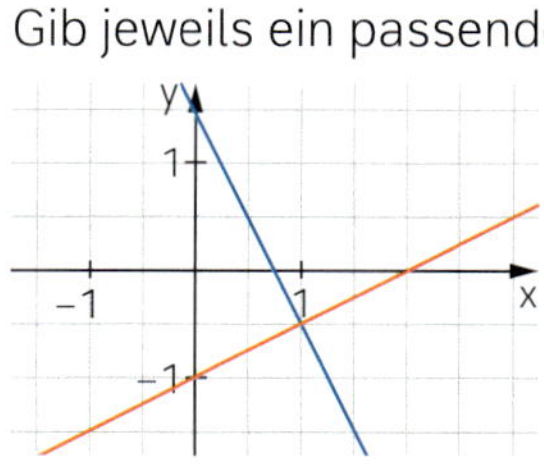

(2)

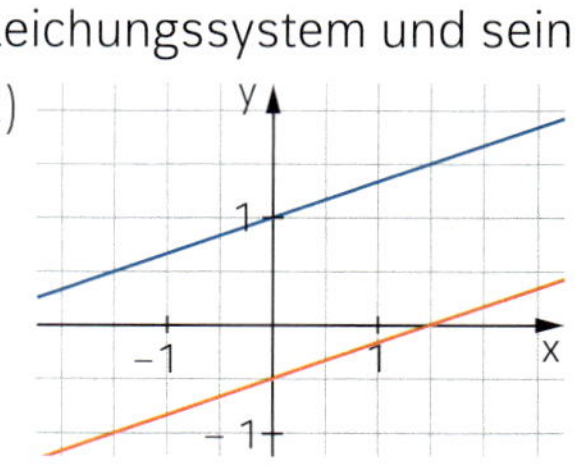

(3)

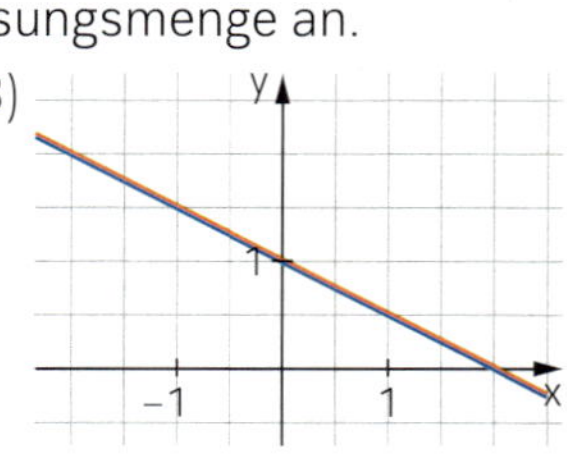

8 ≡ Ordne dem linearen Gleichungssystem die passende Abbildung zu. Erkläre, wie du vorgegangen bist.

a) $\left|\begin{array}{l} y = 2x - 3 \\ y = -2x + 1 \end{array}\right|$

b) $\left|\begin{array}{l} 2x + y = 1 \\ 4x + y = -2 \end{array}\right|$

c) $\left|\begin{array}{l} 2x + 3 = 2y \\ 2x + 3 = 3y \end{array}\right|$

d) $\left|\begin{array}{r} y = 3x + 4 \\ 2y - 6x = 2 \end{array}\right|$

e) $\left|\begin{array}{l} y + x = 2 \\ y - x = 2 \end{array}\right|$

f) $\left|\begin{array}{r} x + 2y = 4 \\ -2x - 4y = -8 \end{array}\right|$

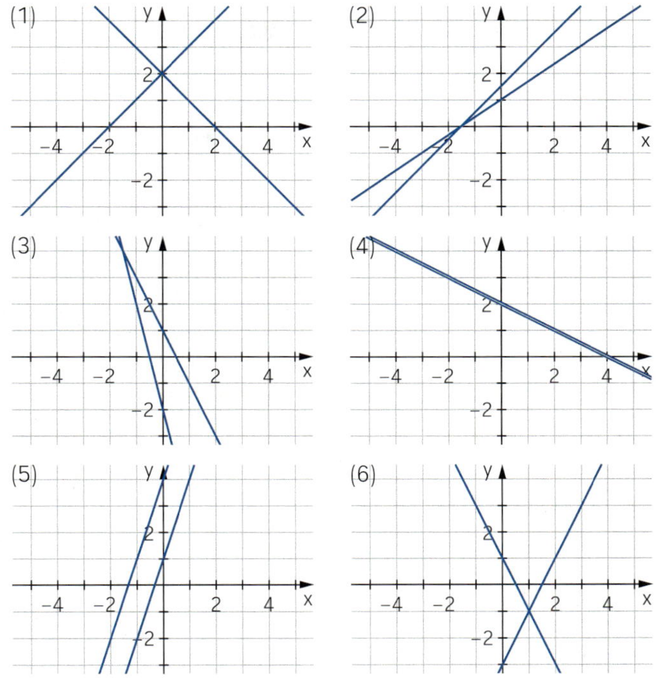

9 ≡ Ergänze jeweils eine Gleichung so, dass das entstehende Gleichungssystem
(1) genau einer Lösung; (2) unendlich viele Lösungen; (3) keine Lösung hat.

a) $y = 4x + 1$ **b)** $2x - y = 0$ **c)** $2y = 6$

10 ≡ Bestimme zeichnerisch die Lösungsmenge des Gleichungssystems. Löse die Gleichungen nach einer Varibalen auf und gib an, welcher der drei Fälle vorliegt. Kontrolliere mit dem CAS deines Rechners.

a) $\left|\begin{array}{r} 6y - 3x = 9 \\ -8y + 4x = -10 \end{array}\right|$ b) $\left|\begin{array}{r} 4x + 2y = 5 \\ -2x - y = -\frac{5}{2} \end{array}\right|$ c) $\left|\begin{array}{l} 2x + y = 6 \\ 3x + 2y = 8 \end{array}\right|$

d) $\left|\begin{array}{r} 3x - 6y = 2 \\ -1{,}5x + 3y = 1 \end{array}\right|$ e) $\left|\begin{array}{l} 3x - 6y = 9 \\ 4x - 9y = 12 \end{array}\right|$ f) $\left|\begin{array}{r} x - 9y = 0 \\ 2x - 3y = 6 \end{array}\right|$

WES-127827-012
Gleichungssysem graphisch lösen

11 ≡ Rechner können einem die Zeichenarbeit, beim Lösen von linearen Gleichungssystemen abnehmen.
Löse mithilfe der Anleitung das Gleichungssystem
$\left|\begin{array}{l} y = 0{,}3x - 25 \\ y = -0{,}25x + 63 \end{array}\right|$.
Führe eine Probe durch.

- Zeichnen der Graphen

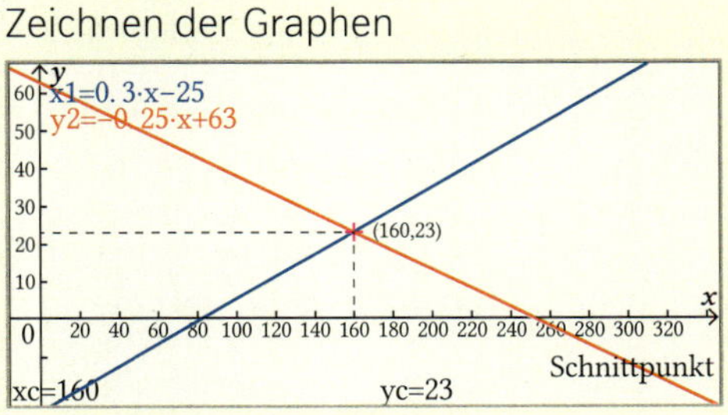

- Zeichenfenster einstellen
- Schnittpunkt bestimmen lassen

4.3 Rechnerisches Lösen – Gleichsetzungs- und Einsetzungsverfahren

Einstieg

Ein Verleiher von E-Scootern fordert eine Aktivierungsgebühr von 1 € und dann für jede benutzte Minute 19 ct. Ein Konkurrent verlangt eine Aktvierungsgebühr von 80 ct und dann für jede genutzte Minute 20 ct.
Ermittelt, ob es eine Nutzungsdauer gibt, bei der nach beiden Tarifen gleich viel zu zahlen ist. Gebt die entsprechende Nutzungsdauer und den dazugehörigen Gesamtpreis an.

Aufgabe mit Lösung

Lösen eines linearen Gleichungssystems mit dem Gleichungssetzungsverfahren

Das lineare Gleichungssystem $\left|\begin{array}{l} y = 2x - 3 \\ y = -x + 2 \end{array}\right|$ soll gelöst werden.
Wenn man das Gleichungssystem grafisch löst, ist der Schnittpunkt der zugehörigen Geraden gesucht. Aus der Zeichnung lässt sich nur eine ungenaue Näherungslösung ablesen.

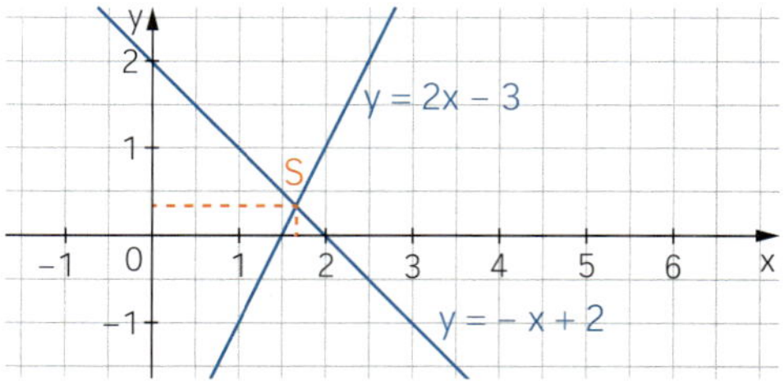

Löse das Gleichungssystem rechnerisch.

Lösung

Da die linke Seiten der beiden Gleichungen übereinstimmen, müssen auch die rechten Seiten wertgleich sein.
Nach dem Gleichsetzen der beiden rechten Seiten erhält man eine Gleichung, die nur noch die Variable x enthält und leicht gelöst werden kann.

$\left|\begin{array}{l} y = 2x - 3 \\ y = -x + 2 \end{array}\right|$ | Gleichsetzen

$2x - 3 = -x + 2$ | +x

$3x - 3 = +2$ | +3

$3x = 5$ | : 3

$x = \frac{5}{3}$ Lösung für x

Diesen Wert setzt man danach in eine der beiden Ausgangsgleichungen ein und berechnet den Wert für y.

$y = -\frac{5}{3} + 2$ x in 2. Gleichung einsetzen

$y = \frac{1}{3}$ Lösung für y

Die Probe mit der anderen Gleichung bestätigt das Ergebnis.

Probe für $x = \frac{5}{3}$ und $y = \frac{1}{3}$ mit der ersten Gleichung:

$$2 \cdot \frac{5}{3} - 3 \stackrel{?}{=} \frac{1}{3}$$

$$\frac{10}{3} - \frac{9}{3} = \frac{1}{3} \quad \text{wahr}$$

Lösungsmenge: $L = \left\{\frac{5}{3} \middle| \frac{1}{3}\right\}$

Information

Gleichsetzungsverfahren

Die Lösung eines linearen Gleichungssystems kann rechnerisch bestimmt werden.

$$\left| \begin{array}{l} x + y = 8 \\ 2x - y = 13 \end{array} \right|$$

Vorgehen:

1. Löse beide Gleichungen nach einer gemeinsamen Variablen auf.

$$\left| \begin{array}{l} y = 8 - x \\ y = 2x - 13 \end{array} \right|$$

2. Erzeuge durch Gleichsetzen eine Gleichung mit nur einer Variablen und berechne deren Wert.

$$\begin{array}{rll} 8 - x &= 2x - 13 & \mid -8 \\ -x &= 2x - 21 & \mid -2x \\ -3x &= -21 & \mid :(-3) \\ x &= 7 & \end{array}$$

3. Setze diesen Wert in eine der Ausgangsgleichungen ein und berechne den Wert der zweiten Variablen.

$y = 8 - 7 = 1$

4. Führe die Probe mit den Ausgangsgleichungen durch und gib die Lösungsmenge an.

Probe:

$7 + 1 = 8$ wahr

$2 \cdot 7 - 1 = 13$ wahr

Lösungsmenge: $L = \{(7 \mid 1)\}$

Üben

1 Bestimme die Lösungsmenge mithilfe des Gleichsetzungsverfahrens. Mache die Probe.

a) $\left| \begin{array}{l} y = 2x - 11 \\ y = 3x - 14 \end{array} \right|$ b) $\left| \begin{array}{l} x = 3y + 14 \\ x = 5y + 22 \end{array} \right|$ c) $\left| \begin{array}{r} x - y = 10 \\ 6x + 2y = 32 \end{array} \right|$ d) $\left| \begin{array}{l} 3p - 2q = 11 \\ 2p - 8q = -12 \end{array} \right|$

2 Bestimme die Lösungen des linearen Gleichungssystems rechnerisch wie im Beispiel gezeigt.

a) $\left| \begin{array}{r} 16x = 13 - 21y \\ -16x = 15 + 25y \end{array} \right|$ b) $\left| \begin{array}{r} -9y + 2x = 4 \\ 5y = 2x - 4 \end{array} \right|$

c) $\left| \begin{array}{r} 2s = -t + 11 \\ t = 2s - 7 \end{array} \right|$ d) $\left| \begin{array}{l} 4x + 7y = 24 \\ 4x + 12y = -16 \end{array} \right|$

e) $\left| \begin{array}{l} 3r = 4s - 1 \\ 4s = 3 - 2r \end{array} \right|$ f) $\left| \begin{array}{l} \frac{3}{4}r + 1 = 2s \\ 4 - 2s = \frac{1}{4}r \end{array} \right|$

Geschicktes Gleichsetzen:

$$\left| \begin{array}{l} 5y = 3x - 6 \\ 5y = 2x - 1 \end{array} \right|$$

Hier ist es nicht nötig, nach x oder y aufzulösen; man kann auch direkt die Terme gleichsetzen.

$3x - 6 = 2x - 1 \quad \mid -2x \quad \mid +6$

...

$L = \left\{\left(5 \mid \frac{9}{5}\right)\right\}$

3 Löse das Gleichungssystem möglichst geschickt mit dem Gleichsetzungsverfahren.

a) $\left| \begin{array}{l} 4y = 3x - 4 \\ 4y = 5x - 20 \end{array} \right|$ b) $\left| \begin{array}{l} 1y = 4x - 6 \\ 11y = 9x - 41 \end{array} \right|$ c) $\left| \begin{array}{l} \frac{1}{2}x = 0{,}3y - 0{,}19 \\ \frac{1}{2}x = 1{,}1y - 1{,}23 \end{array} \right|$ d) $\left| \begin{array}{l} 5y = \frac{1}{2}x + \frac{1}{3} \\ 5y = \frac{2}{3}x + \frac{1}{6} \end{array} \right|$

Lösen eines linearen Gleichungssystems mit dem Einsetzungsverfahren

Löse das lineare Gleichungssystem $\left| \begin{array}{l} 7x + 3y = 14 \\ y = -2x + 3 \end{array} \right|$ ohne die erste Gleichung nach y aufzulösen.

Lösung

Die zweite Gleichung sagt aus, dass y und $-2x+3$ denselben Wert haben sollen. Deshalb darf man für das y in der ersten Gleichung den Term $-2x+3$ einsetzen.

$$\begin{aligned} 7x + 3\cdot(-2x+3) &= 14 \\ 7x - 6x + 9 &= 14 \\ x + 9 &= 14 \quad |-9 \\ x &= 5 \end{aligned}$$

Die erste Gleichung enthält nur noch eine Variable und kann leicht gelöst werden. Die weiteren Schritte erfolgen wie beim Gleichsetzungsverfahren.

$$y = -2\cdot 5 + 3$$
$$y = -7$$
$$L = \{(5|-7)\}$$

Information

Einsetzungsverfahren

Die Lösung eines linearen Gleichungssystems kann rechnerisch bestimmt werden.

$$\left| \begin{array}{r} 3x + y = 4 \\ 4x + 2y = 2 \end{array} \right|$$

Vorgehen:

1. Löse eine der Gleichungen nach einer Variablen auf.

$$y = 4 - 3x$$

2. Setze den erhaltenen Term in die andere Gleichung für diese Variable ein. Es entsteht eine Gleichung mit nur einer Variablen. Berechne den Wert der Variablen.

$$\begin{aligned} 4x + 2\cdot(4-3x) &= 2 \\ 4x + 8 - 6x &= 2 \\ -2x + 8 &= 2 \quad |-8 \\ -2x &= -6 \quad |(-2) \\ x &= 3 \end{aligned}$$

3. Setze diesen Wert in die umgestellte Gleichung ein und berechne den Wert der zweiten Variablen.

$$y = 4 - 3\cdot 3 = -5$$

4. Führe die Probe mit den Ausgangsgleichungen durch und gib die Lösungsmenge an.

Probe:

$3\cdot 3 + (-5) = 4$ wahr

$4\cdot 3 + 2\cdot(-5) = 2$ wahr

Lösungsmenge: $L = \{(3|-5)\}$

4 Löse das lineare Gleichungssystem mithilfe des Einsetzungsverfahrens. Mache die Probe.

a) $\left| \begin{array}{r} 5x + y = 2 \\ y = 7x - 22 \end{array} \right|$
b) $\left| \begin{array}{r} 9x - y = 41 \\ y = 3x - 11 \end{array} \right|$
c) $\left| \begin{array}{r} 3x - 5y = 20 \\ x = 5y \end{array} \right|$
d) $\left| \begin{array}{r} x = 5y + 11 \\ 10x - 6y = 0 \end{array} \right|$

e) $\left| \begin{array}{r} 7x - 3y = 17 \\ x = 4y + 6 \end{array} \right|$
f) $\left| \begin{array}{r} 2x + \frac{1}{2}y = 20 \\ y = 5x - 3 \end{array} \right|$
g) $\left| \begin{array}{r} 2x - 2y = 6 \\ 2y = 3 - x \end{array} \right|$
h) $\left| \begin{array}{r} 4x - y = 30 \\ 2x = 2 + y \end{array} \right|$

5 Vervollständige die folgenden Rechnungen von Max, Elisa und Ben. Erkläre und vergleiche sie.

Max	Elisa	Ben
$\left\lvert \begin{array}{r} 4x - 4y = -3 \\ 2x = 5y - 1 \end{array} \right\rvert$	$\left\lvert \begin{array}{r} 4x - 4y = -3 \\ 2x = 5y - 1 \end{array} \right\rvert$	$\left\lvert \begin{array}{r} 4x - 4y = -3 \\ 2x = 5y - 1 \end{array} \right\rvert$
$\left\lvert \begin{array}{r} 4x - 4y = -3 \\ y = \frac{2}{5}x + \frac{1}{5} \end{array} \right\rvert$	$\left\lvert \begin{array}{r} 4x - 4y = -3 \\ x = \frac{5}{2}y - \frac{1}{2} \end{array} \right\rvert$	$\left\lvert \begin{array}{r} 2 \cdot 2x - 4y = -3 \\ 2x = 5y - 1 \end{array} \right\rvert$

6 Forme eine Gleichung um und löse das Gleichungssystem dann mit dem Einsetzungsverfahren.

a) $\left\lvert \begin{array}{r} 44x - 21y = 39 \\ 4x - 7y = 1 \end{array} \right\rvert$ b) $\left\lvert \begin{array}{r} 19x + 4y = 18 \\ 3x - y = 11 \end{array} \right\rvert$ c) $\left\lvert \begin{array}{r} 42x + 25y = 48 \\ 3x + 5y = 6 \end{array} \right\rvert$

Sonderfälle bei der Lösungsmenge

7 Bestimme die Lösungsmenge der folgenden Gleichungssysteme. Zeichne zur Probe auch die zugehörigen Graphen.

(1) $\left\lvert \begin{array}{r} 2y - 3x = 4 \\ -6y + 9x = 15 \end{array} \right\rvert$ (2) $\left\lvert \begin{array}{r} 2x - 4y = 6 \\ -3x + 6y = -9 \end{array} \right\rvert$

Information

Sonderfälle bei der Lösungsmenge

Die Lösungsmenge ist leer.
Entsteht beim Umformen einer Gleichung eines linearen Gleichungssystems eine falsche Aussage, so ist die Lösungsmenge dieses linearen Gleichungssystems **die leere Menge**:
$L = \{\ \}$

Die Geraden sind **parallel**.

$\left\lvert \begin{array}{r} 2x + 4y = 3 \\ -2x - 4y = 6 \end{array} \right\rvert$

$\left\lvert \begin{array}{l} 4y = -2x + 3 \\ 4y = -2x - 6 \end{array} \right\rvert$

$-2x + 3 = -2x - 6$

$9 = 0$ (falsche Aussage)

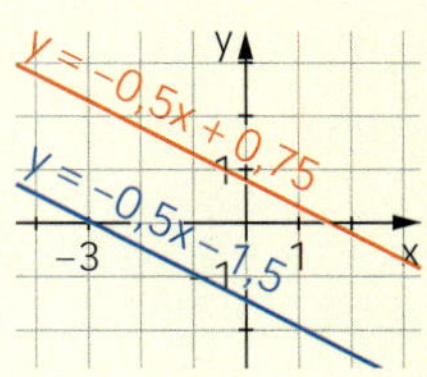

Es gibt mehr als eine Lösung.
Entsteht beim Umformen einer Gleichung eines linearen Gleichungssystems eine wahre Aussage, so enthält die Lösungsmenge **unendlich viele Elemente**:
$L = \{(x|y) \mid y = mx + n\}$

Die Geraden sind **identisch**.

$\left\lvert \begin{array}{r} 2x + 4y = 3 \\ -2x - 4y = -3 \end{array} \right\rvert$

$\left\lvert \begin{array}{l} 4y = -2x + 3 \\ 4y = -2x + 3 \end{array} \right\rvert$

$-2x + 3 = -2x + 3$

$0 = 0$ (wahre Aussage)

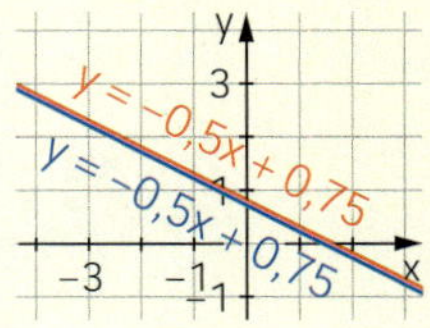

8 Bestimme die Lösungsmenge. Gib nach möglichst wenigen Umformungsschritten an, ob das System keine, eine oder unendlich viele Lösungen besitzt.

a) $\left|\begin{array}{l} 2x - 3y = 15 \\ 3x - 2y = 15 \end{array}\right|$ b) $\left|\begin{array}{l} 2x + 3y = 5 \\ 2x = -3y + 6 \end{array}\right|$ c) $\left|\begin{array}{l} u = 3 - 2v \\ 5u + 10v = 15 \end{array}\right|$

d) $\left|\begin{array}{l} y = -4x + 11 \\ y = 3x \end{array}\right|$ e) $\left|\begin{array}{r} r = 2s - 6 \\ 3r + 6s = -2 \end{array}\right|$ f) $\left|\begin{array}{r} x = 3 - y \\ 3x + 2y = 5 \end{array}\right|$

g) $\left|\begin{array}{l} 2y + 8x = 10 \\ 3y + 12x = 15 \end{array}\right|$ h) $\left|\begin{array}{l} 6x + 2y = -10 \\ 6x - 3y = 0 \end{array}\right|$ i) $\left|\begin{array}{l} 2x - 4 = 4y \\ y - 2x = 2 \end{array}\right|$

9 Welche der Lösungsmengen L_a bis L_f gehören zu den Gleichungssystemen?

(1) $\left|\begin{array}{l} 7 = 7 \\ y = 5 \end{array}\right|$ (2) $\left|\begin{array}{r} 2x - 0{,}4y = 3 \\ -3 = 3 \end{array}\right|$ (3) $\left|\begin{array}{l} x = -3 \\ 3 = 3 \end{array}\right|$

(4) $\left|\begin{array}{r} 6x + 2y = 0 \\ -2 = -2 \end{array}\right|$ (5) $\left|\begin{array}{r} 5 = 5 \\ -7 = -7 \end{array}\right|$ (6) $\left|\begin{array}{r} 4x + y = 6 \\ y = 2 \end{array}\right|$

$L_a = \{(x|y) \mid y = -3x\}$ $L_b = \{(x|y) \mid x = -3\}$ $L_c = \{(1|2)\}$

$L_d = \{\ \}$ $L_e = \{(x|y) \mid x, y \in \mathbb{Q}\}$ $L_f = \{(x|y) \mid y = 5, x \in \mathbb{Q}\}$

10 Überprüfe Henrys Rechnungen. Korrigiere gegebenenfalls und bestimme die Lösungsmenge.

a) $\left|\begin{array}{r} 2a + 4b = 12 \\ a = 3b - 1 \end{array}\right|$

$2 \cdot 3b - 1 + 4b = 12$

b) $\left|\begin{array}{r} 2x + 3y - 1 = 4 \\ -x + 2y + 1 = 4 \end{array}\right|$

$2x + 3y - 1 = -x + 2y + 1$

c) $\left|\begin{array}{r} 2x - 4y = 14 \\ y = 3x - 1 \end{array}\right|$

$2x - 12x - 4 = 14$

11 Gib jeweils ein lineares Gleichungssystem mit der angegebenen Lösungsmenge an. Nutze deinen Rechner zur Kontrolle.

a) $L = \{(0|4)\}$ b) $L = \{(x|y) \mid x \in \mathbb{Q}, y = 13\}$ c) $L = \{\ \}$

d) $L = \{(x|y) \mid x = -2, y \in \mathbb{Q}\}$ e) $L = \left\{(x|y) \,\middle|\, y = -\frac{1}{2}x + 3\right\}$ f) $L = \{(0|0)\}$

12 Gegeben ist das lineare Gleichungssystem mit den Lösungsvariablen x und y. Welche Bedingungen müssen die Zahlen s und t erfüllen, damit das System
(1) eine Lösung;
(2) keine;
(3) unendlich viele Lösungen besitzt?
Begründe deine Antwort.

$\left|\begin{array}{l} y = sx + 3 \\ y = -2x + t \end{array}\right|$

Weiterüben

13 ☰ Gegeben ist das lineare Gleichungssystem mit den Lösungsvariablen x und y.
Gesucht sind Zahlen a und b, sodass das System
(1) die Lösung (2 | 1) besitzt;
(2) keine Lösung besitzt;
(3) unendlich viele Lösungen hat.

$$\left|\begin{array}{l} x - 5y = a \\ 3x + by = 57 \end{array}\right|$$

14 ☰ Ein Taxiunternehmen berechnet für Fahrten einen Preis pro Kilometer zuzüglich einer Anfahrtsgebühr.
Zuletzt bezahlte man 10,30 € für 4 km und 20,50 € für 10 km.

a) Der nächstgelegene Flughafen ist 24 km entfernt.
Berechne, wie teuer eine Taxifahrt dorthin ist.

b) Eine Zugfahrt zum Flughafen kostet 17,95 €.
Bestimme, wie weit der Bahnhof entfernt sein darf, damit der Gesamtpreis für eine Taxifahrt vom Bahnhof zum Flughafen günstiger ausfällt.

Das kann ich noch!

A Welche der dargestellten Netze gehören zu Prismen? Begründe

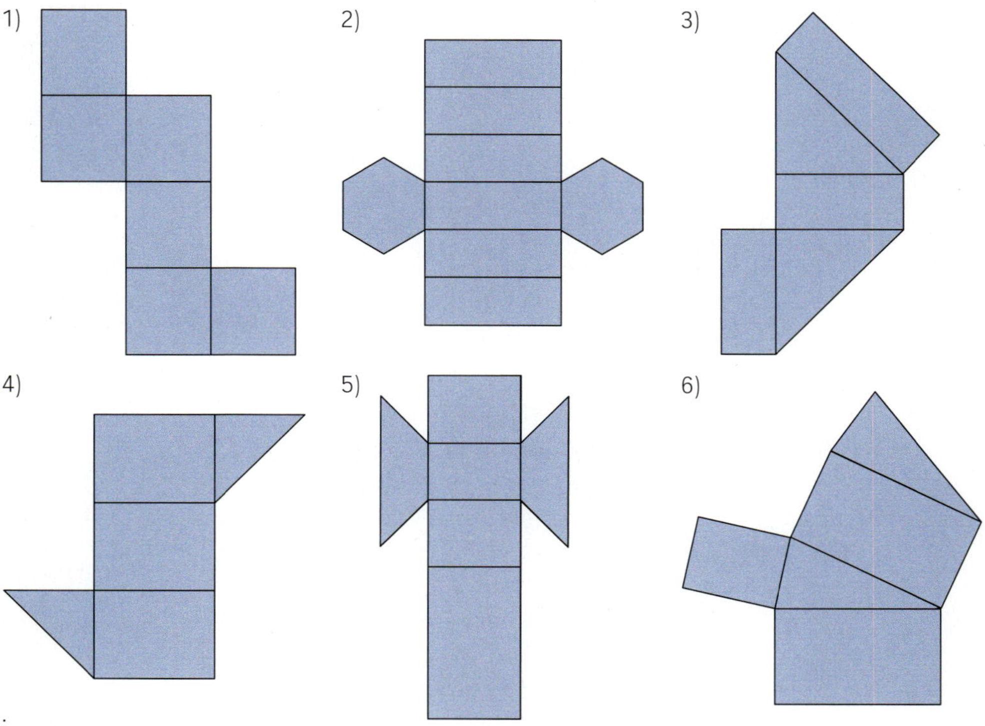

4.4 Rechnerisches Lösen – Additionsverfahren

Einstieg

Bei einem Theaterbesuch zahlen zwei Erwachsene und drei Kinder 21 €. Ein Erwachsener und zwei Kinder bezahlen nur 12 €.
Wie hoch sind die Eintrittspreise?

Aufgabe mit Lösung

Rechnerisches Lösen eines linearen Gleichungssystems

Bei einem Volksfest werden Getränke in Gläsern, auf denen Pfand ist, verkauft. Mike kauft drei Getränke und bezahlt 6,60 €. Sophie holt weitere vier Getränke, gibt aber sieben Gläser ab. Sie muss deshalb nur 5,30 € bezahlen.

→ Wie viel kostet ein Getränk, wie hoch ist das Pfand pro Glas?

Lösung

Zunächst müssen die Variablen festgelegt werden.
x ... Kosten für ein Getränk (in Euro)
y ... Pfand pro Glas (in Euro)
Mikes Einkauf lässt sich mit der Gleichung $3x + 3y = 6{,}60$ beschreiben.
Durch Abgabe von insgesamt sieben leeren Gläsern muss Sophie nicht den vollen Preis für vier Getränke zahlen, sondern nur den um das Pfand von drei leeren Gläsern verminderten. Es ergibt sich: $4x + 4y - 7y = 5{,}30$, also $4x - 3y = 5{,}30$

Damit erhält man das lineare Gleichungssystem: $\left| \begin{array}{l} 3x + 3y = 6{,}60 \\ 4x - 3y = 5{,}30 \end{array} \right|$

Rechnerische Lösung

Wirft man einen genauen Blick auf die Gleichungen, erkennt man, dass sieben Getränke zusammen 11,90 € kosten. Das Pfandgeld hebt sich nämlich auf.

$$(3x + 4x) + (3y - 3y) = 7x$$
$$6{,}60 + 5{,}30 = 11{,}90$$

Diese Information ergibt sich auch, wenn man beide Gleichungen addiert. Durch Auflösen nach x erhält man dessen Wert. Dieser kann nun z. B. in die erste Ausgangsgleichung eingesetzt werden, um so y zu bestimmen.

$$\begin{aligned} (3x + 3y) + (4x - 3y) &= 6{,}60 + 5{,}30 \\ 7x &= 11{,}90 \\ x &= 1{,}70 \\ 3 \cdot 1{,}70 + 3y &= 6{,}60 \\ 5{,}10 + 3y &= 6{,}60 \quad | -5{,}10 \\ 3y &= 1{,}50 \quad | :30 \\ y &= 0{,}50 \end{aligned}$$

Die Probe mit der zweiten Gleichung bestätigt das Ergebnis.

$$4 \cdot 1{,}70 - 3 \cdot 0{,}50 = 5{,}30$$

Ein Getränk kostet demnach 1,70 €, das Pfand beträgt 0,50 € pro Glas.

Lösungsmenge: $L = \{(1{,}70 \mid 0{,}50)\}$

→ Bei den folgenden Gleichungssystemen fällt durch Addieren keine Variable weg. Forme daher zunächst eine oder beide Gleichungen so um, dass nach dem Addieren eine Variable wegfällt.

(1) $\begin{vmatrix} 2x - 3y = -4 \\ 3x + 6y = 15 \end{vmatrix}$ (2) $\begin{vmatrix} 3x - 2y = -4 \\ 5x + 3y = 6 \end{vmatrix}$

Lösung

(1) $\begin{vmatrix} 2x - 3y = -4 \\ 3x + 6y = 15 \end{vmatrix} \begin{matrix} |\cdot 2 \\ \end{matrix}$

$\begin{vmatrix} 4x - 6y = -8 \\ 3x + 6y = 15 \end{vmatrix}$ ⊕

$7x = 7$

(2) $\begin{vmatrix} 3x - 2y = -4 \\ 5x + 3y = 6 \end{vmatrix} \begin{matrix} |\cdot 3 \\ |\cdot 2 \end{matrix}$

$\begin{vmatrix} 9x - 6y = -12 \\ 10x + 6y = 12 \end{vmatrix}$ ⊕

$19x = 0$

Nun lässt sich x leicht bestimmen und nach Einsetzen in einer der Ausgangsgleichungen auch y.

Information

Additionsverfahren

1. Beide Gleichungen, wenn nötig, durch Multiplikation mit einer Zahl so umformen, dass bei der Addition eine Variable wegfällt.

$\begin{vmatrix} 2x - 3y = 4 \\ 3x - 4y = 7 \end{vmatrix}$

$\begin{vmatrix} 2x - 3y = 4 \\ 3x - 4y = 7 \end{vmatrix} \begin{matrix} |\cdot 3 \\ |\cdot(-2) \end{matrix}$

2. Addiere beide Gleichungen. Die entstandene Gleichung hat nur noch eine Variable. Berechne deren Wert.

$\begin{vmatrix} 6x - 9y = 12 \\ -6x + 8y = -14 \end{vmatrix}$ ⊕

$-y = -2 \quad |\cdot(-2)$

$y = 2$

3. Setze diesen Wert in eine der Ausgangsgleichungen ein und berechne den Wert der zweiten Variablen.

$2x - 3\cdot 2 = 4$

$2x - 6 = 4 \quad |+4$

$2x = 10 \quad |:2$

$x = 5$

4. Führe die Probe mit den Ausgangsgleichungen durch und gib die Lösungsmenge an.

Probe:

$2\cdot 5 - 3\cdot 2 = 4$ wahr

$3\cdot 5 - 4\cdot 2 = 7$ wahr

Lösungsmenge: $L = \{(5|2)\}$

Üben

1 Berechne die Lösungsmenge des Gleichungssystems mit dem Additionsverfahren.

a) $\begin{vmatrix} -x + 7y = 5 \\ 3x + 5y = 11 \end{vmatrix}$ b) $\begin{vmatrix} x + 7y = -17 \\ 4x + y = 13 \end{vmatrix}$ c) $\begin{vmatrix} -5x + y = 18 \\ 2x - 6y = 4 \end{vmatrix}$ d) $\begin{vmatrix} -4x + 6y = 14 \\ 4x + 3y = -5 \end{vmatrix}$

2 Susi meint: „Statt die Gleichungen zu addieren, kann man diese ja auch subtrahieren."
Nimm dazu Stellung und überprüfe das Verfahren an dem gegebenen linearen Gleichungssystem.

$\begin{vmatrix} 2x + 3y = 4 \\ 4x + 3y = 5 \end{vmatrix}$

3 Antonio hat Gleichungssysteme mit dem Additionsverfahren gelöst. Betrachtet seine Ansätze und überlegt, ob man noch anders vorgehen könnte.

a) $\left|\begin{array}{l} 2x - 5y = -4 \\ 3x + 9y = 27 \end{array}\right| \begin{array}{l} |\cdot 9 \\ |\cdot 5 \end{array}$

$\left|\begin{array}{l} 18x - 45y = -36 \\ 15x + 45y = 135 \end{array}\right|$

b) $\left|\begin{array}{l} 3x - 7y = -27 \\ 6x + 12y = 24 \end{array}\right| \; |\cdot(-2)$

$\left|\begin{array}{l} -6x + 14y = 54 \\ 6x + 12y = 24 \end{array}\right|$

4 Verwende das Additionsverfahren wie im Beispiel, sodass keine Brüche mehr auftreten. Kontrolliere mit dem Rechner.

a) $\left|\begin{array}{l} 2x + 3y = 9 \\ \frac{1}{3}x - \frac{1}{5}y = 12 \end{array}\right|$ b) $\left|\begin{array}{l} \frac{8}{11}x + \frac{3}{4}y = 14 \\ \frac{6}{11}x - \frac{1}{2}y = 2 \end{array}\right|$

c) $\left|\begin{array}{l} \frac{3}{2}u - 2v = 9 \\ \frac{2}{5}u + \frac{1}{3}v = 5 \end{array}\right|$ d) $\left|\begin{array}{l} \frac{3}{2}x + \frac{6}{7}y = 108 \\ \frac{1}{5}x - \frac{1}{8}y = 1 \end{array}\right|$

e) $\left|\begin{array}{l} 2\frac{1}{4}x + 2\frac{1}{5}y = 29 \\ 1\frac{1}{2}x + 1\frac{2}{5}y = 19 \end{array}\right|$ f) $\left|\begin{array}{l} 5w + z = 3 \\ \frac{2}{3}w + \frac{1}{6}z = \frac{5}{8} \end{array}\right|$

$\left|\begin{array}{l} \frac{1}{4}x + \frac{1}{3}y = 3 \\ \frac{1}{8}x - \frac{1}{6}y = \frac{1}{2} \end{array}\right|$

Multipliziere die 1. Gleichung mit dem Hauptnenner 12 und die 2. Gleichung mit dem Hauptnenner 24.

$\left|\begin{array}{l} 3x + 4y = 36 \\ 3x - 4y = 12 \end{array}\right|$

⋮

$L = \{(8|3)\}$

5 Überprüfe Julias Rechnung.

a) $\left|\begin{array}{l} 6x - 4y = -3 \\ -9x + 6y = 4{,}5 \end{array}\right| \begin{array}{l} |\cdot 3 \\ |\cdot 2 \end{array}$

$0 = 0$

$L = \{-9x + 6y = 4{,}5\}$

b) $\left|\begin{array}{l} 10x - 2y = 4 \\ 5x - y = -2 \end{array}\right| \begin{array}{l} \\ |\cdot 2 \end{array}$

$0 = 0$

$L = \{(x \mid y) \mid 5x + 2\}$

c) $\left|\begin{array}{l} u + 2y = 0 \\ u - 3y = 0 \end{array}\right|$

$u + 2y \neq u - 3y,$

$L = \{\ \}$

6 Gegeben sind zwei Gleichungssysteme.

$\left|\begin{array}{r} 3x + 2y = 2 \\ 3{,}01x + 2y = 2 \end{array}\right|$ $\left|\begin{array}{r} 3x + 2y = 2 \\ 3{,}01x + 2y = 2{,}1 \end{array}\right|$

a) Vergleiche die beiden Gleichungssysteme. Stelle eine Vermutung über die Lösungsmengen auf.

b) Versuche die Gleichungssysteme graphisch zu lösen. Was fällt dir auf?

c) Löse die Gleichungssysteme nun rechnerisch. Bestätigt sich deine Vermutung aus Teilaufgabe a)?

Das kann ich noch!

A Ein Quader hat die Abmessungen $a = 5{,}3\,cm$, $b = 14\,mm$ und $c = 0{,}45\,dm$. Berechne seinen Oberflächeninhalt und sein Volumen.

Lösen eines linearen Gleichungssystems mithilfe des Rechners

WES-127827-013
Gleichugnssteme lösen

CAS

7 Rechner besitzen unterschiedliche Möglichkeiten, ein lineares Gleichungssystem zu lösen. Dabei ist das grafische Lösen nur eine. Untersuche, wie du mit deinem Rechner ein lineares Gleichungssystem auch rechnerisch lösen kannst.

a) $\left| \begin{array}{r} 3x - 2y = -1 \\ 5x + y = 1 \end{array} \right|$

b) $\left| \begin{array}{r} 1{,}2x - 2{,}1y = 3{,}5 \\ 5x + 0{,}3y = 0{,}2 \end{array} \right|$

c) $\left| \begin{array}{r} \frac{4}{3}x - \frac{1}{2}y = \frac{1}{3} \\ x + y = -\frac{1}{3} \end{array} \right|$

d) $\left| \begin{array}{r} 5x - 15(y - 1) = 5^2 - x \\ 3x + 5(2 + y) = 15(x + 3) \end{array} \right|$

e) $\left| \begin{array}{r} 6{,}1a + 4{,}6y = 29{,}72 \\ -3{,}2a - 5{,}4b = -27{,}14 \end{array} \right|$

f) $\left| \begin{array}{r} \frac{1}{2}(v + 3) + w = -2{,}375w \\ \frac{w}{2} - (2 - v) = -\frac{5}{6} \end{array} \right|$

CAS

8 Bestimme den Schnittpunkt S der Funktionen f_1 mit $f_1(x) = -x - 5$ und f_2 mit $f_2(x) = 2x - 1$
(1) ohne Verwendung des Rechners;
(2) grafisch als Schnitt der Funktionsgraphen mithilfe des Rechners;
(3) rechnerisch als Lösung eines linearen Gleichungssystems mithilfe des Rechners.

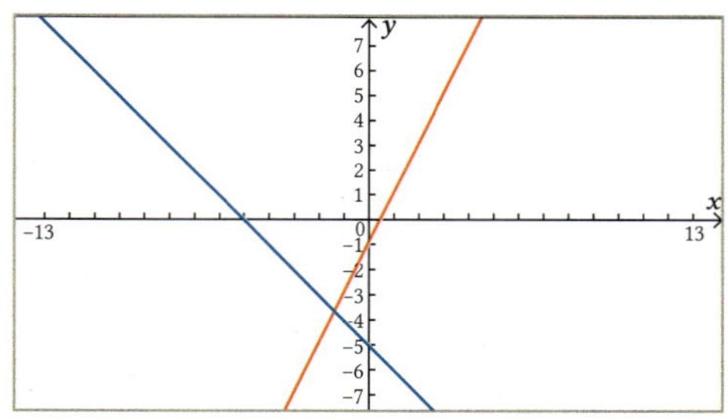

CAS

9 Auch Gleichungssysteme, die keine oder unendlich viele Lösungen besitzen, kann dein Taschenrechner lösen.

a) Rechts siehst du zwei Gleichungssysteme. Löse sie mit deinem Rechner.
Wie sieht die Rechnerausgabe aus, wenn die Lösungsmenge leer ist oder unendlich viele Elemente besitzt?

(1) $\left| \begin{array}{r} x - 4y = 3 \\ -2x + 8y = -2 \end{array} \right|$ (2) $\left| \begin{array}{r} x - 4y = -6 \\ -2x + 8y = 12 \end{array} \right|$

b) Bestimme die Lösungsmenge mit deinem Rechner.

(1) $\left| \begin{array}{r} -30y + 20x = 50 \\ 26y - 24x = -60 \end{array} \right|$

(2) $\left| \begin{array}{r} -0{,}42x + 1{,}38y = -1{,}95 \\ 0{,}35x - 1{,}15y = 2 \end{array} \right|$

(3) $\left| \begin{array}{r} -5{,}4w + 0{,}6v = 7{,}8 \\ 10{,}2w + 8{,}2v = -2{,}4 \end{array} \right|$

(4) $\left| \begin{array}{r} 3k - 6m = 15 \\ -\frac{1}{2}k + m = -\frac{5}{2} \end{array} \right|$

10 Bestimme, wenn möglich, die Parameter a, b und c so, dass das Gleichungssystem
(1) genau eine Lösung;
(2) unendliche viele Lösungen;
(3) keine Lösung hat.
Kontrolliere mit dem Rechner.

a) $\left| \begin{array}{l} y = 7x - 1 \\ y = ax - c \end{array} \right|$

b) $\left| \begin{array}{r} 2y = -ax + 8 \\ y = -8x + c \end{array} \right|$

c) $\left| \begin{array}{r} 2x - by = -5 \\ 5x = 2y + c \end{array} \right|$

d) $\left| \begin{array}{r} -4x + 3y + c = 0 \\ 7x + by = 0 \end{array} \right|$

11 Das Gleichungssystem besitzt die Lösungsmenge $L = \{(3 \mid -2)\}$.
Bestimme a und b. Kontrolliere mit dem Rechner.

a) $\left| \begin{array}{l} y + 2x = a \\ y - x = b \end{array} \right|$ b) $\left| \begin{array}{r} ay + 2x = 8 \\ y - 3x = b \end{array} \right|$ c) $\left| \begin{array}{r} ax + 2y = 8 \\ x - ay = b \end{array} \right|$ d) $\left| \begin{array}{l} y - 3a = x \\ b = x - ay \end{array} \right|$

Weiterüben

12 In einem Geschäft werden abgepackte Tüten mit Bonbons verkauft. In jeder Tüte einer bestimmten Bonbonsorte befinden sich gleich viele Bonbons. In den abgebildeten Tüten sind links 110 und rechts 160 Bonbons enthalten.
Marie und Lukas lösen das Problem ganz unterschiedlich. Vergleiche ihre beiden Lösungswege.
Für welchen würdest du dich entscheiden?

Marie:
g … Anzahl gelbe Bonbons pro Tüte
r … Anzahl rote Bonbons pro Tüte

$\left| \begin{array}{l} 3g + 2r = 110 \\ 3g + 4r = 160 \end{array} \right|$

mit dem CAS des Rechners gelöst:
$g = 20; \; r = 25$

Lukas:
Auf der rechten Seiten sind 2 Tüten mit roten Bonbons mehr, als links. Diese beiden Tüten enthalten 50 Bonbons. Damit enthält eine Tüte 25 rote Bonbons.
Die 110 Bonbons links setzen sich aus 50 roten und 60 gelben Bonbons zusammen. Somit sind in einer Tüte 20 gelbe Bonbons.

CAS **13** Es gibt auch lineare Gleichungssysteme mit mehr als zwei Variablen oder mit mehr als zwei Gleichungen. Bestimme die Lösungsmenge.

a) $\left| \begin{array}{r} x + y + z = 1 \\ -y + 3z = 2 \\ -z = 4 \end{array} \right|$ b) $\left| \begin{array}{r} -x + 2y - 3z = 2 \\ 3x + y = 1 \\ x + y + z = -2 \end{array} \right|$

c) $\left| \begin{array}{r} x + y - 2z = 4 \\ 2x - y + z = 2 \end{array} \right|$ d) $\left| \begin{array}{r} x - y + z = 0 \\ 2x - 2y + z = -2 \\ -3x + 3y - z = 3 \end{array} \right|$

CAS **14** Es gibt auch nicht-lineare Gleichungssysteme bzw. Ungleichungssysteme.
Nutze das CAS zur Lösung. Wie könnte man die Lösungsmenge veranschaulichen?

a) $\left| \begin{array}{r} 2x < 7{,}5 \\ -0{,}5x > 3 \end{array} \right|$ b) $\left| \begin{array}{r} y = x^2 + 1 \\ x + y = 3 \end{array} \right|$ c) $\left| \begin{array}{r} |3x| = 1 \\ |2 - x| > 1 \end{array} \right|$ d) $\left| \begin{array}{r} x^2 + y^2 = 1 \\ |x| \geq 1 \end{array} \right|$

15 Warum ist das Gleichungssystem rechts kein lineares Gleichungssystem? Beschreibe, wie du vorgehst, um es zu lösen.

$\left| \begin{array}{r} xy = 3 + 2x \\ 2xy - 8 = 3x \end{array} \right|$

16 Löse das Gleichungssystem. Vereinfache zuerst die Gleichungen.

a) $\left| \begin{array}{r} 2 + y + (2x - 1)^2 = 3y + (4x - 1)(x + 1) \\ 5x + (6y + 2)^2 = (9y + 1)(4y - 2) + 82 \end{array} \right|$

b) $\left| \begin{array}{l} y - (3x - 2)(3x + 2) = 3y - 9x(x - 1) \\ (5y + 1)^2 - (5y + 2)^2 = 45x - 23 \end{array} \right|$

17 Entscheide, welches rechnerische Lösungsverfahren am sinnvollsten ist.
Löse das lineare Gleichungssystem danach mit diesem Verfahren.

a) $\left| \begin{array}{r} -4x + 2y = 3 \\ 4x + 3y = 7 \end{array} \right|$

b) $\left| \begin{array}{l} s = 5t - 1 \\ 2 + s = 3t \end{array} \right|$

c) $\left| \begin{array}{l} s = 5t - 1 \\ 2 + s = 3t \end{array} \right|$

d) $\left| \begin{array}{r} 8 - 3x = 5y \\ -x + 5y = 4 \end{array} \right|$

e) $\left| \begin{array}{l} 3b + 2 = 3a \\ 3b - 2 = 5a \end{array} \right|$

f) $\left| \begin{array}{r} x + y = 2 \\ 2x - y = 4 \end{array} \right|$

18 Die folgende Aufgabe stammt aus dem 1857 erschienen Buch „Die Wunder der Rechenkunst“ von Johann Christoph Schäfer.

Die sonderbare Antwort

Ein bejahrter Mann wurde gefragt: Wie alt er, sein Sohn und Enkel seien?
Er antwortete: „Ich und mein Enkel sind zusammen 85 Jahre, mein Sohn und mein Enkel zusammen 56 Jahre und ich und mein Sohn zusammen 109 Jahre.“

Jan löst diese Aufgabe und führt dazu folgende Variablen ein:
x ... Alter des alten Mannes
y ... Alter des Sohnes
z ... Alter des Enkels
Zeige, dass sich damit folgendes Gleichungssystem ergibt.
Erläutere die dargestellten Lösungsschritte und beende die Aufgabe.

$$\left| \begin{array}{rcl} x \quad + z &=& 85 \\ y + z &=& 56 \\ x + y \quad &=& 109 \end{array} \right| \oplus$$

$$\left| \begin{array}{rcl} -y + z &=& -24 \\ y + z &=& 56 \\ x + y \quad &=& 109 \end{array} \right| \oplus$$

$$\left| \begin{array}{rcl} 2z &=& 32 \\ y + z &=& 56 \\ x + y \quad &=& 109 \end{array} \right|$$

19 Betrachte das Angebot rechts.
Berechne den Preis für einen Radiergummi, einen Bleistift und einen Buntstift aus dem Sortiment?
Führe drei Variablen ein.
Löse dann das sich ergebende Gleichungssystem mit drei Gleichungen und drei Variablen.

20 Eine Mutter ist zweimal so alt wie ihre beiden Töchter zusammen. Die ältere Tochter ist zweimal so alt wie die jüngere. Nach 9 Jahren beträgt das Alter der Mutter das Dreifache des Alters der jüngsten Tochter.

4.5 Modellieren mithilfe linearer Gleichungssysteme

Einstieg

Werben Sie mit uns!
- 4 Anzeigen im XL-Format, 8 Anzeigen im L-Format für nur 15 400 €
- 2 Anzeigen im XL-Format, 10 Anzeigen im L-Format für nur 14 000 €

Ermittelt aus dem Angebot die Kosten für eine Anzeige im Format XL und die Kosten für eine Anzeige im Format L. Überlegt, welche Annahmen ihr dazu machen müsst.

Aufgabe mit Lösung

Rechnerisches Lösungsverfahren

Familie Müller und Familie Schmidt fahren in einen Freizeitpark. Familie Müller zahlt für die drei Kinder und die Eltern 133,50 €.
Bei Familie Schmidt sind noch Oma und Opa dabei. Außerdem muss Tochter Jana schon den vollen Preis für Erwachsene zahlen. Deshalb beträgt der Preis für zwei Kinder und fünf Erwachsene 204,50 €.

Berechne, wie hoch der Eintrittspreis für Kinder und Erwachsene ist.

Lösung

Festlegen der Variablen:
x ... Preis pro Kind (in €)
y ... Preis pro Erwachsenem (in €)

Aufstellen und Lösen des Gleichungssystems:

Familie Müller besteht aus 3 Kindern und 2 Erwachsenen und zahlte 133,50 €. $3x + 2y = 133{,}50$

Familie Schmidt besteht aus 2 Kindern und 5 Erwachsenen und zahlte 204,50 €. $2x + 5y = 204{,}50$

Aus den beiden Bedingungen ergibt sich ein lineares Gleichungssystem. Dieses kann nun mit einem der Verfahren oder dem Rechner gelöst werden.

$$\left| \begin{array}{l} 3x + 2y = 133{,}50 \\ 2x + 5y = 204{,}50 \end{array} \right|$$

$x = 23{,}50;\ y = 31{,}50$

Probe am Sachverhalt:
Die errechneten Werte sind positiv, kommen also prinzipiell als Preise in Frage. Außerdem ist der Preis für Erwachsene größer als der für Kinder.

Preis für Familie Müller: $3 \cdot 23{,}50\,€ + 2 \cdot 31{,}50\,€ = 133{,}50\,€$
Preis für Familie Schmidt: $2 \cdot 23{,}50\,€ + 5 \cdot 31{,}50\,€ = 204{,}50\,€$

Ergebnis:
Kinder bezahlen 23,50 € und Erwachsene 31,50 € Eintritt.

Information

Modellierung eines Sachverhaltes mithilfe eines Gleichungssystems

(1) Problemerfassung
Beschreibe den Sachverhalt zunächst vereinfacht. Nutze, wenn möglich, eine Skizze, ein Diagramm oder eine Tabelle, in der du die Größen einträgst. Vereinbare Variablen für die gesuchten Größen und ergänze sie in der Skizze, dem Diagramm oder der Tabelle.

Eine Packung mit einem Bleistift und sechs Buntstiften kostet 4 €, eine mit drei Bleistiften und acht Buntstiften kostet 6 €. Der Preis für die Bleistifte in beiden Packungen ist gleich, ebenso der für die Buntstifte.
x ... Preis eines Bleistifts (in €)
y ... Preis eines Buntstifts (in €)

(2) Aufstellen und Lösen des Gleichungssystems
Stelle ein passendes lineares Gleichungssystem zur Beschreibung des Sachverhaltes auf und löse es.

$$\begin{vmatrix} x + 6y = 4 \\ 3x + 8y = 6 \end{vmatrix}$$

$L = \{(0{,}4 \mid 0{,}6)\}$

(3) Überprüfung der Ergebnisse
Führe eine Probe am Aufgabentext durch. Achte darauf, dass alle angegebenen Bedingungen erfüllt sind.

Preis für einen Bleistift und sechs Buntstifte (in €):
$1 \cdot 0{,}4 + 6 \cdot 0{,}6 = 0{,}4 + 3{,}6 = 4$
Preis für drei Bleistifte und acht Buntstifte (in €):
$3 \cdot 0{,}4 + 8 \cdot 0{,}6 = 1{,}2 + 4{,}8 = 6$

(4) Antwort
Runde, falls nötig, die Ergebnisse sinnvoll und formuliere einen Antwortsatz.

Ein Bleistift kostet 40 ct, ein Buntstift 60 ct.

Üben

1 In einem Getränkemarkt werden Partykisten mit je 18 Flaschen angeboten. In diesen befinden sich 1-Literflaschen mit Saft und 1,5-Literflaschen mit Limonade. Berechne die Anzahl an Limonaden- und Saftflaschen, wenn sich insgesamt 23 l an Getränken in einer Kiste befinden.

2 Herr Meyer kaufte gestern 6 Weizenbrötchen und 2 Roggenbrötchen und zahlte dafür 3,78 €. Heute zahlt er für 4 Weizenbrötchen und 4 Roggenbrötchen zusammen 4,52 €. Wie teuer ist ein Weizenbrötchen, wie teuer ein Roggenbrötchen?

3 Frau Wendland und Frau Tannenberger wollen ihre Blumenkästen neu bepflanzen. Frau Wendland kauft 3 Fuchsien und 4 Petunien und bezahlt 13,53 €. Frau Tannenberger bezahlt für 2 Petunien und 5 Fuchsien 12,33 €.
Berechne den Preis für eine Fuchsie und einen Petunie.

4 Der Umfang eines Rechtecks ist 14 cm länger als die kürzere Seite des Rechtecks und 10 cm länger als die längere Seite. Ermittle die Seitenlängen des Rechtecks.

5 Untersuche, ob es ein Rechteck gibt, bei dem der Umfang des Rechtecks 12 cm länger als die kürzere und um 6 cm länger als die längere Seite ist.

6 Für eine Glasflasche zahlt man 8 Cent Pfand, für PET-Flaschen aus Plastik 25 Cent. Frau Fuchs behauptet: „Ich habe 34 Flaschen zurückgebracht und 5,61 € Pfand erhalten." Um die Behauptung zu überprüfen, berechnet Martin die Anzahl der Glasflaschen. Stimmt die Aussage von Frau Fuchs?

x ... Anzahl Glasflaschen; y ... Anzahl der PET-Flaschen

$$\left| \begin{aligned} x + y &= 34 \\ 8x + 25y &= 5{,}61 \end{aligned} \right|$$

Lösung: $x \approx 50;\ y \approx -16$

7 Verlängert man in einem Dreieck eine Seite und die zugehörige Höhe um jeweils 2 cm, so vergrößert sich der Flächeninhalt des Dreiecks um 11 cm². Verkürzt man jedoch dieselbe Dreieckseite um 1 cm und die zugehörige Höhe um 2 cm, so wird der Flächeninhalt des Dreiecks um 6 cm² kleiner.
Bestimme die Länge der Dreieckseite und die zugehörige Höhe.

8 Bei Engergieabrechnungen setzt sich der monatliche Preis aus einer Grundgebühr und dem Arbeitspreis pro kWh zusammen.
Frau Witt bezahlte im Juli 146,08 € für 426 kWh und im Mai 156,64 € für 458 kWh.
Wie hoch sind der Arbeitspreis pro kWh und die monatliche Grundgebühr?

9 Marie ist 21 Jahre jünger als ihre Mutter. Vor vier Jahren war ihre Mutter viermal so alt wie Marie. Ermittle das heutige Alter von Marie und ihrer Mutter.

10 Grönlandhaie können bis zu 400 Jahre alt werden. Der Grönlandhai Bruce ist 195 Jahre älter als der Grönlandhai Hart. In 11 Jahren wird Bruce 2,5-mal so alt sein wie Hart. Ermittle das Alter der beiden Haie.

11 Vermindert man den Preis für zehn Kakis um den Preis von einer Kiwi, so beträgt dieser 6,83 €.
Subtrahiert man vom Preis für acht Kiwis den Preis einer Kaki, erhält man einen Preis von 2,24 €.
Berechne den Preis für eine Kaki und eine Kiwi.

Aufgabe mit Lösung

Berechnen eines Überholvorgangs

In Dresden startet ein ICE, der ohne Halt mit einer Geschwindigkeit von $110\frac{km}{h}$ über Leipzig nach Frankfurt fährt. Im 116 km von Dresden entfernten Leipzig fährt zur gleichen Zeit ein durchgehender Güterzug mit der Geschwindigkeit $50\frac{km}{h}$ nach Frankfurt ab. Wann und in welcher Entfernung von Dresden holt der ICE den Güterzug ein?

→ Löse die Aufgabe grafisch.

Lösung

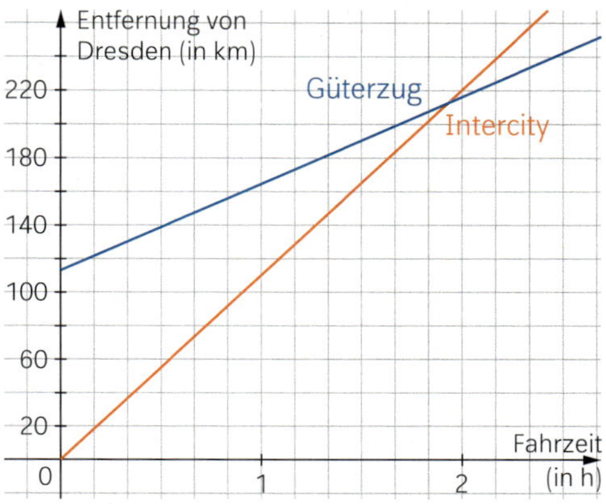

Man stellt die Entfernung der Züge von Dresden grafisch dar. Wenn man davon ausgeht, dass die Züge mit gleich bleibender Geschwindigkeit fahren, sind die Graphen Geraden. Diese können jeweils mithilfe von zwei Punkten gezeichnet werden. Der ICE hat zum Zeitpunkt 0 h eine Entfernung von 0 km von Dresden und zum Zeitpunkt 1 h eine Entfernung von 110 km. Diese beiden Punkte trägt man ein und verbindet sie mit einer Geraden. Entsprechend verbindet man für den Güterzug die Punkte (0 h | 116 km) und (1 h | 166 km). Aus dem Diagramm lässt sich ablesen, dass die beiden Züge nach ca. 1,9 h gleich weit von Dresden entfernt sind.

→ Bestimme die Lösung der Aufgabe rechnerisch.

Lösung

Festlegen der Bezeichnungen:

f ... Fahrzeit der beiden Züge in Stunden

e ... Entfernung von Dresden in Kilometern

Aufstellen der Bedingungen:

Es gilt: Die Geschwindigkeit v ist der Quotient aus der zurückgelegten Weglänge s und der dafür benötigten Zeit t, kurz $v = \frac{s}{t}$.

Diese Gleichung lässt sich umformen zu: $s = v \cdot t$

Da der Intercity-Express f Stunden mit der Geschwindigkeit $110\frac{km}{h}$ fährt, ist seine Entfernung von Dresden in km: $e = 110 \cdot f$

Der Güterzug hat 116 km Vorsprung und legt $50 \cdot f$ km zurück:

$e = 50 \cdot f + 116$ mit den einschränkenden Bedingungen $e \geq 0$ und $f \geq 0$.

Aufstellen und Lösen des Gleichungssystems:

$\left| \begin{array}{l} e = 110f \\ e = \ \ 50f + 116 \end{array} \right|$ ergibt umgeformt: $e = \frac{638}{3} \approx 212{,}7$ und $f = \frac{29}{15} \approx 1{,}93$

Die gefundene Lösung genügt der einschränkenden Bedingung.

Probe:

In $\frac{29}{15}$ Stunden legt der Intercity-Express $110\frac{km}{h} \cdot \frac{29}{15}h = \frac{638}{3}km$ zurück.

Der Güterzug befindet sich in einer Entfernung von

$50\frac{km}{h} \cdot \frac{29}{15}h + 116\,km = \frac{638}{3}km$ von Dresden.

Ergebnis:

Nach 116 Minuten überholt der ICE den Güterzug in einer Entfernung von rund 213 km von Dresden.

Information

Bei Bewegungsaufgaben ist die entscheidende Größe die Geschwindigkeit:

$$\text{Geschwindigkeit} = \frac{\text{Zurückgelegter Weg}}{\text{dafür benötigte Zeit}}$$

Daher sind die Variablen bei solchen Aufgaben in der Regel eine Entfernungsangabe und eine Zeitangabe.

Ein Flugzeug benötigt für die 2100 km lange Flugstrecke von Düsseldorf nach Athen 3 Stunden.

$$\text{Geschwindigkeit} = \frac{2100\,\text{km}}{3\,\text{h}} = 700\,\frac{\text{km}}{\text{h}}.$$

Üben

12 Anna fährt mit dem Fahrrad von Dresden in Richtung Radeberg mit der Geschwindigkeit $14\,\frac{\text{km}}{\text{h}}$. Zur gleichen Zeit startet Felix in Radeberg in Richtung Dresden mit der Geschwindigkeit $16\,\frac{\text{km}}{\text{h}}$. Dresden und Radeberg sind 12 km voneinander entfernt.
Wie lange dauert es, bis sich Anna und Felix treffen? Wie weit ist der Treffpunkt von Dresden bzw. von Radeberg entfernt?

Knoten (Abk. kn) Maß für die Geschwindigkeit in der Seefahrt: $1\,\text{kn} = 1\,\frac{\text{sm}}{\text{h}}$
Seemeile (Abk. sm) Maß für die Länge in der Seefahrt: $1\,\text{sm} = 1{,}852\,\text{km}$

13 Eineinhalb Tage nach der Abfahrt eines Frachtschiffes mit der Geschwindigkeit 21 Knoten von New York nach Bremen folgt ein Kreuzfahrtschiff mit der Geschwindigkeit 28 Knoten.
Wie lange dauert es, bis das Kreuzfahrtschiff das Frachtschiff eingeholt hat?
Wie weit ist der Treffpunkt noch von New York entfernt?

14 Die Zugentfernung zwischen Lüneburg und Hannover beträgt 108 km. Um 9:07 Uhr fährt in Lüneburg ein Sonderzug ab, der um 10:07 Uhr in Hannover ankommt. Schon um 8:57 Uhr ist in Lüneburg ein Güterzug mit der Geschwindigkeit $60\,\frac{\text{km}}{\text{h}}$ in Richtung Hannover abgefahren.
Wann überholt der Sonderzug den Güterzug? Wie weit sind die Züge dann noch von Hannover entfernt?

15 Meißen, Oschatz und Torgau liegen an der deutschen Alleenstraße. Oschatz ist 27 km von Meißen und 40 km von Torgau entfernt. Von Meißen startet um 9:00 Uhr ein Pkw mit $60\,\frac{\text{km}}{\text{h}}$ über Oschatz nach Torgau. Um 9:20 Uhr startet in Oschatz ein Lkw und fährt mit einer Geschwindigkeit von $45\,\frac{\text{km}}{\text{h}}$ ebenfalls nach Torgau.

a) Wann holt der Pkw den Lkw ein?

b) Wann und wo holt der Pkw den Lkw ein, wenn der Pkw 5 Minuten später losfährt?

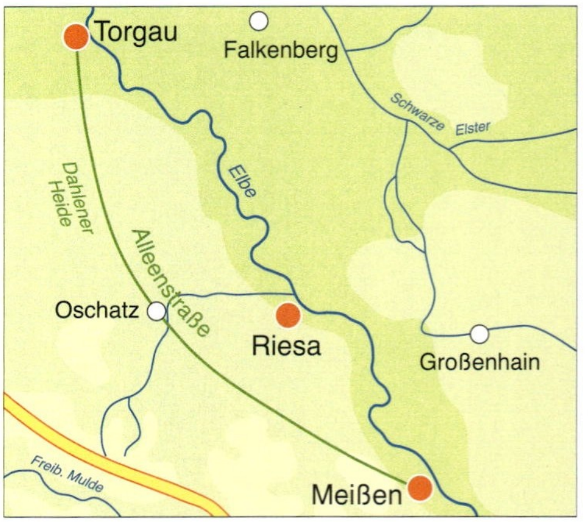

Weiterüben

16 Ein Kleinflugzeug benötigt bei Gegenwind 1 Stunde 40 Minuten, um 360 km zurückzulegen. Auf dem Heimflug bei Rückenwind braucht es nur 1 Stunde 30 Minuten.
Bestimme die Eigengeschwindigkeit des Kleinflugzeugs sowie die Windgeschwindigkeit.

17 Es ist nicht nur möglich, zu Sachsituationen Gleichungssysteme zu formulieren, sondern auch, sich zu einem gegebenen Gleichungssystem eine passende Sachsituation zu überlegen.

a) Stefan hat sich zu dem gegebenen Gleichungssystem die folgende Sachsituation überlegt: „Jemand fährt mit einem Boot donauaufwärts mit einer mittleren Geschwindigkeit von $17\,\frac{km}{h}$, donauabwärts mit $32\,\frac{km}{h}$.“
Zeige, dass Stefans Sachsituation zu dem gegebenen Gleichungssystem passt.
Gib auch die Belegung der Variablen an.

$$\left| \begin{array}{l} s + t = 32 \\ s - t = 17 \end{array} \right|$$

b) Finde zu den folgenden linearen Gleichungssystemen passende Sachssituationen.

(1) $\left| \begin{array}{l} a + b = 54 \\ a - 1 = b + 1 \end{array} \right|$ (2) $\left| \begin{array}{r} a + f = 30 \\ 7a = 5f \end{array} \right|$ (3) $\left| \begin{array}{r} x + y = 50 \\ 4x + 2y = 116 \end{array} \right|$ (4) $\left| \begin{array}{r} 2k + 3h = 300 \\ 4k + h = 150 \end{array} \right|$

18 Aus Johann Christoph Schäfers Buch „Die Wunder der Rechenkunst“ (1857):

Die verschiedene Anzahl Schafe
Ein Landwirth sagt im Gasthof der drei Schellen:
Ich habe 100 Stück Schafe in 5 Ställen, sie sind in jedem anders jährig, sind gross und stark und auch gut härig. Im ersten und zweiten Stalle sind 50 und 2; im zweiten und dritten stehen 40 und 3; im dritten und vierten stehen 30 und 4; im vierten und fünften nur 30. – Sagt mir, meine Freunde, nun aber gefälligst einmal, wie viel in jedem Stalle wohl sind an der Zahl?

19 Aus Adam Rieses Rechenbüchlein von 1524:

Einer spricht zu dem anderen: Gib mir 1 Pfennig, so habe ich so viel wie du.
Darauf spricht der andere zum ersten: Gib mir 1 Pfennig, so habe ich zweimal so viel als dir bleibt.
Ich möchte wissen, wie viel jeder gehabt hat.

20 Viertausend Jahre alt ist folgende Aufgabe aus Babylon:

„Ein Viertel der Breite und Länge zusammen sind 7 Handbreiten. Länge und Breite zusammen sind 10 Handbreiten.“
Berechne Länge und Breite.

21 Fliegt man mit dem Flugzeug in Richtung Osten oder Richtung Westen, so unterscheiden sich die Flugzeiten für Hin- und Rückflug teils erheblich. Dies liegt am sogenannten Jet-Stream, einem starken Westwind, der in einer Höhe von etwa 8 bis 12 km weht.
Ein Direktflug von Frankfurt nach Mexico-City dauert 12 Stunden und 10 Minuten, der Rückflug hingegen nur 10 Stunden und 35 Minuten. Die Flugstrecke beträgt ca. 9563 km.

Berechne die Geschwindigkeit des Flugzeugs und die durchschnittliche Windgeschwindigkeit. Erläutere, welche Annahmen du für deine Lösung machst

22 Verlängert man bei einem rechtwinkligen Dreieck die dem rechten Winkel anliegenden Seiten um je 2 cm, vergrößert sich der Flächeninhalt um 14 cm^2. Verkürzt man sie hingegen um je 2 cm, so verringert sich der Flächeninhalt um 10 cm^2.
Berechne die Länge der dem rechten Winkel anliegenden Seiten.

23 2000 l Apfelsaftgetränk mit einem Fruchtanteil von 6 % sollen nach Hinzugabe von Direktsaft (100 % Fruchtanteil) als Fruchtnektar verkauft werden. Damit ein Fruchtgetränk als Nektar bezeichnet werden darf, muss der Fruchtanteil bei mindestens 25 % liegen.

a) Ermittle, wie viele Liter Direktsaft benötigt werden.

b) Wie viele Liter werden benötigt, wenn statt Direktsaft ein Fruchtsaftgetränk mit 30 % Fruchtanteil genutzt wird?

Dokumentation von Lösungswegen

Für ihre Klasse hat Luisa sich folgende Aufgabe für die nächste Mathestunde überlegt:

> Meine absolute Lieblingsserie hat Folgen mit einer Länge von 50 Minuten und Doppelfolgen mit einer Länge von 90 Minuten. Insgesamt sind schon 27 Folgen mit einer Gesamtspielzeit von 1 550 Minuten ausgestrahlt worden.
> Wie viele davon waren Doppelfolgen?

Als Luisa ihre Aufgabe vorstellt, haben Max, Philipp und Maren sehr unterschiedliche Lösungswege:

Maren

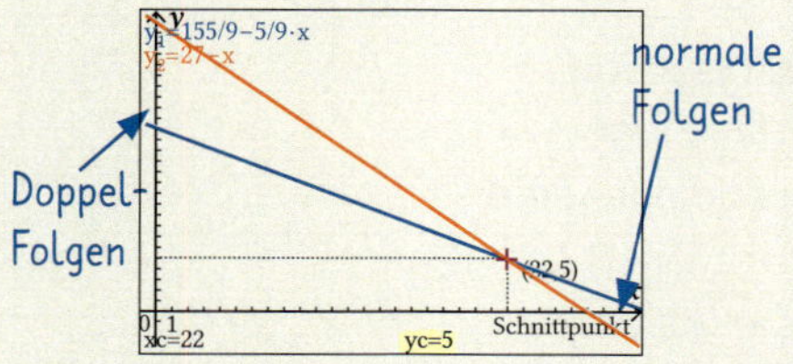

Philipp

a ... Anzahl der Einzelfolgen
b ... Anzahl der Doppelfolgen

$$\left| \begin{array}{l} 5a + 9b = 155 \\ a + b = 27 \end{array} \right|$$

$4b = 20$, also $b = 5$

Antwort: Es gibt fünf Doppelfolgen.

Max

x ... Anzahl der normalen Folgen
y ... Anzahl der Doppelfolgen

$$\left| \begin{array}{r} 50x + 90y = 1550 \\ x + y = 27 \end{array} \right|$$

Lösung mit solve-Befehl des Rechners bestimmt: $x = 22$; $y = 5$

Antwort: Es gab bisher 5 Doppelfolgen.

1 Vergleiche die verschiedenen Lösungswege. Sind sie für dich nachvollziehbar und verständlich? Wie würdest du deinen Lösungsweg dokumentieren?

Dokumentation des Lösungsweges
Die folgenden Punkte sollten Bestandteil deiner Lösungsdokumentation sein:
(1) Lege die Variablen fest.
(2) Stelle das Gleichungssystem auf.
(3) Löse das Gleichungssystem mit deinem Rechner.
(4) Notiere die Lösung.
(5) Überprüfe die Lösung im Sachzusammenhang.

2 Bestimmt die Lösung für das lineare Gleichungssystem
(1) grafisch;
(2) rechnerisch per Hand;
(3) mit dem CAS.
Dokumentiert je euren Lösungsweg und vergleicht dann eure Aufzeichnungen miteinander. Was könnt ihr noch verbessern?

$$\left| \begin{array}{r} y = 3x + 2 \\ \frac{1}{2}x = y - 12 \end{array} \right|$$

Das Wichtigste auf einen Blick

Lineare Gleichung mit zwei Variablen

Eine Gleichung, die in der Form **$a \cdot x + b \cdot y = c$** geschrieben werden kann, heißt **lineare Gleichung mit den zwei Variablen x und y**.
Eine Lösung einer linearen Gleichung mit zwei Variablen ist ein **geordnetes Paar**.

$2 \cdot x - 4y = -10$

$(-1\,|\,2)$ ist eine Lösung der Gleichung, denn $2 \cdot (-1) - 4 \cdot 2 = -10$ ist wahr;

$(-2\,|\,1)$ ist keine Lösung der Gleichung, denn $2 \cdot (-2) - 4 \cdot 1 = -8$ ist falsch.

Geraden als Graphen linearer Gleichungen mit zwei Variablen

Eine lineare Gleichung der Form $ax + by = c$ mit $b \neq 0$ kann durch Auflösen nach y in die Form **$y = mx + n$** gebracht werden.
Eine solche Gleichung kann als Funktionsgleichung einer **linearen Funktion** aufgefasst werden. Ihr Graph ist eine steigende oder fallende **Gerade** oder eine Parallele zur x-Achse.
Für $b = 0$ und $a \neq 0$ kann die Gleichung auf die Form $x = r$ gebracht werden.
Diese Gleichung ist keine Funktionsgleichung. Ihr Graph ist eine Parallele zur y-Achse.

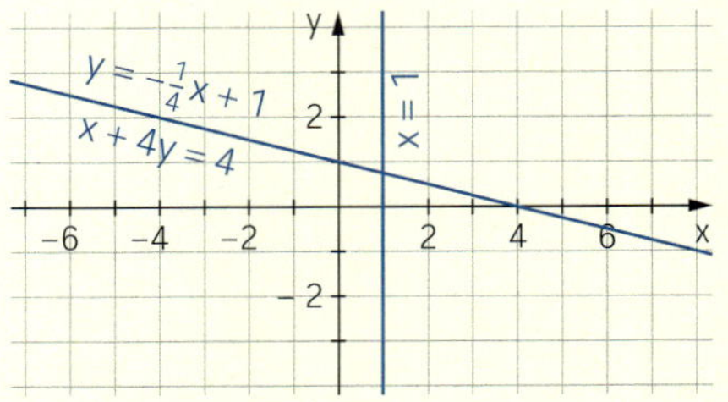

$x + 4y = 4$

$y = -\frac{1}{4}x + 1$

$2x - 0 \cdot y = 2$

$x = 1$

Lineares Gleichungssystem

Verknüpft man zwei lineare Gleichungen mit zwei Variablen durch „und“, so entsteht ein **lineares Gleichungssystem**.
Jedes geordnete Paar $(x\,|\,y)$, dessen Zahlen die erste und zugleich die zweite Gleichung des Gleichungssystems erfüllen, ist eine Lösung dieses Gleichungssystems.

$$\left| \begin{array}{r} -3x - y = 2 \\ x + 2y = 6 \end{array} \right|$$

Lösungsmenge: $L = \{(-2\,|\,4)\}$

Probe:

$-3 \cdot (-2) - 4 = 2$ wahr

$-2 + 2 \cdot 4 = 6$ wahr

Grafisches Lösen eines linearen Gleichungssystems

Ein lineares Gleichungssystem wird grafisch gelöst, indem die beiden Gleichungen zunächst nach y umgeformt werden.
Damit kann man die Graphen der linearen Funktionen (Geraden) in ein geeignetes Koordinatensystem einzeichnen.
Anschließend kann der Schnittpunkt $S\,(x\,|\,y)$ abgelesen werden.
Sein Koordinatenpaar ist die Lösung des linearen Gleichungssystems.

Gleichungen nach y umformen:

$y = -3x - 2$

$y = -\frac{1}{2}x + 3$

Graphen zeichnen:

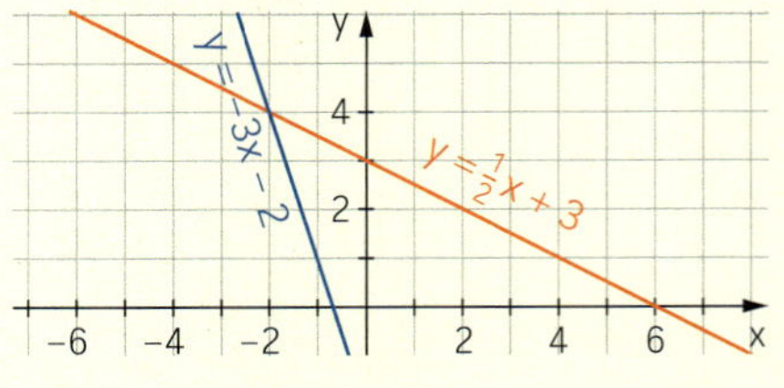

Ablesen des Schnittpunktes: $S\,(-2\,|\,4)$

$L = \{(-2\,|\,4)\}$

Gleichsetzungsverfahren	(1) Löse beide Gleichungen nach einer gemeinsamen Variable auf. (2) Erzeuge durch Gleichsetzen eine Gleichung mit nur einer Variablen und berechne deren Wert. (3) Setze diesen Wert in eine der Ausgangsgleichungen ein und berechne den Wert der zweiten Variablen. (4) Führe die Probe durch und gib die Lösungsmenge an.	$\left\vert \begin{array}{l} y = 2x + 1 \\ y = -x + 4 \end{array} \right\vert$ $-x + 4 = 2x + 1 \quad \vert +x - 1$ $1 = x$ $y = -1 + 4 = 3$ Probe: $3 = 2 \cdot 1 + 1$ wahr $3 = -1 + 4$ wahr $L = \{(1 \vert 3)\}$
Einsetzungsverfahren	(1) Löse eine der beiden Gleichungen nach einer Variablen auf. (2) Setze den erhaltenen Term in die andere Gleichung ein. Berechne den Wert der Variablen der entstandenen Gleichung. (3) Setze diesen Wert in die umgestellte Gleichung ein und berechne den Wert der zweiten Variablen. (4) Führe die Probe durch und gib die Lösungsmenge an.	$\left\vert \begin{array}{l} 2y = 4x + 2 \\ y = -x + 4 \end{array} \right\vert$ $2(-x + 4) = 4x + 2$ $-2x + 8 = 4x + 2 \quad \vert +2x - 2$ $6 = 6x \quad \vert :6$ $1 = x$ $y = -1 + 4 = 3$ Probe: $2 \cdot 3 = 4 \cdot 1 + 2$ wahr $3 = -1 + 4$ wahr $L = \{(1 \vert 3)\}$
Additionsverfahren	(1) Beide Gleichungen,wenn nötig, durch Multiplikation mit einer Zahl so umformen, dass bei der Addition eine Variable wegfällt. (2) Addiere beide Gleichungen und löse die entstandene Gleichung nach der verbleibenden Variable auf. (3) Setze den berechneten Wert in eine der Ausgangsgleichungen ein und berechne den Wert der zweiten Variablen. (4) Führe die Probe durch und gib die Lösungsmenge an.	$\left\vert \begin{array}{l} 2y = 4x + 2 \\ y = -x + 4 \end{array} \right\vert \quad \vert \cdot (-2)$ $\left\vert \begin{array}{l} 2y = 4x + 2 \\ -2y = 2x - 8 \end{array} \right\vert$ ⊕ $0 = 6x - 6 \quad \vert +6$ $6 = 6x \quad \vert :6$ $1 = x$ $y = -1 + 4 = 3$ Probe: $2 \cdot 3 = 4 \cdot 1 + 2$ wahr $3 = -1 + 4$ wahr $L = \{(1 \vert 3)\}$
Sonderfälle bei der Lösungsmenge	Entsteht beim Umformen einer Gleichung eines linearen Gleichungssystems eine falsche Aussage, so ist die Lösungsmenge die **leere Menge**: $L = \{\ \}$ Entsteht beim Umformen einer Gleichung eines linearen Gleichungssystems eine wahre Aussage, so enthält die Lösungsmenge **unendlich viele Elemente**: $L = \{(x \vert y) \vert y = mx + n\}$	$\left\vert \begin{array}{l} 2x + 2y = 3 \\ 0 = 7 \end{array} \right\vert$ $L = \{\ \}$ $\left\vert \begin{array}{l} 2x + y = 3 \\ 0 = 0 \end{array} \right\vert$ $L = \{(x \vert y) \vert y = -2x + 3\}$ erste Gleichung nach y umgeformt

1 Gib ein lineares Gleichungssystem an, das durch die zwei Graphen dargestellt wird.

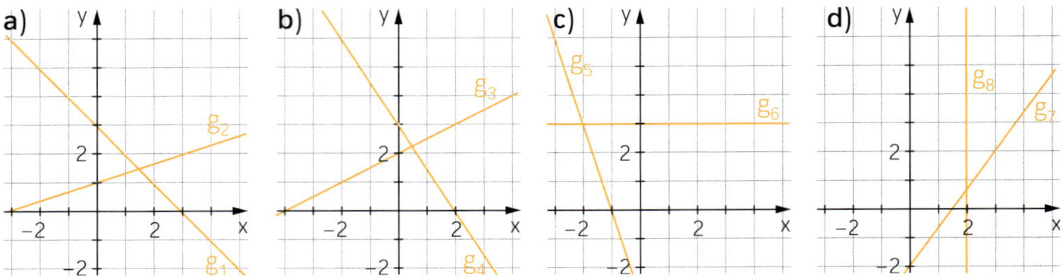

2 Untersuche, ob die Punkte $P_1(1\,|-1)$, $P_2(9\,|-5)$, $P_3(-1\,|-3)$, $P_4(-0{,}2\,|-1)$ und $P_5(9\,|\,8{,}2)$ zu dem Graphen der linearen Gleichung gehören.

a) $2x + 3y = -1$ b) $5x - 4y - 7 = 0$ c) $y = -3$ d) $x = 9$

3 Löse das lineare Gleichungssystem mit einem möglichst günstigen Verfahren.

a) $\left|\begin{array}{l} y = -x + 8 \\ y = x - 2 \end{array}\right|$ b) $\left|\begin{array}{l} 3x - 2y = 2 \\ 2y = 4x + 2 \end{array}\right|$ c) $\left|\begin{array}{r} 5u + 9v - 42 = 0 \\ 10u + 3v - 39 = 0 \end{array}\right|$ d) $\left|\begin{array}{r} 2x - y = 2 \\ y - x = 14 \end{array}\right|$

4 Ermittle graphisch die Lösungsmenge des linearen Gleichungssystems.

a) $\left|\begin{array}{r} 9x + 4y = 37 \\ y = 6x + 1 \end{array}\right|$ b) $\left|\begin{array}{l} 2x = 2y - 4 \\ 3x - 3y = -5 \end{array}\right|$ c) $\left|\begin{array}{r} 3x + 4{,}5y = 1{,}5 \\ -2{,}5x - 3y = -1 \end{array}\right|$ d) $\left|\begin{array}{r} y = 3x - 2 \\ 2y - 6x = -4 \end{array}\right|$

5 Ergänze die zweite Gleichung des linearen Gleichungssystems, sodass es
(1) genau eine Lösung;
(2) keine Lösung;
(3) unendlich viele Lösungen hat.

a) $\left|\begin{array}{l} 3x + y = 3 \\ 2x + \ldots \end{array}\right|$ b) $\left|\begin{array}{l} 2 = x - y \\ -2 = \ldots \end{array}\right|$

6 Auf einer Ferienreise sucht Familie Schwarz ein Hotel zur Übernachtung. Berechne, wie viele Einzelzimmer und wie viele Doppelzimmer das Hotel Stern hat.

Hotel Stern
78 moderne Zimmer mit 119 komfortablen Betten stehen für Sie bereit!

7 Der Umfang eines Rechtecks ist 28,8 cm lang. Der Flächeninhalt wird um 17,35 cm^2 kleiner, wenn die eine Seite um 4,5 cm verlängert und die andere um 3,5 cm verkürzt wird. Ermittele die Seitenlängen.

8 Ein Kajakfahrer fährt zunächst eine Strecke mit der Strömung. Der Fluss hat eine Strömungsgeschwindigkeit von $1{,}5\,\frac{km}{h}$. Am Ende der Strecke dreht er und fährt gegen die Strömung zurück zum Ausgangspunkt. Er ist insgesamt 4 Stunden unterwegs. Er weiß, dass er auf einem See ohne Strömung eine Durchschnittsgeschwindigkeit von $4{,}5\,\frac{km}{h}$ hat.
Berechne die Dauer der Hinfahrt und der Rückfahrt sowie die Länge der Strecke.

Lineare Optimierung

Einleitung

In vielen Bereichen der Wirtschaft geht es vor allem um die Minimierung von Kosten und die Maximierung von Gewinnen. Dabei sollte sich ein Unternehmer nicht nur auf sein Gefühl verlassen. Viele Faktoren spielen dabei eine Rolle, z. B.
Wie kann produziert werden?
Wie viele Arbeitskräfte stehen zur Verfügung?
Wie groß sind die Lagerkapazitäten?
Aber auch ökologische Anforderungen dürfen nicht vernachlässigt werden. So sollen z. B. während der Produktion der Energieverbrauch und der Schadstoffausstoß so gering wie möglich sein.
Schnell ergeben sich sehr viele Gleichungen oder Ungleichungen, die oft nur noch von Computern behandelt werden können.

Aufgabe mit Lösung

Organisation eines Schulausfluges

Der Förderverein eines Gymnasiums möchte einen Schulausflug organisieren. Die Kosten dürfen dabei 3 600 € nicht übersteigen. Die Fahrt wird mit dem Busunternehmen Schultze durchgeführt. Das Busunternehmen besitzt 6 Kleinbusse mit jeweils 20 Sitzplätzen und 4 Reisebusse mit jeweils 50 Sitzplätzen. Die Kosten für einen Kleinbus belaufen sich auf 450 € und für einen Reisebus auf 750 €. Allerdings stehen nur 7 Busfahrer für diesen Ausflug zur Verfügung.
Gesucht ist die optimale Anzahl von Klein- und Reisebussen, sodass die Kosten im Budget bleiben, aber so viele Schülerinnen und Schüler wie möglich am Ausflug teilnehmen können.

Lösung

(1) Festlegen der Variablen:

x ... Anzahl der Kleinbusse y ... Anzahl der Reisebusse

einschränkende Bedingung: $x, y \in \mathbb{N}$, da nur ganze Busse gebucht werden können

(2) Aufstellung eines Ungleichungssystems:

$x \leq 6$	höchstens 6 Kleinbusse
$y \leq 4$	höchstens 4 Reisebusse
$x + y \leq 7$	höchstens 7 Busfahrer
$450x + 750y \leq 3600$	höchstens 3600 € Gesamtkosten

Die Lösungen müssen alle Ungleichungen zugleich erfüllen.

(3) Aufstellen der Zielfunktion:

In einem Kleinbus finden 20, in einem Reisebus 50 Personen Platz. Der Term $20x + 50y$ beschreibt die Anzahl der Personen in den Reisebussen. Wir nennen die Gleichung $z = 20x + 50y$ **Zielfunktion**. Die Größe z soll nun optimiert werden.

(4 a) Systematisches Probieren mithilfe einer Tabelle:

Wir nutzen eine Tabelle, um die optimale Anzahl an Bussen zu bestimmen. Dazu probieren wir systematisch mögliche Buskombinationen durch. Es gilt $x + y \leq 7$. Deshalb stellen wir alle Möglichkeiten für die Summen 7, 6 und 5 zusammen, da möglichst viele Personen mitgenommen werden sollen.
Für jede Kombination berechnen wir die Kosten k mittels $k = 450x + 750x$. Diese werden vom Budget auf maximal 3600 € begrenzt.
Zuletzt berechnen wir den zugehörigen Wert z der Zielfunktion. In der Tabelle ist gut zu erkennen, dass für $x = 1$ und $y = 4$ die größte Anzahl an Schülerinnen und Schülern mitreisen kann.
Weniger als 5 Busse liefert kein besseres Ergebnis, da 4 Reisebusse nur maximal 200 Personen transportieren können.

x	y	$k = 450x + 750y$	Zielfunktion $z = 20x + 50y$
0	7	5250 €	–
1	6	4950 €	–
2	5	4650 €	–
3	4	4350 €	Kosten überschritten
4	3	4050 €	
5	2	3750 €	–
6	1	3450 €	170
7	0	3150 €	140
0	6	4500 €	-
1	5	4200 €	-
2	4	3900 €	-
3	3	3600 €	210
4	2	3300 €	180
5	1	3000 €	150
6	0	2700 €	120
0	5	3750 €	-
1	**4**	**3450 €**	**220**
2	3	3150 €	190
3	2	2850 €	160
4	1	2550 €	130
5	0	2250 €	100

(4 b) Ermitteln des Erfüllungsvielecks durch grafische Darstellung im Koordinatensystem und systematisches Probieren:

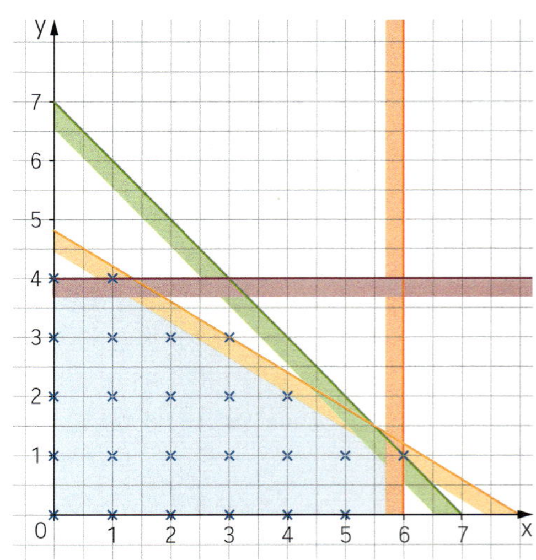

Wir stellen für jede Ungleichungen die Lösung in einem Koordinatensystem grafisch dar.
Die Ungleichung $x \leq 6$ beschreibt alles links der Geraden $x = 6$ und auf ihr.
Analog beschreibt die Ungleichung $y \leq 4$ alles unterhalb Geraden $y = 4$ und auf ihr.
Die Ungleichung $x + y \leq 7$ können wir nach y umstellen und erhalten $y \leq x + 7$. Demnach kommen alle Punkte unterhalb dieser Geraden und auf ihr als Lösung in Frage. Zuletzt formen wir noch die Ungleichung $450x + 750y \leq 3600$ nach y um und erhalten $y \leq -0{,}6x + 4{,}8$.
Wiederum kommen alle Punkte unterhalb dieser Geraden und auf ihr in Frage. Gesucht sind nun die Punkte, die alle Bedingungen gleichzeitig erfüllen. Sie liegen in der Schnittmenge der einzelnen Lösungsmengen. Diesen Bereich nennt man das **Erfüllungsvieleck**.

Da nur natürliche Zahlen für x und y zugelassen sind, kommen lediglich 25 Punkte in Frage. Für diese müssen wir nun überprüfen, wann die Anzahl der erlaubten Mitreisenden am größten ist. Dabei reicht es aus, die Punkte zu testen, die sich möglichst nah am Rand des Erfüllungsvielecks befinden. Dies liegt daran, dass bei übereinander liegenden Punkten der obere, bei nebeneinander liegenden Punkten der weiter rechts der bezüglich der Anzahl zu transportierenden Reisende bessere Punkt ist. Somit verbleiben nur noch die Punkte Q, R, S und T als mögliche optimale Lösungen. Wie im vorherigen Schritt stellt sich Q (1 | 4) als Optimum heraus.

Punkte P (x | y)	Zielfunktion $z = 20x + 50y$
Q (1 | 4)	220
R (3 | 3)	210
S (4 | 2)	180
T (6 | 1)	170

(5) Antwort:
Wenn ein Kleinbus und vier Reisebusse angemietet werden, kann die größte Anzahl an Schülerinnen und Schüler, genau 220, am Schulausflug teilnehmen.

Information

Strategie zur Lösung einer linearen Optimierung
1. Festlegen der Variablen
2. Aufstellen der benötigten Gleichungen bzw. Ungleichungen
3. Aufstellen der **Zielfunktion**
4. Ermitteln des **Erfüllungsvielecks** (*Planungsgebiet*) durch grafische Darstellung im Koordinatensystem und testen der Punkte des Erfüllungsvielecks hinsichtlich der Zielfunktion.
5. Antwort formulieren

1 Gegeben ist das nebenstehende Ungleichungssystem.

$$\left| \begin{array}{r} x + y \leq 20 \\ 2x - y \leq 15 \\ x \geq 0 \\ y \geq 0 \end{array} \right|$$

a) Stelle die Lösungsmenge des Systems grafisch in einem Koordinatensystem dar.
b) Gib fünf geordnete Paare an, die das System erfüllen.
c) Prüfe, ob die geordneten Paare (4 | 4), (10 | 1), (0 | 12) Lösung des Ungleichungssystems sind.
d) Überlege dir einen Sachzusammenhang, der zu diesem System führen könnte.

2 Ermittle ein Ungleichungssystem, das zu dem Planungsgebiet rechts gehört.
Für welche Punkte des Planungsgebietes wird $z = 18x + 10y$ möglichst groß?
Erfinde eine Situation, die zu den Angaben passt.

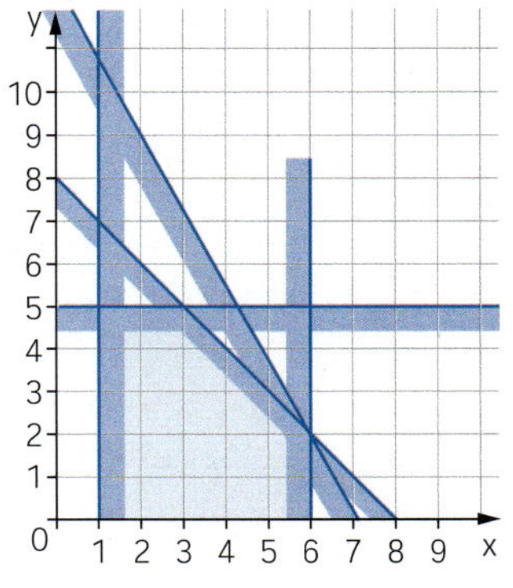

3 Eine Firma stellt zwei verschiedene Typen von Fahrrädern her. Für die Herstellung eines Mountainbike-Rahmens benötigt ein Schweißer 50 min, für die Herstellung eines Tourenrad-Rahmens 20 min. Insgesamt hat der Hersteller in der Schweißabteilung 10 Arbeitskräfte, die im Zwei-Schicht-System arbeiten. Jeder Arbeiter hat eine Arbeitszeit von 40 Stunden in der Woche. In der Montage-Abteilung gibt es weitere 12 Arbeitskräfte. Ein Arbeiter benötigt etwa 30 min für den Zusammenbau eines Mountainbikes und 50 min für den eines Tourenrades. Es sollen wöchentlich insgesamt mindestens 500 Fahrräder ausgeliefert werden, wobei der Gewinn für ein Mountainbike etwa 40 €, der Gewinn für ein Tourenrad etwa 50 € beträgt. Wie viele Räder von jedem Typ sollten hergestellt werden, damit der Gewinn möglichst groß wird?

4 Ein Elch muss Mindestmengen an Salz und Energie zu sich nehmen. Dabei wählt er zwischen salzhaltigen, sperrigen Wasserpflanzen und normalen Landpflanzen aus. Sein Pansen kann mehr Landpflanzen als Wasserpflanzen aufnehmen. Biologen stellen solche Abhängigkeiten oft grafisch in einem Koordinatensystem dar.

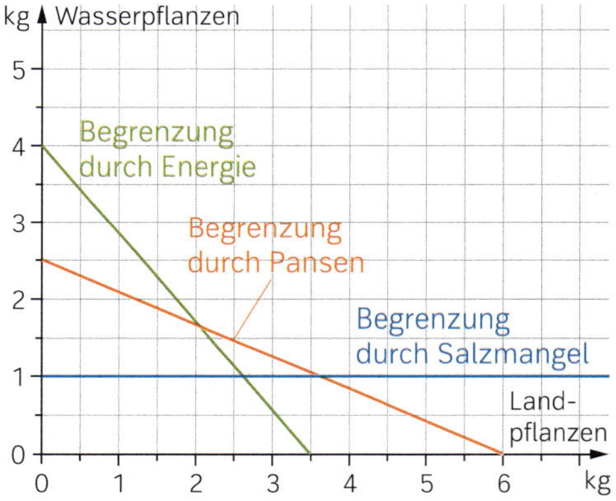

a) Begründe den Verlauf der drei Geraden.

b) Gib für alle Geraden die zugehörige Geradengleichung an und berechne die drei Schnittpunkte.

c) Der Elch muss „rechnen“, denn für ihn geht es um Leben und Tod. In welchem Bereich des Koordinatensystems kann er überleben?

5 An einem See sollen Ruder- und Tretboote für die Ausleihe angeschafft werden. Der Betreiber weiß aus Erfahrung, dass mindestens doppelt so viele Tretboote wie Ruderboote ausgeliehen werden. Es sollen mindestens 15 Boote angeschafft werden. Der Preis für ein Ruderboot beläuft sich etwa auf 2 500 €, das Tretboot kostet etwa 3 500 €.

a) Wie viele Boote jeder Sorte sollte der Betreiber kaufen, damit der Anschaffungspreis minimal ist?

b) Wie viele Boote können unter den sonst gleichen Bedingungen gekauft werden, wenn nur 40 000 € zur Verfügung stehen?

Ähnlichkeit

5

▲ *Welcher Maßstab gilt?*
Von vielen großen Gegenständen werden maßstäblich verkleinerte Modelle hergestellt. Von kleinen Gegenständen kann man maßstäblich vergrößerte Modelle anfertigen.
Schätze, in welchem Maßstab das Modell des Pariser Eiffelturms hergestellt wurde.

In diesem Kapitel
- lernst du, wie man Figuren maßstäblich vergrößert und verkleinert;
- wie man fehlende Längen mit bekannten Längen berechnet ▸

5.1 Ähnliche Vielecke

Einstieg

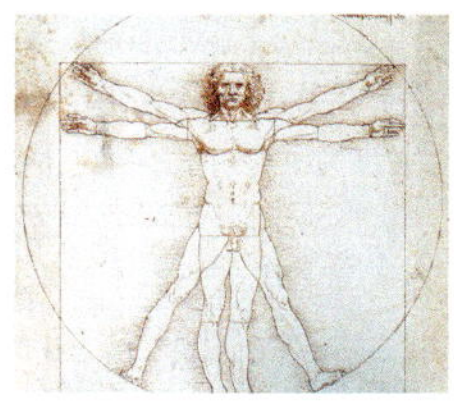

Statuen, Puppen und Gemälde von Menschen zeigen ein bestimmtes Schönheitsideal. Sind diese Darstellungen einem Menschen ähnlich? Vergleicht dazu die Längen von Körperteilen in der Abbildung mit den entsprechenden Längen an euch sowie euren Mitschülerinnen und Mitschülern.

Aufgabe mit Lösung

Maßstäbliches Verkleinern und Vergrößern

Lennart hat im Urlaub Fotos gemacht. Die Bilder sind mit $4\,096 \times 3\,072$ Pixel abgespeichert. Sie lassen sich beispielsweise im Format $20{,}48\,\text{cm} \times 15{,}36\,\text{cm}$ drucken.
Lennart möchte die Bilder kleiner ausdrucken. Sein Drucker bietet ihm hierfür verschiedene Größen an.

→ Prüfe, ob beim Format $8\,\text{cm} \times 6\,\text{cm}$ Teile des Bildes verloren gehen.

Lösung

Das Bild soll nicht verzerrt sein und muss daher maßstabsgerecht verkleinert ausgedruckt werden.
Dazu muss sowohl die Länge der Seite $\overline{AB}$ als auch die Länge der Seite $\overline{BC}$ mit demselben Faktor k verkleinert werden.
Folglich muss gelten:

$\overline{A'B'} = k \cdot \overline{AB}$ und $\overline{B'C'} = k \cdot \overline{BC}$,

also: $k = \frac{\overline{A'B'}}{\overline{AB}} = \frac{\overline{B'C'}}{\overline{BC}}$

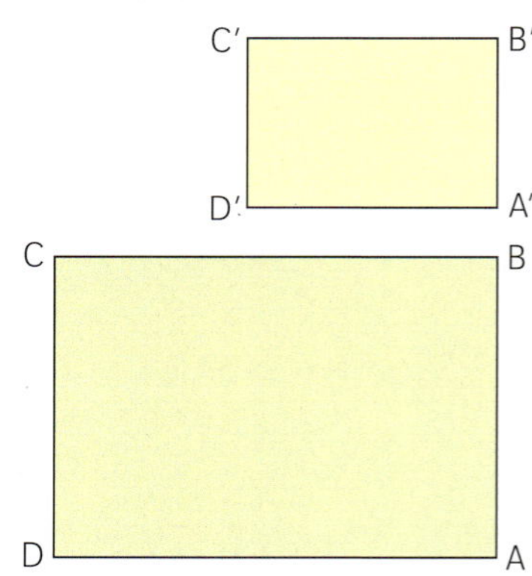

Um zu prüfen, ob sich das Bild der Größe $20{,}48\,\text{cm} \times 15{,}36\,\text{cm}$ im Format $8\,\text{cm} \times 6\,\text{cm}$ drucken lässt, berechnen wir die Verkleinerungsfaktoren k_1 und k_2 der beiden Seiten.
Sind k_1 und k_2 gleich, so ist die Verkleinerung maßstäblich.
Für das Format $8\,\text{cm} \times 6\,\text{cm}$ ergeben sich die Verkleinerungsfaktoren:

$k_1 = \frac{8\,\text{cm}}{20{,}48\,\text{cm}} = \frac{800}{2048} = \frac{25}{64} \approx 0{,}39$ sowie $k_2 = \frac{6\,\text{cm}}{15{,}36\,\text{cm}} = \frac{600}{1536} = \frac{25}{64} \approx 0{,}39$

Die beiden Werte stimmen exakt überein, es gehen also keine Bildteile verloren.

→ Im Fotogeschäft sieht Lennart, dass Bilder im Format 50 cm × 40 cm gerade günstig angeboten werden. Prüfe, ob dieses Format zu seinen Bildern passt.

Lösung

Lennart muss prüfen, ob es sich um eine maßstabsgetreue Vergrößerung handelt. Dazu berechnet er wieder für beide Seiten getrennt den Vergrößerungsfaktor:

$k_1 = \frac{50\,\text{cm}}{20{,}48\,\text{cm}} = \frac{5\,000}{2\,048} \approx 2{,}44$ sowie $k_2 = \frac{40\,\text{cm}}{15{,}36\,\text{cm}} = \frac{4\,000}{1\,536} \approx 2{,}6$

Die Werte sind nicht gleich.
Dieses Format passt also nicht zu Lennarts Bildern. Es würden Teile der Bilder verloren gehen. Um die 40 cm lange Seite zu erreichen, muss man mit dem Faktor 2,6 vergrößern.
Beim Vergrößern der anderen Seite mit dem Faktor 2,6 erhält man mehr als 50 cm. Damit fällt an dieser Stelle ein Streifen des Bildes weg.

Information

Ähnliche Vierecke

Zwei Vielecke F und G heißen **ähnlich** zueinander, wenn sich ihre Eckpunkte so einander zuordnen lassen, dass gilt:
(1) Entsprechende Winkel sind gleich groß.
(2) Alle Seiten des Vielecks G sind k-mal so lang wie die entsprechenden Seiten des Vielecks F (mit derselben Zahl k).
Sind die Vielecke F und G ähnlich zueinander, so schreibt man kurz:
F ~ G, gelesen: F ist ähnlich zu G.
Der Faktor k heißt **Ähnlichkeitsfaktor**.

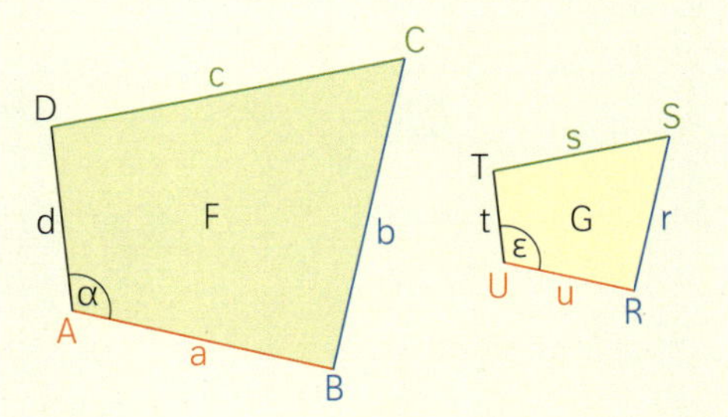

Beispiel: $k = \frac{1}{2}$; $\alpha = \varepsilon$; $u = \frac{1}{2}a$; ...

Auch für zwei krummlinig begrenzte Figuren kann man Ähnlichkeit definieren. Hier wird dafür zunächst nur überprüft, ob eine Figur die maßstäbliche Vergrößerung bzw. Verkleinerung der anderen ist. Die Figuren dürfen spiegelbildlich zueinander liegen.

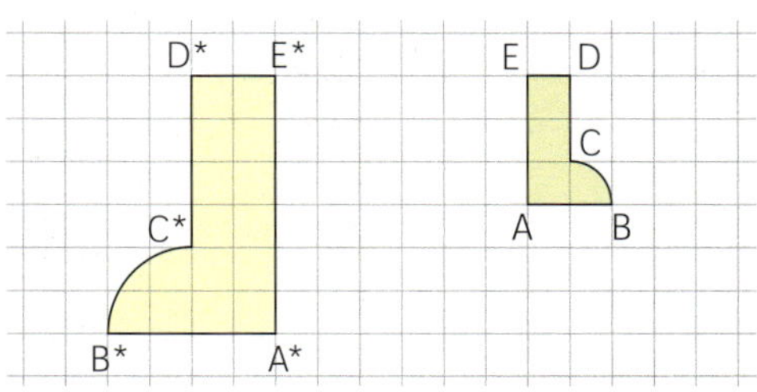

Üben

1 Vergrößere jede Figur maßstäblich mit dem Faktor k = 2.

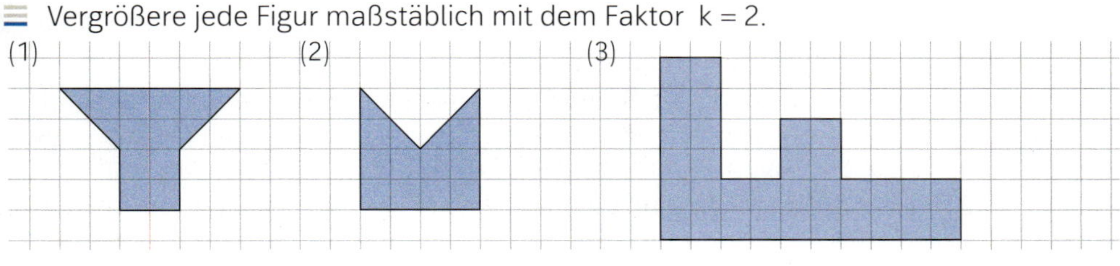

2 Verkleinere jede Figur maßstäblich mit dem Faktor $k = \frac{1}{2}$.

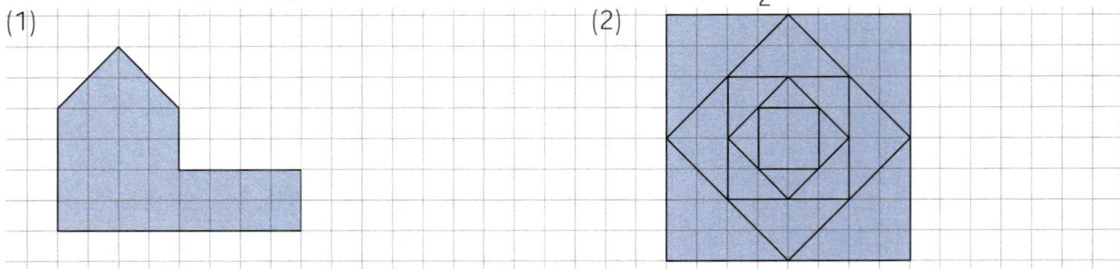

3 Suche aus den Figuren unten zwei zueinander ähnliche heraus. Zeichne die beiden Figuren ins Heft und markiere jeweils einander entsprechende Punkte, entsprechende Winkel und Seiten in derselben Farbe. Bestimme auch den Ähnlichkeitsfaktor.
Suche weitere Paare von Figuren heraus und verfahre entsprechend.

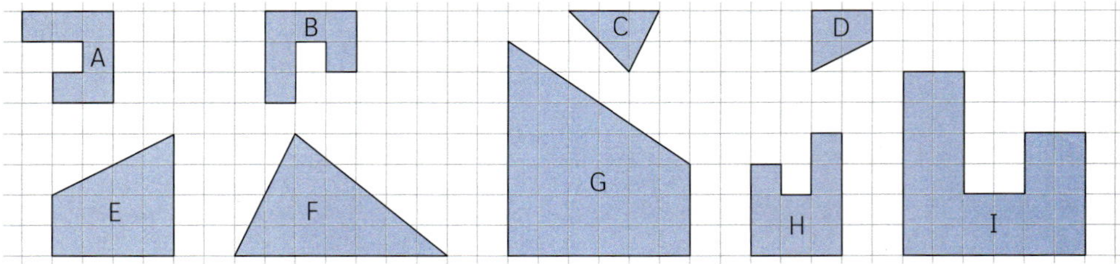

4 Untersuche, ob die Figuren zueinander ähnlich sind.

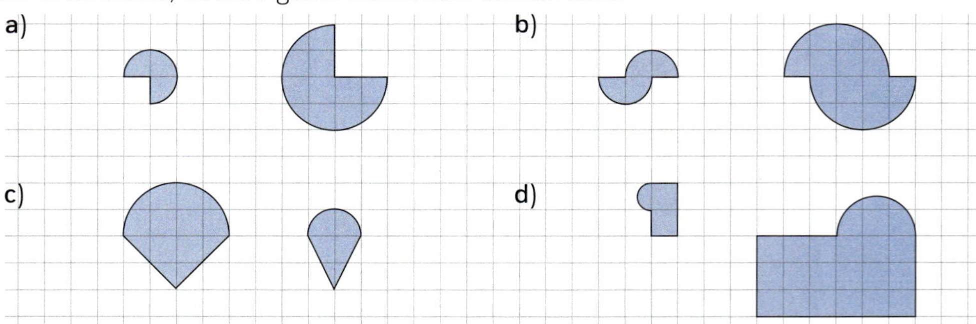

5 Die Schülerinnen und Schüler der Klasse 8e haben zu einem regelmaßigen Fünfeck ein ähnliches Fünfeck gezeichnet. Danach fordert die Lehrerin auf: „Nun erstellt ähnliche Aufgaben und tauscht diese miteinander aus!"
Was ist mit dieser Aufforderung gemeint?

6 Auf dem Foto ist eine Mutter mit ihrer Tochter zu sehen.
Man sagt: Beide sehen sich ähnlich.
Vergleicht diesen umgangssprachlichen Begriff „ähnlich" mit dem Begriff „ähnlich" in der Mathematik.

7 Begründe oder widerlege folgende Behauptungen: Alle
(1) Quadrate; (2) Rechtecke;
(3) gleichschenkligen Dreiecke; (4) Kreise
sind zueinander ähnlich.

Längenverhältnis zweier Seiten derselben Figur

8 ≡ Bei Fotos im Format 10 cm × 15 cm ist die lange Seite a offensichtlich 1,5-mal so lang wie die kurze Seite b.
Man sagt auch, das Längenverhältnis der Seiten ist $a : b = \frac{a}{b} = 1{,}5$.
Vergleiche diesen Wert mit dem entsprechenden Wert bei den Fotos im Format 6 cm × 9 cm und 20 cm × 25 cm.

Längenverhältnis

Beim Vergleich zweier Längen a und b bezeichnet man den Bruch $\frac{a}{b}$ bzw. den Quotienten $a : b$ auch als **Längenverhältnis** oder kurz als Verhältnis.
Den Bruch $\frac{a}{b}$ bzw. den Quotienten $a : b$ liest man dann auch als a zu b.
Das Verhältnis zweier Längen ist eine Zahl.
Längenverhältnisse können zwischen zwei Figuren oder innerhalb einer Figur betrachtet werden. Somit können sie auch bei der Untersuchung der Ähnlichkeit genutzt werden.

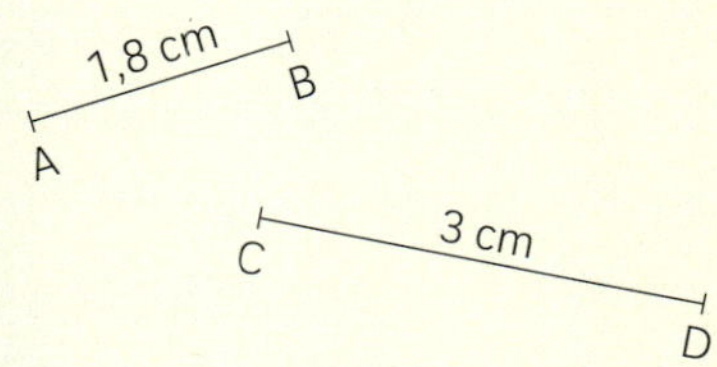

$$\frac{\overline{AB}}{\overline{CD}} = \frac{1{,}8\,\text{cm}}{3{,}0\,\text{cm}} = \frac{18}{30} = \frac{3}{5} = 0{,}6$$

$$\overline{AB} : \overline{CD} = 1{,}8 : 3{,}0 = 18 : 30 = 3 : 5 = 0{,}6$$

Ähnlichkeit: Längenverhältnisse in Figuren

Zwei Vielecke F und G sind nur dann zueinander ähnlich, wenn
(1) das Längenverhältnis je zweier Seiten des Vielecks F mit dem Längenverhältnis der entsprechenden Seiten des Vielecks G übereinstimmt und
(2) entsprechende Winkel gleich groß sind.
Das Längenverhältnis ist der Ähnlichkeitsfaktor.

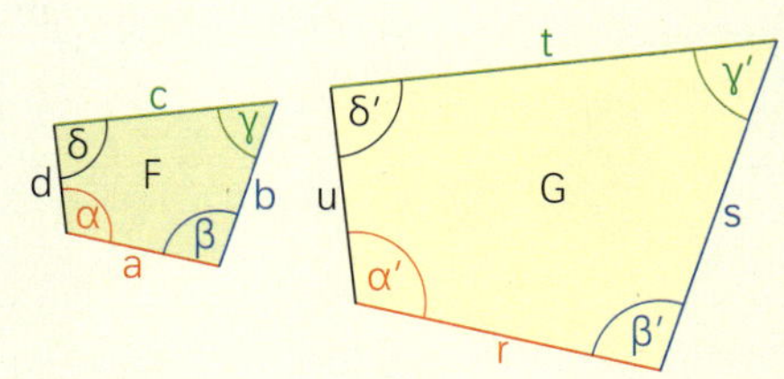

z. B.: $\frac{b}{a} = \frac{s}{r}$; $\frac{a}{c} = \frac{r}{t}$; $\frac{c}{b} = \frac{t}{s}$; $\alpha = \alpha'$

9 ≡ Entnimm der Zeichnung das Längenverhältnis $\frac{\overline{PQ}}{\overline{UV}}$, ohne mit dem Lineal zu messen.

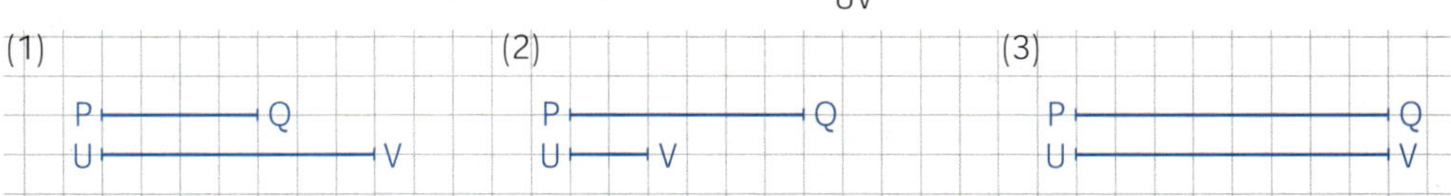

10 ☰ Begründe die Aussage.
„Wenn zwei Vielecke kongruent zueinander sind, dann sind sie auch ähnlich zueinander."
Gib auch den Ähnlichkeitsfaktor an.

11 ☰ Jeder zeichnet zwei Strecken $\overline{AB}$ und $\overline{CD}$ mit dem angegebenen Längenverhältnis. Tauscht eure Zeichnungen aus und kontrolliert euch gegenseitig.

a) $\overline{AB} : \overline{CD} = 3 : 4$ b) $\overline{AB} : \overline{CD} = 5 : 2$ c) $\frac{\overline{AB}}{\overline{CD}} = \frac{3}{2}$ d) $\frac{\overline{AB}}{\overline{CD}} = 0{,}4$

12 ☰ Bestimme das Längenverhältnis der Strecke $\overline{AB}$ zu der Strecke $\overline{CD}$.

a) $\overline{AB} = \frac{5}{2} \cdot \overline{CD}$ b) $2 \cdot \overline{CD} = 5 \cdot \overline{AB}$ c) $\overline{AB} = \overline{CD}$ d) $7 \cdot \overline{AB} = \overline{CD}$

13 ☰ Die beiden Dreiecke sind zueinander ähnlich.
Schreibe gleiche Längenverhältnisse auf.

a)
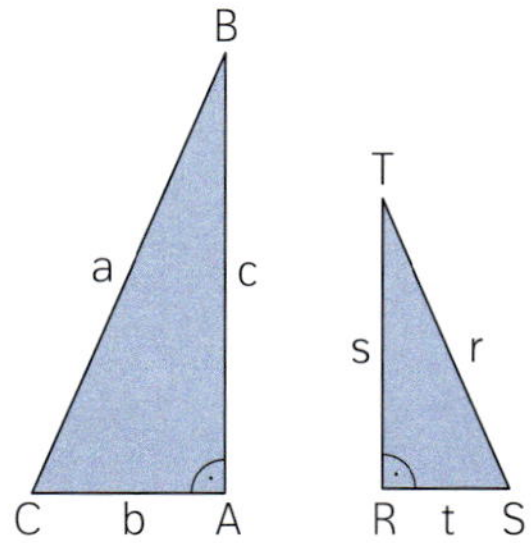

b)
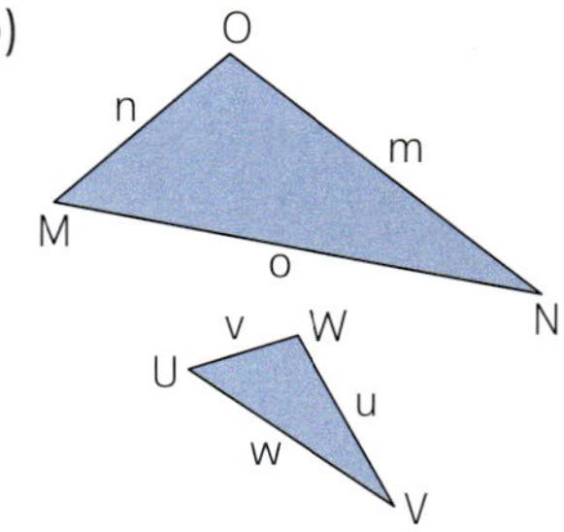

c)
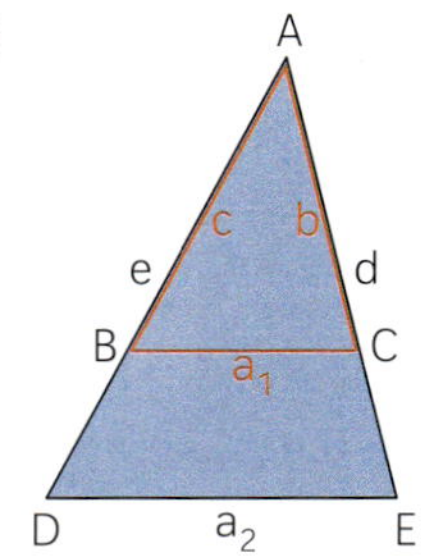

Weiterüben

14 ☰ Der Kölner Dom ist 157 m hoch, der Eiffelturm in Paris ist 330 m hoch.
Welchen Maßstab musst du wählen, damit du diese Gebäude in dein Heft (DIN A4) zeichnen kannst?

1 pm, gelesen 1 Pikometer, ist der billionste Teil eines Meters

15 ☰ Ein Eisenatom hat einen Radius von 125 pm. Mit welchem Faktor muss es vergrößert werden, damit es so groß ist wie

a) ein Stecknadelkopf mit r = 1 mm; b) ein Ball mit r = 8 cm?

16 ☰ Kontrolliere Hannas Aufgabe zu zwei zueinander ähnlichen Dreiecken ABC und DEF.

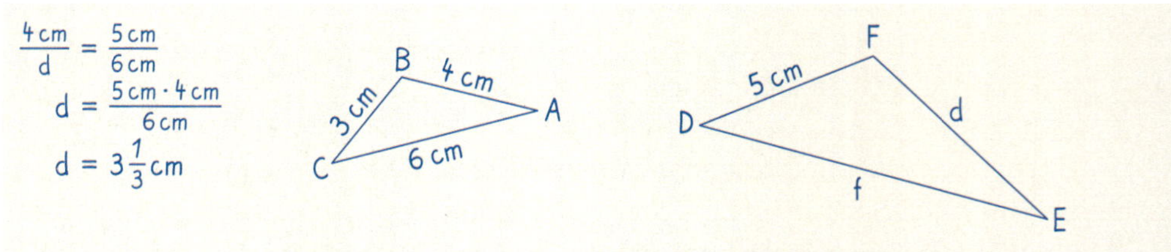

17 ☰ Der Maßstab bei einer Landkarte gibt das Längenverhältnis einer Strecke auf der Karte zur Strecke in der Wirklichkeit an.

a) Auf einer Wanderkarte mit dem Maßstab 1 : 25 000 messen die Schülerinnen und Schüler den Abstand zwischen zwei Orten. Er beträgt 32 cm.
Wie lang ist der Wanderweg in Wirklichkeit?

b) Auf der Wanderung gibt ein Schild die Länge eines Wanderweges mit 12,5 km an.
Wie lang ist er auf einer Landkarte mit dem Maßstab 1 : 50 000?

18 Die Maßstäbe von Modelleisenbahnen sind genormt.

Modelleisenbahnen

Die Maßstäbe der Modelleisenbahnen werden mit Buchstaben und Zahlen abgekürzt. Diese werden vom Verband der Modelleisenbahner und Eisenbahnfreunde Europas in der Normentabelle NEM (Normen Europäischer Modellbahnen) festgelegt.

Nenngröße	Maßstab	Spurweite
H0	1 : 87	16,5 mm
N	1 : 160	9,0 mm
Z	1 : 220	6,5 mm

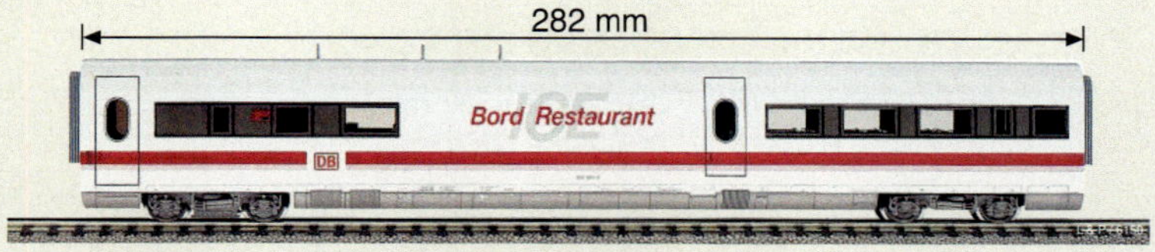

ICE-Bord-Restaurant-Wagen Spur H0

a) Wie lang ist der ICE-Wagen mit dem Bord-Restaurant in der Wirklichkeit?

b) Berechne die Länge des ICE-Modellwagens für

(1) die Spur N; (2) die Spur Z.

c) Eine Tür des ICE-Wagens ist 1 050 mm breit. Berechne das Maß für

(1) Spur N; (2) Spur H0; (3) Spur Z.

d) Das Modell des Endwagens eines ICE 3 hat in der Spur H0 die Länge 295 mm. Berechne die Länge eines entsprechenden Modells

(1) in der Spur N; (2) in der Spur Z.

19 Berechne die fehlenden Seitenlängen der ähnlichen Dreiecke ABC und A'B'C'.

a)	**b)**	**c)**	**d)**
a = 3 cm	a = 4 cm	a = 5 cm	a = 60 mm
b = 4 cm	b = 6 cm	b = 7 cm	a' = 45 mm
c = 6 cm	c = 8 cm	c = 9 cm	b' = 90 mm
a' = 9 cm	c' = 2 cm	a' = 7,5 cm	c' = 90 mm

20 Gegeben ist ein Rechteck mit den Seitenlängen 4 cm und 6 cm.
Zeichnet ein dazu ähnliches Rechteck, dessen eine Seite die folgende Länge hat.

a) 9 cm; **b)** 5 cm

Vergleicht eure Lösungen. Begründet, warum die Lösungen verschieden sein können.

21 Gegeben ist eine Strecke $\overline{AB} = 6\,cm$.
Konstruiere mit Zirkel und Lineal (ohne zu messen)

a) eine Strecke $\overline{CD}$ mit $\overline{AB} : \overline{CD} = 4 : 5$;

b) ein Rechteck ABCD, für dessen 2. Seite $\overline{BC}$ das Verhältnis $\overline{AB} : \overline{BC}$ gleich 2 : 3 ist.

Das kann ich noch!

A Entscheide, ob das angegebene Dreieck ABC mit den Seitenlängen a, b, c rechtwinklig, spitzwinklig oder stumpfwinklig ist. Gib für jedes der Dreiecke jeweils an, bei welchem Eckpunkt der rechte oder der stumpfe Winkel liegt.

1) a = 1,5 cm; b = 2 cm; c = 2,5 cm
2) a = 3 cm; b = 4 cm; c = 6 cm
3) a = 6 cm; b = 8 cm, c = 9 cm
4) a = 7,5 cm; b = 6 cm; c = 4,5 cm

5.2 Flächeninhalt bei ähnlichen Vielecken

Ziel

Du kennst bereits Gesetzmäßigkeiten der Seitenlängen zueinander ähnlicher Vielecke. Hier lernst du nun, in welchem Zusammenhang die Flächeninhalte zueinander ähnlicher Vielecke stehen.

Aufgabe mit Lösung

Flächeninhalt bei zueinander ähnlichen Rechtecken

Die Menge des mit Hilfe von Fotovoltaik in Deutschland erzeugten Stroms war 2019 etwa viermal höher als noch 2010. In einer Zeitschrift war dazu nebenstehende Grafik zu sehen.

→ Veranschaulicht diese Grafik die Wachstumsverhältnisse angemessen?

Lösung

Das große Rechteck ist viermal so lang und viermal so breit wie das kleine Rechteck.Folglich passen 16 kleine Rechtecke in das große Rechteck. Somit vermittelt die Grafik einen übertriebenen Eindruck vom Anstieg der durch Fotovoltaikanlagen erzeugten Strommenge.

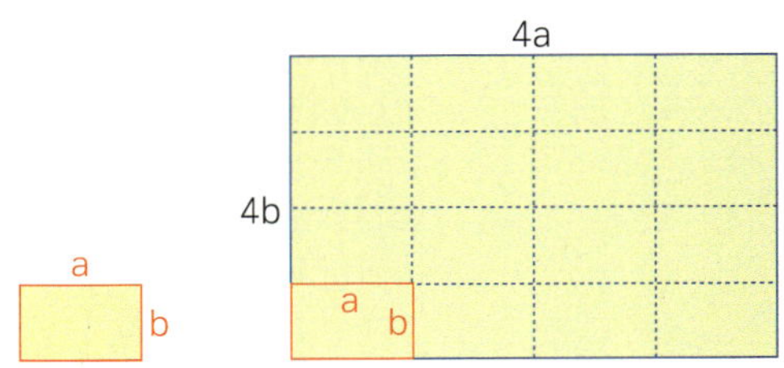

Zeichnet der Grafiker hingegen ein Rechteck mit doppelt so langen Seiten, so ist der Flächeninhalt des großen Rechtecks viermal so groß wie der des kleinen. Diese Darstellung vermittelt einen angemessenen Eindruck.

→ Finde einen Zusammenhang zwischen den Flächeninhalten zweier ähnlicher Rechtecke.

Lösung

Das Rechteck mit den Seitenlängen a und b hat den Flächeninhalt $A = a \cdot b$. Wird es mit dem Faktor k vergrößert, so hat das neue Rechteck die Seitenlängen $k \cdot a$ und $k \cdot b$.

Für den Flächeninhalt A', des vergrößerten Rechtecks, ergibt sich damit:

$A' = (k \cdot a) \cdot (k \cdot b) = k^2 \cdot a \cdot b = k^2 \cdot A$

Der Flächeninhalt des Rechtecks wird also mit den Faktor k^2 vergrößert. Entsprechendes gilt für die Verkleinerung mit den Faktor k.

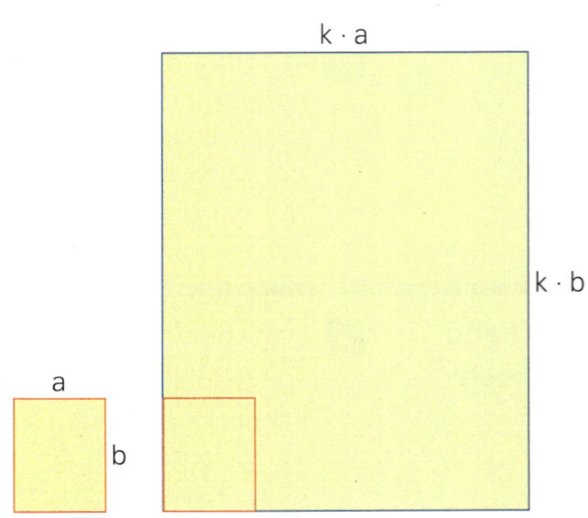

→ Begründe, dass dieser Zusammenhang auch für rechtwinklige Dreiecke, beliebige Dreiecke und beliebige Vielecke gilt.

Lösung

Jedes rechtwinklige Dreieck kann man zu einem doppelt so großen Rechteck ergänzen. Vergrößert man also die Seitenlängen eines rechtwinkligen Dreiecks mit den Faktor k, so vergrößert sich dessen Flächeninhalt ebenso wie der des Rechtecks um den Faktor k^2.

$A = \frac{1}{2} \cdot a \cdot b$

$A^* = \frac{1}{2} \cdot k \cdot a \cdot k \cdot b = k^2 \cdot \frac{1}{2} \cdot a \cdot b = k^2 \cdot A$

Ein beliebiges Dreieck kann durch eine geeignete Höhe in zwei rechtwinklige Teildreiecke zerlegt werden. Somit führt auch bei beliebigen Dreiecken eine Vervielfachung der Seitenlänge mit dem Faktor k zu einer Vervielfachung des Flächeninhalts mit Faktor k^2. Entsprechend gilt dieser Zusammenhang auch für allgemeine Vielecke, da sich jedes Vieleck aus Dreiecken zusammensetzen lässt.

Information

Flächeninhalt ähnlicher Vielecke

Ist das Vieleck W ähnlich zum Vieleck V und entsteht W aus V durch maßstäbliches Vergrößern bzw. Verkleinern mit dem Ähnlichkeitsfaktor k, so ist der Flächeninhalt des Vielecks W genau k^2-mal so groß wie der Flächeninhalt des Vielecks V: $\mathbf{A_W = k^2 \cdot A_V}$

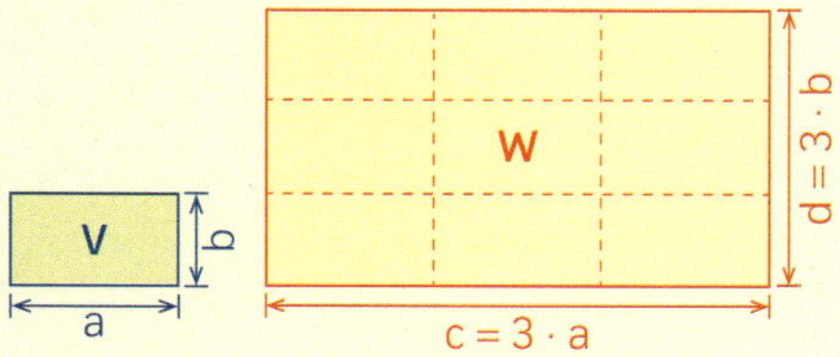

$A_W = 9 \cdot A_V$

Üben

1 Das Rechteck ABCD besitzt die Seitenlängen $a = 6{,}6\,cm$ und $b = 3{,}9\,cm$. Das Rechteck A′B′C′D′ ist ähnlich zu ABCD mit dem Ähnlichkeitsfaktor k.
Berechne auf zwei verschiedenen Wegen den Flächeninhalt des Rechtecks A′B′C′D′.

a) $k = 4$; **b)** $k = \frac{1}{2}$; **c)** $k = \frac{2}{3}$; **d)** $k = \frac{3}{2}$.

2 Ein Viereck ABCD hat den Flächeninhalt $60\,cm^2$. Berechne den Flächeninhalt des dazu ähnlichen Vierecks A′B′C′D′ mit dem Ähnlichkeitsfaktor

a) $k = 3$; **b)** $k = \frac{4}{5}$; **c)** $k = \frac{9}{4}$; **d)** $k = \sqrt{2}$.

3 Von einem Foto soll ein Poster erstellt werden.

a) Ein Fotolabor hat nebenstehendes Angebot. Ist der Preis für das größere Poster gegenüber dem kleineren Poster durch den erhöhten Materialverbrauch gerechtfertigt?

b) Für die beiden Poster soll ein Rahmen hergestellt werden. Vergleiche die Gesamtlänge der Leiste für das größere Poster mit der Länge der Leiste für das kleinere Poster.

c) Begründe: Sind zwei Rechtecke mit dem Ähnlichkeitsfaktor k ähnlich zueinander, so ist das Verhältnis der Umfänge beider Rechtecke ebenfalls k.

d) Verallgemeinere den Satz in Teilaufgabe c) auf Vielecke und begründe ihn.

5.3 Volumen bei zueinander ähnlichen Körpern

Einstieg

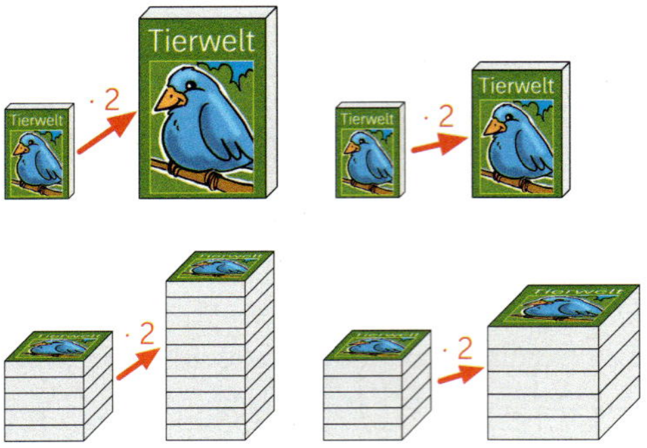

In einer Werbeschrift soll grafisch veranschaulicht werden, dass sich die Anzahl der verkauften Bücher des Verlages in den letzten zwei Jahren verdoppelt hat.
Beschreibt die nebenstehenden Grafiken. Welche Darstellung spiegelt den Sachverhalt angemessen wider?

Aufgabe mit Lösung

Volumina von zueinander ähnlichen Körpern

Ein Handy-Hersteller hat den Absatz seines Spitzenmodells I-Mobile 22 innerhalb des letzten Jahres verachtfacht. Für eine Werbeanzeige soll diese Entwicklung durch zwei unterschiedlich große Handys veranschaulicht werden

Zeichne für das erste Handy einen Quader mit den Kantenlängen 1 cm, 2 cm und 0,2 cm. Zeichne dazu passend das zweite Handy mit einem achtmal so großen Volumen .

Lösung

Das zweite Handy muss eine maßstäbliche Vergrößerung des ersten sein, d. h. alle Kantenlängen müssen mit demselben Faktor vervielfacht werden. Würde man alle Kantenlängen verachtfachen, so erhielte man aber ein viel zu großes Handy. In dieses würde nämlich das erste achtmal nebeneinander, achtmal übereinander und achtmal hintereinander, also $8 \times 8 \times 8 = 512$-mal passen.

Zeichnet man aber das zweite Handy mit nur doppelt so großen Kantenlängen, so passt das erste Handy zweimal nebeneinander, zweimal übereinander und zweimal hintereinander, also insgesamt $2 \times 2 \times 2 = 8$-mal in das zweite Handy. Dies veranschaulicht die Entwicklung angemessen.

Information

Polyeder
Ein Körper, der ausschließlich von ebenen Flächen begrenzt wird.

Zueinander ähnliche Polyeder

Zwei Polyeder P_1 und P_2 sind genau dann **ähnlich** zueinander, wenn
(1) einander entsprechende Winkel von P_1 und P_2 gleich groß sind und
(2) das Längenverhältnis entsprechender Kanten von P_1 und P_2 gleich ist.
Das Verhältnis heißt auch hier **Ähnlichkeitsfaktor**. Er stimmt mit dem Streckungsfaktor überein.

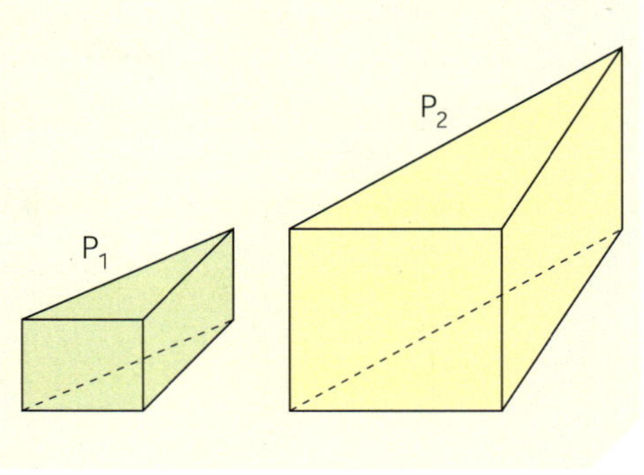

Ähnlichkeit lässt sich für beliebige Körper definieren. An dieser Stelle beschreiben wir das zunächst so: Zwei Körper K_1 und K_2 sind zueinander ähnlich, wenn der eine die maßstäbliche Vergrößerung bzw. Verkleinerung des anderen ist.

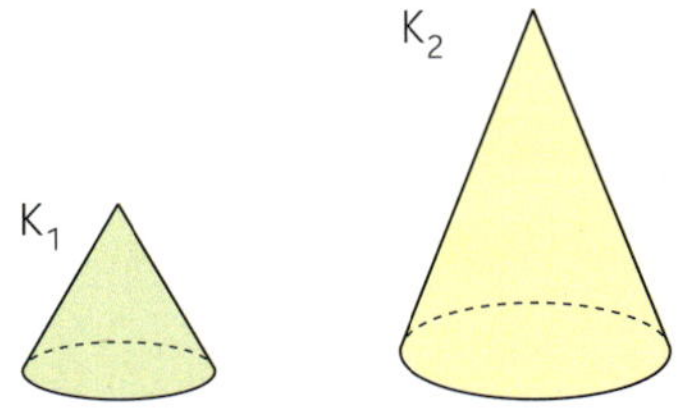

Information

Volumina ähnlicher Körper

Wenn zwei Körper K_1 und K_2 mit dem Ähnlichkeitsfaktor k ähnlich zueinander sind, dann gilt:
Das Volumen des Körpers K_1 ist k^3-mal so groß wie das Volumen des Körpers K_2:
$\mathbf{V_{K2} = k^3 \cdot V_{K1}}$

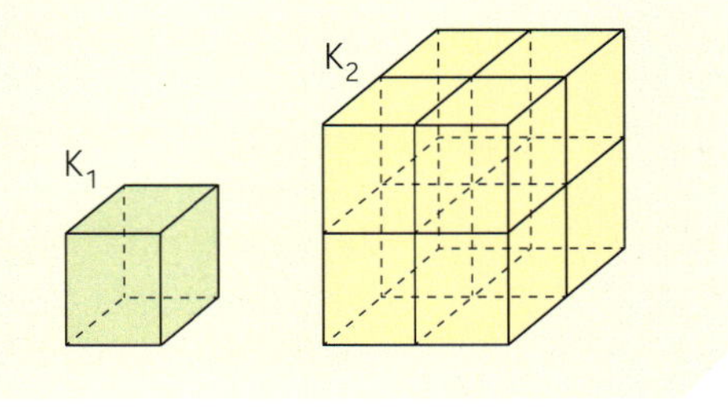

Üben

1 Welche der Körper sind zueinander ähnlich?

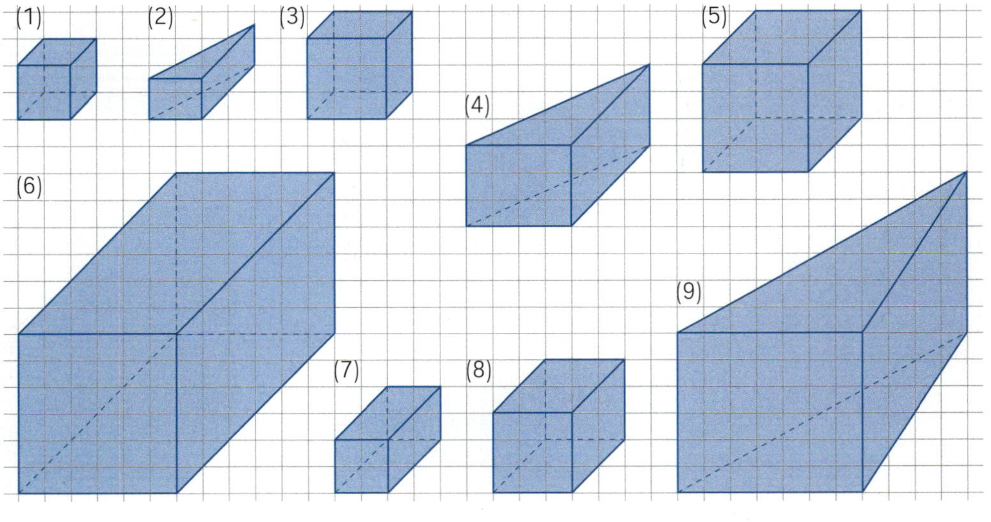

2 Begründe, ob die Aussage wahr oder falsch ist.

a) Alle Würfel sind ähnlich zueinander.
b) Alle Quader sind ähnlich zueinander.
c) Alle Kugeln sind ähnlich zueinander
d) Alle Zylinder sind zueinander ähnlich.

3 In welchen Fällen ist der blau eingezeichnete Körper ähnlich zum Gesamtkörper? Begründe deine Antwort.

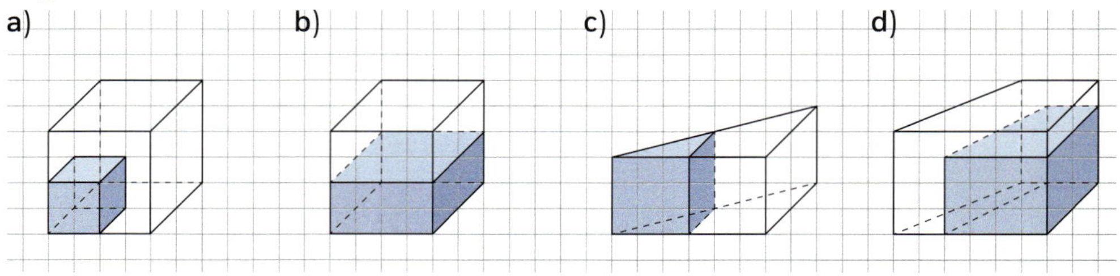

4 Wie verändert sich (1) das Volumen, (2) der Oberflächeninhalt eines Quaders, wenn man jede Kantenlänge

a) verdoppelt;
b) verdreifacht;
c) auf das $3\frac{1}{2}$-fache verlängert?

5 Eine Firma hat den Absatz eines Waschmittels in einem Jahr verdoppelt. Sie stellt dieses Wachstum in einem Werbeprospekt wie im Bild dar.

a) Wird die Absatzsteigerung durch die Größenverhältnisse im Bild richtig wiedergegeben? Zeichnet die beiden Quader gegebenenfalls im richtigen Verhältnis.

b) Für ein anderes Waschmittel wurde eine Absatzsteigerung von 64 % erzielt. Erstellt eine Werbeprospektseite, die die Steigerung richtig wiedergibt.

c) Sucht nach grafischen Darstellungen in Zeitungen oder Prospekten, in denen Größenverhältnisse durch ähnliche Körper dargestellt werden. Überprüft, ob die Größenverhältnisse „richtig“ sind.

6 Ein Straußenei ist einem Hühnerei ähnlich. Maria, Sarah und Lina wollen Waffeln backen. Dazu benötigen sie drei Hühnereier.
Lina: „Statt der drei Hühnereier könnten wir eigentlich auch ein Straußenei nehmen.“
Diskutiert ihre Aussage.

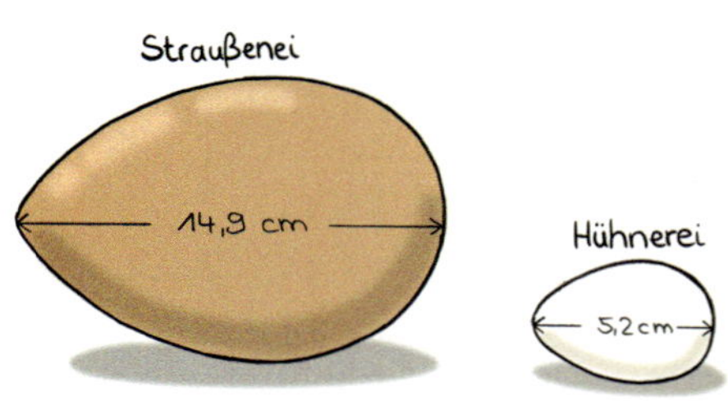

7 Das Wahrzeichen der Hauptstadt Frankreichs ist der zur Pariser Weltausstellung 1889 erbaute Eiffelturm. Er hat aktuell eine Höhe von 330 m und wurde aus 9 700 t Stahl gebaut.

a) Wie hoch müsste ein maßstabsgerechtes Modell sein, das aus 1,0 kg Stahl erbaut werden soll?

b) Für Touristen werden originalgetreue Modelle mit 12 cm Höhe angefertigt. Stelle selbst geeignete Fragen und beantworte sie.

8 Der Trinkwasserverbrauch pro Kopf und Tag nahm in Deutschland von 147 l im Jahr 1990 auf 129 l im Jahr 2020 ab. Was muss ein Grafiker beachten, der diese Entwicklung mit unterschiedlich großen Badewannen darstellen möchte?

9 Die Schülerinnen und Schüler der Klasse 8e besuchen einen Saurierpark. Dabei erfahren sie, dass die größten bisher gefundenen Eier von einem Riesenvogel, dem Aepyornis, stammen. Die Klasse hat die Möglichkeit, das Modell eines Eies zu vermessen. Dabei beträgt die Länge 36,4 cm.
Ermittle, wie oft der Inhalt eines Straußen- bzw. Hühnereies in ein Aepyornis-Ei passt (Maße siehe S. 198 Nr. 6).

10 Stelle für das maßstäbliche Vergrößern und Verkleinern eines Körpers folgende Zuordnungen im selben Koordinatensystem dar.

(1) *Vergrößerungsfaktor der Kantenlängen → Vergrößerungsfaktor des Volumens*

(2) *Vergrößerungsfaktor der Kantenlängen → Vergrößerungsfaktor des Oberflächeninhalts*

Lies aus den Graphen ab:

a) Die Kantenlängen eines Körpers werden auf das 1,5-fache vergrößert.
Wie ändern sich Volumen und Oberflächeninhalt des Körpers?

b) Die Kantenlängen eines Körpers werden auf das 0,7-fache verkleinert.
Wie verändern sich Volumen und Oberflächeninhalt des Körpers?

c) Das Volumen eines Körpers soll sich verdoppeln.
Wie müssen die Kantenlängen des Körpers verändert werden?

d) Der Oberflächeninhalt eines Körpers soll um 20 % zunehmen.
Wie müssen die Kantenlängen des Körpers verändert werden?

5.4 Zentrische Streckung

Einstieg

Das Bild trägt den Titel „Zentrische Streckung". Es zeigt, wie aus einem Dreieck weitere dazu ähnliche erzeugt worden sind.
Erforscht anhand des Bildes, wie man zentrische Streckungen definieren müsste.
Streckt selbst ausgehend von einem Streckzentrum Z ein Dreieck so, dass ein neues Dreieck mit 1,3-mal so langen Seiten entsteht.

Aufgabe mit Lösung

Vergrößern mithilfe einer zentrischen Streckung

Rechts siehst du, wie man mithilfe eines Gummibandes eine Figur maßstäblich vergrößern kann. Das Gummiband muss dabei stets straff gespannt sein und der Knoten K muss auf dem Umriss der Figur liegen, die vergrößert werden soll.

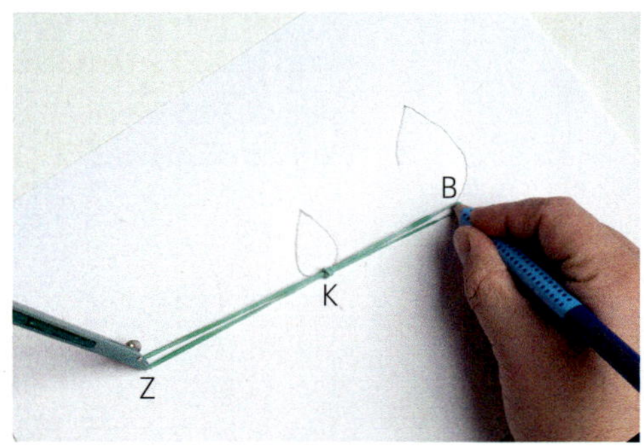

→ Entwickle eine Konstruktionsvorschrift zur Vergrößerung eines Dreiecks mit dem Ähnlichkeitsfaktor 1,5 ausgehend von einem Streckzentrum Z.

Lösung

Aus der Abbildung erkennst du:
(1) Der Zirkel Z, der Knoten K und der Bleistift B liegen alle auf dem straff gespannten Gummiband.
(2) Das Längenverhältnis der Strecken $\overline{ZB}$ und $\overline{ZK}$ ist immer gleich, da sich das ganze Gummiband gleichmäßig dehnt.
Hier gilt beispielsweise $\overline{ZB} : \overline{ZK} = 3 : 2$, da der Knoten auf einem Viertel der Strecke $\overline{ZB}$ liegt.
Diese Beschreibung lässt sich auch in eine geometrische Konstruktionsvorschrift übersetzen.

Konstruktionsbeschreibung:

(1) Zeichne den Strahl $\overrightarrow{ZA}$ und markiere auf diesem Strahl den Punkt A′ so, dass die Strecke $\overline{ZA'}$ genau 1,5-mal so lang ist wie die Strecke $\overline{ZA}$.
(2) Konstruiere entsprechend die Punkte B′ und C′.
(3) Verbinde die Punkte A′ und B′, B′ und C′ sowie A′ und C′.
A′B′C′ ist das gesuchte Dreieck.

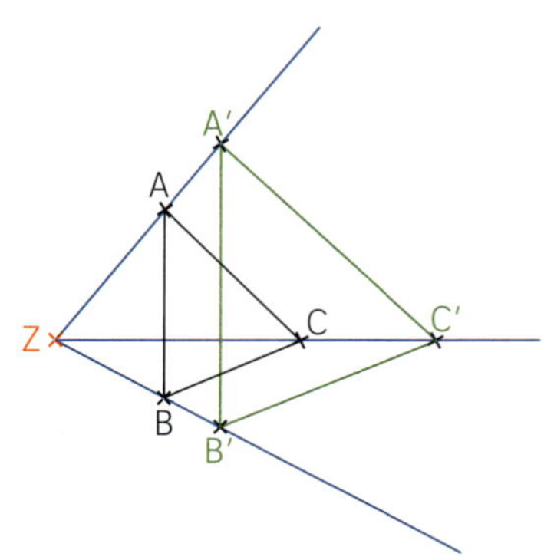

Information

Zentrische Streckung

Eine zentrische Streckung wird durch das **Streckzentrum** Z und den positiven **Streckfaktor** k festgelegt.
Zu einem Punkt A konstruiert man den Bildpunkt A′ wie folgt:
Man zeichnet den Strahl $\overleftarrow{ZA}$ und trägt dann den Punkt A′ auf dem Strahl ein, sodass gilt: $\overline{ZA'} = k \cdot \overline{ZA}$

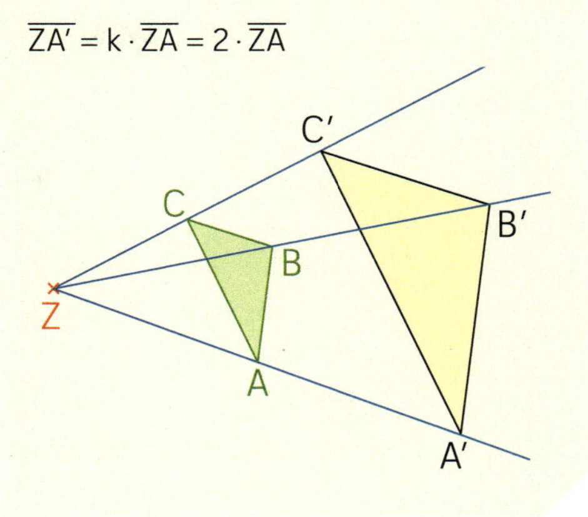

Üben

1 Gegeben sind das Viereck ABCD und der Punkt Z.

a) Konstruiere das Bild des Vierecks ABCD bei der zentrischen Streckung mit dem Streckzentrum Z und dem Streckfaktor $\frac{3}{2}$.

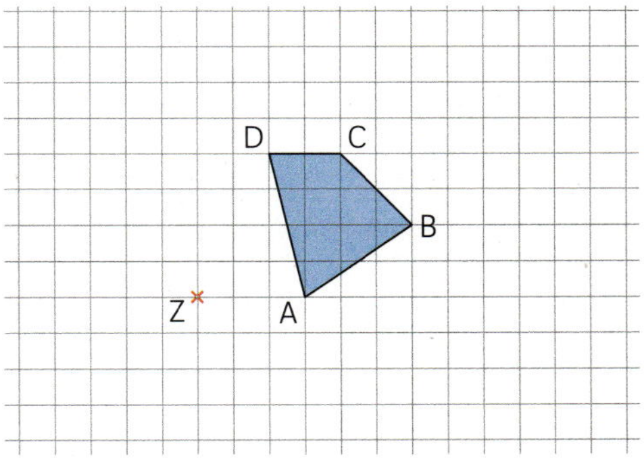

b) Wähle weitere Punkte innerhalb und außerhalb des Vierecks ABCD und konstruiere auch ihre Bildpunkte bei der zentrischen Streckung aus Teilaufgabe a).

c) Wähle als Zentrum Z einen Punkt
(1) auf der Seite $\overline{AB}$; (2) einen Eckpunkt.
Strecke das Viereck ABCD an diesem Streckzentrum Z mit dem Streckfaktor 3.

2 DGS Zeichne mit einem dynamischen Geometrie-System ein Viereck und ein Streckzentrum Z.
Probiere, wie du mit deinem DGS eine zentrische Streckung durchführen kannst.
Verändere den Streckfaktor.
Wie verändern sich das Bildviereck und seine Lage?

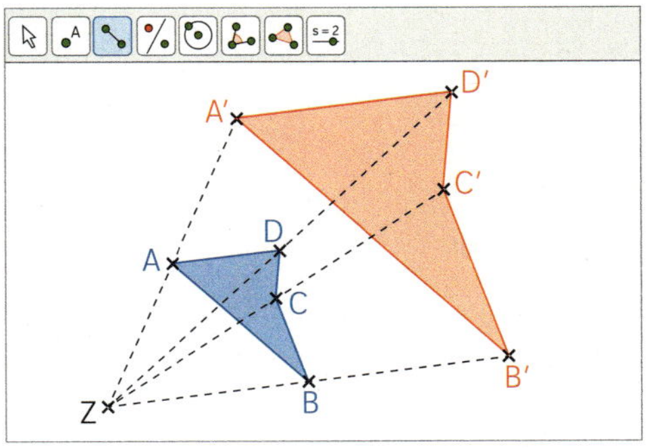

3 Zeichne das Viereck ABCD mit A(−2|0), B(4|0), C(4|2) und D(0|4) in ein Koordinatensystem. Ferner ist der Punkt Z(0|−2) gegeben.
Konstruiere das Bild von ABCD bei der zentrischen Streckung mit dem angegebenen Zentrum und k als Streckfaktor.

a) $k = 2$; Streckzentrum A

b) $k = \frac{1}{2}$; Streckzentrum Z

c) $k = 2{,}5$; Streckzentrum C

d) $k = 1{,}5$; Streckzentrum Z

4 Der Punkt P′ ist das Bild des Punktes P bei der zentrischen Streckung mit dem Streckzentrum Z. Bestimme den Streckfaktor k.

a) P(4 | 6); P′(6 | 9); Z(0 | 0) **b)** P(1 | 3); P′(0 | 5); Z(2 | 1)
c) P(−7 | 2); P′(−2 | −1); Z(3 | −4) **d)** P(−5 | −8); P′(−1 | −6); Z(7 | −2)

5 Die Punkte P′ und Q′ sind die Bilder von P bzw. Q.
Bestimme das Streckzentrum Z sowie den Streckfaktor k.

a) P(4 | −1); P′(8 | 1); Q(1 | −1); Q′(−1 | 1) **b)** P(2 | 0); P′(5 | −6); Q(0 | 0); Q′(−3 | −6)
c) P(2 | 0); P′(−1 | 2); Q(0 | −8); Q′(−2 | −2) **d)** P(3 | 4); P′(9 | 10); Q(2 | 2); Q′(−5 | −2)

6 Q ist der Bildpunkt von P bei der zentrischen Streckung mit dem Streckzentrum Z und dem Streckfaktor k.

a) Was kannst du über den Streckfaktor k aussagen?

(1) (2) (3)

b) Wie ändert sich k, wenn der Punkt Q
(1) auf P zuwandert; (2) von P wegwandert?

c) Welche zentrische Streckung mit dem Zentrum Z bildet umgekehrt Q auf P ab?

Eigenschaften der zentrischen Streckung

7 Entscheide, ob die blaue Figur die Bildfigur der schwarzen Figur bei einer zentrischen Streckung sein kann. Begründe.

(1) (2) (3) (4)

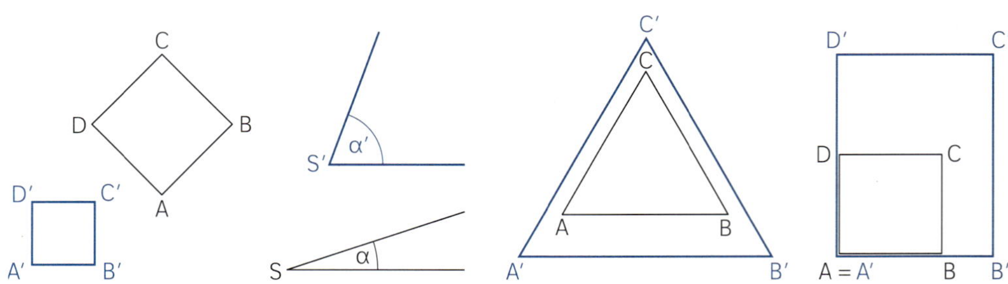

Information

Eigenschaften der zentrischen Streckung

Für jede *zentrische Streckung* mit Streckfaktor k gilt:

- Gerade und Bildgerade sind parallel zueinander.
- Winkel und Bildwinkel sind gleich groß.
- Vieleck und Bildvieleck sind ähnlich zueinander.
- Eine Bildstrecke ist k-mal so lang wie die Originalstrecke.

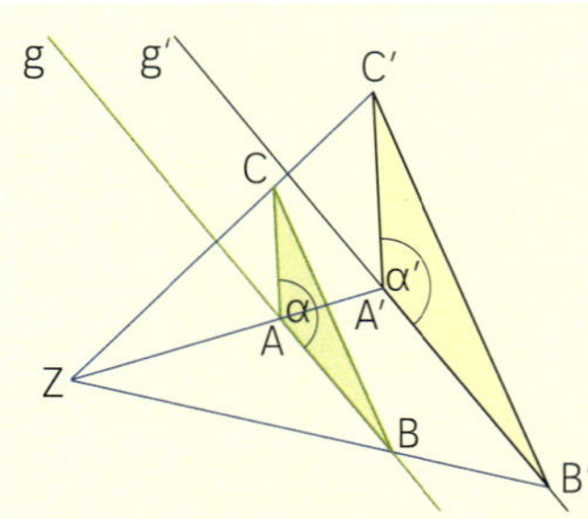

$g \parallel g'$ $\alpha = \alpha'$
$ABC \sim A'B'C'$ $\overline{A'B'} = k \cdot \overline{AB}$

8 ≡ Untersuche, ob das Dreieck PQR das Bilddreieck des Dreiecks ABC bei einer zentrischen Streckung ist. Falls ja, gib Streckzentrum und Streckfaktor an. Sollte es sich nicht um eine zentrische Streckung handeln, so begründe dies.

a) $A(-6|0)$; $B(6|0)$; $C(-2|8)$ und $P(5|-3)$; $Q(0|1)$; $R(-2|-3)$

b) $A(0|0)$; $B(8|0)$; $C(4|8)$ und $P(2|1)$; $Q(4|5)$; $R(6|1)$

c) $A(-2|-2)$; $B(6|0)$; $C(0|0)$ und $P(-4|0)$; $Q(10|4)$; $R(0|4)$

9 ≡ Entscheide, ob die blaue Figur das Bild der schwarzen Figur bei einer zentrischen Streckung sein kann. Gib gegebenenfalls das Streckzentrum und den Streckfaktor an. Begründe deine Aussage.

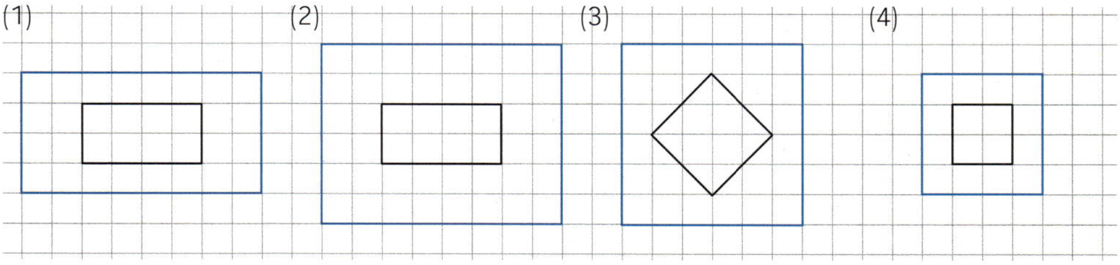

10 ≡ Zeichne die Figuren in dein Heft. Bestimme das Streckzentrum und den Streckfaktor.

a)

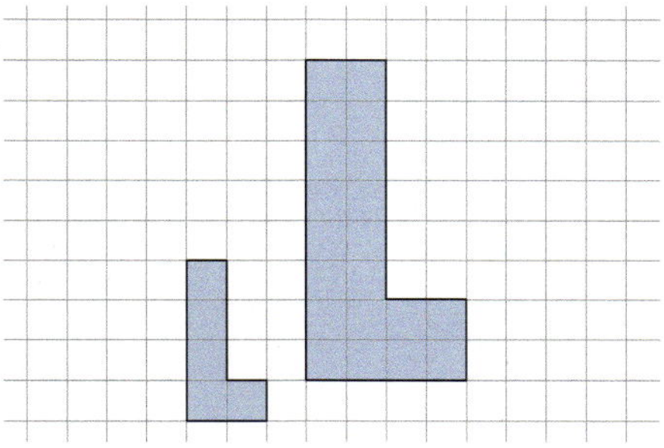

b)

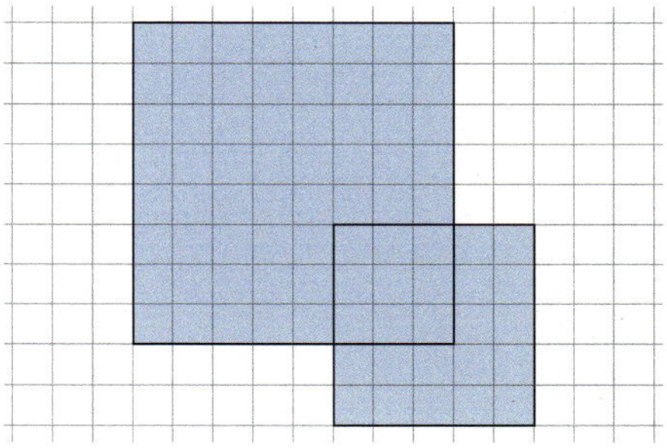

11 ≡ Konstruiere ein Parallelogramm ABCD aus $a = 5\,\text{cm}$, $d = 2{,}5\,\text{cm}$ und $\gamma = 50°$. Strecke dann ABCD am Schnittpunkt seiner Diagonalen mit dem Faktor 2,5. Verwende Eigenschaften der zentrischen Streckung, um geschickt vorzugehen.

12 ≡ Bei jeder zentrischen Streckung wird das Streckzentrum auf sich selbst abgebildet; man nennt es daher auch *Fixpunkt*.
Untersuche, ob es Geraden gibt, die auf sich selbst abgebildet werden *(Fixgeraden)*.

13 ≡ DGS Zeichne mit einem dynamischen Geometrie-System ein Dreieck ABC und strecke es an einem Punkt Z. Nenne das Bilddreieck A′B′C′.
Strecke nun das Bilddreieck A′B′C′ ebenfalls am Punkt Z, nenne das entstandene Bilddreieck A″B″C″.

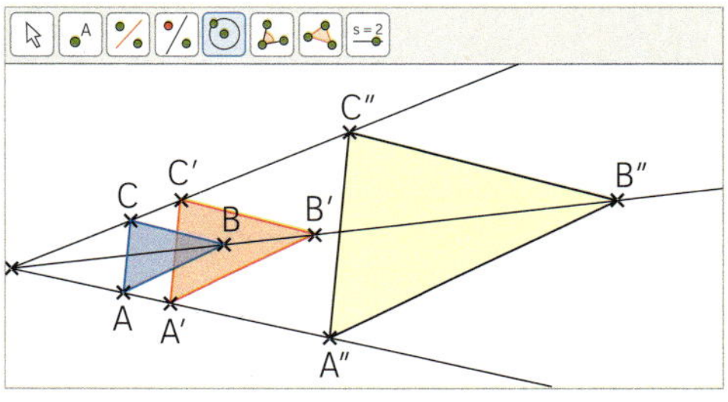

a.) Verändere die Streckfaktoren und untersuche, wie du das Dreieck A″B″C″ in einem Schritt aus dem Dreieck ABC erhältst.

b) Beweise deine Vermutung

Ähnlichkeit bei beliebigen Figuren

14 ☰ DGS Zeichne mit einem dynamischen Geometrie-System einen Kreis mit einem Mittelpunkt durch einen anderen zweiten Punkt. Strecke den Kreis am Zentrum Z mit dem Streckfaktor $k = 2$, indem du die Bildpunkte des Mittelpunktes und eines anderen Punktes ermittelst, danach den entsprechenden Bildkreis zeichnest. Überprüfe, ob das Bild eines beliebigen Punktes auf dem Ausgangskreis bei der Streckung mit $k = 2$ wirklich auf dem Bildkreis liegt.

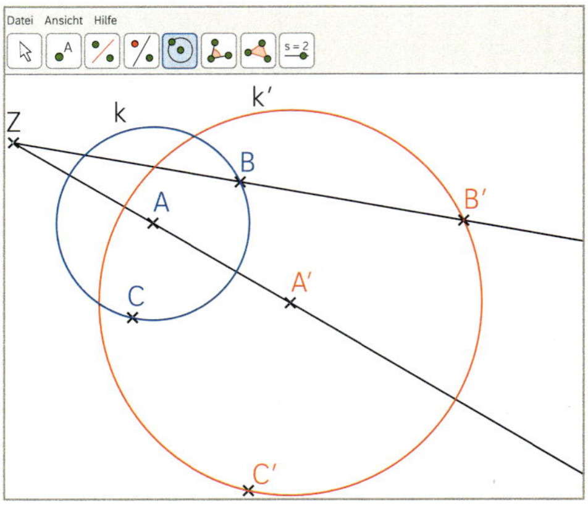

Information

Ähnliche Figuren

Eine Figur F heißt **ähnlich** zu einer Figur G, wenn man die Figur F mithilfe einer zentrischen Streckung so vergrößern oder verkleinern kann, dass die Bildfigur F′ zu der Figur G kongruent ist.

Wir schreiben F ~ G,
gelesen: *F ist ähnlich zu G.*

Der Streckfaktor k heißt **Ähnlichkeitsfaktor** oder auch **Maßstab**.

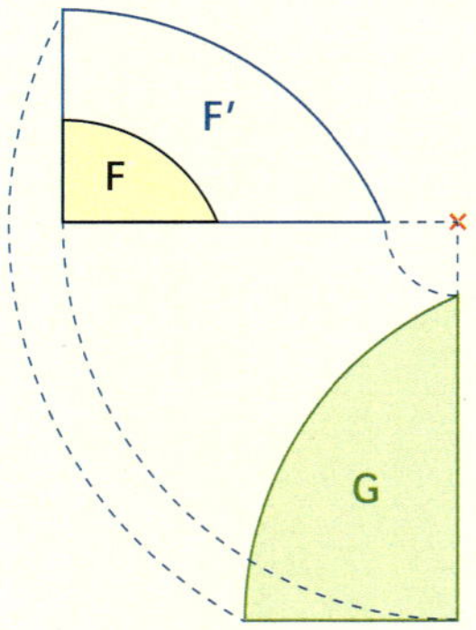

Bemerkung:
Mit dieser Definition können wir die Ähnlichkeit von krummlinig begrenzten Figuren und auch die von beliebigen Körpern exakt definieren (vgl. die Anmerkung nach der ersten Information auf Seite 197).

15 ☰ Vergleiche die Figuren ABCDE und A*B*C*D*E*. Finde Abbildungen, mit denen man die Figur ABCDE in zwei Schritten auf die Figur A*B*C*D*E* abbilden kann.

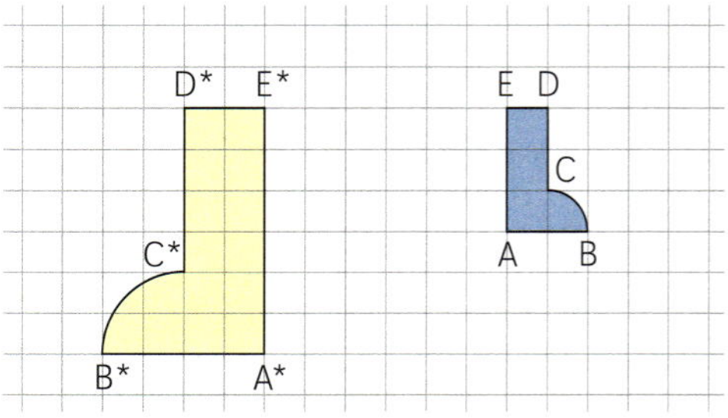

16 ☰ DGS Es sei die Strecke $\overline{A'B'}$ das Bild der Strecke $\overline{AB}$ bei einer zentrischen Streckung. M ist der Mittelpunkt der Strecke $\overline{AB}$. Was kannst du über die Lage des Bildpunktes M′ bezüglich der Strecke $\overline{A'B'}$ aussagen? Begründe deine Behauptung.

17 ≡ Zeichne die zwei Figuren in dein Heft ab und prüfe, ob sie ähnlich zueinander sind. Bestimme gegebenenfalls den Ähnlichkeitfaktor k.

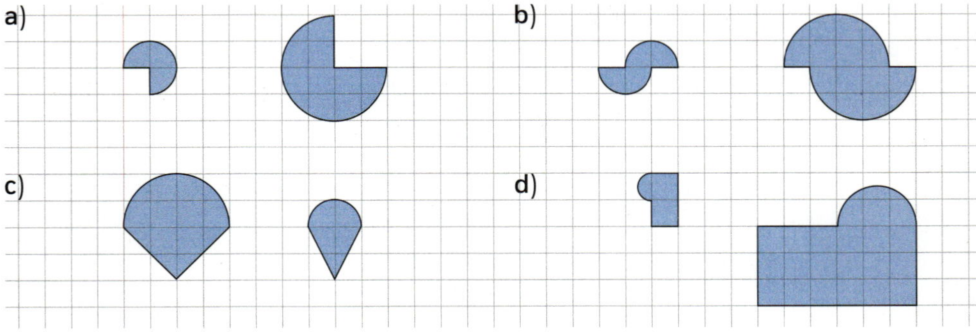

18 ≡ Das Dreieck ABC wird durch eine zentrische Streckung mit dem Streckfaktor k auf das Dreieck A'B'C' abgebildet.

a) Gibt es eine zentrische Streckung, die das Dreieck A'B'C' auf das Dreieck ABC abbildet? Begründe.

b) Gibt es eine zentrische Streckung, die das Dreieck ABC auf sich selbst abbildet? Begründe.

Weiterüben

19 ≡ Paula behauptet: „Die Bilder von Kreisen, Quadraten, Parallelogrammen, gleichseitigen bzw. rechtwinkligen Dreiecken bei einer zentrischen Streckung sind jeweils wieder Kreise, Quadrate usw.“ Hat Paula mit ihrer Behauptung wirklich recht? Begründe.

20 ≡ Stelle dir ein Rechteck mit den Seitenlängen $a = 2\,cm$ und $b = 3\,cm$ vor. Dieses Rechteck soll mit unterschiedlichen Streckfaktoren zentrisch gestreckt werden.

a) Erstelle eine Wertetabelle für die Länge der Bildseite a' in Abhängigkeit von unterschiedlichen Streckfaktoren. Zeichne den Funktionsgraphen.

b) Erstelle eine Wertetabelle für den Flächeninhalt des Bildrechtecks in Abhängigkeit von den unterschiedlichen Streckfaktoren. Zeichne auch diesen Funktionsgraphen.

c) Vergleiche die Funktionsgraphen aus a) und b).

21 ≡ Bei einer zentrischen Streckung sind das Streckungszentrum Z, ein Punkt A und dessen Bildpunkt A' gegeben.
Konstruiere für einen beliebigen Punkt B (ungleich A) den Bildpunkt B'.

Das kann ich noch!

A Löse die Klammern auf.

1) $7 \cdot (x + 2y)$ 2) $(4 - x) \cdot 3$ 3) $-(3x - 2y)$ 4) $-3x \cdot (x + 2y)$
5) $(x - y) \cdot (2x - 3y)$ 6) $(4x + 5y) \cdot (3 - 7y)$ 7) $(x - 2y)^2$ 8) $(2x - y) \cdot (2x + y)$

B Bestimme die Lösungsmenge.

1) $2 \cdot (x - 4) = 4 \cdot (8 - 2x)$ 2) $-(2 - x) = (2x + 4) \cdot 3$
3) $(2 - x) \cdot (6 + 3x) = 5 - 3x^2$ 4) $2 \cdot (2x + 5) - (x - 2) = 0$

5.5 Hauptähnlichkeitssatz für Dreiecke

Einstieg

Partnerin oder Partner A

(1) $\alpha = 40°$ $\beta = 60°$	(2) $a = 7\,cm$ $\beta = 50°$
(3) $a = 6\,cm$ $b = 4\,cm$	(4) $\alpha = 20°$ $\beta = 90°$

Partnerin oder Partner B

(1) $\alpha = 60°$ $\beta = 40°$	(2) $a = 7\,cm$ $\gamma = 50°$
(3) $b = 6\,cm$ $c = 4\,cm$	(4) $\alpha = 70°$ $\beta = 20°$

Zeichnet Dreiecke zu den links auf den Zetteln notierten Angaben. Kennzeichnet die gegebenen Stücke farbig und tragt die angegebenen Maße in die Dreiecke ein.
Schneidet dann alle Dreiecke aus und vergleicht miteinander.
Was fällt euch auf?

Aufgabe mit Lösung

Untersuchen von Dreiecken auf Ähnlichkeit

Zwei Dreiecke sind ähnlich zueinander, wenn sie in allen Winkeln und allen Seitenverhältnissen übereinstimmen. Man muss also sechs Bedingungen überprüfen.

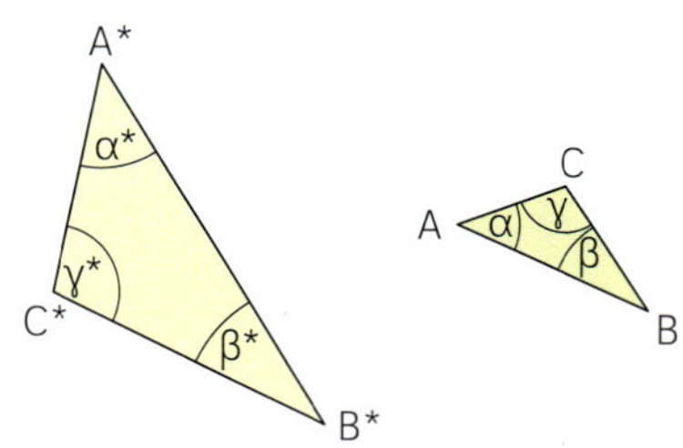

→ Untersuche, ob die Dreiecke ABC und A*B*C* schon ähnlich zueinander sind, wenn nur die Winkelgrößen übereinstimmen.

Lösung

Idee: Man bildet das Dreieck ABC durch eine zentrische Streckung auf ein Dreieck A′B′C′ ab, das zu Dreieck A*B*C* kongruent ist.
Man bestimmt das Bilddreieck A′B′C′ von ABC bei einer zentrischen Streckung mit dem Streckfaktor $k = \frac{\overline{A^*B^*}}{\overline{AB}}$ an einem beliebigen Streckzentrum Z.

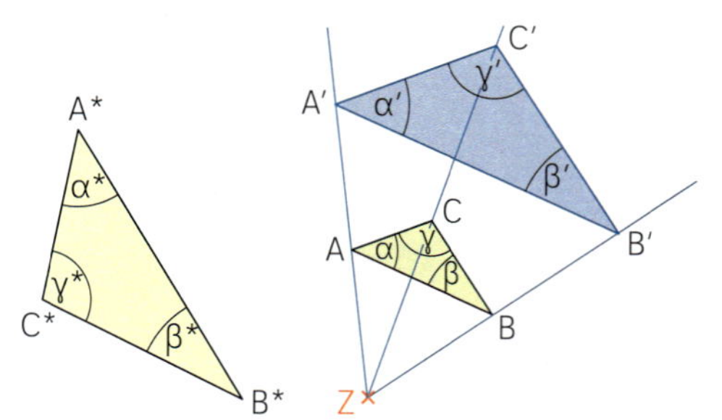

Der Vergleich von Dreieck A′B′C′ mit dem Dreieck A*B*C* zeigt:

(1) $\overline{A'B'} = \overline{A^*B^*}$ $\quad\left(\text{wegen } \overline{A'B'} = k \cdot \overline{AB} = \frac{\overline{A^*B^*}}{\overline{AB}} \cdot \overline{AB} = \overline{A^*B^*}\right)$

(2) $\alpha' = \alpha^*$ $\quad(\text{wegen } \alpha' = \alpha \text{ und } \alpha = \alpha^*)$

(3) $\beta' = \beta^*$ $\quad(\text{wegen } \beta' = \beta \text{ und } \beta = \beta^*)$

$\gamma' = \gamma^*$ folgt aus dem Innenwinkelsatz; die Voraussetzung $\gamma = \gamma^*$ wurde nicht benötigt.

Aus (1) bis (3) folgt nach dem Kongruenzsatz wsw, dass die beiden Dreiecke A′B′C′ und A*B*C* zueinander kongruent sind.
Es gilt: Dreieck ABC ist ähnlich zum Dreieck A*B*C*.
Es genügt also, wenn die Dreiecke in den Winkelgrößen übereinstimmen.

Information

Haupähnlichkeitssatz für Dreiecke

Wenn Dreiecke in der Größe von zwei Winkeln übereinstimmen, dann sind sie ähnlich zueinander.

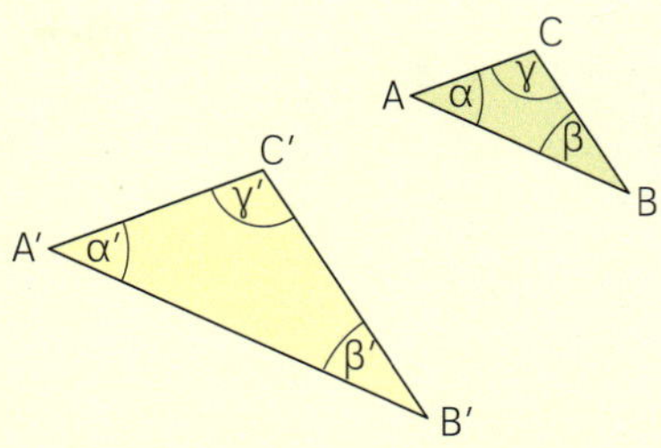

$\alpha = \alpha'$, $\beta = \beta'$,
also ist das Dreieck ABC ähnlich zum Dreieck A'B'C'

Üben

1 Gegeben sind zwei Dreiecke ABC und A'B'C'. Entscheide aufgrund der angegebenen Winkelgrößen, ob die Dreiecke zueinander ähnlich sind. Falls das zutrifft, stelle die Gleichungen für die Längenverhältnisse entsprechender Seiten auf.

a) $\alpha = 48°$; $\beta = 35°$; $\alpha' = 48°$; $\gamma' = 97°$
b) $\alpha = 19°$; $\beta = 107°$; $\beta' = 54°$; $\gamma' = 107°$
c) $\alpha = 37°$; $\beta = 110°$; $\alpha' = 110°$; $\beta' = 33°$
d) $\alpha = 91°$; $\gamma = 44°$; $\alpha' = 91°$; $\beta' = 46°$
e) $\alpha = 65°$; $\gamma = 39°$; $\beta' = 41°$; $\gamma' = 74°$
f) $\beta = 103°$; $\gamma = 29°$; $\alpha' = 29°$; $\gamma' = 48°$

2 Begründe, dass die beiden Dreiecke in der Abbildung ähnlich zueinander sind.

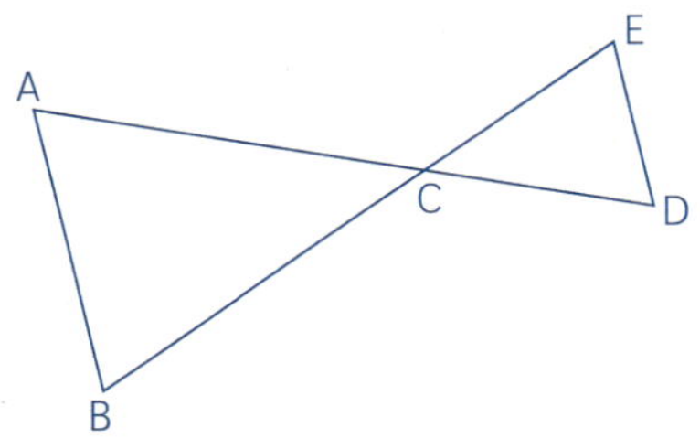

AB||DE

3 Gegeben ist ein Dreieck ABC mit $\alpha = 35°$, $\beta = 50°$ und $c = 4{,}8\,cm$. Konstruiere ein dazu ähnliches Dreieck A'B'C' mit (1) $c' = 3{,}6\,cm$; (2) $c' = 7{,}2\,cm$. Bestimme auch den Maßstab.

4 Für das Dreieck ABC in der Abbildung soll $DF \parallel BC$ und $DE \parallel AC$ sein. Welche Dreiecke in der Abbildung sind ähnlich zueinander? Begründe.

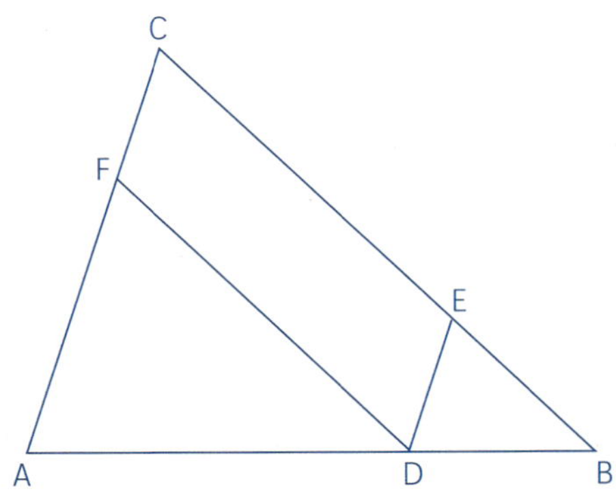

5 Max überlegt sich einen Ähnlichkeitssatz für Vierecke: „Wenn Vierecke in der Größe von drei Winkeln übereinstimmen, dann sind sie ähnlich zueinander." Prüfe, ob dieser Satz wahr ist.

6 Gib für die besonderen Dreiecke einen Ähnlichkeitssatz an und begründe ihn.

a) gleichschenklige Dreiecke
b) gleichseitige Dreiecke
c) rechtwinklige Dreiecke
d) gleichschenklig-rechtwinklige Dreiecke

Konstruieren mithilfe des Hauptähnlichkeitsatzes

7 Aus einem dreieckigen Glasscheibenrest soll eine möglichst große quadratische Scheibe ausgeschnitten werden.
Das gesuchte Quadrat ADEF soll also drei Bedingungen erfüllen:
(1) Die Quadratseite $\overline{AD}$ soll auf der Dreieckseite $\overline{AB}$ liegen.
(2) Die Quadratseite $\overline{AF}$ soll auf der Dreieckseite $\overline{AC}$ liegen.
(3) Der Eckpunkt E des Quadrates soll auf der Dreieckseite $\overline{BC}$ liegen.

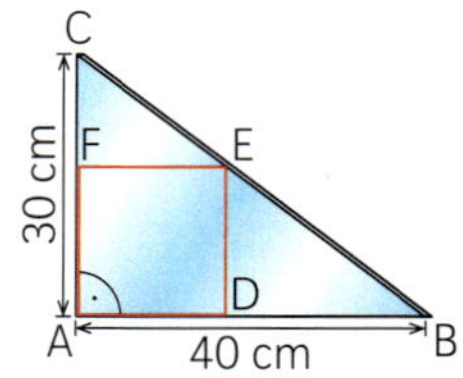

Information

Lösen von Konstruktionsaufgaben mit Hilfe der Ähnlichkeit

Man lässt zunächst eine der geforderten Bedingungen, z. B. eine Länge, weg und konstruiert eine Hilfsfigur.
Diese vergrößert oder verkleinert man dann so, dass die weggelassene Bedingung auch erfüllt ist .

Konstruiere ein Dreieck ABC aus $c = 5\,cm$, $\gamma = 65°$ und $a : b = 3 : 4$.
Lasse zunächst die Bedingung $c = 5\,cm$ weg und konstruiere ein Hilfsdreieck A′B′C′ mit $\gamma' = 65°$, $a' = 3\,cm$, $b' = 4\,cm$.
Strecke das Dreieck vom Zentrum B′ aus so, dass A′ in A abgebildet wird, wobei $\overline{AB'} = 5\,cm$ ist.
Das Bilddreieck AB′C erfüllt alle geforderten Bedingungen.

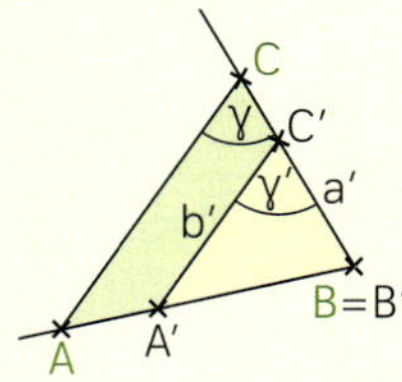

8 Konstruiere ein Dreieck ABC aus den folgenden Bedingungen.
a) $b : c = 3 : 2$; $\alpha = 65°$; $a = 3\,cm$
b) $b : c = 9 : 7$; $\beta = 128°$; $c = 6{,}4\,cm$
c) $b : c = 9 : 7$; $\alpha = 128°$; $h_b = 3\,cm$
d) $c : a = 2 : 3$; $\beta = 100°$; $s_a = 5{,}8\,cm$

9 Gegeben ist ein spitzwinkliges Dreieck ABC. Konstruiert in dem Dreieck ein Quadrat PQRS, wobei P und Q auf $\overline{AB}$, R auf $\overline{BC}$ und S auf $\overline{CA}$ liegen soll.

10 Gegeben ist ein rechtwinkliges Dreieck ABC mit dem rechten Winkel bei C. Zeichne in ABC ein Quadrat PQRS ein, wobei P auf $\overline{AB}$, Q auf $\overline{BC}$, R auf $\overline{CA}$ und S auf $\overline{AB}$ liegen.

11 Konstruiere ein rechtwinkliges Dreieck ABC mit rechtem Winkel bei Eckpunkt C und dem Seitenverhältnis $a : b = 2 : 3$ sowie der Höhe $h_c = 2{,}5\,cm$.

12 Konstruiere ein gleichschenkliges Dreieck ABC mit den Schenkeln a und b und dem Seitenverhältnis $a : c = 5 : 3$ sowie der Höhe $h_c = 3\,cm$.

13 Argumentiere: Warum lässt sich sich ein Dreieck aus den Bedingungen $\alpha = 30°$ und $b : c = 2 : 3$ nicht eindeutig konstruieren?

Selbstähnlichkeit

In der Abbildung kannst du erkennen, dass ein Farnzweig ähnlich aufgebaut ist wie seine Verästelungen. Man spricht von einer Selbstähnlichkeit zwischen dem ganzen Farnzweig und seiner einzelnen Teile. Diese Selbstähnlichkeit kommt in der Natur öfter vor.

Information

Selbstähnlichkeit
Eine Figur heißt **selbstähnlich**, wenn ein Teil von der Figur ähnlich zur ganzen Figur ist.

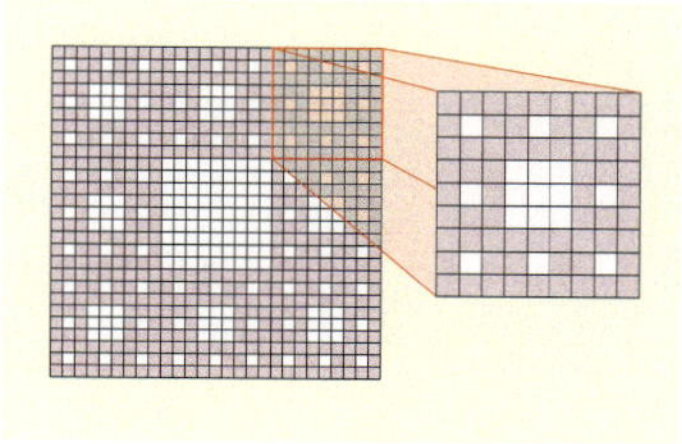

1 Du kannst eine dem Farnblatt verwandte Figur mit etwas Geduld selbst herstellen.
Arbeite dazu auf einem quer gelegten DIN A4-Blatt.
a) Zeichne eine 5 cm lange Strecke. Setze an ein Ende unter einem Winkel von 130° zwei Strecken an, die nur 80 % von 5 cm, also 4 cm, lang sind. Füge an das Ende jeder dieser Strecken unter einem Winkel von 130° zwei Strecken, die 80 % von 4 cm lang sind, ein.
Setze dieses Verfahren noch vier weitere Schritte fort.
Woran erinnert dich das entstandene Gebilde?
b) Die Figur rechts ist auf verwandte Weise durch Ansetzen von auf 80 % verkürzten Strecken entstanden. Es sind zwölf Schritte gezeichnet.
Wie unterscheidet sich das Verfahren von dem aus Teilaufgabe a)?

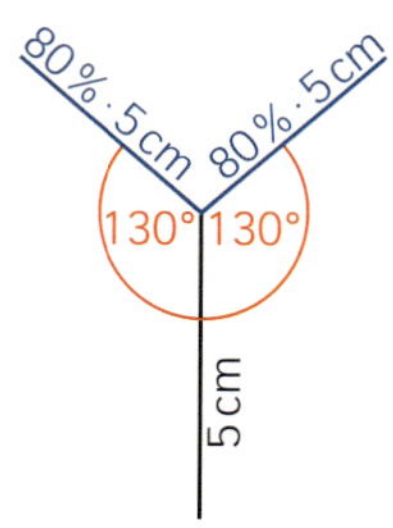

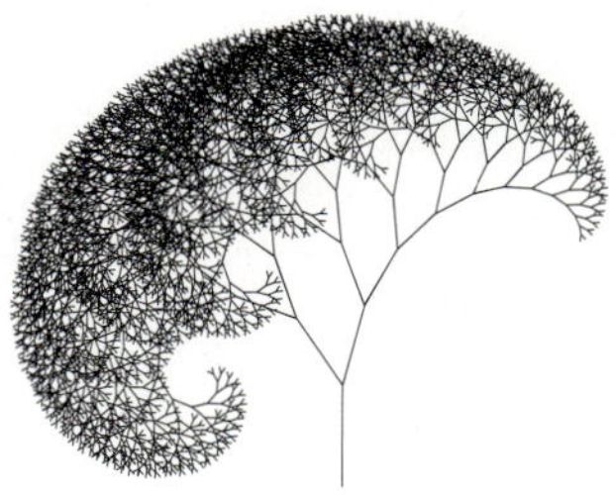

2 Die abgebildete Figur wurde vom schwedischen Mathematiker Helge von Koch vorgestellt.
Beginne mit einem gleichseitigen Dreieck der Kantenlänge 9 cm. Nimm jeweils in der Mitte $\frac{1}{3}$ der Länge weg und setze dort ein weiteres gleichseitiges Dreieck mit $\frac{1}{3}$ der Ausgangsseitenlänge an.
Zeichne die Figurenfolge. Zeichne auch die nächsten zwei Schritte.

5.6 Strategien zum Berechnen von Streckenlängen

Einstieg

Carlottas Vater befestigt ein Rankgitter an der Garagenwand. Die untere und obere Latte sind dabei parallel angebracht. In welcher Entfernung von der unteren Spitze befindet sich der rechte Nagel der unteren Latte? Wie lang ist die untere Latte?

Aufgabe mit Lösung

Längenberechnung bei ineinander liegenden Dreiecken

Auf einem Dachboden soll zwischen zwei Balken ein Ablagebrett an der Stelle A_1 im Abstand von 1,50 m von der Spitze S waagerecht angebracht werden. Es ist keine Wasserwaage vorhanden.

→ An welcher Stelle des rechten Balkens muss das Brett befestigt werden?

Lösung

Wir betrachten die beiden Dreiecke A_1B_1S und A_2B_2S. Die Seiten $\overline{A_1B_1}$ und $\overline{A_2B_2}$ sind parallel zueinander. Aufgrund des Stufenwinkelsatzes sind die Winkel bei A_1 und A_2 gleich groß und entsprechend die bei B_1 und B_2. Die beiden Dreiecke stimmen also in der Größe zweier Winkel überein. Nach dem Ähnlichkeitssatz für Dreiecke sind sie also ähnlich zueinander. Somit stimmen die Längenverhältnisse einander entsprechender Seiten der beiden Dreiecke überein und es gilt:

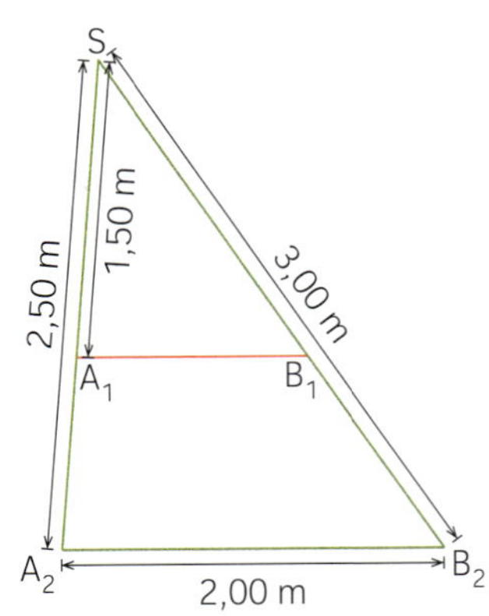

$\frac{\overline{SA_1}}{\overline{SA_2}} = \frac{\overline{SB_1}}{\overline{SB_2}}$, also $\overline{SB_1} = \frac{\overline{SA_1} \cdot \overline{SB_2}}{\overline{SA_2}}$

Eingesetzt: $\overline{SB_1} = \frac{1{,}50\,\text{m} \cdot 3{,}00\,\text{m}}{2{,}50\,\text{m}} = 1{,}80\,\text{m}$

Der Befestigungspunkt auf dem rechten Balken ist 1,80 m von S entfernt.

→ Wie lang muss das Brett sein?

Lösung

Wegen der Ähnlichkeit der beiden Dreiecke gilt auch: $\frac{\overline{SA_1}}{\overline{SA_2}} = \frac{\overline{A_1B_1}}{\overline{A_2B_2}}$, also $\overline{A_1B_1} = \frac{\overline{SA_1} \cdot \overline{A_2B_2}}{\overline{SA_2}}$

Eingesetzt: $\overline{A_1B_1} = \frac{1{,}50\,\text{m} \cdot 2{,}00\,\text{m}}{2{,}50\,\text{m}} = 1{,}20\,\text{m}$

Das Brett muss 1,20 m lang sein.

Information

Strategie zum Berechnen von Streckenlängen mithilfe von Ähnlichkeit

(1) Suche zueinander ähnliche Dreiecke und achte dabei auf Stufen- und Wechselwinkel.

(2) Notiere gleich große Längenverhältnisse, die auch die gesuchte Streckenlänge enthalten.

(3) Löse die so entstandene Gleichung nach der gesuchten Streckenlänge auf.

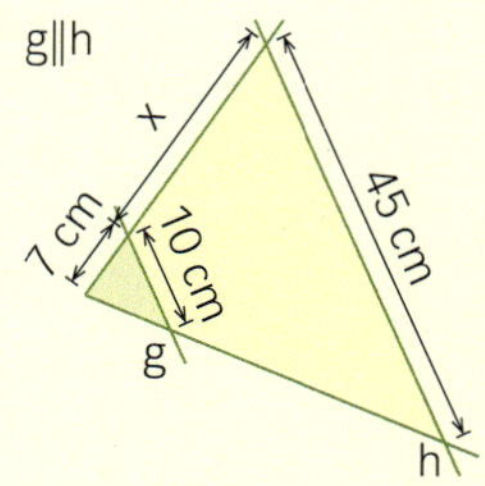

(1) Da g und h parallel zueinander sind, stimmen die Dreiecke in allen drei Winkelgrößen überein.
Damit sind sie ähnlich zueinander.

(2) $\frac{7}{10} = \frac{7+x}{45}$ $\quad | \cdot 45$

(3) $\frac{315}{10} = 7 + x$ $\quad | -7$

$24{,}5 = x$

Üben

1 Ein 1,80 m großer Mann wirft einen 1,35 m langen Schatten.
Zu gleicher Zeit wirft ein Baum einen 5,40 m langen Schatten.
Berechne die Höhe des Baumes.

2 Berechne die unbekannten Längen (Maße in cm).

a)

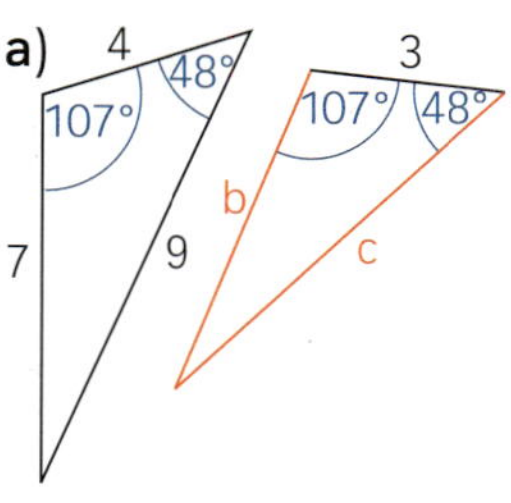

b)

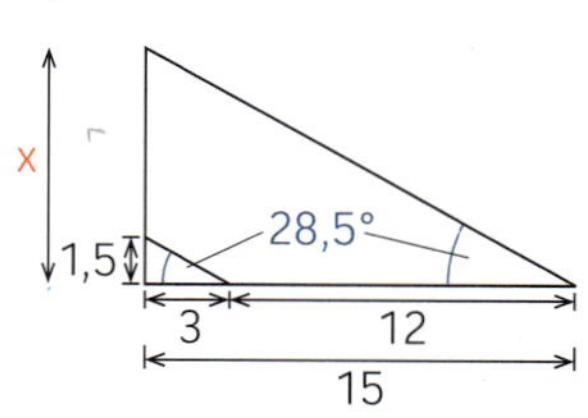

c)

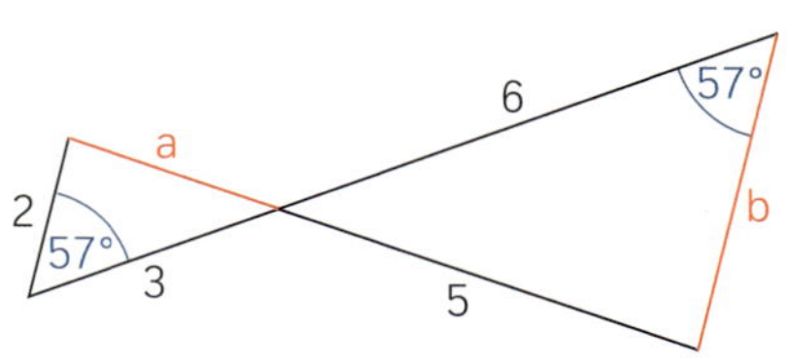

3 Wie hoch ist der Fernsehturm?

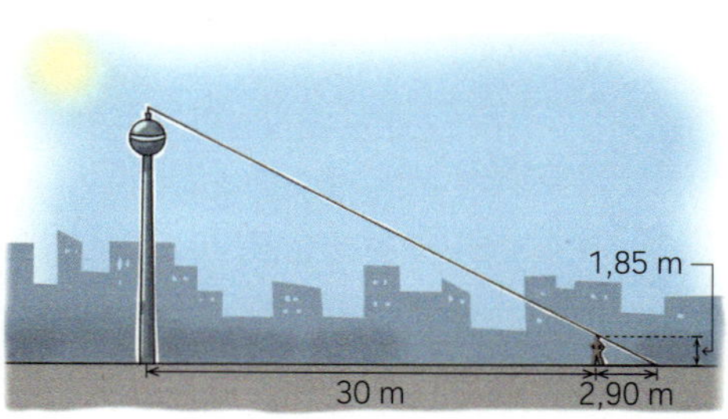

Strahlensätze

4 Die Geraden a und b schneiden sich im Punkt S. Die Geraden g und h sind parallel zueinander.
Begründe, dass die beiden Dreiecke SA_1B_1 und SA_2B_2 zueinander ähnlich sind. Notiere gleich große Längenverhältnisse.

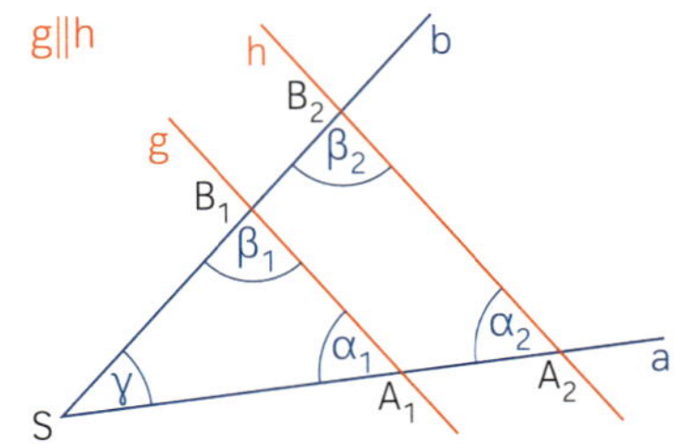

Berechnen von Streckenlängen mithilfe der Strahlensätze

Erster Strahlensatz
Wenn die Geraden g und h zueinander parallel sind, dann gilt:

$$\frac{\overline{SA_1}}{\overline{SA_2}} = \frac{\overline{SB_1}}{\overline{SB_2}}$$

Das Längenverhältnis der beiden von S zu den Parallelen führenden Strecken auf der einen Geraden ist gleich dem Längenverhältnis der entsprechenden Strecken auf der anderen Geraden.

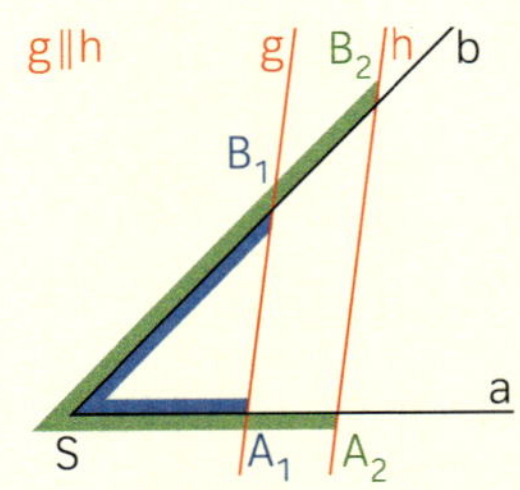

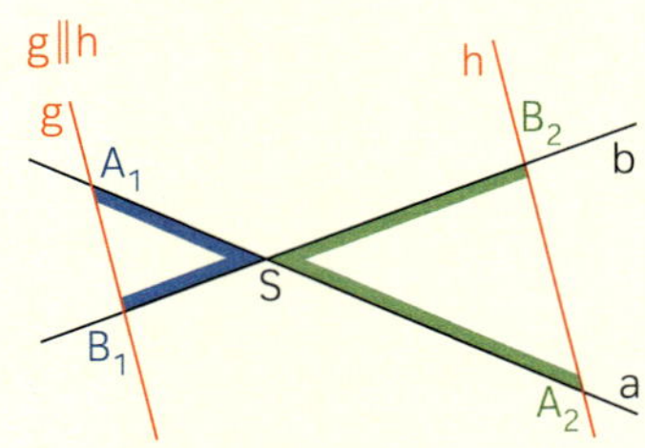

Zweiter Strahlensatz
Wenn die Geraden g und h zueinander parallel sind, dann gilt:

$$\frac{\overline{SA_1}}{\overline{SA_2}} = \frac{\overline{A_1B_1}}{\overline{A_2B_2}}$$

und

$$\frac{\overline{SB_1}}{\overline{SB_2}} = \frac{\overline{A_1B_1}}{\overline{A_2B_2}}$$

Das Längenverhältnis der beiden von S zu den Parallelen führenden Strecken auf den Geraden ist gleich dem Längenverhältnis der beiden Strecken auf den zueinander parallelen Geraden.

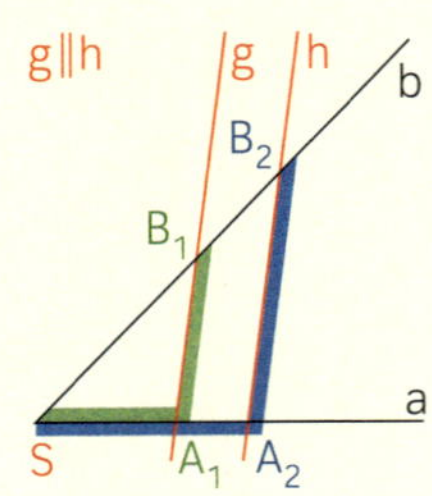

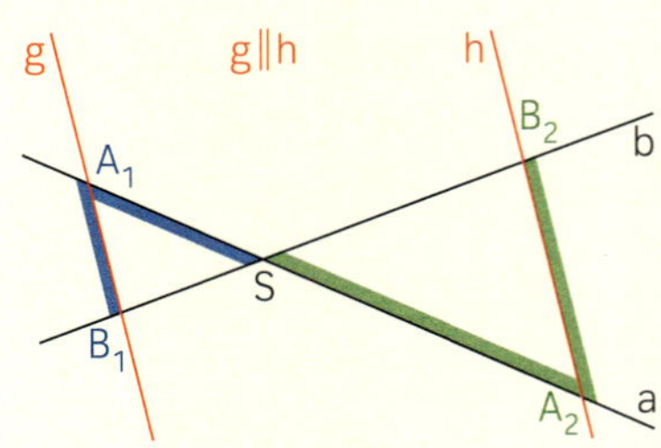

5 Formuliere die Verhältnisgleichungen für die Strahlensätze mit den Bezeichnungen der Figur.

a) g||h

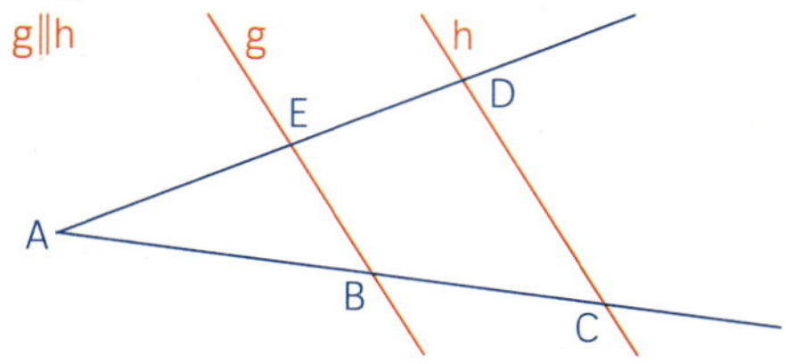

b) g||h

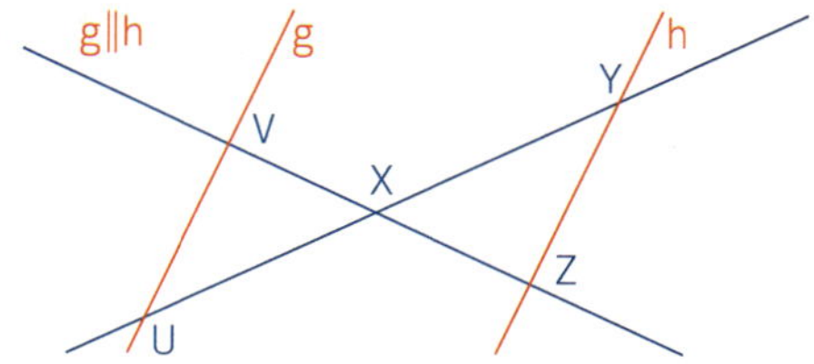

6 Kontrolliere Lennarts Hausaufgabe.

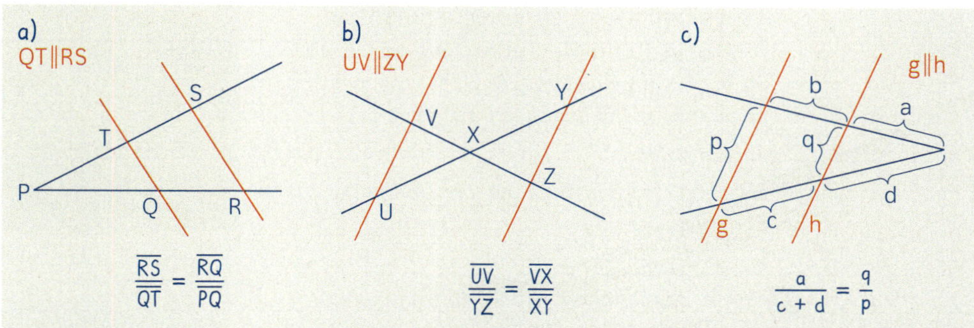

7 Berechne die Länge x (Maße in cm).
Tipp: Eine Gleichung mit x im Zähler lässt sich leichter lösen.

a) g||h

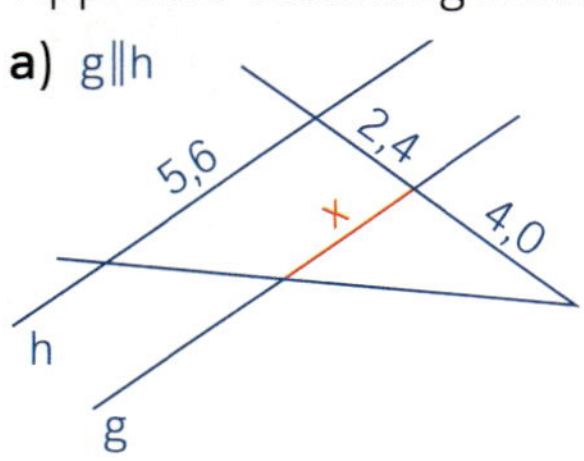

b) g||h

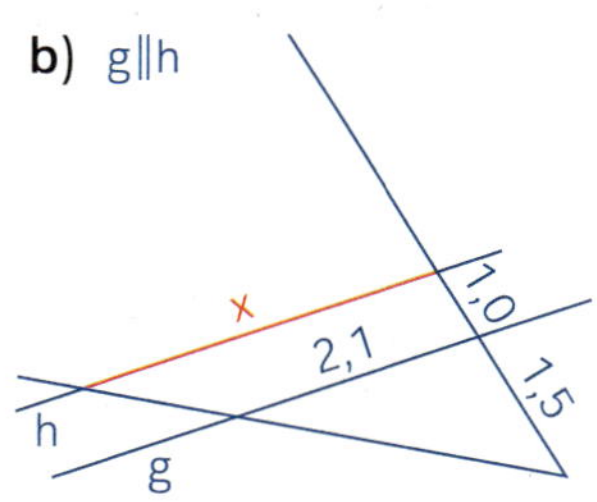

c) g||h

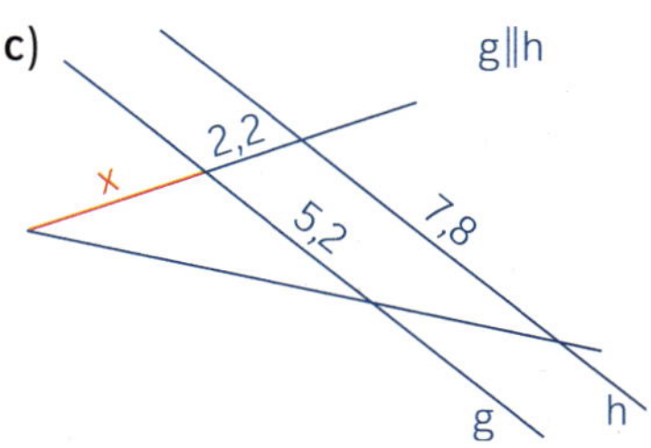

8 Berechne die nicht gegebenen Längen.

a) $s_1 = 7{,}2\,cm$
$t_1 = 6{,}8\,cm$
$t_2 = 10{,}2\,cm$
$p_1 = 5{,}4\,cm$

b) $s_1 = 4{,}8\,cm$
$t_2 = 11{,}0\,cm$
$p_1 = 5{,}4\,cm$
$p_2 = 9{,}9\,cm$

c) $s_2 = 6{,}0\,cm$
$t_2 = 7{,}2\,cm$
$p_1 = 4{,}9\,cm$
$p_2 = 8{,}4\,cm$

d) $s_1 = 27\,mm$
$s_2 = 4{,}5\,cm$
$t_1 = 3{,}3\,cm$
$p_2 = 40\,mm$

e) $t_1 = 4{,}2\,m$
$t_2 = 6{,}4\,m$
$p_2 = 4{,}8\,m$
$s_1 = 6{,}3\,m$

f) $t_2 = 5{,}4\,km$
$s_1 = 3{,}2\,km$
$s_2 = 4{,}8\,km$
$p_1 = 3{,}9\,km$

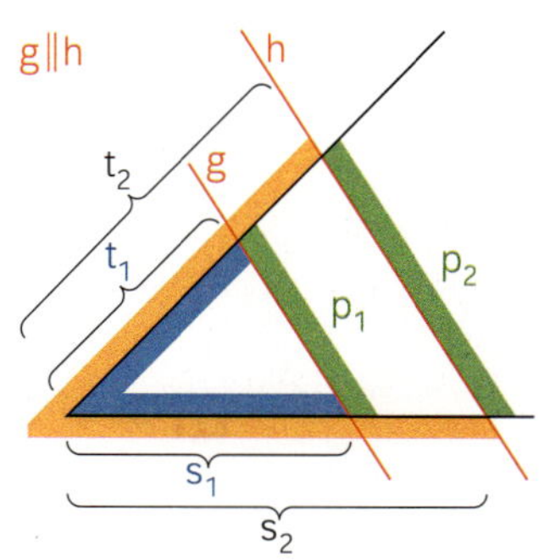

9 Finn und Lina haben die Länge x auf unterschiedlichen Wegen berechnet. Vergleiche ihre Wege. Welchen Weg findest du am geschicktesten?

Finn: $\frac{x}{9} = \frac{4}{3}$

$x = \frac{4 \cdot 9}{3}$

$x = 12$

Lina: $\frac{9}{x} = \frac{3}{4}$

$\frac{3}{4}x = 9$

$x = 9 : \frac{3}{4}$

$x = 12$

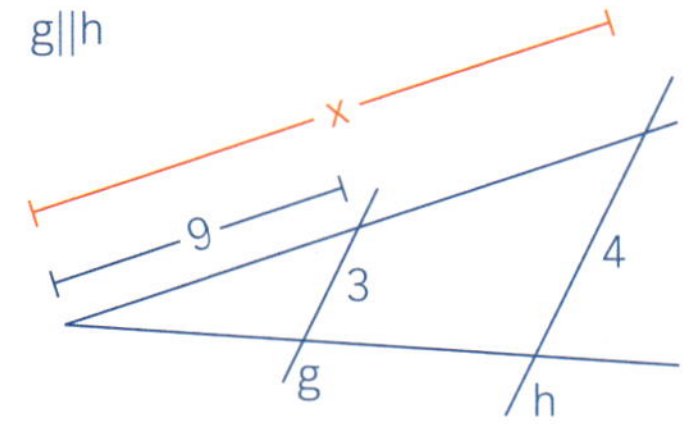

10 An den Stellen A und B eines Sees befinden sich Anlegestellen für Tretboote. Um die Entfernung von A und B zu bestimmen, wurden die Längen $\overline{PF} = 96\,m$, $\overline{FB} = 58\,m$ und $\overline{EF} = 66\,m$ gemessen.
Berechne die Entfernung der Anlegestellen A und B.

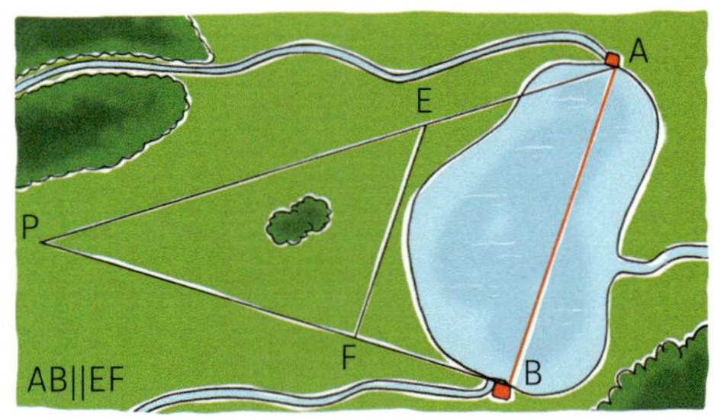

11 In der Abbildung wird mithilfe eines Stabes und eines Maßbandes die Höhe eines Turmes bestimmt.
Gemessen wurden $s = 2{,}2\,m$; $b = 3{,}7\,m$; $d = 28{,}0\,m$.
Erläutere das Vorgehen und berechne die Höhe h des Turmes.

12 Ein senkrecht aufgestellter Stab von 2 m Länge wirft einen 95 cm langen Schatten. Zur gleichen Zeit wirft ein Kirchturm einen Schatten von 10 m Länge.
Fertige zunächst eine Skizze an. Berechne dann die Höhe des Kirchturms.

13 Tinas Daumen ist 2 cm breit. Schließt sie ein Auge und hält sie den Daumen 45 cm vom anderen Auge entfernt, so ist gerade ein 7,32 m breites Fußballtor verdeckt.
Wie weit ist Tina vom Tor entfernt? Zeichne auch.

Erdradius
6370 km

14 Der Mond ist 60 Erdradien von der Erde entfernt. Hält man einen 7 mm dicken Bleistift im Abstand von etwa 78 cm vor das Auge, so ist der Mond gerade verdeckt.
Welchen Durchmesser hat der Mond etwa? Fertige eine Skizze an.

15 Drei parallele Geraden schneiden zwei Strahlen.

a) Beweise für die Figur rechts:
(1) $\frac{\overline{PQ}}{\overline{ZP}} = \frac{\overline{AB}}{\overline{ZA}}$ (2) $\frac{\overline{PQ}}{\overline{QR}} = \frac{\overline{AB}}{\overline{BC}}$

b) Es sollen $\overline{ZP} = 3{,}2\,cm$, $\overline{QR} = 3{,}6\,cm$, $\overline{PQ} = 2{,}4\,cm$, $\overline{AP} = 1{,}6\,cm$, $\overline{BC} = 2{,}7\,cm$. sein. Berechne die Längen $\overline{BC}$, $\overline{AB}$, $\overline{BQ}$, $\overline{RC}$.

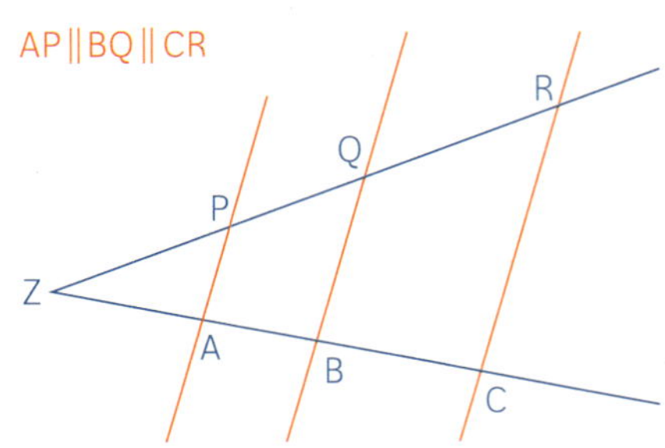

Weiterüben

16 Mit folgendem Experiment im Klassenraum könnt ihr ein interessantes Verfahren entdecken.

a) Haltet ein Auge geschlossen und messt, welche Strecke euer Daumen bei ausgestrecktem Arm auf einem Lineal an der Tafel verdeckt. Ändert den Abstand von der Tafel systematisch: 1,00 m, 2,00 m, 3,00 m, ... und haltet eure Ergebnisse in einer Tabelle fest.

Abstand (in m)	Verdeckte Strecke (in cm)

b) Formuliert eine Vermutung, die sich aus den Messwerten ergibt.

c) Fertigt eine Skizze zu den Sachverhalten an und begründet damit die Vermutung.

d) Mithilfe der Gesetzmäßigkeit kann man Entfernungen bestimmen. Erläutert das.

17 In einem Trapez ABCD ist $DC \parallel FE \parallel AB$. Ferner sind die Längen $\overline{AB} = 7\,\text{cm}$, $\overline{DC} = 4\,\text{cm}$, $\overline{BE} = 2\,\text{cm}$ und $\overline{EC} = 1\,\text{cm}$ gegeben.
Berechne die Länge der Strecke $\overline{EF}$.

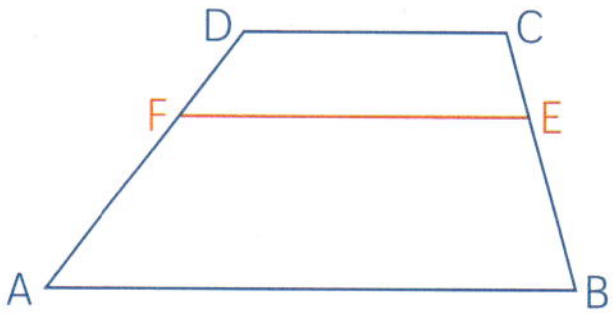

18 In der Zeichnung soll $A_1A_2 \parallel B_1B_2$ sowie $A_2A_3 \parallel B_2B_3$ gelten.
Beweise:

a) $\frac{\overline{B_1B_2}}{\overline{A_1A_2}} = \frac{\overline{B_2B_3}}{\overline{A_2A_3}}$ **b)** $\frac{\overline{SB_1}}{\overline{SA_1}} = \frac{\overline{SB_3}}{\overline{SA_3}}$

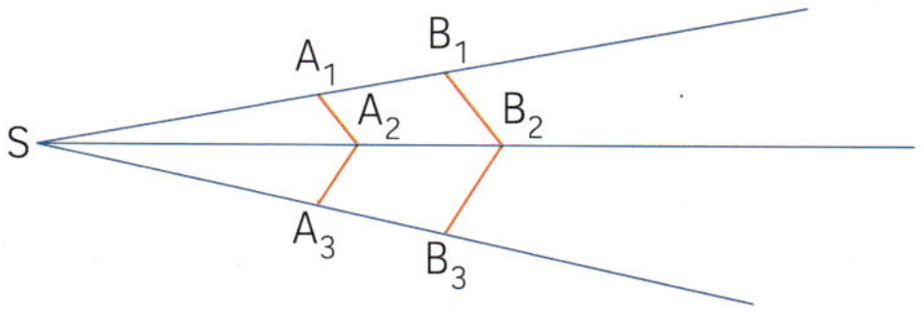

19 Eine einfache Lochkamera kann man sich aus einem Karton herstellen, bei dem auf der einen Seite in der Mitte ein kleines Loch gemacht wird und die gegenüberliegende Seite durch Pergamentpapier, den „Schirm", ersetzt wird. Du kannst dann auf dem Pergamentpapier ein Bild von Gegenständen erzeugen.
Es sollen G und B die Gegenstands- bzw. Bildgröße sowie g und b die Gegenstands- bzw. Bildweite sein.

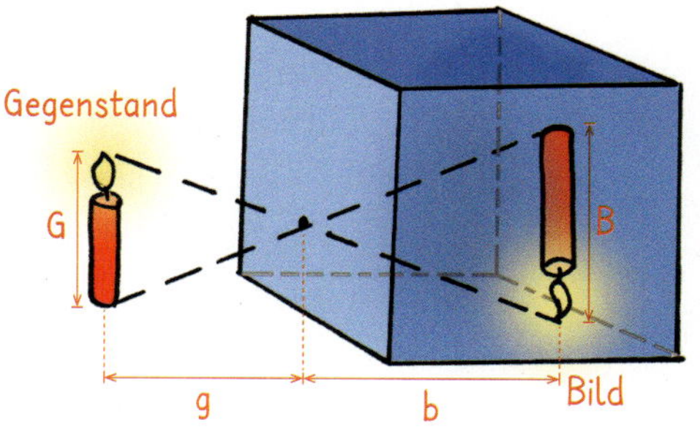

a) Stelle eine Verhältnisgleichung für die Größen g, b, G und B auf.

b) Ein Baum, der von der Lochkamera 30 m entfernt steht wird 4 cm hoch auf dem Schirm der Kamera abgebildet. Die Kamera ist 12 cm tief.
Wie hoch ist der Baum?

c) Ein genauso hoher Baum erscheint anderthalb mal so groß auf dem Schirm.
Wie weit ist er entfernt?

d) Wie weit darf ein Gegenstand höchstens von der Kamera entfernt sein, damit sein Abbild noch vergrößert wird?

5.7 Beweisen mithilfe der Ähnlichkeit

Einstieg

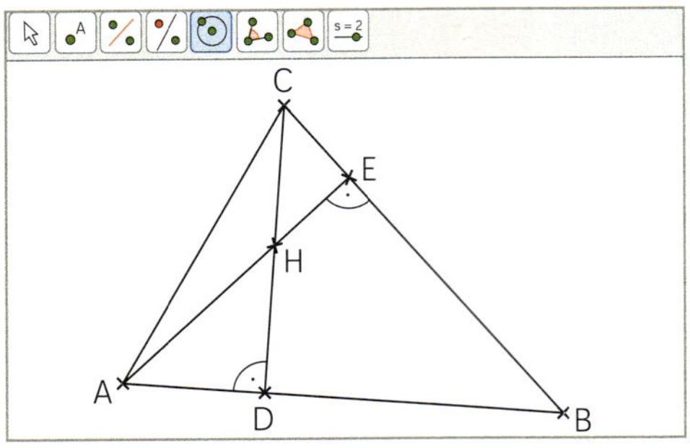

Zeichnet mit einem dynamischen Geometrie-System ein spitzwinkliges Dreieck ABC mit den Höhen $\overline{CD}$ und $\overline{AE}$. Der Höhenschnittpunkt ist H.
Messt die Strecken $\overline{AH}$, $\overline{HE}$ sowie $\overline{CH}$ und $\overline{HD}$ und vergleicht die Produkte $\overline{AH} \cdot \overline{HE}$ und $\overline{CH} \cdot \overline{HD}$. Was stellst ihr fest?
Beweist eure Vermutung mithilfe der Ähnlichkeit von Dreiecken.

Aufgabe mit Lösung

Teilungsverhältnisse bei Trapezen

Unten siehst du zwei Trapeze ABCD, bei denen die Seite $\overline{CD}$ parallel zur Seite $\overline{AB}$ und halb so lang wie diese ist.

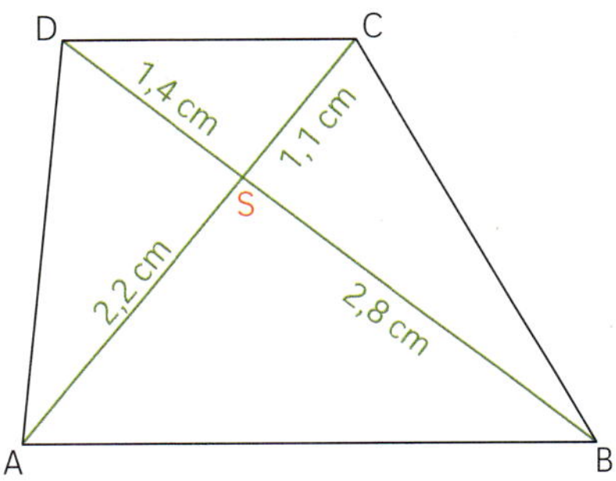

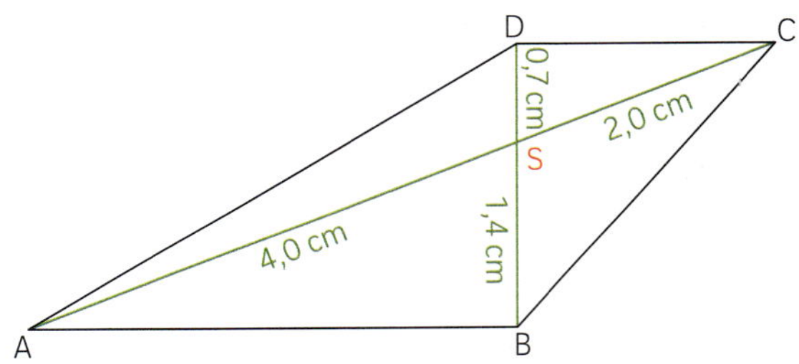

Du kannst erkennen, dass der Diagonalenschnittpunkt die Diagonale vermutlich im Verhältnis $2:1$ teilt.

→ Beweise diese Vermutung mithilfe zueinander ähnlicher Dreiecke.

Lösung

Voraussetzung: ABCD ist ein Trapez mit $\overline{AB} \parallel \overline{CD}$ und $\overline{CD} = \frac{1}{2}\overline{AB}$.

Behauptung: Der Diagonalenschnittpunkt S teilt die Diagonalen im Verhältnis $2:1$.

	Beweisschritt	Begründung
(1)	Die Dreiecke ABS und CDS sind ähnlich.	Die Dreiecke sind nach dem Hauptähnlichkeitssatz ähnlich, da sie in zwei Winkeln übereinstimmen. $\alpha_1 = \gamma_1$ (Wechselwinkel an den Parallelen $\overline{AB}$ und $\overline{CD}$) $\beta_1 = \delta_1$ (ebenfalls Wechselwinkel). 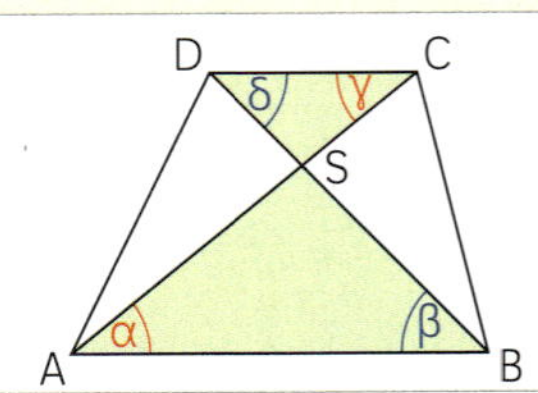
(2)	Zuordnung der Eckpunkte	ABS ~ CDS $A \leftrightarrow C$; $B \leftrightarrow D$; $S \leftrightarrow S$
(3)	Der Ähnlichkeitsfaktor ist $\frac{1}{2}$.	Der Ähnlichkeitsfaktor der beiden Dreiecke lässt sich aus den Seiten $\overline{AB}$ und $\overline{CD}$ berechnen: $\frac{\overline{CD}}{\overline{AB}} = \frac{1}{2}$, da $\overline{CD}$ halb so lang wie $\overline{AB}$ ist.

Damit sind alle Seiten des Dreiecks CDS halb so lang wie die entsprechenden Seiten des Dreiecks ABC, also z. B. $\overline{SC} = \frac{1}{2}\overline{AS}$ sowie $\overline{SD} = \frac{1}{2}\overline{SB}$.
Folglich teilt S die Diagonale $\overline{AC}$ und $\overline{BD}$ im Verhältnis $2:1$.

Information

Strategie beim Beweisen mithilfe des Ähnlichkeitssatzes für Dreiecke

(1) Suche zunächst zueinander ähnliche Dreiecke in der Figur, in der die Strecken vorkommen. Gegebenenfalls musst du die Figur dazu durch Hilfslinien zerlegen oder ergänzen.
(2) Beweise die Ähnlichkeit der Dreiecke mithilfe der Winkel.
(3) Ordne einander entsprechende Eckpunkte der Dreiecke zu.
(4) Ermittle den Ähnlichkeitsfaktor und begründe damit die Aussage.

Höhensatz des Euklid: $h^2 = p \cdot q$

Beweis:

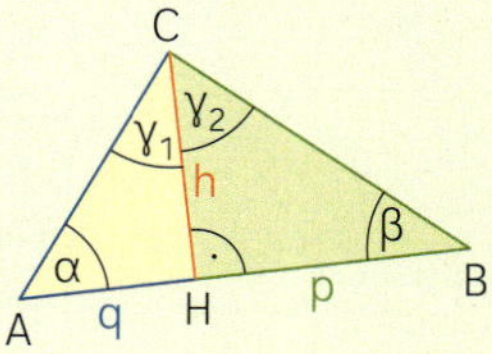

AHC ~ HBC, da beide einen rechten Winkel bei H haben und zusätzlich $\alpha = \gamma_2$, weil sowohl α als auch γ_2 mit β zusammen 90° ergeben.
Einander entsprechende Eckpunkte sind: $H \leftrightarrow H$, $A \leftrightarrow C$, $C \leftrightarrow B$
Für den Ähnlichkeitsfaktor gilt somit:
$\frac{\overline{HC}}{\overline{HA}} = \frac{\overline{HB}}{\overline{HC}}$, also: $\frac{h}{q} = \frac{p}{h}$ $\quad | \cdot q \cdot h$

$h^2 = p \cdot q$

Üben

1 In einem Dreieck ABC ist die Parallele zur Seite $\overline{AB}$ durch den Mittelpunkt N der Seite $\overline{BC}$ gezeichnet. Diese Parallele schneidet die Seite $\overline{AC}$ im Punkt M.

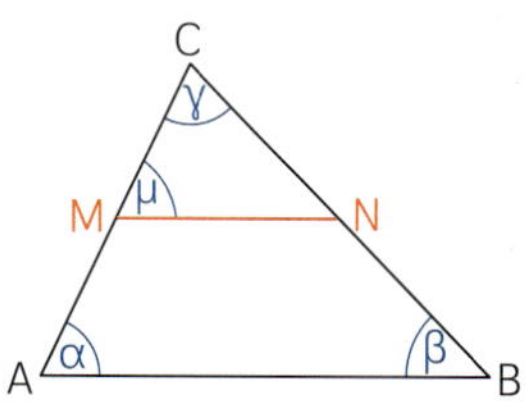

a) Zeichne mehrere Dreiecke und vergleiche die Längen der Strecken $\overline{MN}$ und $\overline{AB}$. Formuliere eine Vermutung.
b) Die Schnipsel unten bilden in richtiger Reihenfolge einen Beweis für deine Vermutung.
Notiere die Schnipsel in der richtigen Reihenfolge.
Zur Kontrolle: Die Buchstaben ergeben dann den Namen einer Region in Italien.

I	$\overline{MN} = \frac{1}{2}\overline{AB}$
R	Ähnlichkeitsfaktor $k = \frac{\overline{CN}}{\overline{BC}} = \frac{1}{2}$, denn
B	sie stimmen in zwei Winkeln überein
O	sie sind Stufenwinkel zueinander
L	$\mu = \alpha$, denn
E	$\frac{\overline{MN}}{\overline{AB}} = \frac{1}{2}$, also
M	ABC ist ähnlich zu MNC, denn
D	N ist Mittelpunkt von $\overline{BC}$
A	Einander entsprechende Punkte $A \leftrightarrow M$, $B \leftrightarrow N$, $C \leftrightarrow C$

2 Beweise die Ähnlichkeit der Dreiecke SAB und SCD in der Abbildung. Mache Aussagen über die Längenverhältnisse entsprechender Seiten.

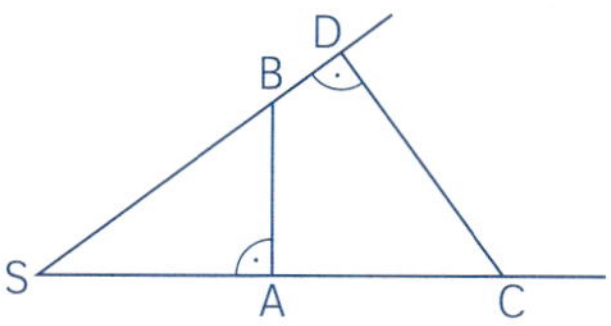

3 Zeichne ein Trapez ABCD, bei dem die Seite $\overline{CD}$ parallel zur Seite $\overline{AB}$ und nur ein Viertel so lang ist wie diese.
Formuliere eine Behauptung über den Diagonalenschnittpunkt und beweise diese.

Höhe des Schulgebäudes bestimmen

Es gibt verschiedene Peilgeräte, mit denen man die Höhe von unterschiedlichen Objekten bestimmen kann, die man sonst nur sehr schwer messen kann.
Bei vielen dieser Peilgeräte helfen dabei die Strahlensätze. Es gibt aber auch Peilgeräte, die auf die Eigenschaften von zueinander ähnlichen Dreiecken zurückgreifen.
Im Folgenden siehst du zwei dieser Peilgeräte.

Peilgerät aus einem Dreieck oder zwei Holzlatten

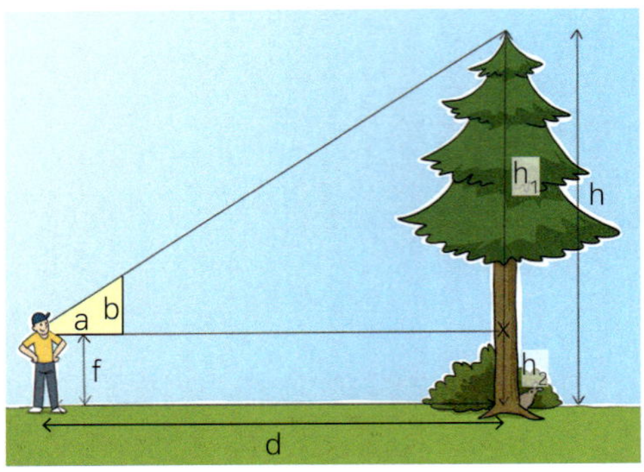

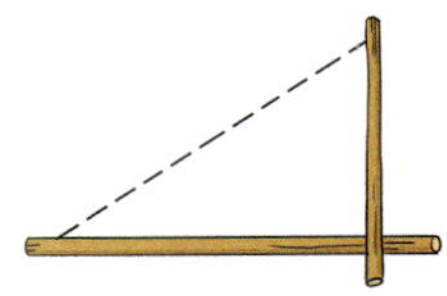

Peilgerät aus einem Stab mit Markierungen

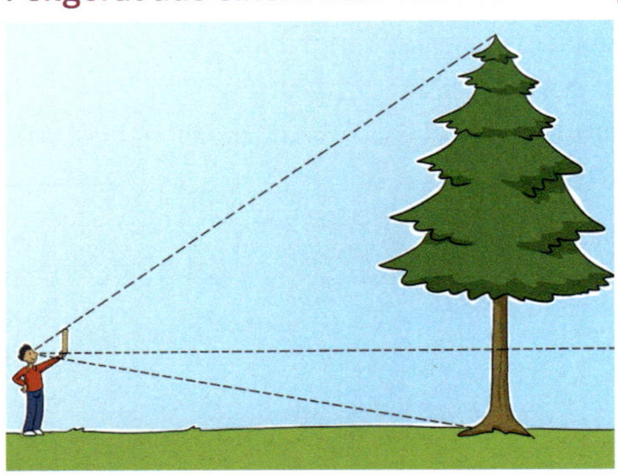

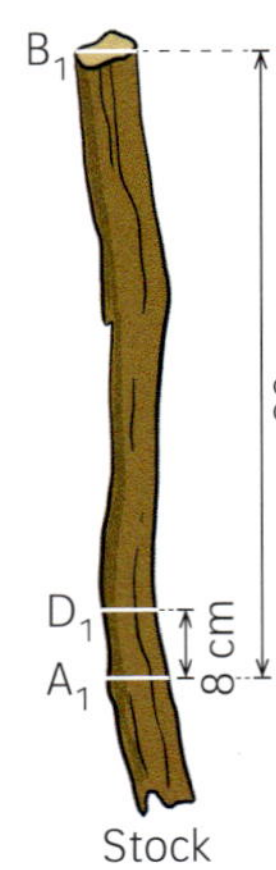

1 Wählt eines der beiden Peilgeräte aus und baut es mit einfachen Mitteln nach.

2 Die Abbildungen oben zeigen euch das Prinzip der Höhenbestimmung.
Erklärt euch gegenseitig die Vorgehensweise und den Zusammenhang mit der Ähnlichkeit bzw. den Strahlensätzen.

3 Wählt dann das Schulgebäude oder ein anderes Objekt aus, dessen Höhe ihr mit dem Peilgerät bestimmen wollt. Schätzt zunächst die Höhe.
Fertigt anschließend eine Planfigur an, messt die nötigen Größen und bestimmt damit die gesucht Höhe.

Das Wichtigste auf einen Blick

Ähnlichkeit von Vielecken

Zwei Vielecke F und G heißen **ähnlich** zueinander, wenn sich ihre Eckpunkte so einander zuordnen lassen, dass gilt:
(1) Entsprechende Winkel sind gleich groß.
(2) Alle Seiten des Vielecks G sind k-mal so lang wie die entsprechenden Seiten des Vielecks F (mit *demselben* Faktor k).
Sind die Vielecke F und G ähnlich zueinander, so schreibt man kurz:
F ~ G, gelesen: F ist ähnlich zu G.
Der Faktor k heißt **Ähnlichkeitsfaktor**.

Beispiel:

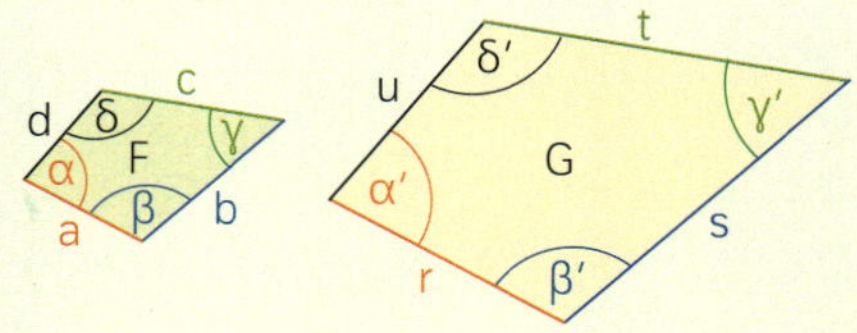

$\frac{r}{a} = \frac{s}{b} = \frac{t}{c} = \frac{u}{d} = k$

$\alpha = \alpha'$; $\beta = \beta'$; $\gamma = \gamma'$; $\delta = \delta'$;

Hauptähnlichkeitssatz für Dreiecke

Wenn Dreiecke in der Größe von zwei Winkeln übereinstimmen, dann sind sie ähnlich zueinander.

Beispiel: $\alpha = \alpha'$; $\beta = \beta'$

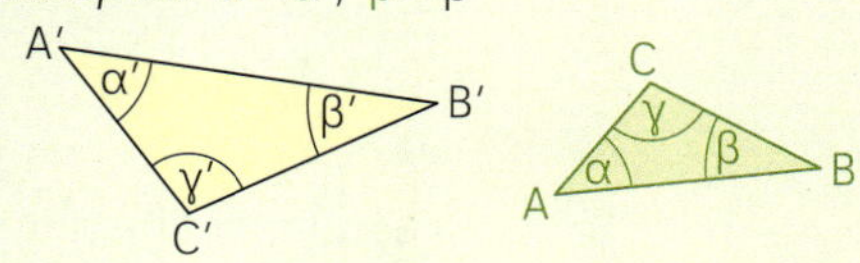

Berechnen von Streckenlängen

(1) Suche zueinander ähnliche Dreiecke und achte dabei auf Stufen- und Wechselwinkel.
(2) Notiere gleich große Längenverhältnisse, die auch die gesuchte Streckenlänge enthalten.
(3) Löse die entstandene Gleichung nach der gesuchten Streckenlänge auf.

Beispiel: (Maße in cm)

BE || CD
AE || BD

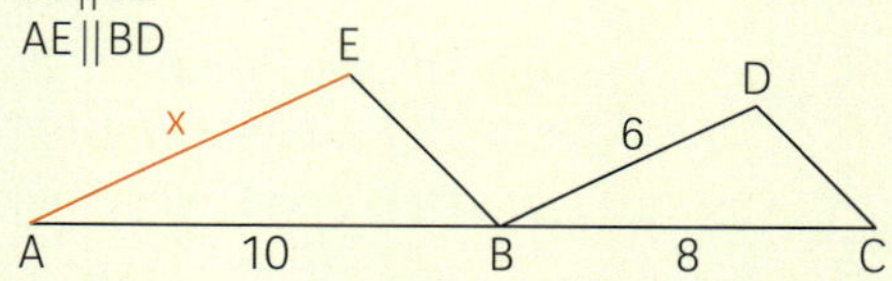

$\frac{x}{10} = \frac{6}{8}$

$x = \frac{6 \cdot 10}{8} = \frac{60}{8} = 7{,}5$

Strahlensätze

Für zwei Geraden a und b mit dem gemeinsamen Punkt S, die von zwei parallelen Geraden g und h geschnitten werden, gilt:

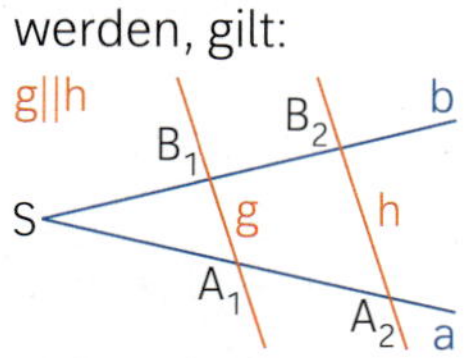

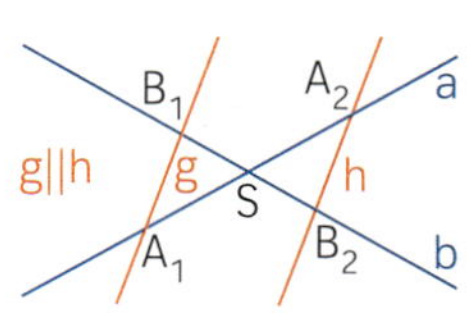

Erster Strahlensatz:

$\frac{\overline{SA_1}}{\overline{SA_2}} = \frac{\overline{SB_1}}{\overline{SB_2}}$ und $\frac{\overline{A_1A_2}}{\overline{SA_2}} = \frac{\overline{B_1B_2}}{\overline{SB_2}}$

Zweiter Strahlensatz:

$\frac{\overline{SA_1}}{\overline{SA_2}} = \frac{\overline{A_1B_1}}{\overline{A_2B_2}}$ und $\frac{\overline{SB_1}}{\overline{SB_2}} = \frac{\overline{A_1B_1}}{\overline{A_2B_2}}$

Beispiel: (Maße in cm)

g||h

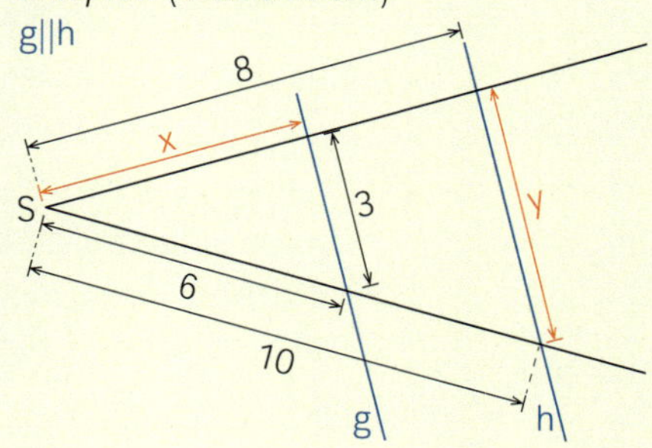

$\frac{x}{8} = \frac{6}{10}$

$x = \frac{6 \cdot 8}{10}$

$x = 4{,}8$

$\frac{y}{10} = \frac{3}{6}$

$y = \frac{3 \cdot 10}{6}$

$y = 5$

1 Gib an, welche der Figuren ähnlich zueinander sind. Gib auch den Ähnlichkeitsfaktor an.

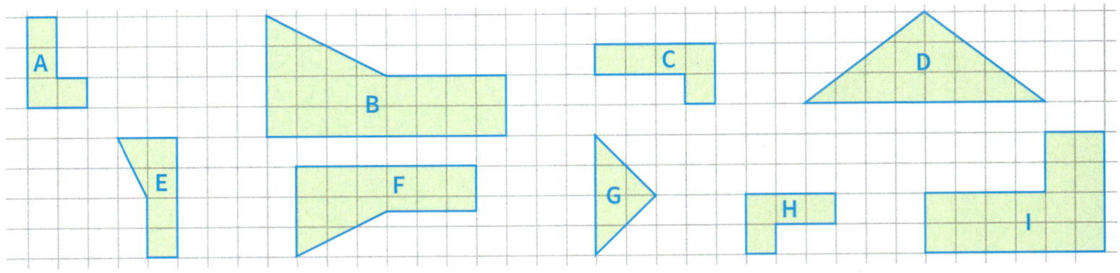

2 ABC ist ein Dreieck mit $\alpha = 42°$ und $\gamma = 67°$.

a) Entscheide, welches der folgenden Dreiecke A*B*C* ähnlich zum Dreieck ABC ist.

(1) $\alpha^* = 67°$; $\gamma^* = 61°$ (2) $\gamma^* = 42°$; $\beta^* = 71°$ (3) $\alpha^* = 67°$; $\gamma^* = 73°$

b) Ermittle für die Dreiecke A*B*C*, die zu ABC ähnlich sind, die Gleichungen für die Längenverhältnisse entsprechender Seiten.

3 Von den sechs Längen a_1, a_2, b_1, b_2, c_1 und c_2 sind vier gegeben. Berechne die beiden nicht gegebenen Längen.

a)	**b)**	**c)**
a_1 = 7,2 cm	a_2 = 10,5 dm	a_1 = 8,8 km
b_1 = 4,8 cm	b_1 = 2,3 dm	b_1 = 3,9 km
b_2 = 6,4 cm	c_2 = 5,4 dm	c_2 = 6,3 km
c_1 = 2,4 cm	a_1 = 4,2 dm	c_1 = 4,5 km

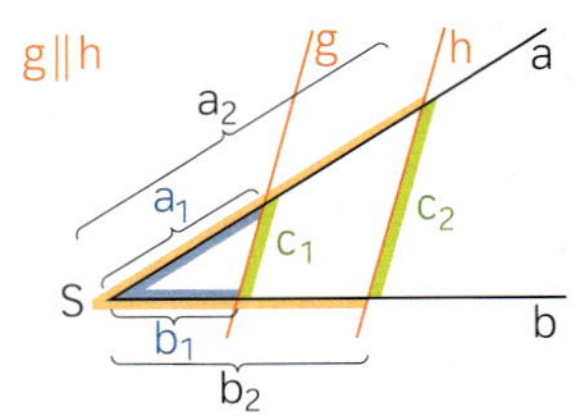

4 Um die Breite $\overline{DE}$ eines Flusses zu bestimmen, werden die Punkte A, B, C, D und E wie im Bild abgesteckt und folgende Strecken gemessen:

$\overline{BC} = 56\,m$; $\overline{AB} = 84\,m$ und $\overline{CD} = 43\,m$

Berechne die Breite des Flusses.

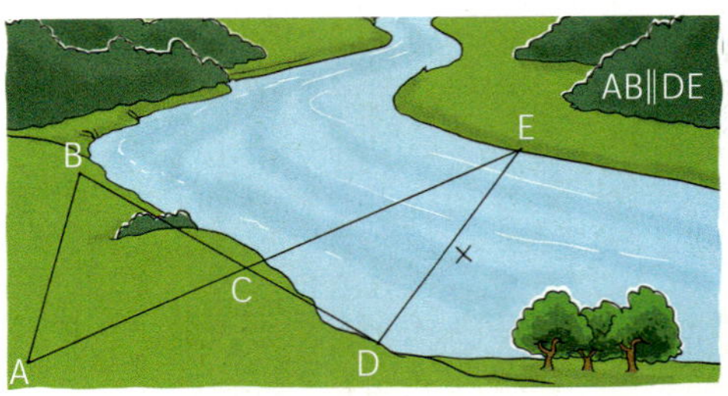

5 Der Schatten eines 1,30 m hohen senkrecht aufgestellten Stabes ist 1,56 m lang. Ein Baum wirft zu derselben Zeit einen 12,75 m langen Schatten.
Bestimme die Höhe des Baumes.

6 In einem Dachstuhl soll eine 80 cm hohe Stütze aufgestellt werden.
Berechne, in welcher Entfernung vom Dachstuhlende E diese Stütze einzufügen ist.

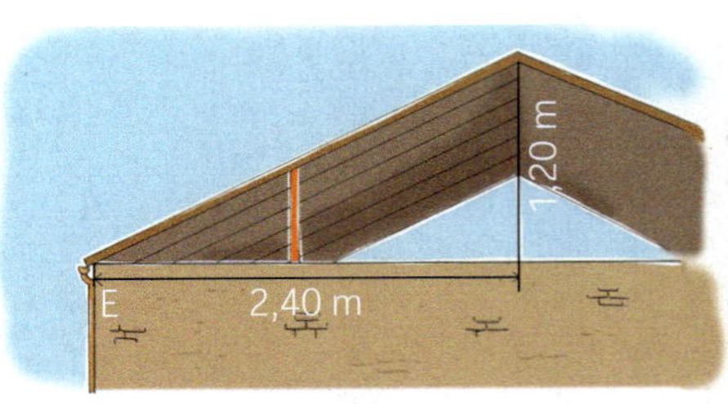

7 Die Wand eines Dachzimmers ist 4 m breit. Sie ist auf einer Seite 1,40 m und auf der anderen 3,50 m hoch. Untersuche, ob man einen Schrank an die Wand stellen kann, der 2,25 m hoch und 2,40 m breit ist.

Heuristische Strategien

6

▲ *Bei Gesellschaftsspielen kommt es häufig auf das Glück und die richtige Strategie an.*
Welche Spiele kennst du, bei denen es nur auf die Strategie ankommt?

In diesem Kapitel

- lernst du Strategien kennen, mit denen du komplexe Aufgabenstellungen und Probleme lösen kannst. ▸

6.1 Heuristische Strategien

Einstieg

Ein Mann bringt seine Apfelernte in die Stadt. Auf seinem Weg muss er 7 Tore passieren. An jedem Tor steht ein Wächter und verlangt von ihm die Hälfte seiner Äpfel und einen Apfel mehr. Zum Schluss hat der Mann nur einen einzigen Apfel übrig. Wie viele Äpfel hatte er am Anfang? Beschreibt, wie ihr vorgegangen seid.

Aufgabe mit Lösung

Vorwärtsarbeiten

Ein Rechteck wird in Teilvierecke zerlegt. Dabei soll gelten, dass die Flächeninhalte A_1 und A_2 gleich groß sind.

Ermittle den Flächeninhalt A_3.

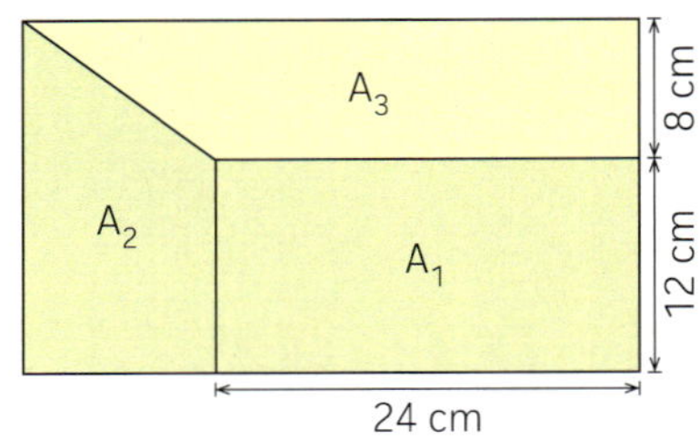

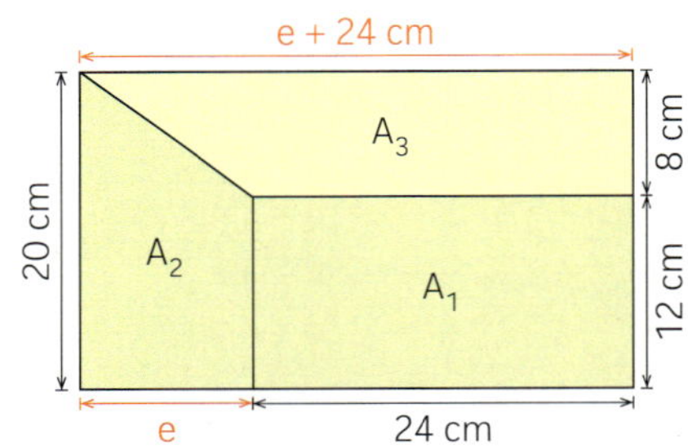

Lösung

(1) Verstehen der Aufgabe

Gegeben: Rechteck mit dem Flächeninhalt A_1 und den Seitenlängen $a = 24\,cm$ und $b = 12\,cm$.

Trapez mit dem Flächeninhalt A_2 und den Grundseiten $b = 12\,cm$ und $c = 20\,cm$.

Gesucht:

Flächeninhalt A_3 unter der Bedingung der Flächeninhaltsgleichheit $A_1 = A_2$.

(2) Aufstellen des Lösungsplanes

1. Schritt: Den Inhalt A_1 der Rechteckfläche kann man direkt aus den gegebenen Werten a und b berechnen. Damit ist wegen $A_1 = A_2$ auch A_2 bekannt.

2. Schritt: Aus dem berechneten Flächeninhalt kann man mithilfe der Formel für den Flächeninhalt eines Trapezes die Länge der Strecke e bestimmen.

3. Schritt: Nun ist es möglich, den Flächeninhalt A des großen Rechtecks zu errechnen.

4. Schritt: Der Flächeninhalt von A_3 ergibt sich dann als Differenz: $A_3 = A - A_1 - A_2$

(3) Ausführen des Lösungsplanes:

1. Schritt: $A_1 = a \cdot b = 24\,cm \cdot 12\,cm = 288\,cm^2$

2. Schritt: $A_2 = 288\,cm^2 = \frac{b + c}{2} \cdot e = \frac{20\,cm + 12\,cm}{2} \cdot e$, also $e = \frac{576\,cm^2}{32\,cm} = 18\,cm$

3. Schritt: $A = 42\,cm \cdot 20\,cm = 840\,cm^2$

4. Schritt: $A_3 = A - A_1 - A_2 = 840\,cm^2 - 2 \cdot 288\,cm^2 = 264\,cm^2$

(4) Kontrolle:

Man kann A_3 auch aus den Grundseitenlängen und der Höhe des Trapezes berechnen.

$\frac{24\,cm + 42\,cm}{2} \cdot 8\,cm = 264\,cm^2$

(5) Ergebnis:

Der gesuchte Flächeninhalt A_3 des Trapezes beträgt $264\,cm^2$.

Aufgabe mit Lösung

Rückwärtsarbeiten bei Beweisen

Beweise: In jedem Dreieck teilt die Winkelhalbierende die gegenüberliegende Dreiecksseite im Verhältnis der anliegenden Seiten. Wählt man im Dreieck ABC den Winkel γ, so gilt also $\overline{AT} : \overline{TB} = \overline{AC} : \overline{BC}$, wobei T der Schnittpunkt von w_γ mit $\overline{AB}$ ist.

Lösung

Diese Beweisaufgabe ist kompliziert und eine Lösung ist durch direktes Vorwärtsarbeiten zunächst nicht zu finden. Daher nutzt man die Strategie des Rückwärtsarbeitens.

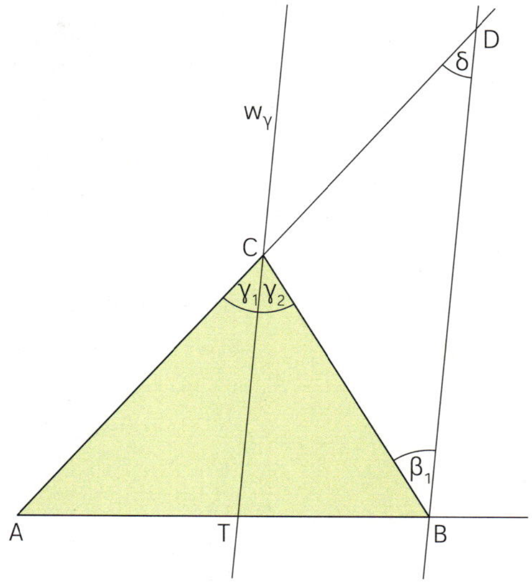

(1) Wissen mobilisieren

Wurde eine ähnliche Aufgabenstellung bereits bearbeitet? Ja: Die Abschnitte $\overline{AT}$ und $\overline{TB}$ liegen auf dem Strahl $\overset{\longmapsto}{AB}$, der Abschnitt $\overline{AC}$ auf dem Strahl $\overset{\longmapsto}{AC}$. Man kann ähnliche Dreiecke nutzen. Um dies zu tun, benötigt man eine Parallele zur Winkelhalbierenden $\overline{CT}$ durch B. Diese Parallele schneidet den Strahl $\overset{\longmapsto}{AC}$ in D.

(2) Rückwärtsarbeiten

Die Dreiecke ATC und ABD sind ähnlich zueinander, es gilt also $\overline{AT} : \overline{TB} = \overline{AC} : \overline{CD}$.
Man möchte beweisen, dass $\overline{AT} : \overline{TB} = \overline{AC} : \overline{BC}$ gilt. Somit muss nachgewiesen werden, dass $\overline{CD} = \overline{BC}$ gilt. Wenn dann noch gezeigt werden kann, dass die Winkel β_1 und δ gleich groß sind, folgt die Behauptung aus dem Basiswinkelsatz.
Die Winkel γ_1 und δ sind Stufenwinkel und die Winkel γ_2 und β_1 sind Wechselwinkel an den Parallelen $\overline{CT}$ und $\overline{BD}$. Somit erhalten wir $\gamma_1 = \delta$ und $\gamma_2 = \beta_1$. Da $\overline{CT}$ die Winkelhalbierende von γ ist, gilt natürlich $\gamma_1 = \gamma_2$ und damit auch $\delta = \beta_1$.

(3) Den Beweis exakt aufschreiben

Ein Beweis wird „vorwärts", d. h. von der Voraussetzung zur Behauptung, notiert.
Die bisherige Argumentation muss nun in diese Reihenfolge gebracht werden.

Voraussetzung: $\overline{CT}$ ist Winkelhalbierende von γ
Behauptung: $\overline{AT} : \overline{TB} = \overline{AC} : \overline{BC}$
Beweis: D ist der Schnittpunkt der Parallelen zu $\overline{CT}$ durch B mit dem Strahl $\overset{\longmapsto}{AC}$.

	Beweisschritt	Begründung
(1)	$\gamma_1 = \gamma_2$	$\overline{CT}$ ist Winkelhalbierende von γ (Voraussetzung)
(2)	$\gamma_1 = \delta$	Stufenwinkel an den Parallelen $\overline{CT}$ und $\overline{BD}$
(3)	$\gamma_2 = \beta_1$	Wechselwinkel an den Parallelen $\overline{CT}$ und $\overline{BD}$
(4)	$\beta_1 = \delta$	γ_1 und γ_2 werden in (1) eingesetzt.
(5)	$\overline{CD} = \overline{BC}$	Aus $\beta_1 = \delta$ folgt, dass das Dreieck BDC gleichschenklig ist.
(6)	Die Dreiecke ATC und ABD sind ähnlich zueinander.	gemeinsamer Winkel bei A und $\gamma_1 = \delta$, daher sind die Dreiecke nach dem Hauptähnlichkeitssatz ähnlich zueinander
(7)	$\overline{AT} : \overline{TB} = \overline{AC} : \overline{CD}$	da ATC und ABD ähnlich zueinander
(8)	$\overline{AT} : \overline{TB} = \overline{AC} : \overline{BC}$	$\overline{CD} = \overline{BC}$ wird in Gleichung (7) eingesetzt

Damit ist die Behauptung gezeigt.

Information

Lösen von komplexen Aufgaben

Folgendes Schema zeigt dir ein günstiges Vorgehen zum Lösen von Sachaufgaben.

(1) Verstehen
Lies die Aufgabe gründlich. Notiere die gegebenen und gesuchten Stücke. Achte auf die für die Aufgabe geltenden Bedingungen.

(2) Denken
Hilft dir eine Skizze?
Ist eine Tabelle günstig?
Lege Teilziele fest. Du kannst das Vorwärtsarbeiten oder Rückwärtsarbeiten nutzen. Der Lösungsplan muss am Ende vorwärts abgearbeitet werden.

(3) Ausführen
Folge dem Lösungsplan, kontrolliere jeden Schritt.
Dokumentiere den Lösungsweg.

(4) Prüfen
Ist dein Ergebnis sinnvoll?
Wenn nein, überlege, wo Fehler aufgetreten sein könnten.
Wenn ja, formuliere einen Antwortsatz.

Üben

1 Die Abbildung zeigt die Preisliste der Seilbahn Obertal.

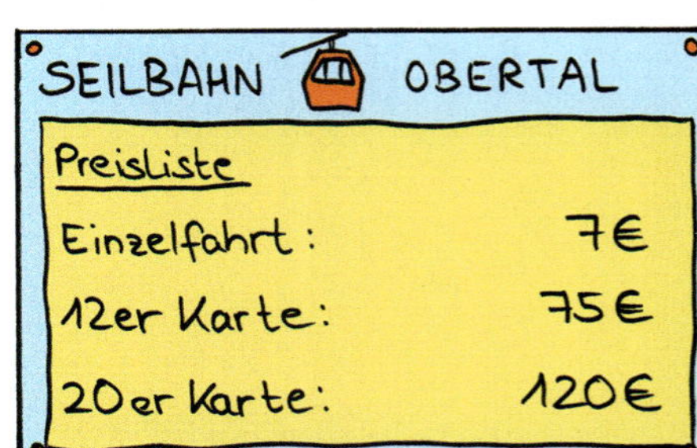

a) Berechne den Preis für 4 Personen.
b) Wie viele Fahrten kann man für 150 € kaufen?
c) Liegt eine proportionale Zuordnung zwischen der Anzahl der Fahrten und dem Preis vor?
d) Für eine Gruppe von 48 Personen muss man 300 € bezahlen, rechnet Sven aus. Julia behauptet: „Es geht auch billiger." Überprüfe Julias Behauptung.
e) Es soll eine 50er-Karte eingeführt werden. Begründe, welcher Preis angemessen ist.

2 In einem neuen Gewerbegebiet soll eine 4,50 m tiefe Baugrube ausgehoben werden (siehe Skizze). 4 Lkw mit einer Ladekapazität von jeweils 5 t stehen zum Abtransport zur Verfügung.
Die Bodenanalyse ergab, dass es sich um Lehmboden mit der Dichte $1{,}8\,\frac{g}{cm^3}$ handelt.
Ermittle, wie oft jeder Lkw fahren muss.

3 Die Funktion f ist gegeben durch $f(x) = -x - 1$, die Funktion g durch $g(x) = mx + 2$.
Der Anstieg m soll so gewählt werden, dass sich f und g im II. Quadranten schneiden.
a) Erstelle mithilfe eines Koordinatensystems einen Lösungsplan und erläutere ihn.
b) Nutze deinen Lösungsplan, um mögliche Anstiege m zu bestimmen.

4 Ein Sportverein hat 650 Mitglieder, davon sind 400 Kinder und Jugendliche.
Diese zahlen einen Beitrag von 4,00 € monatlich, Erwachsene zahlen 7,50 €.
Die monatlichen Beitragseinnahmen müssen um mindestens 600 € erhöht werden, um die gestiegenen Kosten zu decken.
Begründe, wie die neuen Beiträge festgesetzt werden müssen, um die Erhöhung gerecht zu verteilen.

5 Wasserhyazinthen sind für ihr rasches Wachstum bekannt.
Auf einem See ist eine kleine Fläche mit Wasserhyazinthen bedeckt. Diese Fläche verdoppelt ihre Größe täglich. Nach 20 Tagen wäre der See komplett zugewachsen.
Wann wäre der See vollständig bedeckt, wenn die Fläche am Anfang viermal so groß gewesen wäre?

6 Lena und ihre Freundinnen wollen am Senftenberger See einen Rundweg ablaufen. Sie treffen sich um 9.00 Uhr und planen für die 18 km lange Strecke 4 Stunden ein.
Sophia hat verschlafen und kommt eine halbe Stunde zu spät am Treffpunkt an.
Sie läuft den Freundinnen mit $8\,\frac{km}{h}$ hinterher, um sie einzuholen.
Wann und nach welcher Strecke wird Sophia ihre Freundinnen einholen?
Stelle einen Lösungsplan auf und erläutere diesen mithilfe einer Skizze.

7 In einem alten Buch mit mathematischen Knobeleien findet sich folgender Text:

> Eine Zahl hab ich gewählt, 107 dazugezählt, dann durch 100 dividiert und mit 11 multipliziert, endlich 15 subtrahiert und zuletzt ist mir geblieben als Resultat die Primzahl 7.

Erläutere verschiedene Möglichkeiten, um diese Aufgabe zu lösen.
Zeige, dass man sowohl mit dem Vorwärtsarbeiten als auch mit dem Rückwärtsarbeiten zum Ziel kommen kann.

8 Im Klassenzimmer sollen die Wände gestrichen werden. 3 Väter malern am Vormittag in 4 Stunden die Hälfte. Am Nachmittag helfen 2 Schüler, die aber nur halb so schnell arbeiten können.

a) Schätze, zu welcher Zeit das Zimmer fertig gestrichen ist, wenn sie mit dem Streichen um 8.00 Uhr beginnen.

b) Übertrage die folgende Tabelle in dein Heft und ergänze sie.

Anzahl der Arbeitsstunden	Vormittag				Nachmittag	
	1. Stunde	2. Stunde	3. Stunde	4. Stunde	1. Stunde	
Maler 1						
Maler 2						

c) Ermittle die Uhrzeit für die Beendigung der Arbeit.
Erläutere deine Antwort mithilfe der Tabelle.

9 Paul und Lukas wollen eine Ferienwoche auf einem Campingplatz am See verbringen. Dieser liegt 75 km von Dresden entfernt. Damit sie das Zelt nicht transportieren müssen, will Pauls Vater die Ausrüstung mit dem Auto hinterher bringen. Um 8.00 Uhr starten die beiden Jungen mit den Fahrrädern und fahren mit durchschnittlich $15\,\frac{km}{h}$. Pauls Vater fährt mit einer Durchschnittsgeschwindigkeit von $60\,\frac{km}{h}$.
Wann muss Pauls Vater zu Hause abfahren, um gemeinsam mit den Jungen am Zeltplatz anzukommen?

10 Sarah und Maria haben sich ein Spiel mit den sechs abgebildeten Karten ausgedacht.

Nach dem Mischen bekommt jedes Mädchen drei dieser Karten. Dann legt jede von ihnen nacheinander eine Karte aus.
Wer die Karte mit der höheren Zahl hat, bekommt den „Stich“ und darf nun ausspielen. Nach drei Spielen ist die Runde beendet. Wer von den beiden mindestens zwei Stiche bekommt, ist Sieger der Runde. Sarah erklärt sich bereit, in jeder Runde zuerst auszuspielen. Sie erhofft sich dadurch größere Siegchancen. Überprüfe, ob Sarahs Gedanken richtig sind. Stelle dazu einen Lösungsplan auf.

11 Konstruiere ein Sehnenviereck ABCD aus den gegebenen Stücken $\overline{AB} = 4{,}0\,cm$, $\overline{AD} = 3{,}0\,cm$, $\overline{BD} = 5{,}5\,cm$ und dem Winkel $\beta = 110°$.

12 ≡ Vom Rechteck PQRS sollen an den Ecken vier zueinander kongruente gleichschenklige Dreiecke abgeschnitten werden. Das entstandene Achteck soll zwei Drittel der Rechtecksfläche haben. Untersuche, wie lang die Seiten der abzuschneidenden Dreiecke sein müssen.

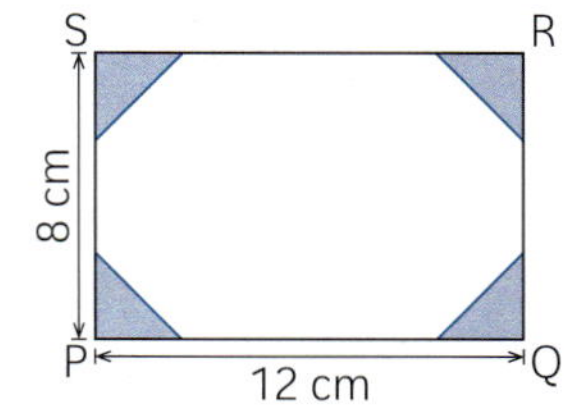

Weiterüben

13 ≡ Zum Wohngebietsfest in der Schillerstraße bereitet sich eine elfköpfige Schülerband auf ihren ersten Einsatz vor. Einige Musiker sind miteinander verwandt, aber niemand hat den gleichen Namen (also den gleichen Vornamen und den gleichen Nachnamen).
Drei Spieler haben den Namen Richter, vier heißen Müller, zwei Schneider und zwei Musol. In der Band spielen fünf Mädchen. Davon heißen vier Anne und eine Lena. Lena ist die Sängerin. Jeweils dreimal treten die Namen Tim und Paul auf. Dass Tim Musol die Band leitet, erkennt man auf dem Poster.
Entscheidet, welche Veranschaulichung besonders gut für den Lösungsweg geeignet ist.

14 ≡ Holzbausteine wurden in Schachteln mit 30 cm Länge, 20 cm Breite und 10 cm Höhe angeboten. Für die Auslieferung sollen diese Schachteln in größeren Kartons mit 1 m Länge, 80 cm Breite und einer Höhe von 60 cm verpackt werden.
a) Untersucht, wie die Bausteinschachteln eingepackt werden sollten, damit möglichst viele Schachteln in einen Karton passen.
Wie viele Schachteln können dann höchstens in einen Karton gestapelt werden?
b) Welche Maße müsste ein Karton haben, damit genau 120 Bausteinschachteln untergebracht werden können? Gebt mehrere Möglichkeiten an und entscheidet, welche Variante am sinnvollsten ist. Begründet.

15 ≡ Eine Gruppe von Jugendlichen macht eine längere Wanderung an der Elbe. Auf dem Rückweg sind viele von ihnen schon müde und wollen die letzte Strecke mit der Bahn fahren. Vier Jugendliche sind jedoch dagegen. Da entdeckt einer Folgendes: Wenn die 4 trotzdem mitfahren – ohne etwas zu zahlen – kann die Gruppe ein Gruppenticket für 60 Euro lösen und – wegen des Mengenrabatts – billiger fahren, als wenn jeder eine Einzelkarte kauft. Dazu sind die 4 gern bereit. Sie brauchten nichts zu bezahlen, jeder andere zahlte 75 Cent mehr, als wenn diese auch bezahlt hätten. Aus wie vielen Mitgliedern bestand die Gruppe?

16 ≡ Ein Holzwürfel wird auf fünf der Würfelflächen mit blauer Farbe lackiert. Die sechste Fläche bleibt unlackiert. Anschließend wird er in Würfel mit je 1 cm Kantenlänge zersägt.
Mit diesen Würfeln erfinden Laura und Eric ein Spiel:
- Die kleinen Würfel werden in ein Gefäß gegeben.
- Mit geschlossenen Augen wird ein Würfel gezogen.
- Laura bekommt den Punkt, wenn der Würfel mindestens zwei unlackierte Flächen hat, sonst Eric.

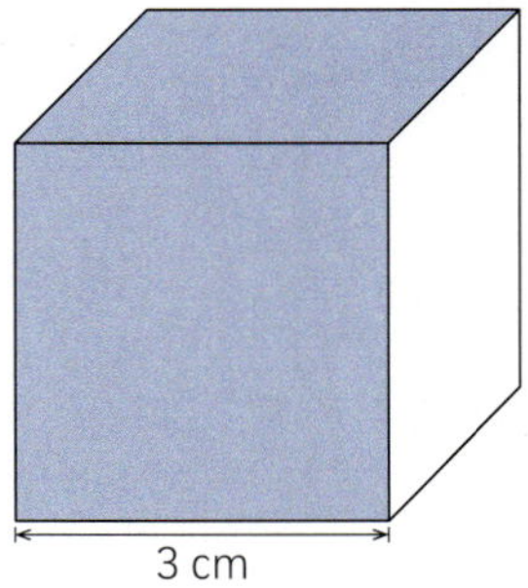

Untersuche, ob bei diesem Spiel beide die gleichen Gewinnchancen haben.

Wahlbereich: Programmierung mathematischer Algorithmen

Bauanleitung

1 Im Geometrieunterricht der 8a spielen die Schülerinnen und Schüler heute „Figuren-Diktat".
Dazu muss eine Schülergruppe aus Bauklötzen eine Figur bauen und dazu eine Anleitung schreiben. Eine andere Gruppe baut diese Figur nach der Anleitung nach. Dabei sind die beiden Bilder entstanden.

a) Stelle Vermutungen an, warum die zweite Gruppe die Figur nicht ganz genau wie die erste Gruppe gebaut hat.

b) Probiere dies selbst einmal aus: Baue eine Figur aus Bauklötzen und schreibe dafür eine Anleitung. Bestimme anschließend jemanden, der die Figur nach deiner Anleitung bauen soll. Füge dabei aber auch weitere Steine hinzu, damit der „Nachbauer" eine Auswahl an Steinen hat.
Vergleiche das Ergebnis mit deinem Original.

c) Gib an, was eine gute Anleitung ausmacht.

Originalfigur der ersten Gruppe

Nachbau der zweiten Gruppe

Algorithmen

Beim Ausführen vieler Tätigkeiten des täglichen Lebens ist eine genaue und eindeutige Reihenfolge notwendig. Dieses ist z. B. in Kochrezepten, Gebrauchsanweisungen, Bastelanleitungen oder Spielregeln der Fall. Ebenso muss ein digitaler Receiver in der richtigen Reihenfolge programmiert werden, damit er eine Fernsehsendung aufnimmt. Auch das Schreiben und Versenden einer Nachricht mit dem Handy, das Backen einer Torte oder das Konstruieren der Winkelhalbierenden fordern eindeutig ausführbare Handlungsanweisungen.

Andere alltägliche Handlungen besitzen ebenfalls eine Struktur, die gut beschrieben werden kann. So ist für die Zubereitung von Salzkartoffeln nebenstehender Ablauf sinnvoll.

Kartoffeln schälen
Wasser in einen Topf füllen
Kartoffeln und Salz zugeben
Ca. 25 Minuten kochen
Fertig!

Eine beliebige Reihenfolge der Anweisungen führt nicht unbedingt zum gesuchten Ergebnis, sondern eventuell zu einem anderen. Werden z. B. die Kartoffeln nicht vor dem Kochen geschält, so erhält man Pellkartoffeln statt Salzkartoffeln.

2 Erstelle eine genaue Handlungsanweisung für
a) das Versenden einer Nachricht mit dem Handy;
b) die Konstruktion einer Tangente an einen Kreis in einem Punkt;
c) deinen Schulweg von der Haustür bis in deinen Klassenraum;
d) das Umstellen der Formel $u = 2a + 2b$ nach a;
e) das Schreiben einer Gedichtsinterpretation.

3 Untersuche die folgenden Handlungsanweisung. Schreibe dazu auch einen Term.

Eingabe Zahl a → Eingabe Zahl b → Addiere a und b → Halbiere das Ergebnis → Ausgabe

Algorithmus
Ein **Algorithmus** ist eine Verarbeitungsvorschrift, die aus einer endlichen Folge von eindeutig ausführbaren Anweisungen besteht. Unter gleichen Voraussetzungen liefert die Ausführung des Algorithmus stets gleiche Ergebnisse.
Kriterien für Algorithmen sind:
- Ausführbarkeit
- Eindeutigkeit
- Endlichkeit

Beispiele für Algortihmen:
- Kochrezepte
- Noten von Muikstücken
- Montageanleitungen
- Gebrauchsanweisungen
- Konstruktionsbeschreibungen
- Berechnungsvorschriften
- Suchmaschienen
- Sortierungen
- Routenberechnungen

4 Prüfe, ob die Anweisung ein Algortihmus ist. Begründe mit den Kriterien für Algorihtmen.

a) Erstelle eine Liste, in der du alle geraden, natürlichen Zahlen auflistest. Beginne mit der 2.

b) Verbessere deine Mathematiknote, indem du in deiner nächsten Mathearbeit eine 1 schreibst.

c) Berechne das Volumen eines Würfels mit Grundkante a mit $V = a^3$

d) Schalte deinen Rechner ein, indem du auf die Taste ON drückst.

5 Untersuche, ob es sich bei dem Rezept von Tims Oma um einen Algorithmus handelt.

Rezept Schokoladenkuchen

5 Eier	2 Tassen Mehl
1 Tasse Öl	3 Tassen gem. Haselnüsse
$1\frac{1}{2}$ Tassen Zucker	$\frac{1}{2}$ Tasse Kakaopulver
1 Pkt. Backpulver	1 Pkt. Schokoladenglasur

50 min backen bei 180 °C.

Struktur von Algorithmen

Sequenz (Folge)

Eine **Sequenz** ist eine Abfolge von Anweisungen und somit die einfachste Struktur eines Algorithmus.
Sie wird auch als lineare Struktur bezeichnet, weil ihre Anweisungen linear angeordnet sind. Das Beispiel vom Salzkartoffelkochen auf Seite 228 ist eine solche Sequenz.
Sequenzen besitzen die folgende Struktur und Form in den Struktogrammen:

Anweisung 1
Anweisung 2
⋮
Ende

Beispiel für eine Sequenz:
Berechnung des Volumens einer quadratischen Pyramide

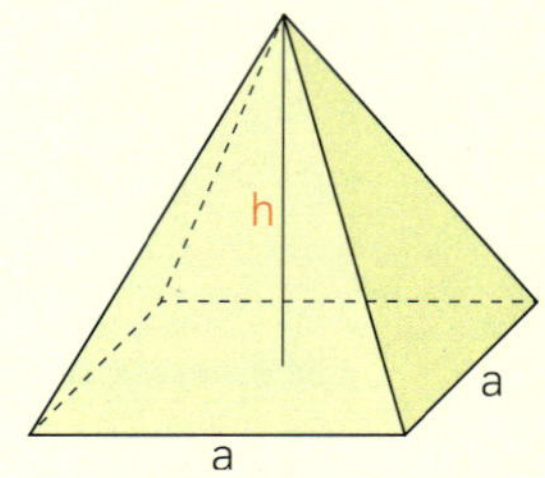

Eingabe Grundkante a
Eingabe Höhe h
Zuweisung Grundfläche $A_G = a \cdot a$
Zuweisung Volumen $V = \frac{1}{3} \cdot A_G \cdot h$
Ausgabe V

6 Erstelle einen Algorithmus für
- **a)** die Konstruktion einer Mittelsenkrechten zu einer gegebenen Strecke;
- **b)** die Konstruktion des Umkreises eines gegebenen Dreiecks;
- **c)** die Ermittlung des Flächeninhaltes eines Trapezes;
- **d)** für die Berechnung der Nullstelle einer linearen Funktion;
- **e)** zum Lösen der Gleichung $a\,x + b = c\,x + d$ einer linearen Gleichung.

Verzweigung (Auswahl)

Bei einer **Verzweigung** wird in Abhängigkeit von einer Bedingung entweder die Anweisungsfolge A2 oder die Anweisungsfolge B2 durchlaufen.

Anweisung 1	
Bedingung	
Wahr	Falsch
Anweisung A2	Anweisung B2
Ende	

Beispiel für eine Verzweigung:
Einen Kaffee kochen

Kaffeefilter einlegen	
Kaffeepulver einfüllen	
Wassertank leer?	
Ja	Nein
Wasser einfüllen	
Maschine einschalten	

7 Fahrkarten für die Bahn kann man nicht nur am Schalter kaufen.
Der Fahrkartenkauf an einem Automaten oder im Internet kann vereinfacht durch folgenden Algorithmus beschrieben werden.
Überlegt euch weitere Beispiele und erstellt dazu ein Struktogramm.
Präsentiert eure Ergebnisse in der Klasse.

- Eingabe Abfahrtsort
- Eingabe Zielort
- Eingabe Reisedatum
- Ermäßigung möglich?
  - Ja: Eingabe Ermäßigung
  - Nein: (leer)
- Eingabe Kreditkartennummer
- Fahrkarte ausdrucken

Die Festlegung des nächsten Schrittes ist manchmal davon abhängig, ob eine Bedingung wahr oder falsch ist.

8 Hier siehst du den Algorithmus zur Berechnung des Idealgewichts.
Formuliere ihn umgangssprachlich.

- Eingabe Körpergröße h
- Eingabe Geschlecht g
- g = männlich?
  - Ja: Idealgewicht $I = (h \cdot 100) \cdot 0{,}95$
  - Nein: Idealgewicht $I = (h \cdot 100) \cdot 0{,}9$
- Ausgabe I

Zyklus (Wiederholung/Schleife)

Bei einer **Schleife (Wiederholung)** wird eine Anweisungsfolge mehrfach wiederholt. Dabei unterscheidet man zwischen einer Schleife mit Bedingung und einer Zählschleife.

Schleife mit Bedingung:

- Solange die Bedingung wahr ist, wiederhole Anweisungsblock 1
  - Anweisungsblock 1

Zählschleife:

- Eingabe n
- Von i = 1 bis n, i = i + 1
  - Anweisungsblock 1
- Ende nach n Wiederholungen

Beispiel für eine Schleife mit Bedingung:
Ein Läufer darf nur so lange laufen, wie sein Puls unter 160 Schlägen pro Minute ist.

- Miss den Startpuls
- Solange der Puls nicht über 160
  - Laufen
  - Puls erneut messen
- Laufen beenden

Beispiel für eine Zählschleife:
Simulation des n-maligen Werfens eines idealen Würfels;
Festlegung von Variablen:
n ... Anzahl der Würfe

- Lege die Anzahl n der Simulationen fest.
- Vom 1. bis zum n-ten Mal
  - Würfeln
  - Ergebnis notieren
- Alle Ergebnisse auszählen

9 Ein Schüler will Berechnungen an einer quadratischen Pyramide durchführen. Erstelle ein Struktogramm von einem Algorithmus, der das Volumen oder den Flächeninhalt bestimmt.

10 Im Belantis soll vor die gefährlichste Achterbahn ein Automat gestellt werden, bei dem man seine Körpergröße eingibt. Alle Kinder und Jugendliche, die kleiner als 1,60 m sind, dürfen nicht mitfahren. Fertige dazu ein Struktogramm an.

11 Ein Sparer möchte einen festen Anlagebetrag
(1) 7 Jahre; (2) 10 Jahre; (3) n Jahre
auf der Bank verzinsen lassen.
Erstelle einen Algorithmus, der den Endbetrag nach dem Anlageende ausgibt, bei 2 %, 4 % bzw. p % Zinsen. (Beachte, dass die Zinsen jeweils mitverzinst werden.)

12 Beschreibe, welchen Sinn die folgenden Struktogramme haben.

a)

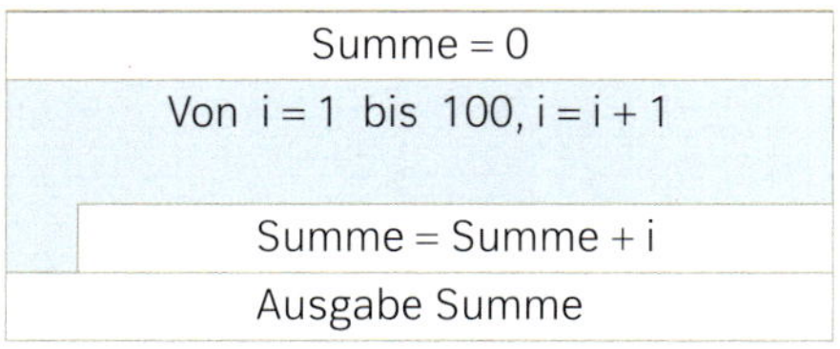

b)

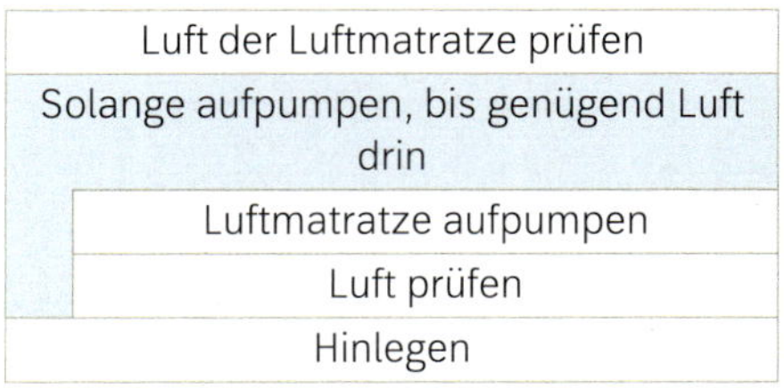

Umsetzung eines Algorithmus mit einem Taschenrechner

WES-127827-014
Algorithmen

Da Algorithmen die Bearbeitung einer Aufgabe sehr genau beschreiben, ist es möglich, Algorithmen von Rechnern abarbeiten zu lassen. Dazu muss werden die Algorithmen so formuliert, dass sie vom Rechner „verstanden“ werden. Dies geschieht mithilfe einer sogenannten Programmiersprache. Man sagt auch, dass man für den Algorithmus ein Programm schreibt.

Die Eingabe eines Programms geschieht über den Programmeditor des Rechners. Öffne diesen dazu zunächst über das Menü.

Es erscheint ein Dialogfenster. Hier können neue Dateien erstellt und vorhandene Programme bearbeitet werden. Mit der Play-Taste können ausgewählte Programme ausgeführt werden.

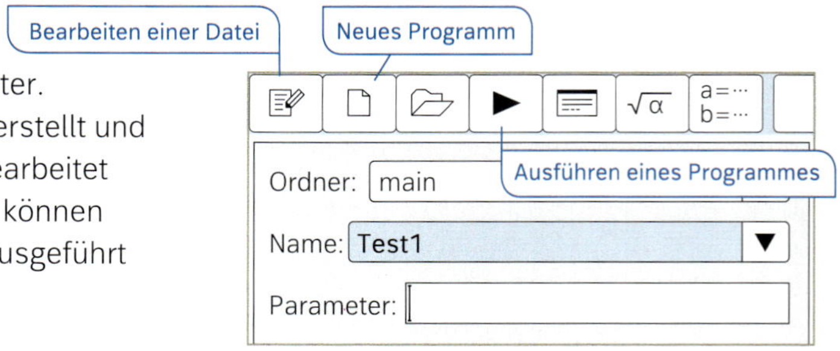

Zum Speichern muss dem Programm nun noch ein Name gegeben und ein Ordner ausgewählt werden.

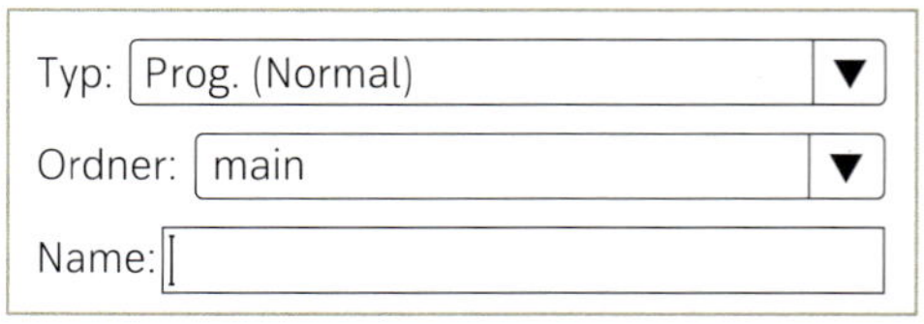

EVA-Prinzip

Viele Programme lassen sich grob in drei Teile untergliedern:

1. Eingabe von Daten (E)
2. Verarbeitung dieser Daten (V)
3. Ausgabe der durch die Verarbeitung entstandenen gewünschten Ausgabedaten(A)

Diese Dreiteilung nennt man **EVA-Prinzip**.

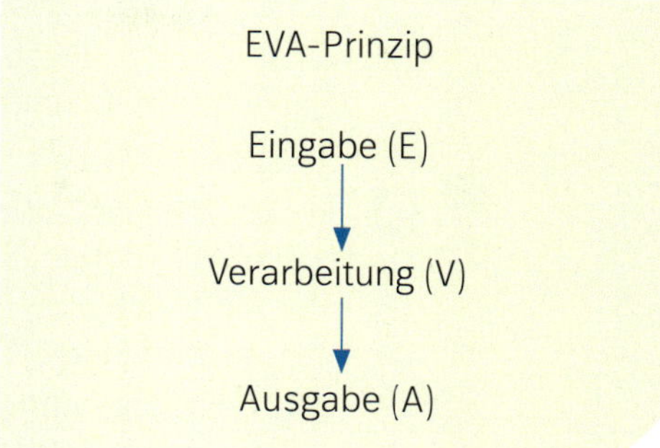

Aufgabe mit Lösung

Erstellen eines Algorithmus mit dem Rechner

Erstelle für folgendes Problem einen Algorithmus.
Es soll die Gleichung einer linearen Funktion bestimmt werden, deren Graph eine Gerade durch die Punkte A und B darstellt.

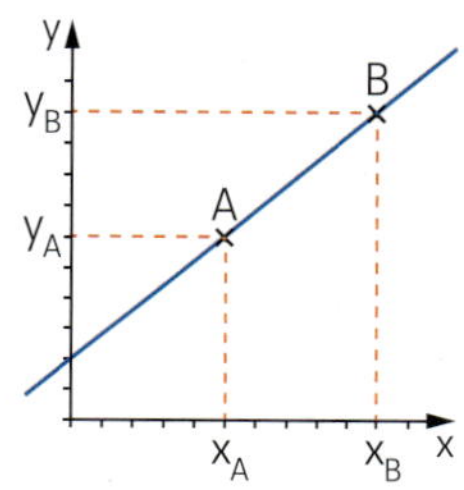

Lösung:

(1) Eingaben: x-Koordinate von A: xA; y-Koordinate von A: yA
x-Koordinate von B: xB; y-Koordinate von B: yB

(2) Verarbeitung:

Berechnung des Anstieges m mithilfe des Terms $\frac{yB - yA}{xB - xA}$
Zuweisung des Termwertes auf m
Berechnung des y-Achsenabschnitts n mithilfe des Terms $yA - m\,xA$
Zuweisung des Termwertes auf n

(3) Ausgabe: Anstieg m y-Achsenabschnitt n

Bei der Umsetzung des Algorithmus auf einem Taschenrechner muss der Algorithmus in einer Sprache formuliert sein, die der Rechner interpretieren kann. Die Befehle der Programmiersprache hängen vom verwendeten Rechnertyp ab.
Ein Beispiel kann wie folgt aussehen:

Gerade	N	

```
Input xA, „Gib die x-Koordinate von A
ein:", „Eingabe von Punkt A"
Input yA, „Gib die y-Koordinate von A
ein:", „Eingabe von Punkt A"
Input xB, „Gib die x-Koordinate von B
ein:", „Eingabe von Punkt B"
Input yB, „Gib die y-Koordinate von B
ein:", „Eingabe von Punkt B"
(yB-yA)/(xB-xA)⇒m
yA-m*xA⇒n
Print „Der Anstieg ist m="
Print m
Print „Der y-Achsenabschnitt ist n="
Print n
```

In Eingabemasken werden die Koordinaten von A und B abgefragt.

Eingabe von Punkt A

Gib die x-Koordinate von A ein:

2

OK Abbrechen

Ausgabe:

Der Anstieg ist m=
1
Der y-Achsenabschnitt ist b="
2

13 Ein Programm soll die Flächeninhalte von Trapezen und Parallelogrammen bestimmen können. Der Nutzer soll entscheiden können, für welche Vierecksart er die Berechnung wünscht.
Erstelle einen Algorithmus und setze ihn auf deinem Rechner als Programm um.

14 Das Werfen einer Münze soll simuliert werden. Die Anzahl der Würfe soll der Nutzer bestimmen können. Schreibe ein Programm für diese Simulation.
Informiere dich über den Befehl für das Erzeugen einer Zufallszahl (siehe dazu auch QR-Code auf Seite 71).
Teste dein Programm für 100 Würfe. Bestimme damit einen Wert für die relative Häufigkeit von „Zahl".

15 Entwirf einen Algorithmus für die Achterbahn im Belantis (Seite 232, Aufgabe 10) und teste diesen anschließend.

16 Beim einmaligen Würfeln mit zwei Würfeln kann man jeweils die Augensumme bilden.

a) Schätze zunächst, welche Augensumme die größte Wahrscheinlichkeit hat.
Führe dann eine Simulation über mindestens 200 Würfen durch und fasse deine Ergebnisse in einer Tabelle der relativen Häufigkeiten für die entsprechenden Augensummen zusammen.
b) Um Problemlösungen und Aufgaben zu präsentieren, verfügt der Rechner über eine entsprechende Software. Gestalte den Lösungsweg für die Simulation als Präsentation.

17 Entscheide, was folgende Programme bewirken. Erkläre die Bedeutung der Variablen.

Prog1	N
Input a, „Länge von a" Print „Ao =" Print 6*a∧2 Print „V =" Print a∧3	

Prog2	N
Input xP, „Gib die x-Koordinate an" Input yP, „Gib die y-Koordinate an" Input m, „Gib den Anstieg m an" Input n, „Gib den y-Achsenabschnitt n an" If yP = xP * m + n: then: Print „Punkt erfüllt die Bedingung." else: Print „Punkt erfüllt die Bedingung nicht." IfEnd	

18 Programme und Daten kann man von deinem Rechner auf den Rechner eines Mitschülers oder eine Mitschülerin bzw. auf einen PC übertragen. Informiere dich dazu in der Handbuchdatei deines Rechners über die Verfahrensweise.
Gestalte über dieses Thema einen Kurzvortrag.

Kapitel 1
Seite 61

1 a) b)

	a) $3x-2$	b) $(x\cdot(x+2))^2$
$x=2$	$3\cdot2-2=4$	$(2\cdot(1+2))^2=64$
$x=-1$	$3\cdot(-1)-2=-5$	$((-1)\cdot((-1)+2))^2=1$
$x=-0{,}5$	$3\cdot(-0{,}5)-2=-3{,}5$	$((-0{,}5)\cdot((-0{,}5)+2))^2=(-0{,}75)^2=0{,}5625$
$x=\frac{2}{3}$	$3\cdot\frac{2}{3}-2=0$	$\left(\frac{2}{3}\cdot\left(\frac{2}{3}+2\right)\right)^2=\left(\frac{2}{3}\cdot\frac{8}{3}\right)^2=\left(\frac{16}{9}\right)^2=\frac{256}{81}=3\frac{13}{81}$
Typ	Differenz	Potenz

2 a) $2\cdot3x-4-6x:3=6x-4-2x=4x-4$
b) $7\cdot3a-2a\cdot3a+a^2=21a-6a^2+a^2=21a-5a^2$
c) $4b\cdot1{,}5b+5b\cdot(-2a)-2a=6b^2-10ab-2a$
d) $12pq-5qp-3p-q+pq=8pq-3p-q$

3 a) $3a\cdot(7b+c)=21ab+3ac$
b) $-r\cdot(2r-s)=-2r^2+rs$
c) $x-(2x-3)=x-2x+3=-x+3$
d) $7a^2-a\cdot(5+a)=7a^2-5a-a^2=6a^2-5a$
e) $(7p-q)\cdot(2+q)=14p+7pq-2q-q^2$
f) $(2x+3)^2=4x^2+12x+9$
g) $(p+2q)\cdot(p-2q)=p^2-4q^2$
h) $(4a-2b)^2+16a=16a^2-16ab+4b^2+16a$

4 a) $6\cdot(5a-24b)+3\cdot(5b-2a)=30a-144b+15b-6a=24a-129b$
b) $r\cdot(4-12s)-4s\cdot(3r+1)=4r-12rs-12rs-4s=4r-24rs-4s$
c) $-u\cdot(v-7)-(1-u)=-uv+7u-1+u=8u-uv-1$
d) $(7x-5y)^2-(5y-7x)^2=49x^2-70xy+25y^2-(25y^2-70xy+49x^2)$
$=49x^2-70xy+25y^2-25y^2+70xy-49x^2=0$

Seite 62

5 a)
$(2-x)^2=(2+x)^2$
$4-4x+x^2=4+4x+x^2 \quad |-x^2$
$4-4x=4+4x \quad |-4$
$-4x=4x \quad |+4x$
$0=8x \quad |:8$
$0=x$
$L=\{0\}$

b)
$(8x-6)\cdot(4x-2)=32x^2+52$
$32x^2-16x-24x+12=32x^2+52$
$32x^2-40x+12=32x^2+52 \quad |-32x^2$
$-40x+12=52 \quad |-12$
$-40x=40 \quad |:(-40)$
$x=-1$
$L=\{-1\}$

c)
$(6+x)^2=x\cdot(4+x)+44$
$36+12x+x^2=4x+x^2+44 \quad |-x^2$
$36+12x=4x+44 \quad |-4x$
$36+8x=44 \quad |-36$
$8x=8 \quad |:8$
$x=1$
$L=\{1\}$

d)
$(2x-8)\cdot(2x+10)=4x^2-64$
$4x^2+20x-16x-80=4x^2-64$
$4x^2+4x-80=4x^2-64 \quad |-4x^2$
$4x-80=-64 \quad |+80$
$4x=16 \quad |:4$
$x=4$
$L=\{4\}$

6 a) $(a+c)\cdot2\cdot b$
$=2\cdot a\cdot b+2\cdot b\cdot c$

und

$2\cdot b\cdot(2\cdot a+c)-2\cdot a\cdot b$
$=4\cdot a\cdot b+2\cdot b\cdot c-2\cdot a\cdot b$
$=2\cdot a\cdot b+2\cdot b\cdot c$

Es gilt also: $(a+c)\cdot2\cdot b=2\cdot b\cdot(2\cdot a+c)-2\cdot a\cdot b$

Seite 62

6 **b)** $a \cdot b - (a-2) \cdot (b-2)$ und $2 \cdot a \cdot 1 + 2 \cdot (b-2) \cdot 1$

$= a \cdot b - (a \cdot b - 2 \cdot b - 2 \cdot a + 4)$ $\quad = 2 \cdot a + 2 \cdot b - 4$

$= a \cdot b - a \cdot b + 2 \cdot b + 2 \cdot a - 4$

$= 2 \cdot a + 2 \cdot b - 4$

Es gilt also: $a \cdot b - (a-2) \cdot (b-2) = 2 \cdot a \cdot 1 + 2 \cdot (b-2) \cdot 1$

7 x ... unbekannte Zahl

Gleichung: $x^2 - 5 = -3$ Lösen mit dem Rechner liefert: $x_1 = \sqrt{2}$, $x_2 = -\sqrt{2}$

8 $t \cdot x + 4 = 6$ Lösen mit dem Rechner liefert: $x = \frac{2}{t}$

Für alle $t \in \mathbb{Q}$ und $t \neq 0$ existiert genau eine Lösung.

Für $t = 0$ existiert keine Lösung.

9 $3 \cdot (x-5) = -15$ Lösen mit dem Rechner liefert: $x = 0$ $L = \{0\}$

$a^2 = 0 - a \cdot (1 + a)$ Lösen mit dem Rechner liefert: $a = 0$ oder $a = -\frac{1}{2}$

Für $a = 0$ und $a = -\frac{1}{2}$ besitzen die Gleichungen die übereinstimmende Lösungsmenge $L = \{0\}$.

10 **a)** $b(12a + 7c)$ **b)** $-4(x + y)$ **c)** $5x(8y - 5z)$

d) $-5x(x + 2y)$ **e)** $12(-2a + 3b)$ **f)** $\frac{1}{2}r(1 + r - 3s)$

11 **a)** $(4x + 5y)(4x - 5y)$ **b)** $(8x - 12y)^2 = 16(2x - 3y)^2$

c) $5(x + y)^2$ **d)** $3(2x - 3y)^2$

12 x ... Länge der neuen Quadratseite (in cm)

x + 1 ... Länge der ursprünglichen Quadratseite (in cm)

Gleichung: $(x + 1)^2 = x^2 + 57$ Lösen mit dem Rechner liefert: $x = 28$

Das Grundstück ist nun $28\,m \cdot 28\,m = 784\,m^2$ groß (ursprüngliche Größe: $29\,m \cdot 29\,m = 841\,m^2$).

13 **a)** $\frac{1}{x+2} = \frac{2}{x}$ $\quad x \neq 0$ und $x \neq -2$

$\frac{1}{x+2} = \frac{2}{x}$ $\quad | \cdot x \cdot (x+2)$

$x = 2 \cdot (x + 2)$

$x = 2 \cdot x + 4$ $\quad | -x$

$0 = x + 4$ $\quad | -4$

$x = -4$

$L = \{-4\}$

b) $\frac{4}{x-2} + \frac{3}{x-2} = \frac{7}{x-2}$ $\quad x \neq 2$

$\frac{4}{x-2} + \frac{3}{x-2} = \frac{7}{x-2}$ $\quad | \cdot (x-2)$

$4 + 3 = 7$ $\quad$ wahre Aussage

$L = \{x \mid x \in \mathbb{Q}, x \neq 2\}$

14 **a)** $2x + 3 < 19$ $\quad | -3$

$2x < 16$ $\quad | :2$

$x < 8$

b) $-3x + 5 > 20$ $\quad | -5$

$-3x > 15$ $\quad | :(-3)$

$x < -5$

c) $-2x + 6 \geq 4x - 12$ $\quad | +2x$

$6 \geq 6x - 12$ $\quad | +12$

$18 \geq 6x$ $\quad | :6$

$3 \geq x$

$x \leq 3$

d) $5x + 4 \leq 4x + 3$ $\quad | -4x$

$x + 4 \leq 3$ $\quad | -4$

$x \leq -1$

Kapitel 2
Seite 100

1 (1) A ... Abweichung der Stiftlänge um 0,01 cm — $P(A) = 0{,}20 + 0{,}23 = 0{,}43 = 43\,\%$
(2) B ... Abweichung der Stiftlänge um mehr als 0,02 cm — $P(B) = 0{,}04 + 0{,}03 = 0{,}07 = 7\,\%$
(3) C ... Abweichung der Stiftlänge um weniger als 0,03 cm — $P(C) = 0{,}07 + 0{,}20 + 0{,}35 + 0{,}23 + 0{,}08 = 0{,}93 = 93\,\%$

2 **a)** $P(A) = \frac{1}{6} + \frac{1}{6} + \frac{1}{6} + \frac{1}{6} = \frac{4}{6} = \frac{2}{3}$ $\quad P(B) = \frac{1}{6} + \frac{1}{6} + \frac{1}{6} = \frac{3}{6} = \frac{1}{2}$
$P(C) = \frac{1}{6} + \frac{1}{6} = \frac{2}{6} = \frac{1}{3}$ $\quad P(D) = 0$
b) $P(E) = \frac{1}{6}$ $\quad P(F) = \frac{1}{6}$
c) G: Es wird eine Sechs gewürfelt. $\quad 1800 \cdot P(G) = 1800 \cdot \frac{1}{6} = 300$
Während des Spiels mit 1800 Würfen sind ungefähr 300 Sechser zu erwarten.

3
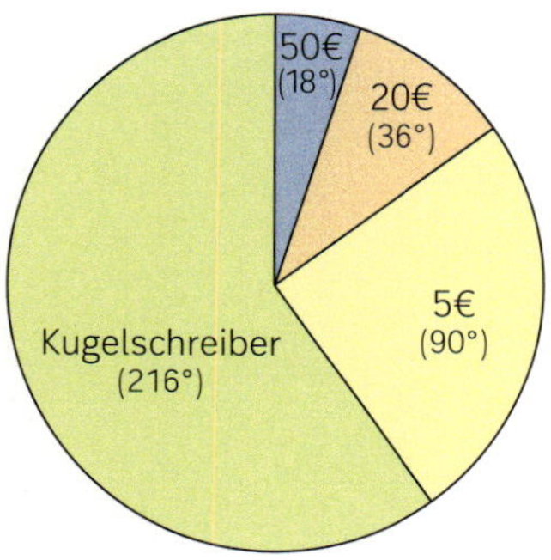

4
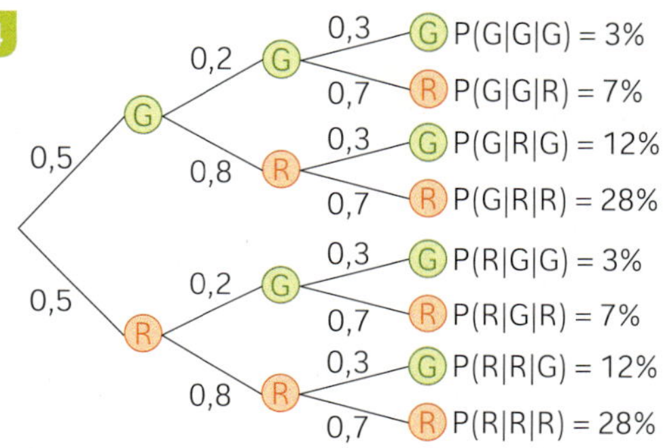

Seite 101

5 $P(E_6) = \frac{2}{16} < P(E_3) = \frac{3}{16} < P(E_2) = \frac{4}{16} = P(E_4) = \frac{4}{16} < P(E_1) = \frac{7}{16} < P(E_5) = \frac{8}{16}$

6 Beispiellösung:
a) Der Rechner liefert die folgenden Werte.

Augenzahl	1	2	3	4	5	6
relative Häufigkeit	6	10	8	9	5	12

b) (1) $P(E_1) = \frac{1}{6} \approx 16{,}7\,\%$, $\quad \frac{12}{50} = 24\,\%$ $\quad$ Abweichung größer als 5 Prozentpunkte.
(2) $P(E_2) = \frac{1}{3} \approx 33{,}3\,\%$, $\quad \frac{16}{50} = 32\%$ $\quad$ Abweichung kleiner als 5 Prozentpunkte.
(3) $P(E_3) = 1 - \frac{1}{6} \approx 83{,}3\%$, $\quad \frac{44}{50} = 88\%$ $\quad$ Abweichung kleiner als 5 Prozentpunkte.
c) Beispiellösung: $E_4 = \{4, 5, 6\}$, $\frac{25}{50} = 50\%$ $\quad$ Ein Ereignis auswählen, dass aus 3 der Zahlen von 1 bis 6 besteht.

7 **a)** $P(A) = \frac{20}{132} + \frac{20}{132} + \frac{10}{132} + \frac{5}{132} = \frac{55}{132} = \frac{5}{12}$ $\quad P(B) = \frac{20}{132} + \frac{12}{132} + \frac{2}{132} = \frac{34}{132} = \frac{17}{66}$

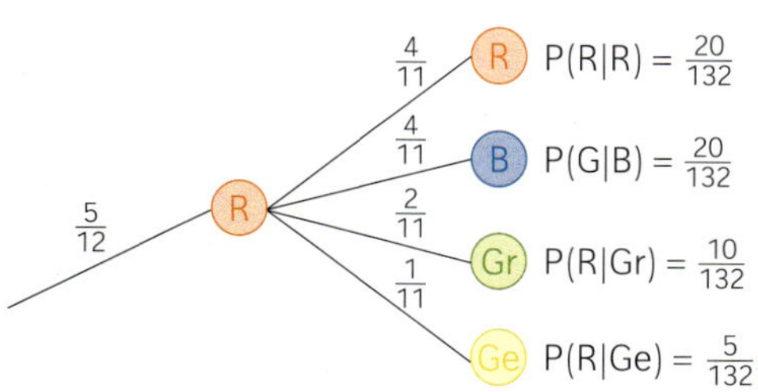

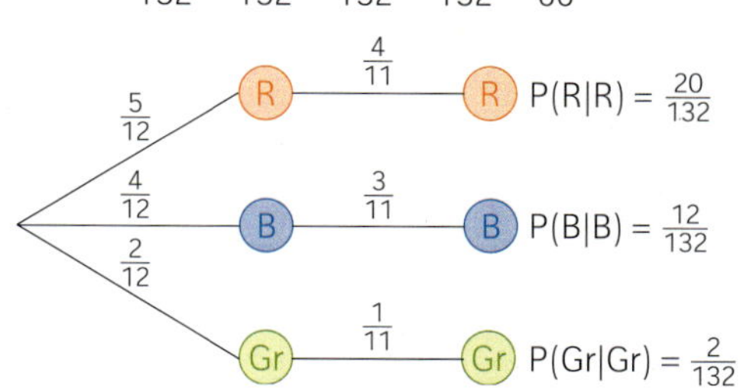

Seite 101

7 **b)** (1) Vertauschung der Kugelfarben von rot und blau: 5 blaue, 4 rote, 2 grüne und 1 gelbe Kugel.

(2) $P(D) = \frac{1}{11} = \frac{12}{132} = \frac{4}{12} \cdot \frac{3}{11}$, also 4 gelbe, 2 rote, 2 blaue und 4 grüne Kugeln.

8 **a)** $0{,}995 \cdot 0{,}985 \approx 98\,\%$

Mit einer Wahrscheinlichkeit von etwa 98 % funktionieren beide Systeme.

b) $0{,}005 \cdot 0{,}015 \approx 0{,}0075\,\%$

Mit einer Wahrscheinlichkeit von etwa 0,0075 % versagen beide Systeme.

c) Es kann auch nur eines des beiden Systeme ausfallen.

d) B... neuer Bewegungsmelder funktioniert nicht

$0{,}005 \cdot P(B) = 0{,}00001 \quad |:0{,}005$

$P(B) = 0{,}002 = 0{,}2\,\%$

Der Bewegungsmelder muss in diesem Fall mit einer Wahrscheinlichkeit von 99,8 % funktionieren.

9 F: lernt französich $P(F) = 0{,}46$

S: lernt spanisch $P(S) = 0{,}24$

B: lernt beide Sprachen $P(B) = 0{,}18$

a) E: lernt mindestends eine der beiden Sprachen $P(E) = P(F) + P(S) - P(B) = 0{,}52$

b) K: lernt keine der beiden Sprachen $1 - P(E) = 0{,}48$

Kapitel 3
Seite 149

1 **a)**

Uhrzeit	3:00	5:00	8:00	10:00	14:00	19:00	20:00	22:00
Wasserstand über NN in cm	+20	+20	−10	−24	+20	+28	0	−24

b)

Wasserstand über NN in cm	+20	0	−20
Uhrzeit	3:00	1:00	9:00
	5:00	7:00	11:30
	14:00	13:00	21:30
	18:30	20:00	23:30

c) *Zeit* → *Wasserstand* ist eine Funktion, da zu jeder Zeit genau ein Wasserstand zugeordnet wird. *Wasserstand* → *Zeit* ist keine Funktion, da bestimmte Wasserstände zu mehreren Zeiten angenommen werden. (z. B. Wasserstand +20 cm wird zu vier verschiedenen Zeiten angenommen.)

2 **a)** Der rote Graph f passt am besten, da das Wasser zunächst schnell ansteigt, im zweiten Bereich dann langsamer. Die Steigung des Graphen muss sich beim Übergang verringern.

b) Da der blaue Graph h gegensätzlich zum roten Graphen verläuft, könnte ein Auffangbecken mit dem Querschnitt wie rechts abgebildet zu seinem Verlauf gehören.

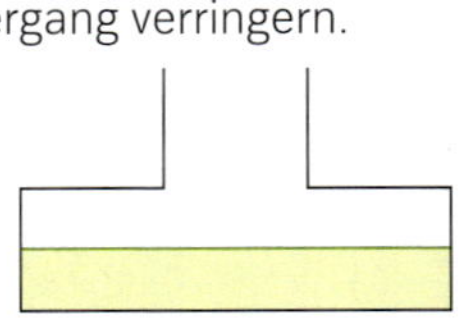

Da der grüne Graph g gleichmäßig ansteigt, könnte zu ihm ein Auffangbecken mit dem Querschnitt rechts gehören.

Lösungen: Bist du fit?

Seite 149

3 Gerade durch die Punkte:

a) $P(0|0)$; $Q(3|5)$

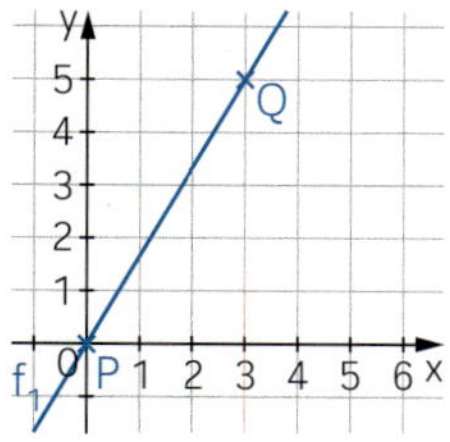

b) $P(0|1)$; $Q(1|0)$

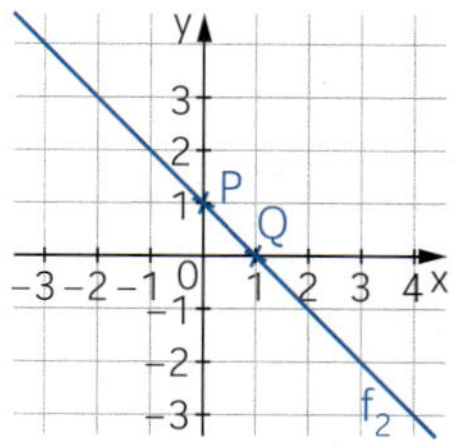

c) $P(0|-2)$; $Q(5|5)$

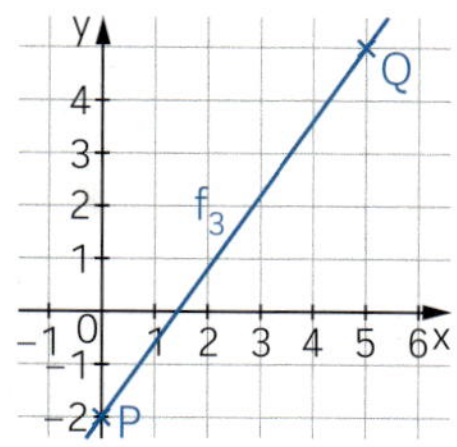

d) $P\left(0\middle|-\frac{1}{2}\right)$; $Q\left(1\middle|\frac{3}{2}\right)$

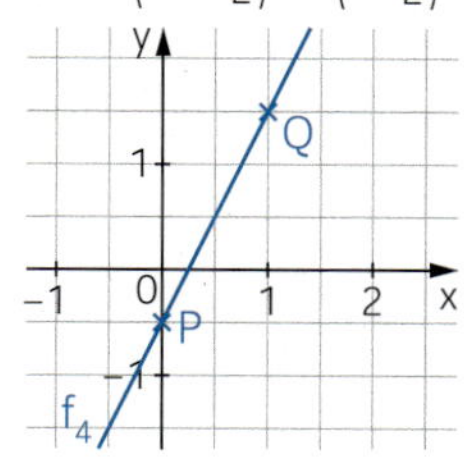

4 (1) $y = 3$ (2) $y = \frac{5}{2}x - 1$ (3) $y = -\frac{3}{4}x$ (4) $y = -\frac{4}{3}x - \frac{8}{3}$

Seite 150

5 **a)** $m > \frac{3}{4}$
n beliebig

b) $m < \frac{3}{4}$
n beliebig

c) $m = \frac{3}{4}$
$n \neq 1{,}5$

d) m beliebig
$n = 1{,}5$

6 $P_1(1|1)$: $1 = 2 \cdot 1 - 1$; $1 = 1$ w. A. P_1 liegt auf dem Graphen.
$P_1(9|-3)$: $-3 = 2 \cdot 9 - 1$; $-3 = 17$ f. A. P_2 liegt nicht auf dem Graphen.
$P_1(-3|-7)$: $-7 = 2 \cdot (-3) - 1$; $-7 = -7$ w. A. P_3 liegt auf dem Graphen.

7 **a)** Gerade durch P und Q:
$m = \frac{3-2}{-1-(-2)} = \frac{1}{1} = 1$
$y = x + n$: $3 = -1 + n$
$4 = n$ also $y = x + 4$
Punktprobe mit R: $0 = 2 + 4$
$0 = 6$ f. A.
R liegt nicht auf der Geraden durch P und Q.

b) Gerade durch P und Q:
$m = \frac{3-(-1)}{3-1} = \frac{2}{2} = 1$
$y = x + n$: $1 = 3 + n$
$-2 = n$ also $y = x - 2$
Punktprobe mit R: $3 = 5 - 2$
$3 = 3$ w. A.
R liegt auf der Geraden durch P und Q.

8 $f(x) = 21x - 30$; $P(20|380)$ $f(20) = 21 \cdot 20 - 30 = 420 - 30 = 390$
Zur Stelle $x = 20$ gehört der Funktionswert $f(20) = 390$.
Der Punkt P liegt also unterhalb der Geraden, da $y_P = 380 < 390 = f(20)$ ist.

9 **a)** $y = \frac{4}{3}x$
$0 = \frac{4}{3}x$
$x = 0$

b) $g(x) = -2x + \frac{1}{2}$
$0 = -2x + \frac{1}{2}$
$2x = \frac{1}{2}$
$x = \frac{1}{4}$

c) $y = \frac{5}{6}x - 1$
$0 = \frac{5}{6}x - 1$
$6 = 5x$
$\frac{6}{5} = x$

d) $f(x) = 1{,}5x + 6$
$-6 = \frac{3}{2}x$
$-6 \cdot \frac{2}{3} = x$
$-4 = x$

10 (1) $f(x) = \frac{3}{4}x + n$
$-3 = \frac{3}{4} \cdot 2 + n$
$-3 = \frac{3}{2} + n$
$-\frac{9}{2} = n$
$f(x) = \frac{3}{4}x - \frac{9}{2}$

(2) $f(x) = mx - 8$
$-2 = m(-1) - 8$
$6 = -m$
$f(x) = -6x - 8$

(3) $m = \frac{\Delta y}{\Delta x} = \frac{-4-5}{5-(-4)} = -1$
$y = -x + n$
$5 = -(-4) + n$
$1 = n$
$f(x) = -x - 1$

(4) $y = 2x + n$
$0 = 2 - 3 + n$
$-6 = n$
$f(x) = 2x - 6$

Seite 150

11 a) $f(x) = 3x - 2$

$9 = 3x - 2$ Rechner liefert: $x = -\frac{7}{3}$

Der Funktionswert $y = 9$ wird an der Stelle $-\frac{7}{3}$ angenommen.

b) $f(x) = \frac{2}{3}x - 4$

$12 = \frac{2}{3}x - 4$ Rechner liefert: $x = 24$

Da f monoton steigend ist, sind für $x \geq 24$ die zugehörigen Funktionswerte $y \geq 12$.

c) $f(x) = \frac{1}{10}x - 1$

$-100 = \frac{1}{10}x - 1$ Rechner liefert: $x = 1010$

Da f monoton steigend ist, sind für $x \leq 1010$ die zugehörigen Funktionswerte $y \leq -100$.

d) $f(x) = -3x + 4$

$-31 = -3x + 4$ Rechner liefert: $x = \frac{35}{3}$

$31 = -3x + 4$ Rechner liefert: $x = -9$

Da f monoton fallend ist, nimmt die Funktion für $-9 \leq x \leq \frac{35}{3}$ Funktionswerte an, für die gilt: $-31 \leq y \leq 31$

12 a) Der Fallschirm sinkt pro Sekunde 5 m. Wenn er nach 20 s noch 250 m Höhe hat, muss er in folgender Höhe geöffnet wurden sein: $20\,s \cdot 5\frac{m}{s} + 250\,m = 100\,m + 250\,m = 350\,m$

b)

Fallzeit nach Öffnung (in s)	0	20
Höhe über Boden (in m)	350	250

$m = \frac{\Delta y}{\Delta x} = -5$ $y = -5x + n$ $350 = -5 \cdot 0 + n$ $350 = n$

$y = -5x + 350$

c) $y = 0$ $0 = -5x + 350$ $x = 70$

Das Absinken mit geöffneten Fallschirm dauert 70 s = 1 min 10 s.

13 a)

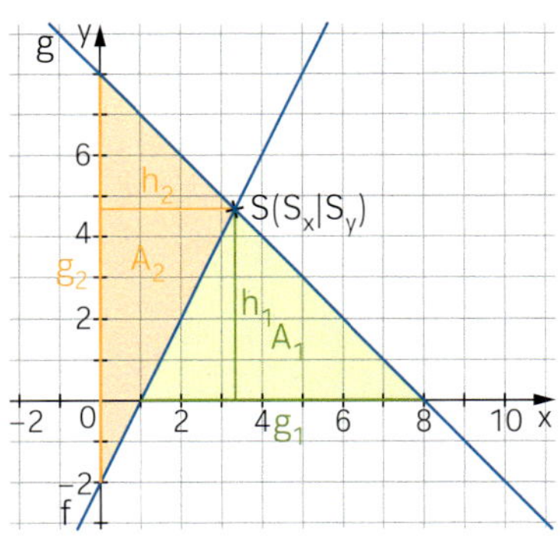

b) Schnitt von f und g: $S(S_x | S_y) = S\left(\frac{10}{3} \middle| \frac{14}{3}\right)$

(1) g_1 ... Dreiecksseite auf der x-Achse

h_1 ... ist parallel zur y-Achse, d. h. $h_1 = S_y$

Nullstellen: $x_f = 1$; $x_g = 8$, also:

$g_1 = 8 - 1 = 7$ und $h_1 = \frac{14}{3}$

$A_1 = \frac{1}{2} \cdot g_1 \cdot h_1 = \frac{1}{2} \cdot 7 \cdot \frac{14}{3} = \frac{98}{6} \approx 16{,}3$

(2) g_2 ... Dreiecksseite auf der y-Achse

h_2 ... ist parallel zur x-Achse, d. h. $h_2 = S_x$

y-Achsenabschnitte: $n_f = 1$; $n_g = 8$, also:

$g_2 = 8 + |-2| = 10$ und $h_2 = \frac{10}{3}$

$A_2 = \frac{1}{2} \cdot g_2 \cdot h_2 = \frac{1}{2} \cdot 10 \cdot \frac{10}{3} = \frac{100}{6} \approx 16{,}7$

Kapitel 4
Seite 182

1 a) $\begin{vmatrix} y = -x + 3 \\ y = \frac{1}{3}x + 1 \end{vmatrix}$ b) $\begin{vmatrix} y = \frac{1}{2}x + 2 \\ y = -\frac{3}{2}x + 3 \end{vmatrix}$ c) $\begin{vmatrix} y = -3x - 3 \\ y = 3 \end{vmatrix}$ d) $\begin{vmatrix} y = \frac{4}{3}x - 2 \\ x = 2 \end{vmatrix}$

2 Einsetzen der Punkte in die Gleichung liefert:

a) P_1 liegt auf dem Graphen

b) P_3 liegt auf dem Graphen

c) P_3 liegt auf dem Graphen

d) P_2 und P_5 liegen auf dem Graphen

Seite 182

3 a) $\left|\begin{array}{l} y=-x+8 \\ y=x-2 \end{array}\right|$

Gleichsetzen:

$-x+8=x-2 \quad |+x;+2$

$10=2x \quad |:2$

$x=5$

$y=-5+8=3$

$L=\{(5\,|\,3)\}$

b) $\left|\begin{array}{l} 3x-2y=2 \\ 2y=4x+2 \end{array}\right|$

Einsetzen:

$3x-(4x+2)=2$

$-x-2=2 \quad |+2$

$x=-4$

$2y=4\cdot(-4)+2$

$2y=-14$

$y=-7$

$L=\{(-4\,|\,-7)\}$

c) $\left|\begin{array}{l} 5u+9v-42=0 \\ 10u+3v-39=0 \end{array}\right| \cdot(-2)$

$\left|\begin{array}{l} -10u-18v+84=0 \\ 10u+3v-39=0 \end{array}\right|$ ⊕

$-15v+45=0$

$-15v=-45$

$v=3$

$5u+9\cdot 3-42=0$

$5u-15=0$

$5u=15$

$u=3$

$L=\{(3\,|\,3)\}$

d) $\left|\begin{array}{l} 2x-y=2 \\ y-x=14 \end{array}\right|$ ⊕

$2x-x=2+14$

$x=16$

$y-16=14$

$y=30$

$L=\{(16\,|\,30)\}$

4 a) $\left|\begin{array}{l} 9x+4y=37 \\ y=6x+1 \end{array}\right|$

$L=\{(1\,|\,7)\}$

b) $\left|\begin{array}{l} 2x=2y-4 \\ 3x-3y=-5 \end{array}\right|$

$L=\{\ \}$
(Keine Lösung)

c) $\left|\begin{array}{l} 3x+4{,}5y=1{,}5 \\ -2{,}5x-3y=-1 \end{array}\right|$

$L=\{(x\,|\,y)\,|\,y=3x-2\}$
(unendlich viele Lösungen)

d) $\left|\begin{array}{l} y=3x-2 \\ 2y-6x=-4 \end{array}\right|$

$L=\left\{\left(0\,\middle|\,\frac{1}{3}\right)\right\}$

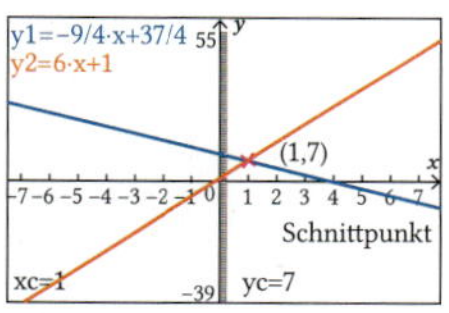

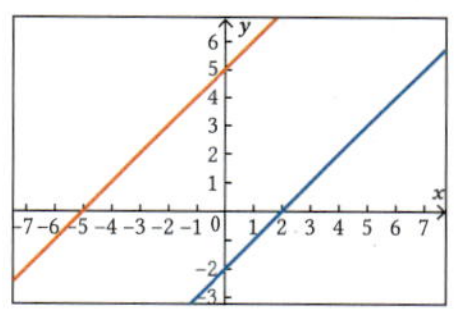

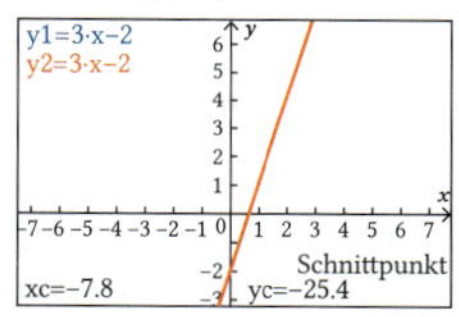

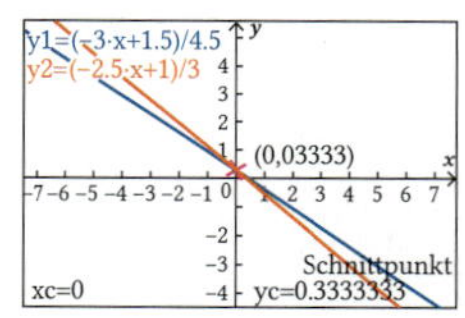

5 a) $\left|\begin{array}{l} 3x+y=3 \\ 2x+\ldots \end{array}\right|$

(1) z. B. $2x+y=0$

(2) z. B. $2x+\frac{2}{3}y=1$

(3) z. B. $2x+\frac{2}{3}y=2$

b) $\left|\begin{array}{l} 2=x-y \\ -2=\ldots \end{array}\right|$

(1) z. B. $-2=x+y$

(2) z. B. $-2=x-y$

(3) z. B. $-2=-x+y$

6 x … Anzahl der Einzelzimmer y … Anzahl der Doppelzimmer

Gleichungssystem: $\left|\begin{array}{l} x+y=78 \\ x+2y=119 \end{array}\right|$ Lösen mit dem Rechner liefert: $L=\{(37\,|\,41)\}$

Das Hotel hat 37 Einzelzimmer und 41 Doppelzimmer.

7 a … Länge der Seite, die verlängert wird (in cm) b … Länge der Seite, die verkürzt wird (in cm)

Gleichungssystem: $\left|\begin{array}{c} 2a+2b=28{,}8 \\ (a+4{,}5)\cdot(b-3{,}5)=a\cdot b-17{,}35 \end{array}\right|$ Rechner liefert $L=\{(8{,}3\,|\,6{,}1)\}$

Das Rechteck hat die Seitenlängen 8,3 cm und 6,1 cm. Die Seite, die verlängert wird, ist 8,3 cm lang. Die Seite, die verkürzt wird, ist 6,1 cm lang.

8 Geschwindigkeit auf der Hinfahrt: $4{,}5\frac{km}{h}+1{,}5\frac{km}{h}=6\frac{km}{h}$

Geschwindigkeit auf der Rückfahrt: $4{,}5\frac{km}{h}-1{,}5\frac{km}{h}=3\frac{km}{h}$

h … Zeit für die Hinfahrt (in h) r … Zeit für die Rückfahrt (in h)

Gleichungssystem: $\left|\begin{array}{r} h+r=4 \\ 6h=3r \end{array}\right|$ Lösen mit dem Rechner liefert: $L=\left\{1\frac{1}{3};\,2\frac{2}{3}\right\}$

Die Hinfahrt dauert 1 h 20 min, die Rückfahrt 2 h 40 min. Die Strecke ist $1\frac{1}{3}h\cdot 6\frac{km}{h}=8\,km$ lang.

Lösungen: Bist du fit?

Kapitel 5
Seite 220

1 A, H und I sind ähnlich zueinander: A ähnlich H; $k = 1$ H ähnlich A; $k = 1$
H ähnlich I; $k = 2$ I ähnlich H; $k = \frac{1}{2}$ A ähnlich I; $k = 2$ I ähnlich A; $k = \frac{1}{2}$

B, E und F sind ähnlich zueinander: B ähnlich E; $k = \frac{1}{2}$ E ähnlich B; $k = 2$

B ähnlich F; $k = \frac{3}{4}$ F ähnlich B; $k = \frac{4}{3}$ E ähnlich F; $k = \frac{3}{2}$ F ähnlich E; $k = \frac{2}{3}$

Seite 220

2 **a)** Dreieck (2) ist ähnlich zu Dreieck ABC.
b) Einander entsprechende Winkel sind α und γ^*, β und β^* sowie γ und α^*, somit sind die einander entsprechenden Seiten a und c^*, b und b^* sowie c und a^* und es gilt: $\frac{a}{c^*} = \frac{b}{b^*} = \frac{c}{a^*}$

3 **a)** Aus dem Ähnlichkeitssatz für Dreiecke folgt $\frac{a_2}{a_1} = \frac{b_2}{b_1}$ und damit $a_2 = \frac{b_2}{b_1} \cdot a_1$, $a_2 = 9{,}6\,\text{cm}$ und analog $\frac{c_2}{c_1} = \frac{b_2}{b_1}$ und $c_2 = 3{,}2\,\text{cm}$.
b) $\frac{b_2}{b_1} = \frac{a_2}{a_1}$ mit $b_2 = 5{,}75\,\text{dm}$ und $\frac{c_1}{c_2} = \frac{a_1}{a_2}$ mit $c_1 = 2{,}16\,\text{dm}$
c) $\frac{a_2}{a_1} = \frac{c_2}{c_1}$ mit $a_2 = 12{,}32\,\text{km}$ und $\frac{c_2}{c_1} = \frac{b_2}{b_1}$ mit $b_2 = 5{,}46\,\text{km}$

4 Die Dreiecke ABC und EDC sind ähnlich, folglich gilt: $\frac{x}{\overline{AB}} = \frac{\overline{CD}}{\overline{BC}}$ und $x = \frac{43 \cdot 84}{56}\,\text{m} = \frac{43 \cdot 3}{2}\,\text{m} = 64{,}5\,\text{m}$

5 Steht der Baum senkrecht und hat die Höhe h, so entsprechen die Schattenbilder zwei ähnlichen rechtwinkligen Dreiecken.und es gilt:
$\frac{h}{12{,}75\,\text{m}} = \frac{1{,}3\,\text{m}}{1{,}56\,\text{m}}$ und $h = 10{,}625\,\text{m}$

6 Es gibt zwei ähnliche rechtwinklige Dreiecke mit dem gemeinsamen Winkel bei E.
Die Entfernung der Stütze von E sei x. Dann gilt: $\frac{x}{2{,}4\,\text{m}} = \frac{0{,}8\,\text{m}}{1{,}2\,\text{m}} = 1{,}6\,\text{m}$
Die Stütze ist 1,6 m vom Dachstuhlende E einzufügen.

7 Die Hilfslinie $\overline{DG}$ ist parallel zu $\overline{EF}$ und somit sind die Dreiecke CFE und CDG ähnlich zueinander und es gilt: $\frac{\overline{CE}}{\overline{CG}} = \frac{\overline{EF}}{\overline{DG}}$
Setzt man $h = \overline{EB}$ für die Höhe und $b = \overline{EF}$ für die Breite des Schranks, gilt $\overline{CE} = \overline{CB} - h$,
also $\frac{\overline{CB} - h}{\overline{CG}} = \frac{b}{\overline{DG}}$
Einsetzen der Wert ergibt: $\frac{3{,}5 - h}{2{,}1} = \frac{b}{4}$
Umformen nach b liefert : $b = \frac{3{,}5 - h}{2{,}1} \cdot 4$.
Für $h = 2{,}25\,\text{m}$ ist die zulässige Breite des Schranks $b \approx 2{,}38\,\text{m}$.

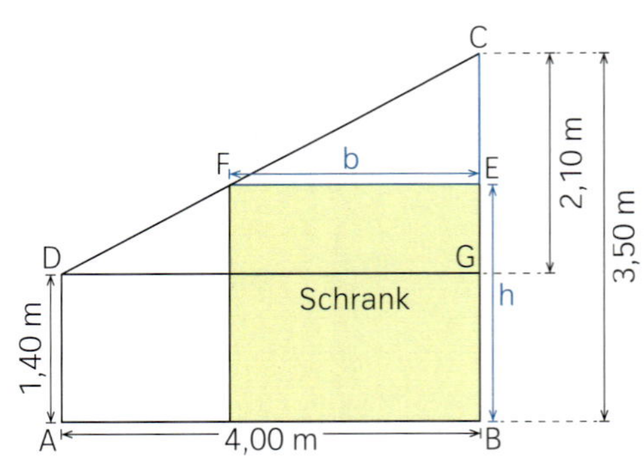

Somit passt dieser Schrank nicht an die Wand, weil seine Länge 2,40 m die maximal möglichen 2,38 m überschreitet.

Mathematische Symbole

Zahlen und Zahlbereiche

$a = b$	a gleich b
$a \neq b$	a ungleich b
$a < b$	a kleiner b
$a > b$	a größer b
$a \approx b$	a ungefähr b
$a + b$	a plus b; Summe aus a und b
$a - b$	a minus b; Differenz aus a und b
$a \cdot b$	a mal b; Produkt aus a und b
$a : b$	a durch b; Quotient aus a und b
a^n	a hoch n; Potenz aus Basis (Grundzahl) a und Exponent (Hochzahl) n
$\sqrt{a}$	Quadratwurzel aus a; a heißt Radiand
$\lvert b \rvert$	Betrag von b
$a \mid b$	a ist Teiler von b
$a \nmid b$	a ist nicht Teiler von b
$\mathbb{N}$	Menge der natürlichen Zahlen: $\mathbb{N} = \{0; 1; 2; 3; ...\}$
$\mathbb{Z}$	Menge der natürlichen Zahlen: $\mathbb{Z} = \{... -3; -2; -1; 0; 1; 2; 3; ...\}$
$\mathbb{Q}_+$	Menge der gebrochenen Zahlen: $\mathbb{Q}_+ = \left\{0; \frac{1}{2}; 0,\overline{9}; 3; ...\right\}$
$\mathbb{Q}$	Menge der rationalen Zahlen: $\mathbb{Q} = \left\{... -113; -1,\overline{5}; -\frac{5}{7}; 0; \frac{1}{2}; 0,\overline{9}; 3; ...\right\}$
L	Lösungsmenge
$\{\ \}$	Leere Menge
$a \in \mathbb{N}$	a ist ein Element der Menge $\mathbb{N}$; a gehört zu $\mathbb{N}$
$a \notin \mathbb{N}$	a ist kein Element der Menge $\mathbb{N}$; a gehört nicht zu $\mathbb{N}$

Geometrie

AB	Verbindungsgerade durch die Punkte A und B; Gerade durch A und B
$\overline{AB}$	Verbindungsstrecke der Punkte A und B; Strecke mit den Endpunkten A und B
$\overrightarrow{AB}$	Strahl mit dem Anfangspunkt A durch den Punkt B
$g \parallel h$	g ist parallel zu h
$g \nparallel h$	g ist nicht parallel zu h
$g \perp h$	g ist senkrecht zu h
$g \not\perp h$	g ist nicht senkrecht zu h
ABC	Dreieck mit den Eckpunkten A, B und C
ABCD	Viereck mit den Eckpunkten A, B, C und D
$A \cong B$	A ist kongruent zu B
$A(a \mid b)$	Punkt mit dem x-Wert a und dem y-Wert b; a ist die x-Koordinate, b die y-Koordinate von A
m_a	Mittelsenkrechte der Seite a; Mittelsenrechte der Strecke a
w_α	Winkelhalbierende des Winkels α
s_a	Seitenhalbierende der Seite a
h_a	Höhe zur Seite a
r_U	Umkreisradius
r_I	Inkreisradius

Einheiten und ihre Umrechnungen

Längen

10 mm = 1 cm	1 000 m = 1 km
10 cm = 1 dm	
10 dm = 1 m	

Die Umrechnungszahl ist 10.

Flächeninhalte

100 mm² = 1 cm²	100 m² = 1 a
100 cm² = 1 dm²	100 a = 1 ha
100 dm² = 1 m²	100 ha = 1 km²

Die Umrechnungszahl ist 100.

Volumina

1000 mm³ = 1 cm³	*Weitere Einheiten:*	
1000 cm³ = 1 dm³	1 cm³ = 1 ml	1000 ml = 1 l
1000 dm³ = 1 m³	1 dm³ = 1 l	100 cl = 1 l
		100 l = 1 hl

Die Umrechnungszahl ist 1 000.

Massen

1 000 mg = 1 g
1 000 g = 1 kg
1 000 kg = 1 t
Die Umrechnungszahl ist 1 000.

Zeitspannen

60 s = 1 min
60 min = 1 h
24 h = 1 d

Stichwortverzeichnis

|123RF.com, Hong Kong: Renata Sedmakova 188.1. |akg-images GmbH, Berlin: 88.3. |Alamy Stock Photo, Abingdon/Oxfordshire: Miks, Jan 93.4; Polechonska, Patrycja 156.2. |Alamy Stock Photo (RMB), Abingdon/Oxfordshire: AlinaMD 126.1; Christophel, Josse 32.1; hollingbery, damian 139.2; Kilpatrick, David 188.3; Kollidas, Georgios 122.2; Malsam, Leo 126.3; Maskot 12.6, 14.3; Photology1971 173.1; Polenok, Mykhailo 71.8; RGB Ventures / SuperStock 174.1; RichSTOCK 136.5; Righteous, Peter 3.2, 4.1, 107.1; robertharding/Lange, Markus 182.2; Robinson, Bill 128.7; Uhlman, Tom 136.1. |Bridgeman Images, Berlin: 89.2. |fotolia.com, New York: Africa Studio 33.3; euthymia 188.4; Mammut Vision 113.2; nickolae 89.1; Perytskyy 144.2; Sanders, Gina 174.2. |Fotostudio Henke, Paderborn: 51.2. |Getty Images (RF), München: Gullung, Charles 2.1, 3.1, 5.2, 7.3; Paul Hudson 5.1, 187.1. |iStockphoto.com, Calgary: Ca-ssis 146.2; CircleEyes 116.1; kupicoo 146.1; MaxFX 229.1; MihailDechev Titel; nanoqfu 80.1, 82.1; NickyBlade 74.3; scottyh 93.1; sierrarat 177.1; twinsterphoto 69.1. |juniors@wildlife Bildagentur GmbH, Hamburg: Harpe 225.2; WILDLIFE/Muller, S. 199.3. |Langner & Partner Werbeagentur GmbH, Hemmingen: 193.1. |mauritius images GmbH, Mittenwald: Artur Cupak 87.2. |mauritius images GmbH (RF), Mittenwald: SPL 190.4. |Mettin, Markus, Offenbach: 3.3, 4.2, 24.2, 28.3, 52.1, 57.1, 58.1, 70.2, 70.3, 71.9, 71.10, 71.11, 71.12, 71.13, 71.14, 71.15, 72.1, 72.2, 72.3, 72.4, 72.5, 72.6, 72.7, 72.8, 72.9, 72.10, 72.11, 72.12, 76.2, 78.2, 85.4, 94.2, 115.1, 115.2, 115.3, 115.4, 151.1, 200.2, 215.1, 228.1, 228.2. |Microsoft Deutschland GmbH, München: 95.1. |Picture-Alliance GmbH, Frankfurt a.M.: akg-images/Lessing, Erich 89.3; Andreas Franke 225.3; dpa 88.2; dpa/Thieme, Wolfgang 128.8; Leemage 89.4; Okapia/Stief, Gerhard 188.2. |Rau, Katja, Berglen: 10.3, 10.4, 12.1, 12.3, 12.4, 12.5, 14.1, 14.2, 17.3, 17.4, 17.5, 17.6, 18.1, 20.1, 20.6, 22.1, 22.2, 24.7, 26.1, 26.2, 28.1, 29.1, 30.1, 31.5, 31.6, 31.7, 31.8, 32.2, 34.2, 34.3, 35.1, 37.1, 38.1, 39.1, 40.2, 41.2, 42.2, 42.3, 44.2, 45.4, 49.1, 52.2, 58.2, 62.3, 64.1, 64.2, 70.4, 70.5, 76.1, 84.4, 87.3, 92.1, 94.1, 96.1, 97.1, 97.2, 97.3, 104.1, 106.1, 113.3, 115.9, 122.1, 123.2, 138.1, 155.2, 156.1, 166.1, 170.1, 171.1, 177.2, 196.2, 198.2, 198.3, 199.2, 210.1, 210.3, 211.2, 211.4, 214.2, 214.3, 215.5, 218.1, 218.2, 218.3, 218.4, 218.5, 220.3, 220.4, 222.1, 224.1, 225.1, 226.1. |Schlierf, Birgit und Olaf, Lachendorf: 6.1, 6.2, 7.1, 7.2, 8.1, 8.2, 8.3, 9.1, 9.2, 9.3, 10.1, 10.2, 11.1, 11.2, 11.3, 12.2, 12.7, 13.1, 13.2, 13.3, 14.4, 15.1, 17.1, 17.2, 18.2, 18.3, 18.4, 18.5, 18.6, 19.1, 19.2, 20.2, 20.3, 20.4, 20.5, 21.1, 21.3, 21.4, 22.3, 22.4, 22.5, 22.6, 22.7, 22.8, 22.9, 22.10, 23.1, 24.1, 24.3, 24.4, 24.5, 24.6, 25.1, 26.3, 26.4, 27.1, 27.2, 27.3, 27.4, 27.5, 28.2, 28.4, 28.5, 28.6, 28.7, 28.8, 28.9, 31.1, 31.2, 31.3, 31.4, 33.1, 33.2, 34.4, 34.5, 34.6, 40.3, 40.4, 41.1, 41.3, 42.1, 42.4, 43.1, 44.1, 44.3, 45.1, 45.2, 45.3, 45.5, 46.1, 47.1, 48.1, 48.2, 48.4, 48.5, 50.1, 50.2, 51.1, 51.3, 51.4, 52.3, 52.4, 52.5, 53.1, 56.1, 57.2, 57.3, 57.4, 57.5, 58.3, 58.4, 58.5, 59.1, 62.1, 62.2, 64.3, 64.4, 65.1, 65.2, 65.3, 65.4, 67.2, 67.3, 67.4, 68.1, 68.2, 68.3, 69.2, 69.3, 69.4, 69.5, 69.6, 69.7, 69.8, 71.1, 71.2, 71.3, 71.4, 71.5, 71.6, 71.7, 73.1, 73.2, 73.3, 73.4, 75.1, 75.2, 77.5, 78.1, 78.3, 79.2, 79.3, 79.4, 80.2, 80.3, 80.4, 80.5, 81.1, 81.2, 81.3, 82.2, 82.3, 83.1, 84.1, 84.2, 84.3, 85.1, 85.2, 85.3, 90.2, 90.3, 90.4, 91.1, 91.2, 91.3, 91.4, 92.2, 93.5, 96.2, 96.3, 96.4, 96.5, 98.1, 98.2, 99.1, 99.2, 99.3, 99.4, 100.2, 103.1, 103.2, 108.1, 108.2, 108.3, 109.1, 109.2, 109.3, 109.4, 109.5, 109.6, 110.1, 110.2, 110.3, 110.4, 110.5, 110.6, 111.1, 111.2, 111.3, 112.1, 112.2, 113.1, 114.1, 114.2, 114.3, 114.4, 114.5, 115.5, 115.6, 115.7, 115.8, 116.2, 117.1, 117.2, 117.3, 117.4, 118.1, 118.2, 119.1, 119.2, 119.3, 119.4, 119.5, 119.6, 119.7, 120.1, 120.2, 121.1, 121.2, 121.3, 121.4, 121.5, 121.6, 121.7, 122.3, 123.1, 124.1, 125.1, 126.2, 126.4, 126.5, 126.6, 127.1, 127.2, 127.3, 127.4, 127.5, 128.1, 128.2, 128.3, 128.4, 128.5, 128.6, 129.1, 129.2, 129.3, 129.4, 129.5, 129.6, 130.2, 131.1, 131.2, 132.1, 132.2, 133.1, 133.2, 133.3, 133.4, 133.5, 134.1, 134.2, 134.3, 134.4, 134.5, 134.6, 134.7, 134.8, 135.1, 136.2, 136.3, 136.4, 137.1, 137.2, 137.3, 137.4, 137.5, 137.6, 137.7, 138.2, 139.1, 140.1, 140.2, 141.1, 142.1, 142.2, 143.1, 143.2, 144.1, 144.3, 145.1, 145.2, 148.1, 148.2, 148.3, 149.1, 149.2, 149.3, 149.4, 153.1, 154.1, 154.2, 154.3, 155.1, 156.3, 157.1, 158.1, 158.2, 158.3, 158.4, 159.1, 159.2, 159.3, 159.4, 159.5, 159.6, 159.7, 160.2, 163.1, 163.2, 165.2, 169.1, 175.1, 176.1, 176.2, 178.2, 179.1, 180.1, 180.2, 182.1, 184.1, 185.1, 186.2, 188.6, 189.1, 189.3, 189.4, 189.5, 190.1, 190.2, 190.3, 191.1, 191.3, 191.4, 191.5, 192.1, 192.2, 192.3, 194.1, 194.2, 194.3, 194.4, 195.1, 195.2, 195.3, 196.1, 196.3, 196.4, 197.1, 197.2,

197.3, 197.4, 198.1, 200.1, 200.3, 201.1, 201.2, 201.3, 202.1, 202.2, 202.3, 203.1, 203.2, 203.3, 203.4, 204.1, 204.2, 204.3, 205.1, 206.1, 206.2, 207.1, 207.2, 207.3, 208.1, 208.2, 209.1, 209.2, 209.3, 209.4, 210.2, 210.4, 211.1, 211.3, 212.1, 212.2, 212.3, 212.4, 212.5, 213.1, 213.2, 213.3, 213.4, 213.5, 213.6, 214.1, 214.4, 215.2, 215.3, 215.4, 216.1, 216.2, 216.3, 217.1, 217.2, 217.3, 219.1, 219.2, 219.3, 219.4, 219.5, 220.1, 220.2, 222.2, 222.3, 223.1, 227.1, 227.2, 230.1, 232.1, 232.2, 232.3, 233.1, 237.1, 237.2, 237.3, 237.4, 238.1, 238.2, 239.1, 239.2, 239.3, 239.4, 240.1, 241.1, 241.2, 241.3, 241.4, 242.1. |Shutterstock.com, New York: Africa Studio 93.2; andrekoehn 2.2, 3.4, 63.1; Bobyk, Serhii 21.2; Bradshaw, Robert J. 103.3; Fischer, Irina 183.1; Georgios Kollidas 77.1; HopsAndYeast 87.1; ivanvislov 172.1; Jelly, Jack 104.2; Millionstock 48.3, 50.3; Nomad_Soul 186.1; OlegDoroshin 86.1; Selivanov, Fedor 178.1; timquo 70.1, 74.2, 77.2, 101.1; VH-studio 66.2. |stock.adobe.com, Dublin: Africa Studio 165.1; ajlatan 147.2; Andrey Popov 4.1; beermedia 34.1, 40.1; Brigitte 74.1; buderath, barbara 123.3; by-studio 77.3; DOC RABE Media 93.3; ehrenberg-bilder 100.1; Esther 90.1; fotografci 188.5, 189.2; freefly 150.1; geargodz 26.5, 30.2; Iakobchuk, Viacheslav 160.1; JWS 79.1; konturlos 67.5; Marco2811 191.2; mije shots 195.4; Mistervlad 199.1; MNStudio 152.1; Monkey Business 147.1; mrzazaz 67.1; Murzin, Sanzhar 77.4; n ifeelstock 86.2; radachynskyi 4.3, 5.3, 221.1; rockvillephoto 66.1; Schuppich, M. 102.1; Stitt, Jason 83.2; Styppa, Robert 186.3; Werner 130.1; ZoomTeam 178.3. |Tegen, Hans, Hambühren: 124.2, 124.3. |TopicMedia Service, Mehring-Öd: TCL/DP 88.1. |Warmuth, Torsten, Berlin: 234.1.